江西师范大学2020年度校级教改课题（JXSDJG2007）成果

SPSS 26.0 统计分析

在心理学与教育学中的应用

戴步云　简小珠　/主编

SPSS 26.0 TONG [illegible] XI
ZAI XINLIXUE YU JIAO[illegible]G

北京师范大学出版集团
BEIJING NORMAL UNIVERSITY PUBLISHING GROUP
北京师范大学出版社

图书在版编目(CIP)数据

SPSS 26.0统计分析：在心理学与教育学中的应用/戴步云，简小珠主编. —北京：北京师范大学出版社，2022.12(2025.12重印)

(心理学研究方法丛书)

ISBN 978-7-303-28438-2

Ⅰ.①S… Ⅱ.①戴… ②简… Ⅲ.①心理学－统计分析－应用软件②教育学－统计分析－应用软件 Ⅳ.①B84-39②G40-39

中国版本图书馆CIP数据核字(2022)第221596号

出版发行：北京师范大学出版社 https://www.bnupg.com
北京市西城区新街口外大街12-3号
邮政编码：100088
印　　刷：涿州汇美亿浓印刷有限公司
经　　销：全国新华书店
开　　本：787 mm×1092 mm　1/16
印　　张：24.5
字　　数：467千字
版　　次：2022年12月第1版
印　　次：2025年12月第6次印刷
定　　价：78.00元

策划编辑：姚祝耶　　责任编辑：宋　星
美术编辑：李向昕　　装帧设计：李向昕
责任校对：陈　荟　　责任印制：马　洁

序　言

统计在社会科学领域的应用日益受到重视，国内许多大学的心理学、教育学等本科专业都开设了统计课程，并以 SPSS 软件为计算平台。SPSS 软件中文界面版本的出现，为国内应用工作者提供了便利。然而，国内的 SPSS 软件使用教材中的主题和案例大多针对医学、经济、社会等方面，专门针对心理、教育方面的较少。

本书由戴步云博士、简小珠博士等多位青年教师参与编写，基于目前较新的 SPSS 26.0 软件版本，紧密结合心理学、教育学本科阶段的统计课程、测量课程和心理实验课程，使用大量实例示范 SPSS 软件操作方法和步骤并给出了结果解释，为相关专业的统计学习和实际应用架设了通道。

作为专门为心理学和教育学专业编写的 SPSS 软件使用教材，与一般心理学和教育学统计教材既有密切联系又有明显区别。两者都涉及统计概念、统计方法、统计应用和 SPSS 软件操作，这是联系。心理和教育统计教材基于统计知识结构，重点在于统计原理和方法，而本书基于 SPSS 软件功能模块，重点在于基础操作和使用说明，这是区别。同时，本书还从心理与教育研究应用的角度将研究分析方法分为四大类型：①心理实验类型研究的分析方法；②心理测验量表研究的分析方法；③一般问卷调查的分析方法；④学业成就测验(能力测验)的分析方法。这种分类难免有重叠，但可以方便初学者查找使用。

本书还注意编入当前统计应用中的几个热点内容，包括统计效应量、统计检验力计算，多因素方差分析的简单效应分析，有虚拟变量的回归分析，问卷调查数据的对应分析、列比例比较检验分析、多选题的卡方检验分析等。

本书紧密结合本科阶段统计课程学习的实际情况，案例有详细的操作步骤、结果分析与报表解析，为论文写作提供了参考。除了初学者之外，一般的应用工作者也可以将其作为 SPSS 操作手册，需要的时候翻查操作步骤或者参考结果解释，从本书中受益。

温忠麟

2022 年 10 月

前　言

自 SPSS 17.0 版本发行以来，SPSS 软件出现了中文界面。本书以 SPSS 26.0 中文版为基础进行编写。SPSS 26.0 中文版与先前的版本相比，有两个显著特点：一是 SPSS 软件中的统计词汇与国内现行使用的统计词汇比较一致；二是软件的操作界面、结果输出的汉化程度相对较高，英文词汇非常少。

2017 年，我们出版过一本《SPSS 23.0 统计分析：在心理学与教育学中的应用》。数年下来，全国已有 30 多所大学将本书作为本科生教材或研究生教材，本书累计销售量约达 3 万本。如今，SPSS 软件已经升级了好几版，我们根据较新的 SPSS 26.0 版本编写了本书。由于软件的功能有更新，界面和部分操作有变化，因此我们根据软件的变化修改了大量文字内容，并将全部截图都进行了更新。此外，在先前的书稿里，有少数例题存在样本量过小等瑕疵，这些例题在本书中都得到了修改或替换。

本书由戴步云（江西师范大学）和简小珠（广西师范大学）统筹设计并主导编写，由赵玉（赣南医学院）和邓远平（集美大学）参与编写。具体分工如下：第 1、第 3、第 6、第 9、第 11、第 13、第 14、第 15 章主要由戴步云编写，第 5、第 7、第 8、第 10、第 16、第 17 章主要由简小珠编写，第 2、第 12 章主要由赵玉编写，第 4 章主要由邓远平编写。

本书内容以 SPSS 软件的基础操作与使用说明为主线（第 1 至第 11 章），从心理与教育研究应用的角度将研究分析方法归为以下四种类型：①心理实验类型研究的分析方法（第 7 章）；②心理测验量表研究的分析方法（第 10、第 15 章）；③一般问卷调查的分析方法（第 12、第 13 章，以及第 8 章的部分内容）；④学业成就测验（能力测验）的分析方法（第 10、第 14 章）。第 5、第 6、第 9、第 11 章的相关分析、均值比较、回归分析、非参数检验方法，在以上四种研究分析方法中都可以应用。与其他 SPSS 的相关书籍相比，本书在内容安排方面有以下特点：①增加了一般问卷调查的分析方法的介绍，包括问卷数据录入步骤的详细说明、问卷分析中单选题的分层交叉表分析及对应分析、多选题的卡方检验、分层卡方检验分析等；②增加了当前教学研究中的热点内容，包括假设检验的效应量（也称效果量）、统计检验力的分析、多因素方差分析中的简单效应分析及简单简单效应分析；③增加了对学业成绩测验（教育考试）、能力测验的应用分析。

本书在编写方面有以下三个特点。①有完整详细的操作步骤与说明，读者只要按本书的步骤，就能完成数据统计分析工作。②有详细的报表解析与说明，让读者真正了解各种输出统计量的意义；有报表结果的整理归纳，选用的范例可作为论文写作的参考。③增加了课堂思考题、课后练习题部分，将 SPSS 软件的教学讲解与课后的实践应用相结合。

本书内容结合了多位编者的教学研究经验。许多学生反馈在学习 SPSS 软件时遇到的问题：在课堂上听懂了、学会了，课后练习也会了，但在进行课外调查分析、写毕业论文时却不知道怎么来分析具体数据。我们将问题归纳为三个方面：第一是调查研究、实验研究的前期设计不当，导致后面的数据分析无法达到研究目的；第二是研究的设计尚可，也顺利获得了研究数据，但不知道使用哪种方法更恰当，不知道数据是否符合 SPSS 菜单命令的前提条件，不知道哪些方法更能深入挖掘调查数据的信息；第三是 SPSS 的统计结果出来了，但是不知道在论文中报告哪些内容、如何呈现结论。对于第一个方面的问题，学生需要掌握良好的统计测量知识、科学的研究方法，以及做好前期的研究设计工作，请指导老师给予充分的指导论证。第二、第三个方面的问题，是本书力求解决的问题。本书对 SPSS 菜单命令使用的适用情境、统计输出结果都进行了详细解释，并提供了统计结果在论文中的报告样例。考虑到很多读者有考研究生的需求，我们在本书第 3 章中增加了一个用 SPSS 帮读者分析如何报考研志愿的例题。这样既能起到讲解软件的作用，又能帮助读者解决实际问题，还能启发读者思考。

本书的目标是使读者掌握一项实用而又专业性较强的统计分析技能，促进读者在心理统计、心理测量、实验心理学等课程中的学习，有助于读者进行心理与教育测验研究、调查研究、心理与教育实验研究的数据分析。本书主要面向心理学、教育学、社会学等人文社会科学专业的本科生、研究生，一些社会科学研究的科研工作者也可将本书作为参考。

习近平总书记强调："我国高等教育要紧紧围绕实现'两个一百年'奋斗目标、实现中华民族伟大复兴的中国梦，源源不断培养大批德才兼备的优秀人才。"如果我们的这本书能为高等教育工作出一份力，何其有幸！正因为如此，我们一直都小心谨慎，生怕什么地方写得不合适，使读者产生误解。由于作者的水平有限，书中难免会有不足之处，欢迎读者向我们反馈使用意见。

本书所涉及的数据资料和课件，读者可扫右侧二维码下载。本书第 5、第 6、第 7、第 8 章涉及效应量的计算，作者编写了相应的效应量与统计检验力计算辅助软件，读者可扫右侧二维码下载，或通过 E-mail 联系作者获取。

作者的联系方式如下。

戴步云　E-mail：biweijianpsy@qq.com；新浪微博：@笔为剑步云剑。

简小珠　E-mail：jianxiaozhu2003@126.com。

目　录
CONTENTS

第1章　SPSS 26.0 简介与基本操作　/1

1.1　SPSS 软件基本界面　/1

1.2　SPSS 数据的审核与录入　/3

1.3　SPSS 数据文件建立的具体步骤　/5

1.4　SPSS 数据文件的保存　/12

1.5　SPSS 数据文件的打开　/13

第2章　数据编辑与数据整理/23

2.1　数据编辑　/23

2.2　数据整理：个案排序　/25

2.3　数据整理：转置　/26

2.4　数据整理：合并文件　/27

2.5　数据整理：汇总　/31

2.6　数据整理：拆分文件　/32

2.7　数据整理：选择个案　/34

2.8　数据整理：个案加权　/37

第3章　数据转换　/40

3.1　计算变量　/40

3.2　重新编码　/43

3.3　个案排秩　/47

3.4　替换缺失值　/48

第4章　描述统计分析/51

4.1　频率分析　/51

4.2　描述分析　/55

4.3　探索分析　/57

4.4　P-P 图　/64

4.5　SPSS 表格处理：三线表的制作　/67

第 5 章　相关分析/72

5.1　皮尔逊积差相关分析及效应量计算　/73

5.2　斯皮尔曼等级相关分析　/76

5.3　肯德尔和谐系数相关分析　/78

5.4　相关分析的报告参考样例　/80

第 6 章　比较平均值/83

6.1　平均值分析　/83

6.2　单样本 *T* 检验及效应量计算分析　/86

6.3　独立样本 *T* 检验及效应量计算分析　/89

6.4　摘要独立样本 *T* 检验及效应量计算分析　/92

6.5　成对样本 *T* 检验及效应量计算分析　/95

6.6　均值比较分析的报告参考样例　/98

第 7 章　方差分析/102

7.1　单因素完全随机设计方差分析　/103

7.2　多因素完全随机设计方差分析及简单效应分析　/109

7.3　单因素随机区组方差分析　/121

7.4　重复测量方差分析及简单效应分析　/125

7.5　混合设计方差分析及简单简单效应分析　/139

7.6　协方差分析　/156

7.7　拉丁方设计方差分析　/158

7.8　方差分析的报告参考样例　/163

第 8 章　交叉表分析/172

8.1　交叉表的独立性检验及效应量计算　/172

8.2　分层交叉表的独立性检验　/182

8.3　一致性卡方检验　/189

8.4　列联表的品质相关分析　/191

8.5　交叉表分析的报告参考样例　/197

第 9 章　回归分析/201

9.1　一元线性回归分析　/201

9.2　多元线性回归分析　/208

9.3　虚拟变量回归　/216

9.4　回归分析的报告参考样例　/223

第 10 章 信度和效度分析 /226

10.1 信度分析方法及计算方法 /226

10.2 重测信度、复本信度的评价标准 /227

10.3 克隆巴赫 α 系数 /227

10.4 分半信度 /232

10.5 测验效度在 SPSS 中的计算 /234

第 11 章 非参数检验分析/239

11.1 卡方检验——分布拟合度检验 /240

11.2 二项式——二项分布检验 /246

11.3 游程——随机性检验 /248

11.4 单样本 K-S 检验 /249

11.5 2 个独立样本的差异比较检验 /251

11.6 *K* 个独立样本的差异比较检验 /252

11.7 两个相关样本的检验 /254

11.8 *K* 个相关样本的检验 /257

第 12 章 多选变量分析/261

12.1 多选变量的编码录入、定义设置 /261

12.2 多选变量的描述统计、交叉表分析 /265

12.3 排序题的分析 /267

第 13 章 SPSS 应用案例——问卷调查分析/273

13.1 问卷的审查、录入 /273

13.2 问卷案例分析：统计表的制作 /275

13.3 单选题的描述统计、卡方检验 /280

13.4 单选题的列比较检验、对应分析 /287

13.5 多选题的卡方检验、分层卡方检验 /295

13.6 单选题、多选题中的“其他______”选项分析 /304

第 14 章 SPSS 应用案例——测验的质量分析 /308

14.1 题目的难度、区分度分析 /308

14.2 单选题的选项分析 /314

14.3 多级计分题的得分情况 /316

14.4 测验分数描述分析 /318

第 15 章 探索性因子分析及案例应用/324

15.1 因子分析的基本思想与概念 /324

15.2 案例一：多个变量的探索性因子分析 /327
15.3 案例二：心理量表的探索性因子分析 /338
15.4 探索性因子分析的经验准则和报告样例 /348

第 16 章 基本统计图表的制作 /352

16.1 条形图 /352
16.2 折线图 /357
16.3 ROC 曲线(感受性曲线) /362

第 17 章 SPSS 应用分析归纳小结/371

17.1 心理测验方法与 SPSS 分析 /371
17.2 调查问卷与 SPSS 分析 /373
17.3 准实验设计与 SPSS 分析 /374
17.4 真实验设计与 SPSS 分析 /378

第1章　SPSS 26.0 简介与基本操作

SPSS 软件，最初的全称为“社会科学统计软件包”(Statistical Package for the Social Sciences)，后改名为“统计产品与服务解决方案”(Statistical Product and Service Solutions)软件，而英文缩写不变。SPSS 与 SAS、STATA 并列为世界公认的优秀的三大统计分析软件包。

SPSS 是由美国 SPSS 公司开发的大型统计学软件系列。2009 年 4 月，SPSS 公司宣布重新包装旗下的 SPSS 产品线，定位为预测分析软件(Predictive Analytics Software，PASW)，包括统计分析、数据挖掘、数据收集、结果发布四大部分。2009 年 8 月，IBM 收购了 SPSS 公司，并推出 PASW 18.0 多国语言版，其用户界面和结果输出均可以使用包括简体中文、繁体中文和英文等在内的 11 种语言。从 2010 年开始，这个软件改名为 IBM SPSS Statistics。2014 年 8 月，IBM 推出了 23.0 版本的 IBM SPSS Statistics。2019 年 4 月，IBM SPSS Statistics 26.0 面世，本书的编写基于该版本。

SPSS 作为统计分析工具，几乎无所不包，具有数据管理、统计分析、趋势研究、制表绘图、文字处理等功能。首先，SPSS 采用广为流行的电子表格形式进行数据管理，使用户变量命名、数据格式定义、数据输入与修改等过程较为简捷流畅；其次，采用菜单方式选择统计分析命令，采用对话框方式选择子命令，无须死记大量烦冗的语法语句；最后，采用对象连接和嵌入技术，使计算结果可方便地被其他软件调用，提高工作效率。

本书以心理学、教育学领域的研究数据资料为例子，简要地介绍 SPSS 26.0 的基本使用方法，主要讲述一元统计分析，多元统计分析只讲述因子分析模块。

1.1　SPSS 软件基本界面

启动 SPSS 26.0 后，首先显示的是一个欢迎窗口。在这个欢迎窗口，系统询问用户要软件做什么。通过这个欢迎窗口，用户可以新建一个数据文件，或者打开最近使用过的文件，或者打开系统自带的样例文件。

如果直接用鼠标点击【关闭】按钮，则系统就会打开一个空文件。SPSS 26.0

整体界面见图 1-1。

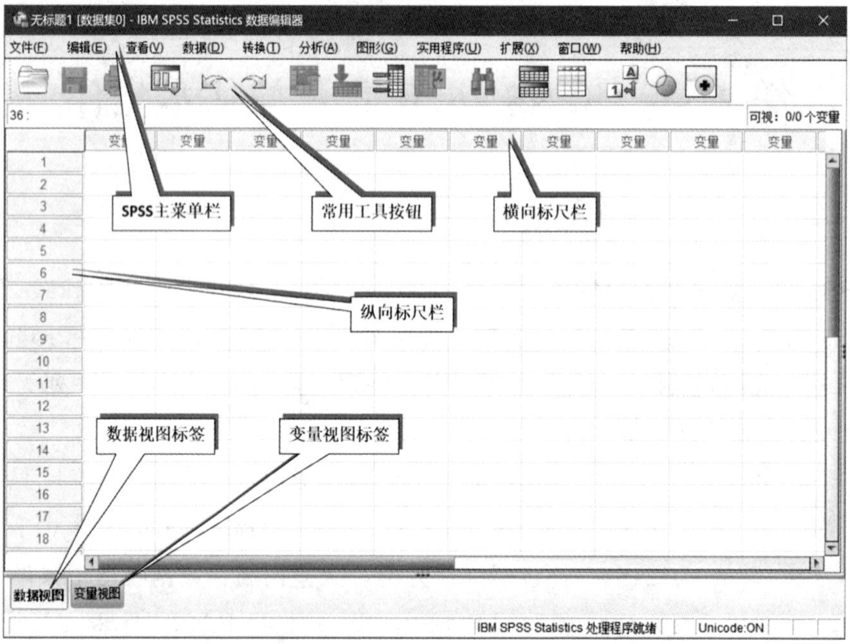

图 1-1 SPSS 26.0 整体界面

窗口名显示栏：在窗口的顶部，显示窗口名称和编辑的数据文件名。若没有文件名，则显示为“无标题 1[数据集 0]”。

主菜单：窗口的第二行有 11 个菜单命令：文件、编辑、查看、数据、转换、分析、图形、实用程序、扩展、窗口、帮助。

三大显示窗口：数据视图窗口、变量视图窗口、结果(又称输出)视图窗口。它们简称为数据窗口、变量窗口、结果窗口。系统默认显示的是数据窗口，它用于录入和修改数据。在数据窗口，每个个案占一行，每个变量占一列。个案是指一条记录，包括一个被试的个人信息、作答信息等全部信息。如果点击左下角的【变量视图】标签，即可进入变量窗口，它用于录入和修改每个变量的各种信息；如果再点击左下角的【数据视图】标签，即可切换回数据窗口。如果对数据文件进行分析，那么系统就会弹出结果窗口，文件运行的状态和分析结果就在结果窗口里显示。

当进行某项具体的统计方法操作时，可点击对话框的【粘贴】按钮激活语法编辑器，其标题名称是“语法编辑器”，或选择【文件】→【新建】→【语法】菜单命令可激活语法编辑器。用户可利用该编辑窗口进行 SPSS 命令的输入、编辑和运行。语法编辑器仅适合习惯使用早期版本的 SPSS 用户，以及进行高级复杂统计时运用。本书不介绍 SPSS 语法编辑器的使用。

1.2　SPSS 数据的审核与录入

1.2.1　数据的审核

在 SPSS 数据分析中，首先需要保证收集的实验数据、调查数据是有效的、准确的。前期正确的实验设计、调查设计是研究的前提基础，而对于收集到的数据资料进行准确性、有效性审核，也是数据分析的一个必要步骤。需要先进行数据审核，然后再进行数据的编码与输入。

在心理测验、问卷调查等数据资料中，审核主要包括两个方面。

第一，数据资料的完整性审核。①检查被试的基本信息是否完整。基本信息不完整的个案应被剔除，不予录入数据。②检查被试的作答是否完整。对于不存在正确答案的测验(如人格测验、态度测验)，作答不完整的题量超过 10%或 20%的个案应被剔除；对于存在正确答案的测验(如学业测验、智力测验)，未作答的题按 0 分来录入。

第二，数据资料的合格性审核。①检查被试是否认真作答，字迹是否可辨认；②是否存在几份问卷的字迹相同的情况，这种情况就说明可能有一人填写了多份问卷；③被试作答是否规范，不符合作答规范的个案要被剔除。

1.2.2　数据的录入

建立数据文件，也就是将心理测验(问卷)、心理实验数据录入 SPSS 软件中。录入是指根据一定的规则将研究数据转换为可进行统计分析的数据的过程。录入一般包括三个步骤：确定变量、数据编码、数据录入。

第 1 步：确定变量。变量是用来反映研究概念的量化形式，是统计分析中最小的分析单位。变量由两个部分构成：变量名和变量值。在心理与教育调查问卷中，还要注意区分问题和变量。一般情况下，一个问题定义一个变量。还有以下两种特殊情况：①一个问题中包括多个小问题，那么每个小问题分别定义一个变量；②问题属于多选题，被试在一个问题中可以选择多个选项，此时需要定义多个变量。多选题的定义，详见本书第 12 章。

第 2 步：数据编码。录入时一般直接录入数字，而尽量不录入作答选项的字母或汉字，因为数字可以进行加减运算和大小比较。例如，1 代表 A 选项，2 代表 B 选项，3 代表 C 选项，4 代表 D 选项，依此类推。在数据编码时，有两种方式可以采用：①编码与录入同时进行，此时需要先明确编码规则，并将编码规则记录在案，数据录入员需要严格按照编码规则录入，不能随意变更；②先编码后录入，此时一般采用测验或问卷页边编码方式，可以避免录入误差，检查时也较为容易。问卷页边编码方式的样例见图 1-2。

121222 21213 21341 23142 23141

大学教师研究型教学情况调查问卷

尊敬的老师：

您好！我是××大学的学生，现正准备自己的毕业论文，想通过这份问卷对您及您所在的院系做一个有关研究型教学基本状况的调查，所获数据仅用于学术探究。您的支持是我最大的荣幸。向您致以最崇高的敬意。谢谢您！

一、教师基本信息(请在与您相符信息对应的括号内打“√”)

1. 性别：　男（√）　女（ ）
2. 所执课程：文（ ）　理（√）　其他____________（请填写）
3. 年龄：25～35岁（√）　35～60岁（ ）
4. 是否主持过省部级课题：主持过（ ）从未主持过（√）
5. 职称：助教（ ）　讲师（√）　副教授（ ）　教授（ ）
6. 您的最高学位：学士（ ）硕士（√）　博士（ ）　博士后（ ）

二、问题设置

7. **您对“研究型教学”的了解是（B）**

A. 20 世纪 80 年代兴起于美国等西方国家，并在许多国家普遍采用的一种教学法
B. 是指通过老师引进、促进、支持和指导的研究性学习活动
C. 是完成教学任务的一种教学思想、教学模式和教学方法
D. 是发源于亚洲等国家的一种有创意的教学方法、模式和思想

8. **您最早了解“研究型教学”是在（A）**

A.报纸、书刊上　B.学术论文研究上　C.书本上　D.课程改革中

9. **您对我校开展研究型教学所持的看法是（B）**

A.非常不满意　B.一般　C.较好　D.很好

图 1-2　页边编码方式的样例

第 3 步：数据录入。数据录入的方式有两种。①内部式录入：从 SPSS 直接录入。其优点是不容易错位，缺点是不能自动后移，录入速度慢，数据错位后不容易被发现与修改。②外部式录入：可采用记事本、WPS 等软件，按 ASCII 码方式录入文本文件（*.dat、*.txt）。这种录入方式的特点是：数据之间没有间隔，录完一个数据后自动后移，录入速度较快，但可能容易出错。也可以用 Excel 软件录入，这个方式的录入速度比内部式录入更快，比记事本录入更容易检查错误，是本书作者喜欢的方式。此外，近年来还有些人喜欢用 EpiData 软件录入，这个软件可以实现全键盘化操作。

图 1-3 是使用外部软件 Windows 系统自带的记事本程序录入的样例。

心理调查文件记事本输入.txt - 记事本

文件(F) 编辑(E) 格式(O) 查看(V) 帮助(H)

```
0111524223211232121141  22111212111113121212
```

图 1-3　记事本程序录入的样例

如果是由多人合作录入数据，需要事先做好明确分工，确定工作分配到位且不会出现重复劳动。编码方式必须统一，数据格式必须统一。最好先由一个人做好统一的模板，然后每个人都照着这个模板来录入数据，由此将出错的概率尽量降低。

1.3　SPSS 数据文件建立的具体步骤

在 SPSS 的数据窗口，数据文件格式的要求是：每个个案占一行，每个变量占一列。

下面介绍数据录入在 SPSS 中的操作过程。

1.3.1　定义变量

在数据编辑窗口左下角点击【变量视图】，进入变量视图窗口。例如，打开“学校员工. sav”文件，进行这个操作，就得到了如图 1-4 所示的界面。

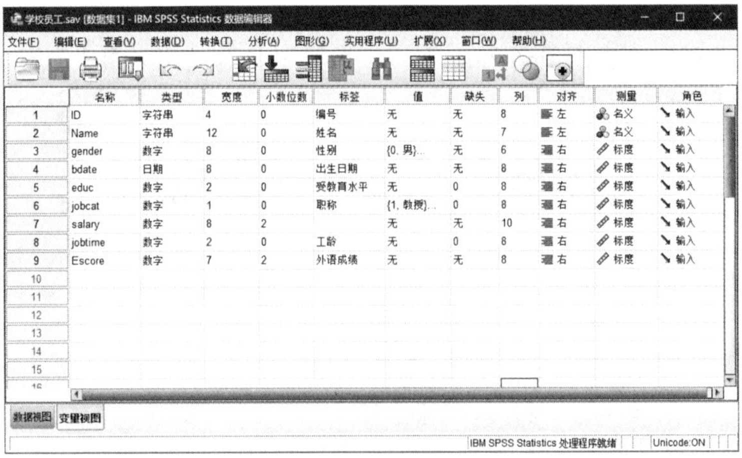

	名称	类型	宽度	小数位数	标签	值	缺失	列	对齐	测量	角色
1	ID	字符串	4	0	编号	无	无	8	左	名义	输入
2	Name	字符串	12	0	姓名	无	无	7	左	名义	输入
3	gender	数字	8	0	性别	{0, 男}...	无	6	右	标度	输入
4	bdate	日期	8	0	出生日期	无	无	8	右	标度	输入
5	educ	数字	2	0	受教育水平	无	0	8	右	标度	输入
6	jobcat	数字	1	0	职称	{1, 教授}...	0	8	右	标度	输入
7	salary	数字	8	2		无	无	10	右	标度	输入
8	jobtime	数字	2	0	工龄	无	0	8	右	标度	输入
9	Escore	数字	7	2	外语成绩	无	无	8	右	标度	输入

图 1-4　变量视图

在变量视图中，定义变量的名称、类型、宽度、小数位数、标签、值、缺失、列等信息。

(一)名称

输入字符(汉字和英文)作为变量的名称，如 ID、性别、年龄、年级、专业、第 1 题、第 2 题、第 3 题等或 T1，T2，T3 等。如果不输入变量名，系统就会依次默认变量名为“VAR00001”“VAR00002”“VAR00003”等。

SPSS 的变量命名规则如下。

①变量名开头必须是英文字母、汉字或符号“@”。注意，不能以阿拉伯数字开头。

②变量名的非开头部分可以是英文字母、汉字、阿拉伯数字、下划线、“@”“#”“$”、英文句号、中文逗号和中文句号。变量名中不能有空格。

③变量名不能以英文句号结尾，但可以以中文句号结尾。

④SPSS 的保留字段不能作为变量名，如 ALL，AND，BY，EQ，GE，GT，LE，LT，NE，NOT，OR，TO 和 WITH。

当变量名包含不合法的字符时，系统会发出警告(见图 1-5)。

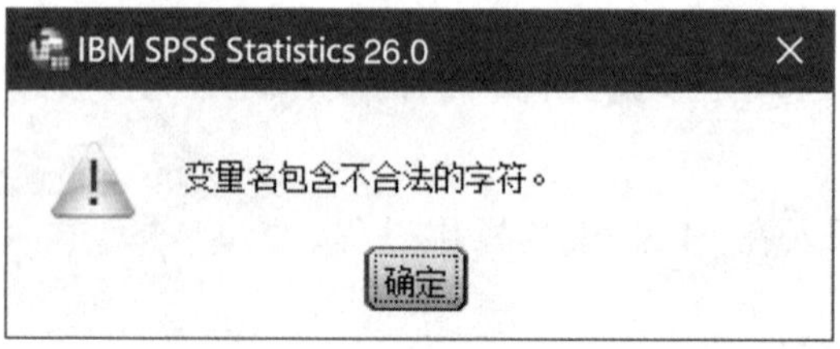

图 1-5　变量名包含不合法的字符时发出的警告

⑤变量名不能过长。在 SPSS 的早期版本(如 13.0 版)中，变量名的长度最大为 8 个字符(1 个英文字母或阿拉伯数字占 1 个字符，1 个汉字占 2 个字符)。后来的版本逐渐增加了变量名长度的上限。19.0 版本允许的变量名的最大长度为 64 个字符，这个规定一直沿用到 26.0 版本。如果变量名超出了最大长度，系统就会弹出一个警告(见图 1-6)。

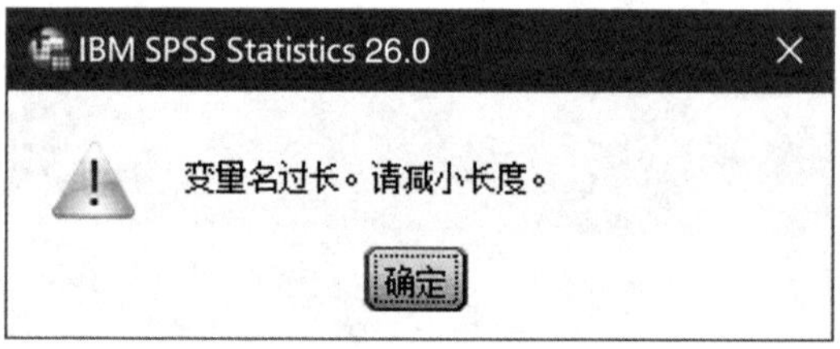

图 1-6　变量名过长时发出的警告

⑥在 SPSS 软件中，一个文件里每个变量的名称都必须不一样。这和 Excel 不同，因为 Excel 允许两列变量的名称相同。所以，把 Excel 的文件转化成 SPSS 文件时，需要注意这一点。如果在录数据的时候出现了两个相同的变量名，系统就会弹出一个警告(见图 1-7)。

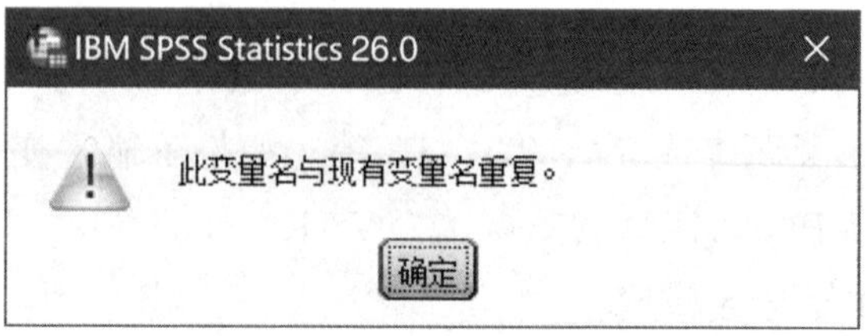

图 1-7　变量名重复时发出的警告

以上规则都值得注意。需要说明的是，当变量名不合法时，系统也可能不会弹出如图 1-5～图 1-7 所示的警告对话框，但在做数据分析时会显示有其他错误。所以，当出现奇怪的错误时，需要考虑变量名是否符合 SPSS 的要求。

由于现在的 SPSS 版本允许变量名长达 64 个字符，因此有些人在录数据时喜欢把选择题的整个题干作为变量名。但这种做法是很不妥当的，因为很容易导致变量名过长或者出现非法字符。把数据从问卷星、问卷网等软件导入 SPSS 时，也要注意这个事情。

(二)类型

当鼠标指针移至“数据类型”列所对应的单元格时，点击后，该单元格的右边就会显示【…】按钮。点击该按钮，就会出现一个数据类型设置窗口(见图 1-8)。

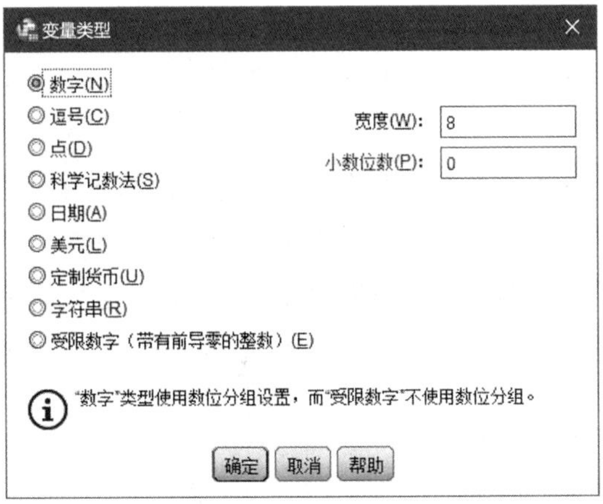

图 1-8　定义变量类型

可供选择的数据类型有：

①数字，标准数值型，系统默认。例如，12345.67。

②逗号，逗号数值型。例如，12，345.67，其中千分位用逗号表示。

③点，圆点数值型。例如，12.345，67，其中千分位用圆点表示。

④科学记数法。例如，1.2E＋04。

⑤日期。日期型表示数据，有 27 种形式。例如，mm/dd/yyyy。

⑥美元。例如，＄12，345.67。

⑦定制货币，属于数据自定义型。

⑧字符串，用于记录字符串类型的数据。

⑨受限数字。

一般来说，编号、ID、学号、姓名，以及在数据集中用文字表达的变量，需要使用字符串型。对于顺序变量(又叫等级变量)、等距变量，选择数字型。注意：①由于系统默认的数据类型为数字型，在输入姓名、文字时，需要先将类型修改为字符串型，否则输入文字后 SPSS 无法保存。②将字符串型的数据改为数字型数据后，该变量的数值将会丢失。③一般使用字符串型、数字型，少数情况使用日期型。建议尽量不使用其他类型，以免出错。

（三）宽度

指定数据字符占据的总个数（包括小数点和小数位）的最高限度，系统默认为8位，数据位数必须小于等于最高限度。如果要输入圆周率3.14159265，该数据宽度为10位，那么需要将SPSS默认的最高限度8位修改为10位或10位以上；如果不修改宽度就直接输入，那么输入完成以后系统显示的数字就是3.141593，出现了四舍五入。

（四）小数位数

指定小数位数，系统默认为2位。有些带有小数位数的数据，需要指定保留3位或更多的小数位数。此外，有些数据不应出现小数，如被试的年级，此时需要把小数位数修改为0。

（五）标签

这里的“标签”，指的是变量名标签。有时变量名较为简短，不能全面正确反映变量含义，此时可以考虑给它贴上标签以便标明变量含义，这样就便于使用数据文件的人（包括自己）看明白。具体做法是，在变量定义的标签栏里输入对变量的注释。如果你要写英文论文，那么就可以把变量名标签写为英文。变量名标签不会参与实质运算。

（六）值

这里的“值”，指的是变量的值标签，用来帮助解释某些变量数值代表的含义，特别是对于分类变量的数值含义。例如，性别变量，可以用0表示男，1表示女；专业变量，可以用1表示理科专业，2表示文科专业，3表示艺术体育专业。在人格测验、问卷的选择题中，一般用1表示A，2表示B，3表示C，4表示D，依此类推。如果是定义多选题的值标签，则详见第12章。

点击选中某变量的“值”所在的单元格，点击【…】按钮，弹出“值标签”对话框。在这个对话框中，在第一栏“值”里输入数值，在第二栏“标签”里输入该数值所对应的值标签。然后，【添加】按钮被激活，点击它就定义了一个变量值的值标签。在本例中，定义0＝男和1＝女。如果需要对已有的值标签进行修改或删除，可以先选中该值标签，然后再使用【更改】或【除去】按钮（见图1-9）。

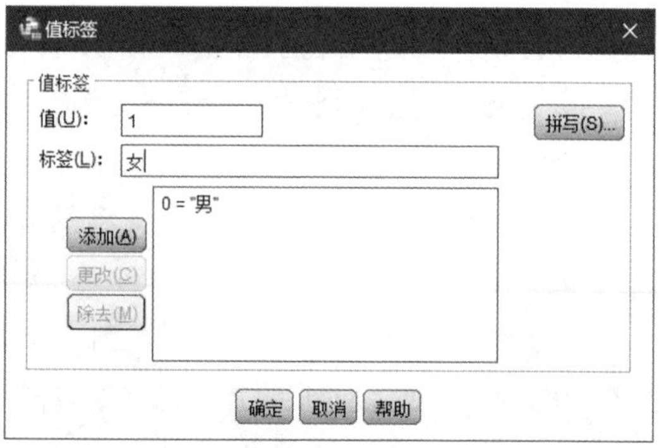

图1-9 定义值标签

(七)缺失

“缺失”是把数据文件中一些奇异、异常数据当作丢失了的数据来进行处理。缺失值定义窗口见图 1-10。

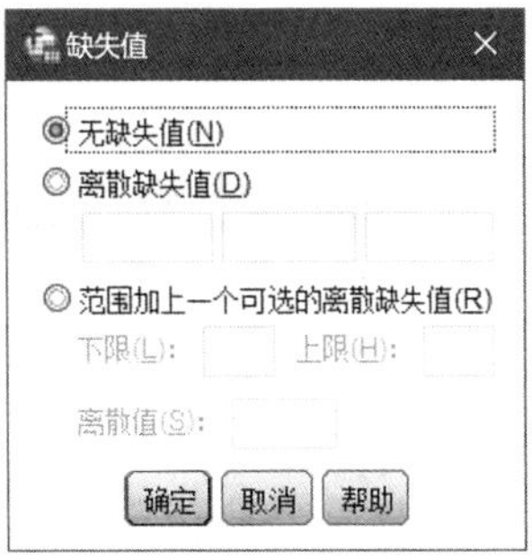

图 1-10　定义缺失值

①无缺失值。系统默认。

②离散缺失值。可以定义 3 个缺失值。例如，第一格输入“99”，表示凡是 99 的数据均被视为缺失值。

③范围加上一个可选的离散缺失值。定义取值区间为缺失值。例如，下限为 1，上限为 5，离散值为 10，表示 1 至 5 之间的数据及数值 10 均被视为缺失值。

关于缺失值的处理，本书第 3 章会详细讲。

(八)列

显示数据的列宽，默认 8 个字符。一般不用修改设置。

(九)对齐

有左、中、右 3 种数据显示方式。一般来说，当变量数据显示为字符串或文字时，则选择【左】；当变量数据显示为数值时，则选择【右】。一般不用修改设置。

(十)测量

按测量数据的度量精度水平将变量分为三种类型：标度(即等距变量)、有序(即顺序变量，又叫等级变量)、名义(即称名变量)。统计学里有等比变量的说法，在 SPSS 里把它当作等距变量来处理，归入标度类型。在心理测验、最佳行为测验中，一般将 ID 变量、被试的人口学变量等归为名义类型，而将测验中数值可以加减的变量归为标度类型。在一般的问卷调查中，一般将 ID 变量、被试的人口学变量、大多数项目归为名义类型，少量的可以归为标度类型、有序类型。

1.3.2　批量定义变量

在参与心理测验、问卷调查的被试信息输入完成后，下一步是依次对测验中的题目进行定义变量。一份心理测验或一份调查问卷可能有几十道甚至一百多道测试题，若一道题一道题地来进行定义变量，比较费时费力。能否快速批量地定义变量呢？此时可以采取以下方式：在 Excel 软件里，先输入第 1 题的变量“第 1 题”，再对“第 1 题”采取下拉方式，下拉到所需要的题目变量，如下拉到“第 187 题”，然后在 Excel 中复制这些变量名，粘贴到变量视图窗口的名称位置(粘贴方式见图 1-11)，鼠标右键点击相应单元格，然后选择【粘贴】按钮，立刻就可以复制 187 道题的变量名。

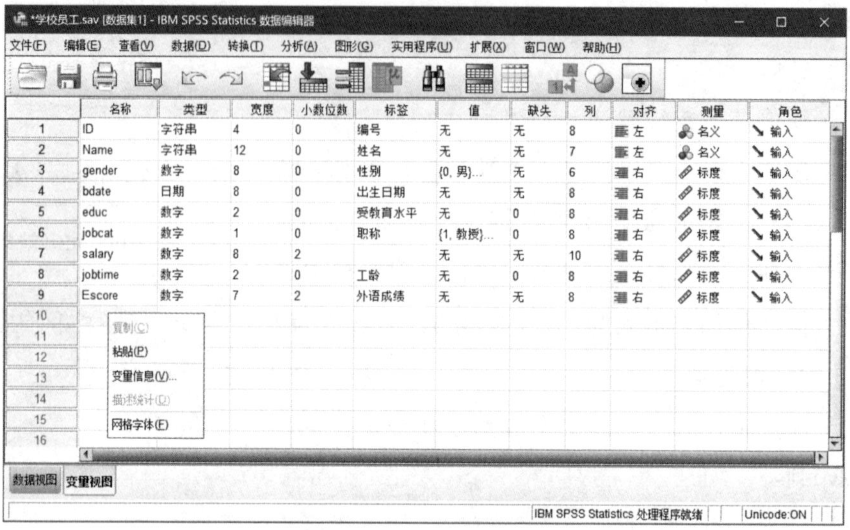

图 1-11　批量粘贴变量

另外，也可以先在 Excel 里录好数据，再用 SPSS 打开。

除了变量的名称可以批量复制外，变量的值标签定义值也可以批量复制。例如，“第 1 题”的值标签定义为：用 1 表示 A，2 表示 B，3 表示 C。第 1 题的值标签定义后，点击右键，弹出下拉菜单，在下拉菜单中选择【复制】按钮。然后选中需要批量粘贴的“第 2 题”至“第 187 题”的值标签位置，点击鼠标右键，选择【粘贴】按钮(见图 1-12、图 1-13)。

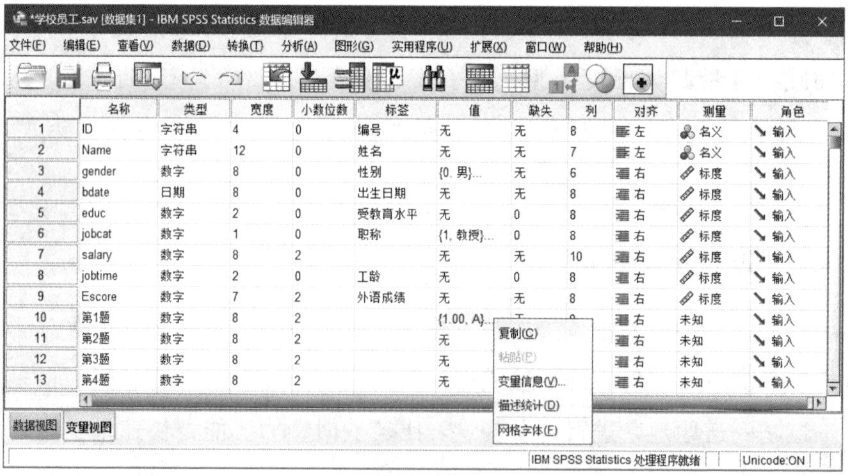

图 1-12　复制值标签

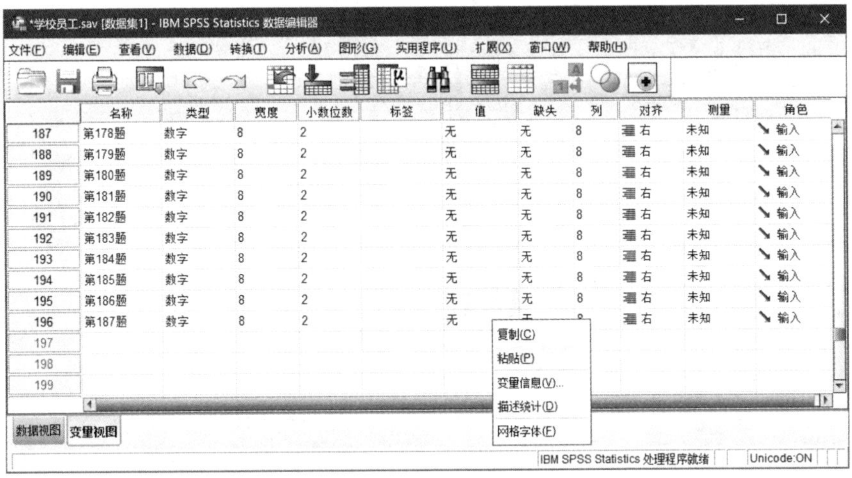

图 1-13　批量粘贴值标签

此外，变量的类型、宽度、小数位数、对齐方式、测量等，都可以采用类似的方式，进行批量复制粘贴。

1.3.3　数据录入

在所有的变量定义完成后，在左下角点击【数据视图】标签，编辑显示区显示为数据编辑。在编辑区中，把与变量名相对应的数据输入单元格里(见图 1-14)。

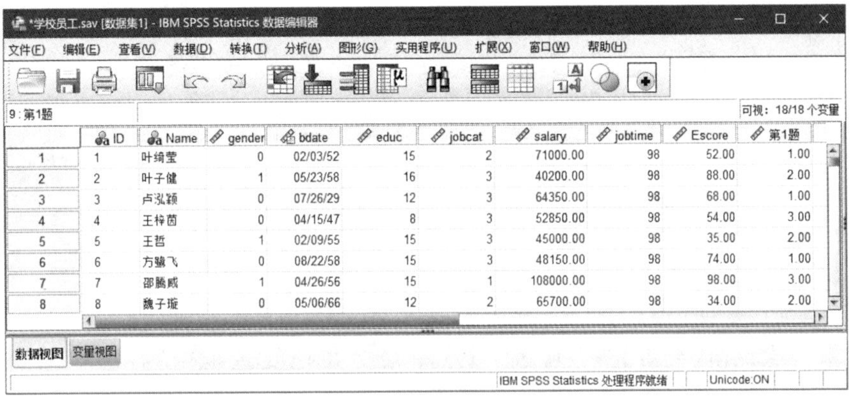

图 1-14　数据录入后的数据视图

1.3.4　显示数据的值标签

从菜单中选择【查看】→【值标签】菜单命令，对复选框“值标签”打钩，则会发现性别变量、职称变量的数字显示成文字(前面所定义的值标签)，如图 1-15 所示。此时在“gender”一列输入数字 0 或 1，将显示为文字。

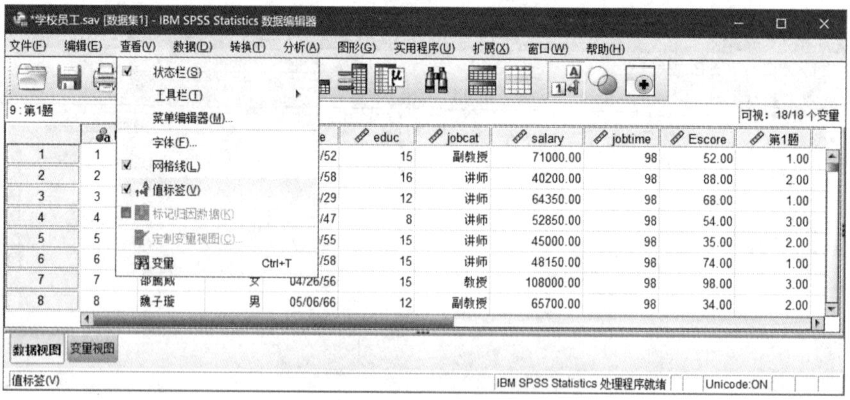

图 1-15　值标签显示与关闭的菜单操作

在原始数据中，可能有个别被试的“性别”被错误地录入为 0 和 1 之外的其他数字，很难被发现。但在我们查看值标签时，录错之处就变得很明显，因为绝大多数被试的“性别”都变成了汉字，只有一个被试的“性别”依然显示为数字(见图 1-16)。

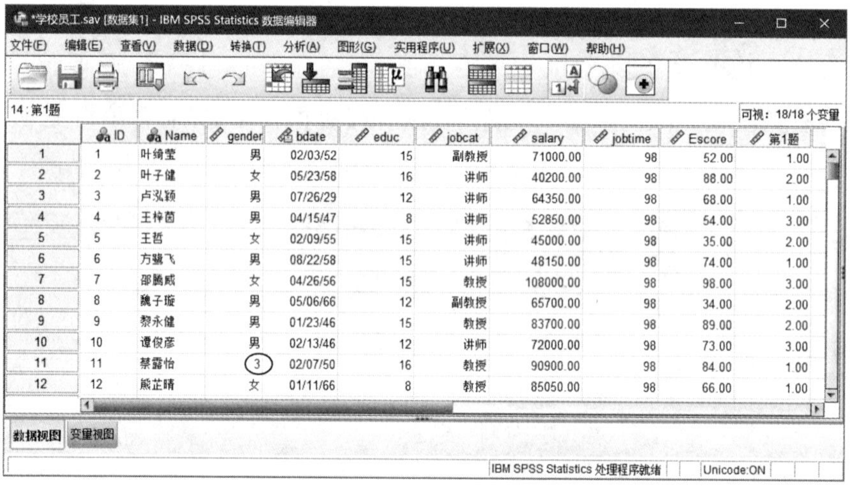

图 1-16　查看值标签时，录错之处就变得很明显

如果再次点击【查看】→【值标签】菜单命令，把复选框“值标签”前面的钩取消，那么本文件里的性别变量、职称变量就重新显示为数字。

1.4　SPSS 数据文件的保存

在输入数据后，此时需要保存文件。与其他软件一样，可以点击工具栏的【保存】按钮，或从菜单中选择【文件】→【保存】菜单命令。如果数据文件是第一次被命名，则需要保存对话框(见图 1-17)。

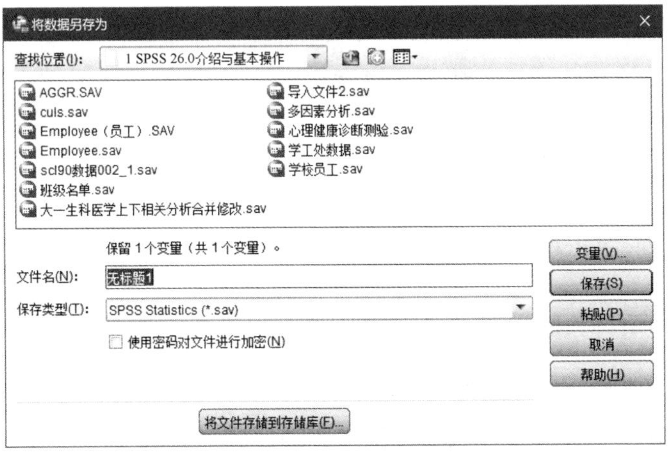

图 1-17　文件保存对话框

在“文件名”一栏输入该数据文件的名称。

在“保存类型”列表框内点击下拉按钮，可以看到 SPSS 所支持的各种数据类型，有 *. sav、*. dbf、*. csv、*. xls、*. dat 等。系统默认保存为 SPSS 本身的数据格式（*. sav 文件）。

在文件名框内键入变量名，同时也选择保存类型，并按回车键，可以看到数据管理窗口左上角由“无标题”变为了现在的新文件名。

特别提醒：根据以往数据输入经验，要及时保存数据。建议每输入几份数据问卷就点一次【保存】按钮，以防出现计算机死机、断电、软件崩溃等意外情况，造成数据丢失。

1.5　SPSS 数据文件的打开

1.5.1　打开 SPSS 内部数据文件

前面论述了如何在 SPSS 中建立数据文件，这里讲述如何调用已有的内部数据文件(SPSS 数据文件)。点击工具栏左上角的【打开】按钮，或从菜单中选择【文件】→【打开】→【数据】菜单命令，在弹出的打开文件对话中指定数据文件的路径，文件名框内显示的 SPSS 数据文件是系统默认的文件类型“*. sav”，点击所选文件，单击【打开】按钮，或双击所选文件，就可将该数据文件调入数据编辑窗口中。

也可以打开 sav 文件所在的文件夹，然后直接双击 sav 文件打开。

如果打开的 sav 文件是用 SPSS 软件较早版本创建的，在打开文件时可能会出现如下对话框。此时选择【是】即可(见图 1-18)。

图 1-18　打开老版本 SPSS 创建的文件时出现的对话框

1.5.2　打开 SPSS 外部数据文件

SPSS 还可以调用由其他外部数据软件建立的数据文件(数据文件格式不一样)，包括文本(*.txt、*.dat、*.csv 和 *.tab)、Excel(*.xls、*.xlsx 和 *.xlsm)、dBASE(*.dbf)等多种格式的数据文件。

文本文件(*.txt、*.dat、*.csv 和 *.tab)是人们经常使用的文件格式，也是许多软件进行数据交换的格式。文本文件分为“固定字符宽度”和“使用分隔符”(用逗号、分号、制表符“Tab”作为分隔符)两种格式。下面各用一个例子来说明其操作。

(一)固定字符宽度格式文本文件的调用

一个名为 example_text.txt 的文件，是用 Windows 自带的“记事本”创建的。若直接将其双击，此时系统默认用记事本文件将其打开，显示如下。

```
136.671022.22
287.781840.00
375.562555.56
471.563271.11
548.893680.00
624.443884.44
736.674191.11
836.674497.78
971.556715.56
```

该数据文件有 5 个变量、9 个记录。注意：建立这种固定格式的文本文件时，变量名的宽度不能超过对应的变量数据的宽度，否则会发生错误。

下面我们要将这个文件在 SPSS 软件里打开。注意：要将一个文件用 SPSS 打开，此时该文件不能处于用记事本等其他软件打开的状态。

SPSS 的操作过程如下。

①在工具栏点击【打开】按钮，或从菜单中选择【文件】→【打开】→【数据】菜单命令，出现打开文件操作窗口(见图 1-19)。②在“查找位置”栏选择该文本文件所

在的文件夹路径；在“文件类型”栏里，单击该输入框或右边的下拉按钮，在下拉选项里选中“文本(*.txt、*.dat、*.csv 和 *.tab)”。③此时，文件列表框里会显示所有文本格式的文件，我们选中“example_text.txt”文件，再点击【打开】按钮。

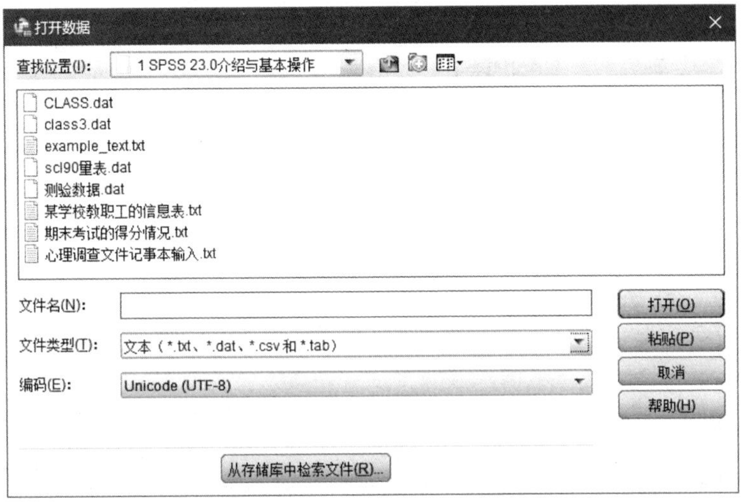

图 1-19　打开文本格式文件的对话框

然后，弹出“文本导入向导”对话框，显示为第 1 步，共 6 步。第 1 步对话框如图 1-20 所示。

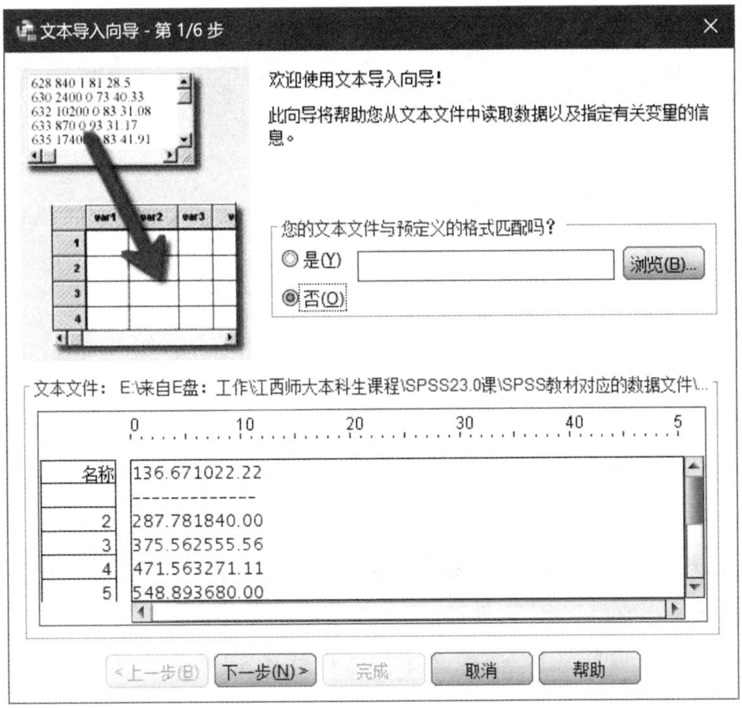

图 1-20　文本导入向导的第 1 步

直接点击【下一步】按钮，出现文本导入向导的第 2 步对话框(设置变量的分隔方式)，如图 1-21 所示。

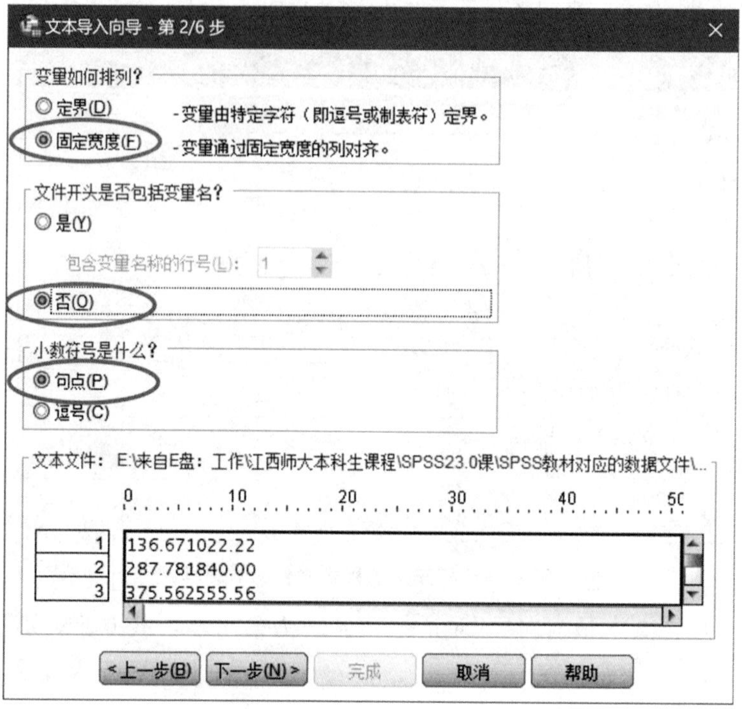

图 1-21　文本导入向导的第 2 步(一)

在“变量如何排列?”框内，有两个选项。

①定界。

②固定宽度。系统默认。

本例选中“固定宽度”。

在“文件开头是否包括变量名?”框内，有两个选项。

①是，表示文件开头包含变量名。

②否，表示文件中开头不包含变量名。

根据“example_text.txt”文件的实际情况，这里选“否”。

在“小数符号是什么?”框内，有两个选项。

①句点，意思是用英文句号表示小数点。

②逗号，意思是用英文逗号表示小数点。

根据“example_text.txt”文件的实际情况，这里选“句点”。

然后点击【下一步】按钮，出现文本导入向导的第 3 步对话框(设置记录读取方式)，如图 1-22 所示。

图 1-22　文本导入向导的第 3 步

在此向导对话框中，“第一个数据个案从哪个行号开始?”本例选 1。

“多少行表示一个个案?”一般情况下，一行为一个个案。本例选 1。

“要导入多少个案?”全部个案。系统默认，本例选中该项。

前[   ]个个案。选择前多少的个案，这里指定个案的数量。

个案百分比。选择个案的数量占所有个案的百分比。

点击【下一步】按钮，出现文本导入向导的第 4 步对话框(设置修改变量分界)，如图 1-23 所示。

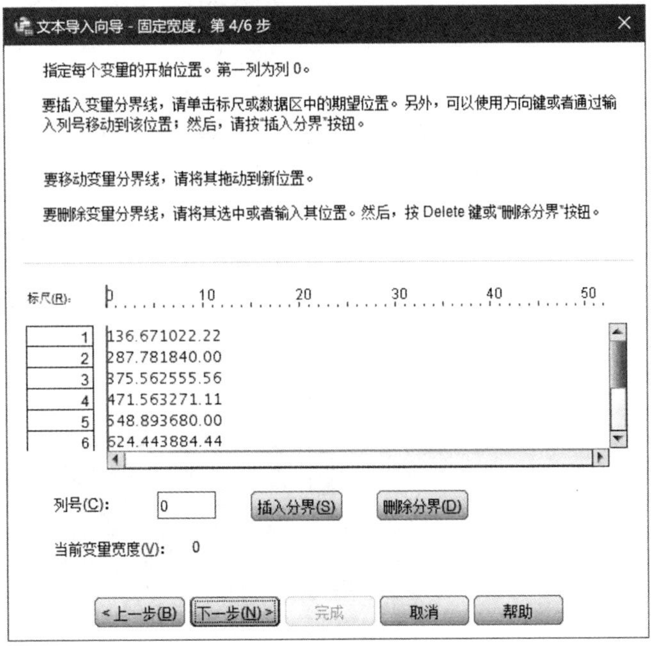

图 1-23　文本导入向导的第 4 步(设置修改变量分界)

在窗口的数据显示栏里，有以下三种操作，包括插入、移动、删除分界线。

①插入一条分界线，在插入位置点击鼠标左键。

②再次用鼠标点击某一分界线，按住左键并将分界线拖移。

③用鼠标左键点击某

一分界线，选中该分界线，点击【删除分界】按钮，删除该分界线。

注意：在以上三种操作中，数据预览窗口的下方都会显示“列号”“当前变量宽度”的信息，可以根据这些信息来准确调整变量的宽度。

在图 1-23 中，【插入分界】按钮表示在某一位置插入分界线；【删除分界】按钮表示在某一位置删除分界线。

根据数据的宽度，分别插入分界线，图 1-24 为插入分界线后的情形。此外，在 Excel 软件中打开固定宽度的文本文件时，也有类似的功能。

完成后，点击【下一步】按钮，出现文本导入向导的第 5 步对话框（定义变量名与类型），如图 1-25 所示。

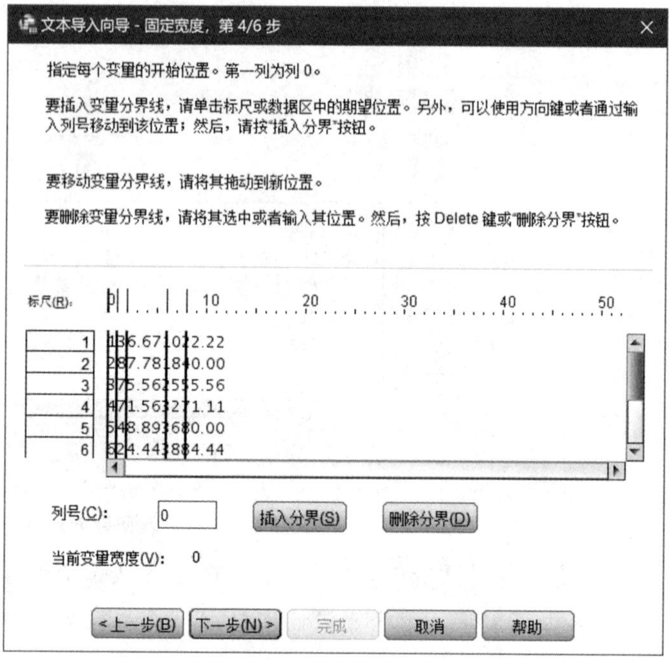

图 1-24　文本导入向导的第 4 步（插入分界线后）

图 1-25　文本导入向导的第 5 步（定义变量名与类型）

变量名：定义变量名。

数据格式：定义变量的数据类型。系统默认为“自动”。

在此窗口中，先在“数据预览”框中，按列进行选择，选中需要重新定义的变量；然后在“变量名”和“数据格式”栏中，重新输入变量名和修改数据类型。例如，我们可以选中第一个变量，并在“变量名”一栏内输入“ID”，如图 1-25 所示。

完成后，点击【下一步】按钮，出现文本导入向导的第 6 步对话框(见图 1-26)。

图 1-26　文本导入向导的第 6 步

在此对话窗口的数据预览框里，可以预览观察数据读取情况，如果读出的数据不对，可以点击【上一步】按钮，回到前面的对话窗口里进行修正设置。

如果数据显示正确，就点击【完成】按钮，文本数据就被导入了数据编辑窗里。这一步一般不需要进行其他操作。

(二)使用分隔符格式文本文件的调用

使用分隔符格式文本文件的调用，其操作步骤与固定宽度字符格式的文本文件的调用步骤相似，不同之处在导入向导的第 2 步、第 4 步。这里以导入“某学校教职工的信息表. txt”文件为例，进行演示。

先用记事本打开这个文件，发现文件第一行是变量名，而数据是从第二行开始的。相邻两列之间有间隔，但这个间隔不是用空格键表示的，而是用制表符(计算机键盘上的 Tab 键)表示的。然后，关掉记事本，并从 SPSS 里导入这个文件。导入向导的第 1、第 3、第 5、第 6 步与上一例题相同，这里就不赘述了。

导入向导的第 2 步(见图 1-27)：

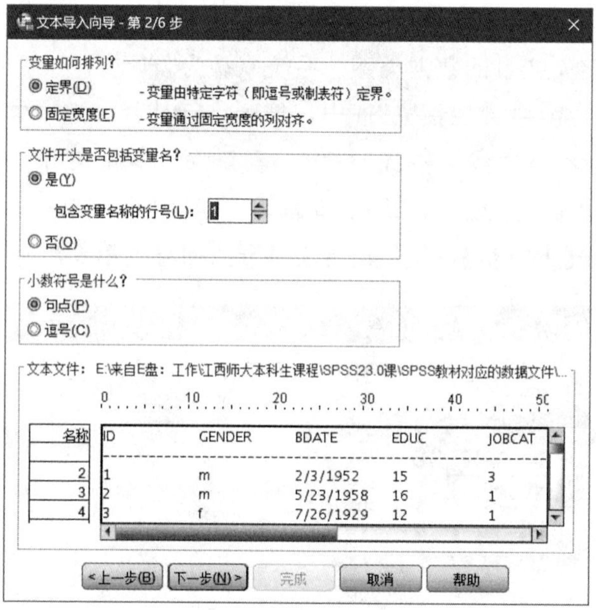

图 1-27　文本导入向导第 2 步(二)

在“变量如何排列?”框内，选中“定界”的方式。

在“文件开头是否包括变量名?”框内，选中“是”。在“包含变量名称的行号”框内，系统默认是 1，这里也选 1。

在“小数符号是什么?”框内，选中“句点”。

导入向导的第 4 步(见图 1-28)：

图 1-28　文本导入向导第 4 步

在“变量之间存在哪些定界符?”框内，有多种定界符号类型可以选择，而且可以复选，以及增加填写其他类型的定界符。此时系统会自动识别数据文件已有的定界符，部分数据文件可能需要用户根据数据文件的实际情况选择定界符。在本例中，系统自动识别了定界符是制表符。

“文本限定符是什么?”框内的限定符号，一般情况下不涉及，默认选择“无”。

“前导空格和尾部空格”框内的选项，一般情况下不涉及，故不选。

(三)调用 Excel 数据文件

在很多情况下，用户喜欢使用 Excel 输入数据文件。因而用 SPSS 导入 Excel 文件(*.xls，*.xlsx，*.xlsm)也是一个常用的操作。这里以导入“手机调查问卷.xls”文件为例。在该数据文件中，数据第一行为变量名。

在工具栏点击【打开】按钮，出现打开文件操作窗口，并在“文件类型”下拉框中选择文件类型“Excel(*.xls，*.xlsx 和 *.xlsm)”(见图 1-29)。

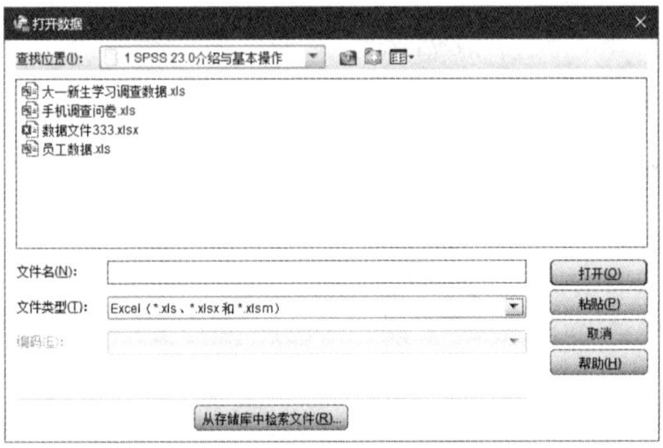

图 1-29　打开 Excel 文件的对话框

选择“手机调查问卷.xls”后，点击【打开】按钮，弹出如图 1-30 所示的对话框。

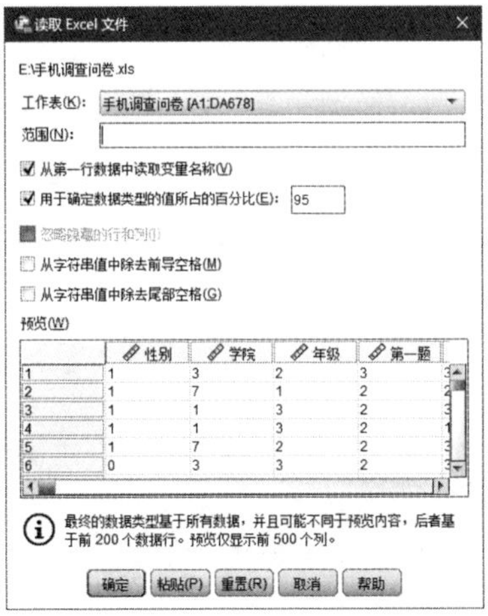

图 1-30　打开 Excel 文件的向导对话框

复选框“从第一行数据中读取变量名称”，系统默认为选中，在本例中也需要选中。点击确定后，系统就完成了导入。

【练习题】

1. 参考“1.3 SPSS 数据文件建立的具体步骤”的数据文件建立过程，对“艾森克人格问卷.doc”建立数据格式文件，包括变量的定义、值标签的定义。

2. 根据数据文件“大学新生调查情况.doc”中 15 名大学生的信息，建立数据文档，按要求进行变量的定义，并录入数据信息，保存为“大学新生调查情况.sav”文件；同时另存为“大学新生调查情况备份.xls”文件；然后再用 SPSS 软件打开该 Excel 文件。

3. 打开以下两个数据文件，分别为：①“SCL-90 量表.txt”文件；②“大一新生学习调查数据.xls”文件。

4. 参考“1.3 SPSS 数据文件建立的具体步骤”的数据文件建立过程，对“大学生心理健康调查问卷.doc”建立数据格式文件。

5. 根据“大学生消费去向调查问卷(简要版).doc”的内容，参考“1.3 SPSS 数据文件建立的具体步骤”的数据文件建立过程，在 SPSS 中初步建立一个数据格式文件，包括变量的定义、值标签的定义。

第 2 章　数据编辑与数据整理

与 Excel 文件一样，数据录入、整理的过程往往伴随着数据编辑操作(包括插入个案、插入变量、查找、替换等)，以及数据整理操作(包括数据排序、合并、选择、加权等)。

2.1　数据编辑

在主菜单中点击【编辑】菜单命令，弹出下拉子菜单(见图 2-1)。主要功能有：撤销、重做、剪切、复制、粘贴、清除、插入变量、插入个案、查找、查找下一个、替换、转到个案、转到变量、转到插补、选项。

图 2-1　【编辑】菜单命令

其中撤销、重做、剪切、复制、粘贴、清除、查找、查找下一个、替换、转到个案、转到变量、转到插补这几个功能，与常用的 Excel 软件的功能一致，这里不赘述。这里简要介绍插入变量、插入个案、选项这三个菜单命令。

2.1.1 插入变量

在数据编辑窗口选定要插入变量位置的后一个变量，从菜单中选择【编辑】→【插入变量】菜单命令，数据编辑窗口会产生一个新的变量列。新变量的名称是系统默认的，如果需要修改变量名称，需要进入变量视图窗口进行修改。

2.1.2 插入个案

在数据编辑窗口选定要插入个案位置的后一个个案，从菜单中选择【编辑】→【插入个案】菜单命令，数据编辑窗口会产生一个新的个案行。

2.1.3 选项

从菜单中选择【编辑】→【选项】菜单命令，点击【语言】选项卡标签，打开如图 2-2 所示的对话框。

图 2-2 语言选项

"输出"语言，是指数据分析输出结果的语言。

"用户界面"语言，是指软件使用界面、菜单的语言。

使用者可以根据自己的需要，把输出结果和使用界面的语言切换成各种语言，如英语、西班牙语、葡萄牙语、意大利语等。

2.2　数据整理：个案排序

在主菜单中点击【数据】菜单命令，弹出下拉子菜单(见图 2-3)。主要功能有：个案排序、转置、合并文件、汇总、拆分文件、选择个案、个案加权等。后面再分别论述如何实现这些功能。本部分先论述个案排序，即将个案按某一顺序进行排序。

以"考试成绩.sav"数据文件为例，从菜单中选择【数据】→【个案排序】菜单命令，弹出"个案排序"对话框(见图 2-4)。

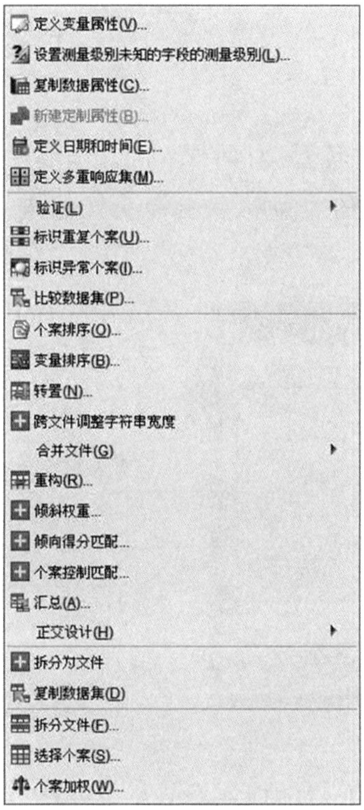

图 2-3　【数据】菜单命令

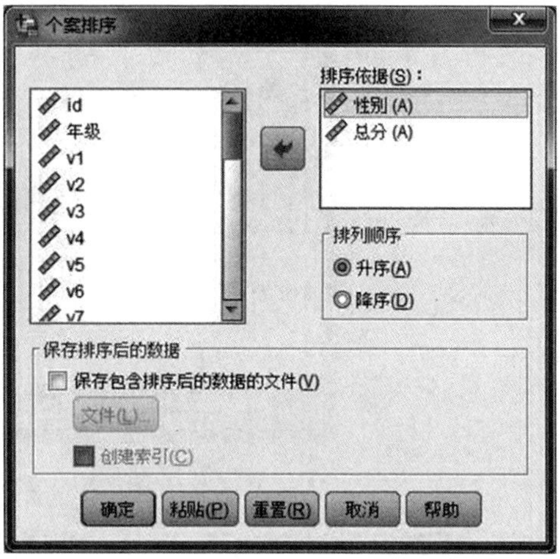

图 2-4　"个案排序"对话框

排序依据：选择排序变量，将个案按所选变量的值进行排序。如果选择了两个以上的变量，其排序结果将按变量在本栏的选入顺序排序。

排列顺序：

①升序。数值型变量由小到大排列，字符型变量按 A，B，C 字母顺序排列。系统默认项。

②降序。数值型变量由大到小排列，字符型变量按 Z，Y，X 字母顺序由后向前排列。

保存排序后的数据：可选。

此时，可以实现分别按性别对总分进行排序，即先对所有男生按总分从低到高进行排序，然后再对所有女生按总分从低到高进行排序。

2.3　数据整理：转置

有时用户需要将数据管理器中原先按行(列)方向排列的数据转置成按列(行)方向排列的数据。这里以“7 个评委.sav”数据文件为例说明(见图 2-5)。

	ID	评委1	评委2	评委3	评委4	评委5	评委6	评委7	变量
1	1	63	90	54	45	54	72	64	
2	2	188	238	300	140	175	300	207	
3	3	138	220	83	213	150	163	185	
4	4	54	144	92	100	36	90	87	
5									
6									

图 2-5　需要转置的数据

从菜单中选择【数据】→【转置】菜单命令，弹出“转置”对话框。

在左边的变量名列框中选 1 个或多个需要转置的变量，点击箭头按钮进入右边的变量框，再点击【确定】按钮即可(见图 2-6)。

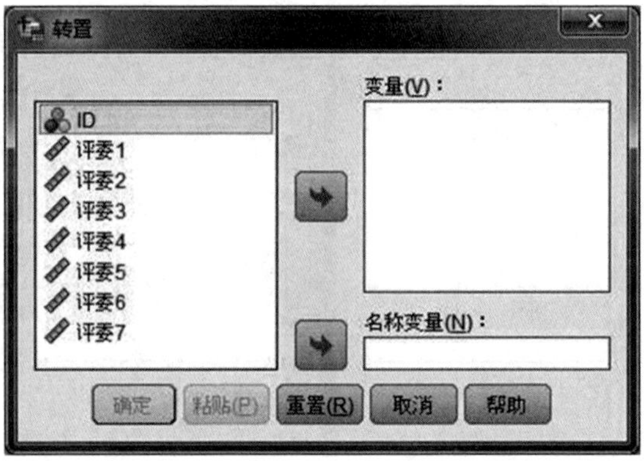

图 2-6　“转置”对话框

在点击【确定】按钮之后，产生的新数据会在第 1 列出现一个 CASE_LBL 新变量，用于放置原来数值的变量名(见图 2-7)。若要将数据再转置回原来的排列方式，方法与上述过程相同。

	CASE_LBL	var001	var002	var003	var004	变量	变量
1	评委1	63	188	138	54		
2	评委2	90	238	220	144		
3	评委3	54	300	83	92		
4	评委4	45	140	213	100		
5	评委5	54	175	150	36		
6	评委6	72	300	163	90		
7	评委7	64	207	185	87		
8							

图 2-7　行列转置后的数据

经过上述转置，每一行的数据都是一个评委的评分信息，就可以计算肯德尔和谐系数了。

Excel 软件也有类似的功能。第 1 步，选中所需要行列互换的数据区，并点击右键，弹出右键菜单，选择【复制】按钮；第 2 步，在空白区，先点击左键，再点击右键，弹出右键菜单，选择【选择性粘贴】按钮，并选中右下角的“转置”复选框，然后点击【确定】按钮(见图 2-8)。

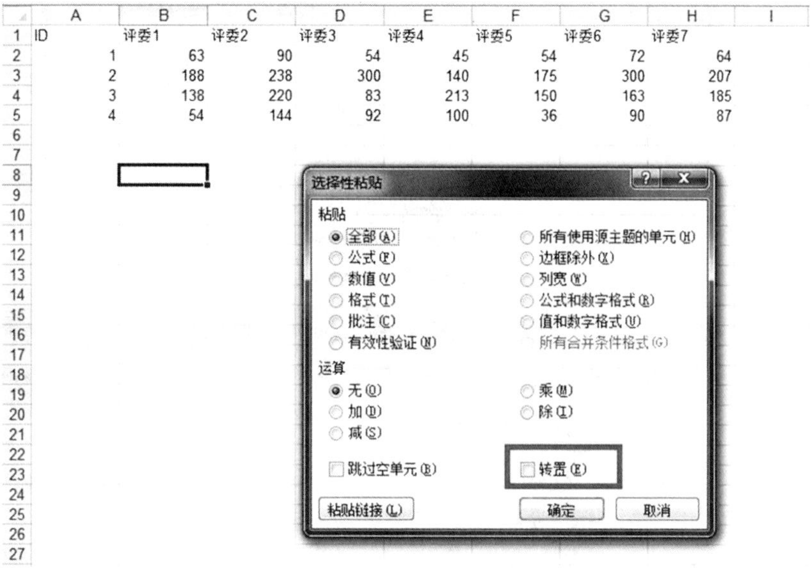

图 2-8　Excel 软件中的行列变换

2.4　数据整理：合并文件

合并文件的目的是，将其他数据文件的个案(变量)添加到当前文件中，合并后的新数据的个案(变量)应该为两个文件之和。它有两种形式：添加个案、添加变量。

2.4.1　添加个案

添加个案，即将其他数据文件的个案添加到当前文件中。应用情境包括以下两种。①对多个合作者输入的问卷数据进行汇总，或对多个合作单位的数据进行汇总，需要将其合并成一个总的文件。注意：多个合作者输入时，需要统一约定变量的定义规则和输入规则，并指定其中一个合作者定义变量和建立数据文件模板，以避免出错。②将不同部门、不同学院的数据汇总到上一级。

以将“数据文件 1. sav”与“数据文件 2. sav”合并为例，其基本操作如下。

第 1 步：先打开“数据文件 1.sav”，从菜单中选择【数据】→【合并文件】→【添加个案】菜单命令(见图 2-9)。

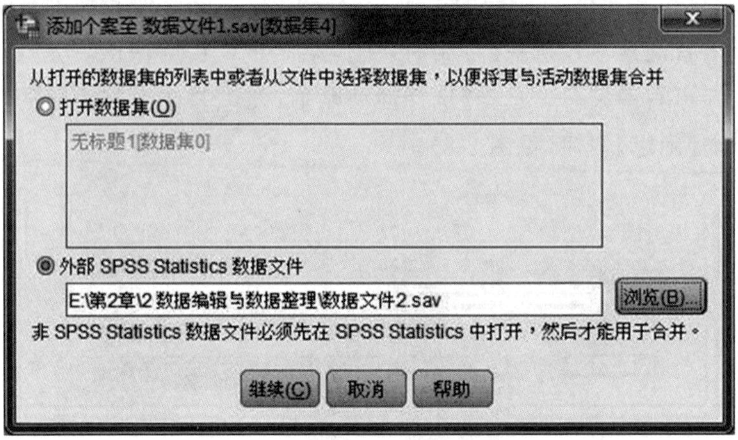

图 2-9　添加个案的向导对话框

第 2 步：选定“外部 SPSS Statistics 数据文件”单选框，点击【浏览】按钮，选择需要合并的文件“数据文件 2.sav”，点击【继续】按钮，弹出对话框(见图 2-10)。

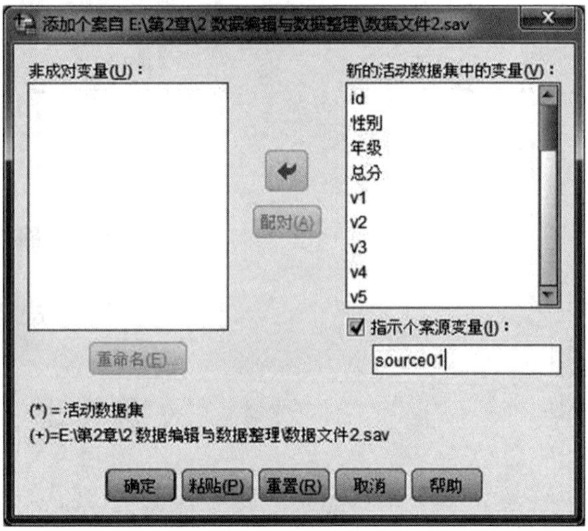

图 2-10　添加个案的主对话框

非成对变量：在这个列表框中显示两个数据文件中名称及类型不完全相同的变量，即不能完全匹配的变量。如果两个数据文件的变量完全相同，那么该列表框下将没有变量。

新的活动数据集中的变量：在这个列表框中显示添加后的新变量。如果需要将变量从左边“非成对变量”框里添加到右边的列表框中，则两个变量需要组成一对才可以被添加。

指示个案源变量：在新数据文件中显示变量个案来源。选中此项后，在新数据文件中建立一个以下框中命名的变量来标记个案来源于哪一个文件，0 表示原文件，1 表示连接的文件。系统默认的变量名为：source01。

第 3 步：完成有关设置，点击【确定】按钮，就可以将以上文件合并，所有的个案及其数据都会被添加到新的数据集中，并排列在原数据集的后面。在文件被添加后，原来的数据集窗口顶栏的文件名称前面会出现“＊”标识，如图 2-11 所示。在

SPSS 中，只要数据文件发生变化，就会出现“ * ”标识。点击【保存】按钮后，“ * ”标识就会消失。

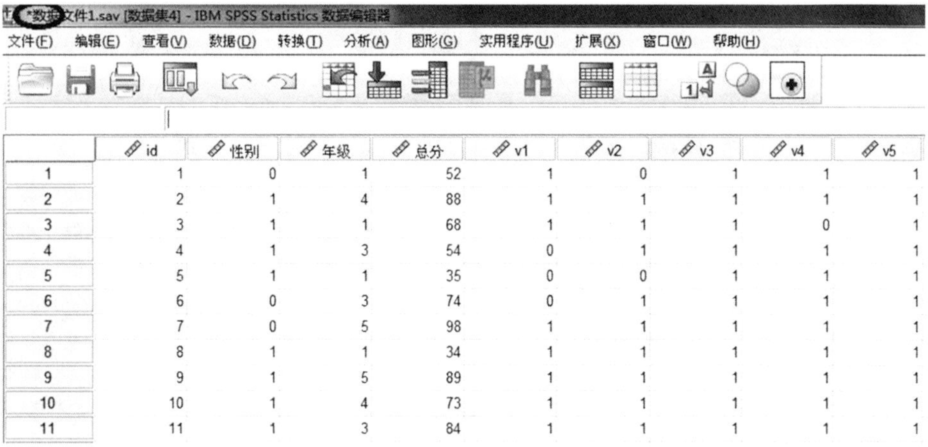

图 2-11　添加文件后的状态

2. 4. 2　添加变量

将其他数据文件的变量及其数据添加到当前文件中。适用范围举例如下。①在一次研究中对同一批被试进行了多次测验或多次实验，获得了该批被试的多份测量数据；或者数据输入时不同的合作者输入了不同的测验问卷。②不同部门的数据合并，如将教务科的成绩与学工处的学生信息合并，将学生的成绩信息与个人生理心理健康档案合并。

以将“横向文件 1. sav”与“横向文件 2. sav”合并为例，其基本操作如下。

第 1 步：先打开“横向文件 1. sav”，从菜单中选择【数据】→【合并文件】→【添加变量】菜单命令(见图 2-12)。

图 2-12　添加变量的向导对话框

第 2 步：选定“外部 SPSS Statistics 数据文件”单选框，点击【浏览】按钮，选择需要合并的文件“横向文件 2.sav”后，点击【继续】按钮，弹出对话框(见图 2-13)。

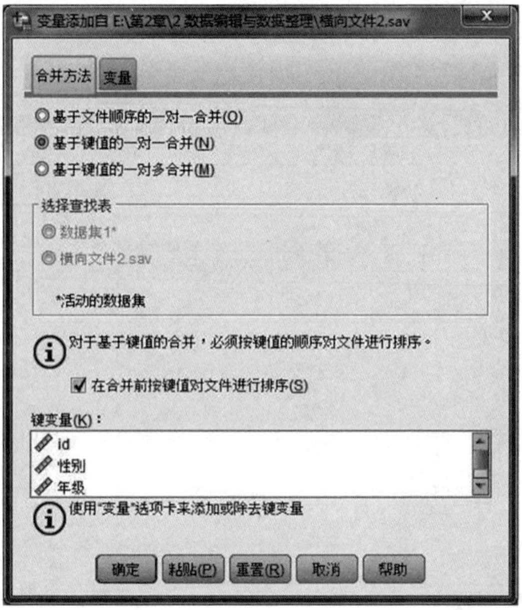

图 2-13 添加变量的主对话框：合并方法选项卡

在“变量”选项卡中有以下几个列表框。

排除的变量：若想在新文件中不包含某个变量，可选中它将其移至“排除的变量”列表框中。

包含的变量：新的文件中将要包含的变量。标有“＊”的变量是目前活动数据集里的变量，标有“＋”的变量是即将添加的文件中的变量。

键变量(即关键变量)：若两个文件中有名称相同的变量，系统会默认将其放在键变量中。一般来说，两个合并文件需要两个变量作为一对关键变量，一般以 id、编号、学号、工号等有唯一性标识的变量为关键变量。

第 3 步：在本例中，在“合并方法”选项卡中选中“基于键值的一对一合并”选项。在“变量”选项卡的“键变量”框中仅保留 id，将其他变量移到“排除的变量”列表框中。注意：在合并的这两个文件中，关键变量不能有缺失值，也不能有数值不对应的情况，否则合并时会报错(见图 2-14)。

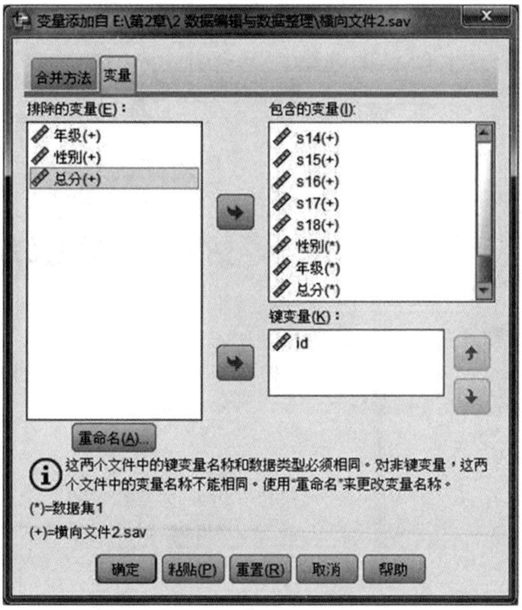

图 2-14 添加变量的主对话框：变量选项卡

第 4 步：完成有关设置，点击【确定】按钮，就可以将以上文件合并，所有的变量及其数据都会被添加到新的数据集中，并排列在原数据集的右侧。在文件被添加后，原来的数据集窗口顶栏的文件名称前面会出现“＊”标识。点击【保存】按钮后，“＊”标识将会消失。

2.5　数据整理：汇总

用户还可对数据管理器中的数据按指定变量的数值进行归类、分组、汇总，汇总的形式多种多样。例如，打开“心理健康调查数据.sav”数据文件，按变量性别、民族进行汇总计算智力测验分数的平均分、英语成绩的平均分。

从菜单中选择【数据】→【汇总】菜单命令，弹出“汇总数据”对话框(见图 2-15)。

选择“性别”“民族”变量进入“分界变量”列表框中，选择“智力分数”进入“变量摘要”列表框中。因欲对“智力分数”做平均值汇总，系统默认的是平均值 MEAN 汇总。如果需要选择总和、标准差以及其他函数，可以点击【函数】按钮，弹出“汇总数据：汇总函数”对话框，选择对应的函数，点击【继续】按钮返回(见图 2-16)。

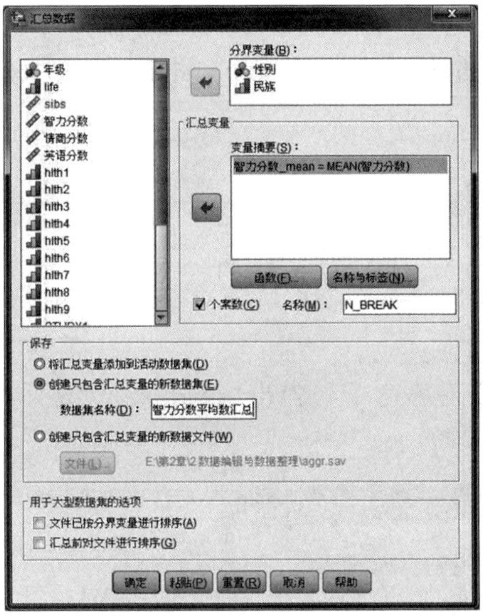

图 2-15　汇总的主对话框

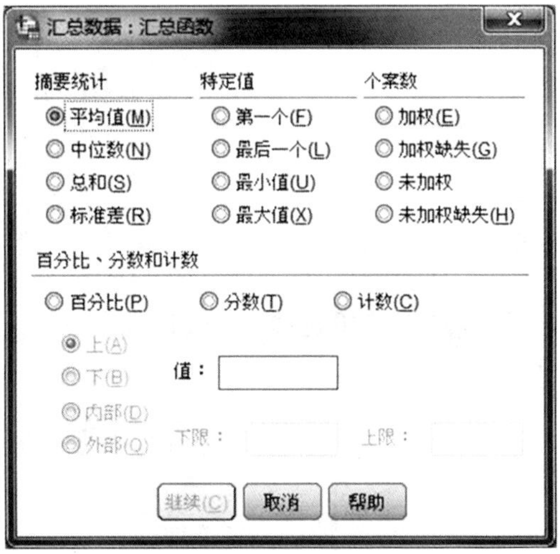

图 2-16　汇总的函数选择

在主对话框中选择“个案数”复选框(见图 2-15)。

在“保存”列表框中选择“创建只包含汇总变量的新数据集”，需要输入名称，再点击【确定】按钮。结果如图 2-17 所示，在一个新的窗口展示了新的数据集。

	性别	民族	智力分数_mean	N_BREAK	变量	变量	变量
1	1	1	111.83	206			
2	1	2	107.67	374			
3	1	3	108.89	53			
4	1	9	120.67	3			
5	2	1	112.39	261			
6	2	2	111.37	498			
7	2	3	112.91	112			
8	2	9	109.60	10			
9							

图 2-17　分类汇总的结果

如果在“保存”列表框中选中“创建只包含汇总变量的新数据文件”，则【文件】按钮就会被激活。点击【文件】按钮，用于定义具体数据文件名和选择保存路径，默认的路径文件名为“我的文档＼AGGR.sav”。

2.6 数据整理：拆分文件

在进行数据处理时，有时需要将某些分类变量进行分组分析，如对男女的情况，或者独生子女、非独生子女单独分析，此时就需要通过拆分文件来实现。在回归分析时，需要分类建立回归方程，分别进行分析。

注意：这里的拆分文件是逻辑拆分，并不是拆分为多个文件，而是从逻辑上分为多个类别，将数据分析的结果分类显示。

打开“数学成绩.sav”文件，对“数学”变量进行描述统计分析。选择【分析】→【描述统计】→【描述】菜单命令，将“数学”变量作为分析变量，点击【确定】按钮，得到如表 2-1 所示的结果。

表 2-1 描述统计(一)

	N	最小值	最大值	均值	标准偏差
数学	80	46	99	78.71	10.62
有效个案数(成列)	80				

然后从菜单中选择【数据】→【拆分文件】菜单命令，弹出“拆分文件”对话框(见图 2-18)。

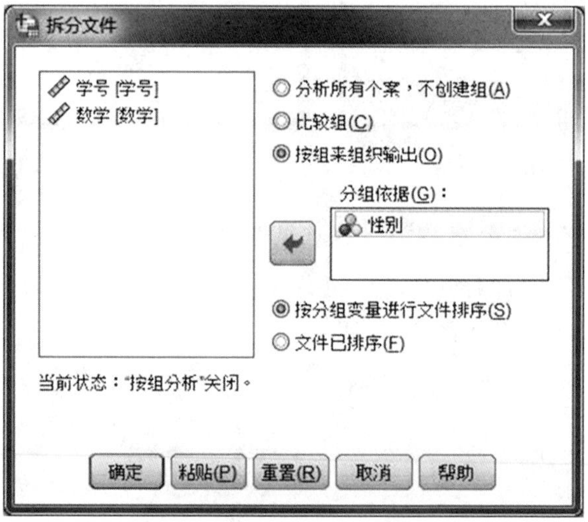

图 2-18 拆分文件的主对话框(一)

①分析所有个案，不创建组：分析所有观测对象，不进行拆分。系统默认选项。

②比较组：根据分类变量进行分析。选中此项后，“分组方式”会被激活。

③按组来组织输出：根据分类变量进行分析(最多可选择 8 个分类变量)。选择此项后，输出的方式按每一种不同的类组合给出一个完整的结果。而“比较组”选项则是在每一过程的输出时显示所有不同的分类组合。在一般情况下，选择“按组来组织输出”就可以。

在“分组依据”列表框下面还有两个选项。

①按分组变量进行文件排序：按分组变量值将个案由小到大升序排列，然后再拆分文件。系统默认选项。

②文件已排序：若文件已经被分类排序，就选此项。

这里对比拆分前后的情况。按性别分组后，对“数学”变量再进行描述统计分析，操作同前，拆分后的结果如表 2-2、表 2-3 所示。

表 2-2　描述统计[a](二)

	N	最小值	最大值	均值	标准偏差
数学	42	62	99	79.29	7.97
有效个案数(成列)	42				

a. 性别＝1。

表 2-3　描述统计[a](三)

	N	最小值	最大值	均值	标准偏差
数学	38	46	98	78.08	13.02
有效个案数(成列)	38				

a. 性别＝2。

取消拆分文件的操作：选择“分析所有个案，不创建组”(见图 2-19)。

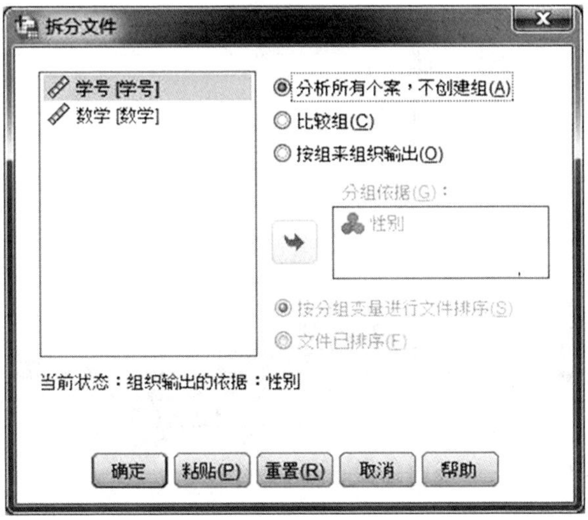

图 2-19　拆分文件的主对话框(二)

对“数学”变量再进行描述统计分析，得到以下结果(见表 2-4)。可以看到，这次的分析结果跟第一次(见表 2-1)完全相同。

表 2-4 描述统计(四)

	N	最小值	最大值	均值	标准偏差
数学	80	46	99	78.71	10.62
有效个案数(成列)	80				

2.7 数据整理：选择个案

在数据分析时，有时可能只对某些个案进行分析。例如，①在判别分析时，可能用其中 90%的个案数据建立判别函数，用其余 10%的个案数据来考核判别函数；②在进行艾森克问卷分析时，只有选择 L 量表分数小于 18 的个案数据才能进行分析。若遇到这些情况，就可以通过选择个案的操作来实现。

案例：在数据编辑窗口打开“心理健康调查数据.sav”数据文件，从菜单中选择【数据】→【选择个案】菜单命令，弹出“选择个案”对话框(见图 2-20)。

图 2-20 选择个案的主对话框(一)

图中有五种选择方式，解释如下。

①所有个案：系统默认选项。

②如果条件满足：选择此项后，【如果】按钮会被激活，单击该按钮，弹出“选择个案：If”对话框(见图 2-21)。

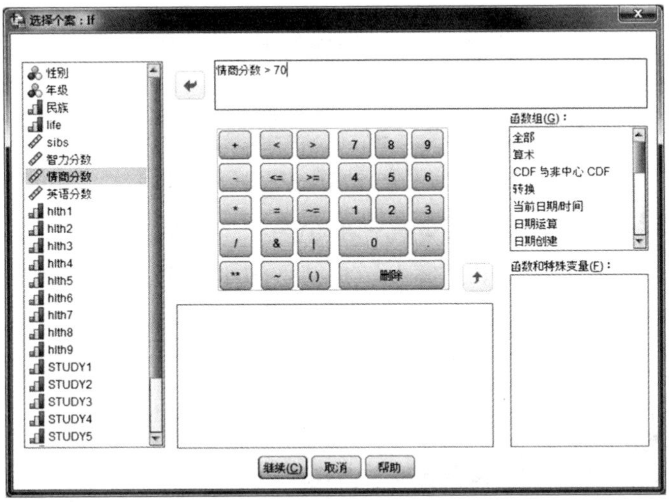

图 2-21　“选择个案：If”对话框

本例设置“情商分数>70”，设置后的结果如图 2-22 所示。

图 2-22　选择个案的主对话框(二)

③随机个案样本：随机抽取一定比例的观测个案。选择此项后，【样本】按钮会被激活，点击该按钮，弹出随机抽取设置对话框(见图 2-23)。

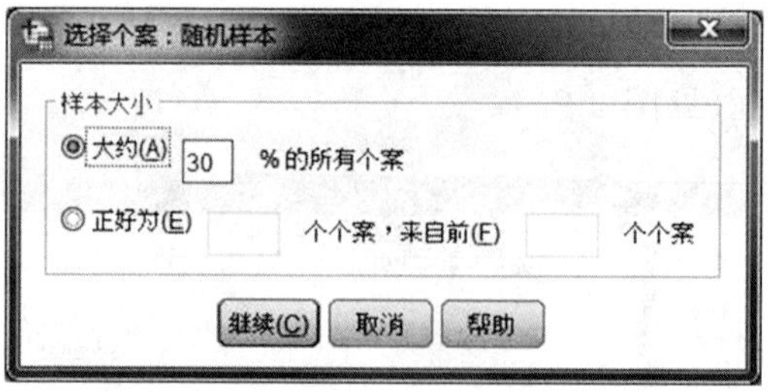

图 2-23 “选择个案：随机样本”对话框(一)

大约：按设置栏里输入的百分比抽取个案。本例抽取 30%的个案。

正好为：从开始的多少个个案中随机抽取多少个个案。本例假设是从前 90 个个案中随机抽取 15 个个案(见图 2-24)。

④基于时间或个案范围：按个案编号抽取个案。设置观测个案的起始个案号，默认从第 1 个个案号开始；设置结束个案号(见图 2-25)。

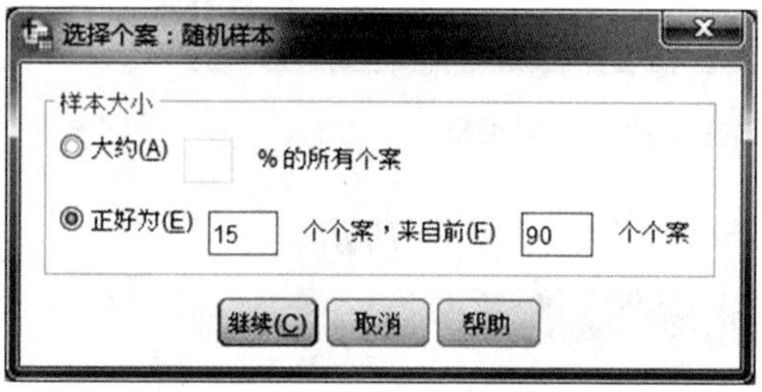

图 2-24 “选择个案：随机样本”对话框(二)

图 2-25 “选择个案：范围”对话框

⑤使用过滤变量：用过滤变量选取个案。过滤变量的值大于 0 的个案，将会被选取(见图 2-26)。

图 2-26 选择个案的主对话框(三)

这里选择“sibs”(宗教信仰)作为过滤变量，则该变量所有值为 0 或存在缺失值的个案都会被过滤。

输出：对个案的处理方式。

过滤掉未选定的个案：未被选取的个案被保留在文件中，未被选中的个案编号内标有对角斜线，其过滤变量 filter_$ 赋值为 0。系统默认选项。

将选定个案复制到新数据集：将被选取的个案复制，并新建一个数据集。

删除未选定的个案：将未被选取的个案从文件中删除。

2.8　数据整理：个案加权

在计算的过程中利用变量对数据进行加权处理时需要采用个案加权的操作。例如，在后面的交叉表分析(列联表分析)、计数变量的卡方检验时，需要对人数、数量进行加权；计算加权平均数时，也需要对数据进行加权。

这里举例说明，打开"某一同学的课程分数.sav"文件，进行加权处理的具体方法：从菜单中选择【数据】→【个案加权】菜单命令，打开"个案加权"对话框(见图 2-27)。

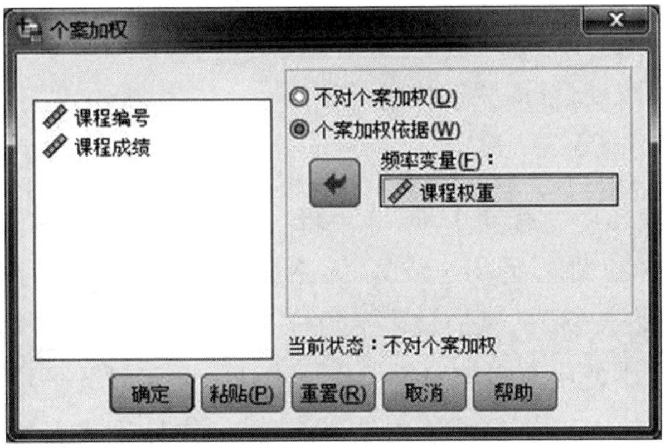

图 2-27　个案加权的主对话框

选择"个案加权依据"，将"课程权重"变量选择到右边，点击【确定】按钮，完成加权设置。

此时，如果再计算该同学的课程成绩的总平均分(或者说综合素质总分)，则选择【分析】→【描述统计】→【描述】菜单命令，在"描述统计"对话框中选择"课程成绩"变量作为分析变量，点击【确定】按钮，便可以得到如表 2-5 所示的结果。

表 2-5　描述统计(五)

	N	最小值	最大值	均值	标准偏差
课程成绩	1	35	98	73.25	
有效个案数(成列)	1				

此时，样本个案数 *N* 为 1，均值为 73.25。

接下来，取消对"课程权重"变量的加权，将"课程权重"变量移到左边，并选择

“不对个案加权”。再次计算该同学的课程成绩的总平均分，可以得到如表 2-6 所示的结果。

表 2-6 描述统计(六)

	N	最小值	最大值	均值	标准偏差
课程成绩	12	35	98	76.67	17.54
有效个案数(成列)	12				

取消加权后，样本个案数 N 为 12，均值为 76.67。

此外，在选择加权变量时应注意以下几点。

①可以加权的变量一般在含义上表达为人数、次数、频率、数量、比例、权重、占比等。

②加权变量为分数、小数时，加权的作用也是有效的。

③加权变量中含有零、负数或缺失值的观测量将被排除在分析之外。

④一旦对数据进行了加权处理，在该数据文件之后的分析中加权处理会一直有效，直到取消加权变量(即关闭加权处理)。

【练习题】

1. 已知某学校九年级有 6 个班，(1)班，平均分 78，人数 58；(2)班，平均分 69，人数 62；(3)班，平均分 73，人数 51；(4)班，平均分 70，人数 57；(5)班，平均分 76，人数 55；(6)班，平均分 80，人数 58。数据文件为“班级平均分.sav”。在 SPSS 中使用个案加权的操作，求整个九年级的平均分。

2. 试将“学校教工岗位与外语成绩.sav”文件按性别进行排序，要求先排男性，后排女性，同一性别内再按外语成绩从高到低排序。

3. 已知五个学院向学工处汇总了各自学院的学生获奖情况，请将这五个学院的数据文件(“外语学院的学生获奖情况.sav”“体育学院的学生获奖情况.sav”“教育学院的学生获奖情况.sav”“计算机学院的学生获奖情况.sav”“商学院的学生获奖情况.sav”)汇总到一个数据文件中。

4. 在一次问卷调查中，一共进行了三个分测验，分别由三个学生对这三个分测验的数据进行录入，数据文件为“问卷调查测验 1.sav”“问卷调查测验 2.sav”“问卷调查测验 3.sav”。现需要将这三个分测验汇总到一个文件中进行分析，请将这三个文件合并，并将其命名为新的文件名“问卷调查文件汇总.sav”。

5. 对“考试成绩.sav”文件按性别进行汇总，并保存在新的数据集中；以及同时按性别、年级对成绩总分进行汇总，并保存在新的数据集中。

6. 通过自行编制的计算机程序“图片喜欢度对偶比较实验”进行实验。自变量指标：图片类型(动物类、人物类、自然风景类)；因变量指标：选择次数(反应指标)和反应时间(参考指标)；其他影响因素：左右按键。通过计算机将选定的图片两两配对呈现，要求被试对呈现在屏幕上的 2 种图片进行比较并选择喜欢的一种，移动鼠标同时点击鼠标，共点击 1260 次，记录被选中的图片选择次数和反应时间。所得的数据文件为“图片喜欢度对偶比较实验.sav”。①请按图片类型、左右位置分类对被试的选择次数(个案数)、反应时间(计算平均值)进行汇总。②请按图片编号、左右位置分类对被试的选择次数(个案数)、反应时间(计算平均值)进行汇总。

第 3 章　数据转换

收集的问卷调查数据、实验数据等原始数据，在有些情况下不能直接满足数据分析的要求，需要进行适当的数据转换。SPSS 具有强大的数据转换功能，不仅可以进行简单的变量转换和重新建立分类变量，而且还可以进行复杂的统计函数运算和逻辑函数运算。

在主菜单中点击【转换】菜单命令，弹出下拉子菜单(见图 3-1)。

这里介绍常用的五个子菜单命令：①计算变量；②重新编码为相同的变量；③重新编码为不同变量；④个案排秩；⑤替换缺失值。

图 3-1　【转换】菜单命令

3.1　计算变量

计算变量是根据已存在的变量，经函数计算，产生新变量(或替换原变量值)。适用情境：计算试卷总分，在心理量表中计算各个因子得分，测验分数等值转换等。

【例 3-1】以计算能力倾向测验总分为例，打开“能力倾向测验. sav”数据文件，选择【转换】→【计算变量】菜单命令，打开如图 3-2 所示的对话框。

目标变量：这里输入新的变量名，用于标识计算后生成的新的变量值。如果输入的变量名称是旧变量名称(已经存在的变量名称)，那么该变量名称下的原变量值就会被替换为新变量值。在输入变量名称后，下面的【类型和标签】按钮就会被激活，点击该按钮则会弹出变量定义的对话框，可以设置变量属性。

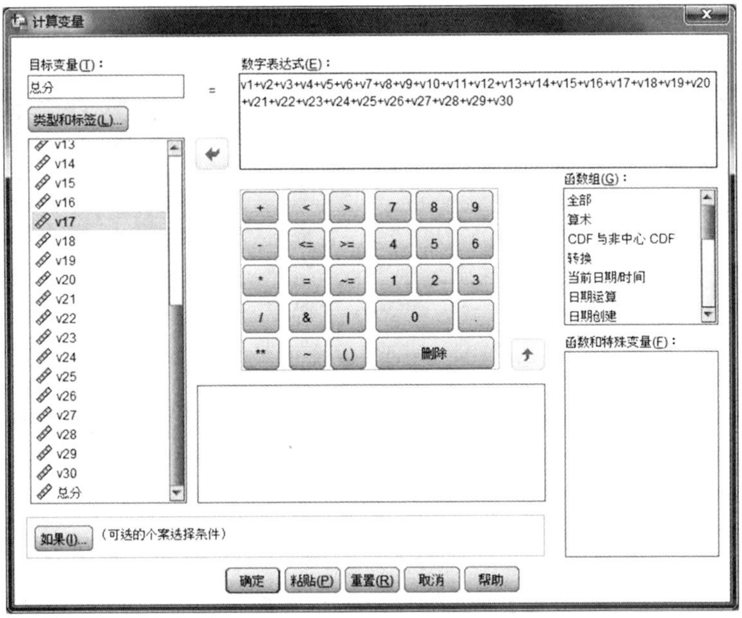

图 3-2　计算变量的主对话框

数学表达式：使用键盘或利用系统提供的计算面板输入数学表达式，也可以将“函数组”列表框里的函数选入表达式中。系统提供了 70 多种函数，包括算术函数、统计函数、分布函数、日期函数、缺失值函数和字符函数等。

注意：在“数学表达式”一栏，如果变量的计算具有一定的规律，那么就可以使用复制→粘贴的方式来编辑数学表达式。

在本例中，可以双击左边的变量，然后一一相加，就可以计算总分(见图 3-2)。

【如果】按钮：用于定义条件，一般较少使用。

在本例中，输入目标变量名称后，在“数学表达式”一栏中输入计算表达式，点击【确定】按钮，然后数据集的最后一列就会产生“总分”变量。

为了帮助一些想考研却不知道怎么选学校的读者，这里提供了一种用数据分析思维来决策的方法，叫作“决策平衡单”。

【例 3-2】 打算考研的秦同学找本书作者帮忙，希望从三个备选学校里选择一个学校。本书作者使用“决策平衡单”的方法帮他决策。

第 1 步：把自己选择学校所需要考虑的主要因素列出来。秦同学列了五个因素，分别是：报录比、所在专业的实力、学校的综合实力、地理位置、学校环境。

第 2 步：根据自己的意愿，为这些因素分别赋予权重，所有权重加起来是 1。秦同学为这五个因素依次赋予的权重是：0.4，0.2，0.1，0.2，0.1。

第 3 步：根据自己的意愿，给每个备选学校在每个因素上的满意度打分，满分都是 100 分。(“报录比”一栏的分数，指的是自己考上该校的信心。)然后，将数据录入 SPSS。为了减少麻烦，秦同学给所有因素的打分都保留整数，并把这些变量的小数位数设置为 0。录完数据后，得到“用决策平衡单报志愿. sav”文件(见图 3-3)。

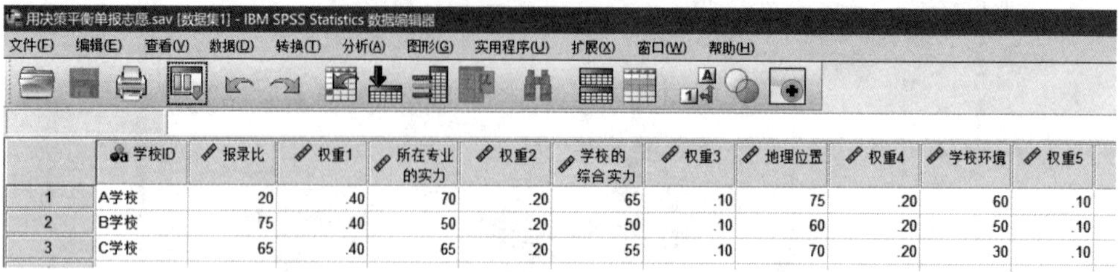

	学校ID	报录比	权重1	所在专业的实力	权重2	学校的综合实力	权重3	地理位置	权重4	学校环境	权重5
1	A学校	20	.40	70	.20	65	.10	75	.20	60	.10
2	B学校	75	.40	50	.20	50	.10	60	.20	50	.10
3	C学校	65	.40	65	.20	55	.10	70	.20	30	.10

图 3-3 决策平衡单的数据录入

注意：如果某个单元格的数字大于 0 而小于 1，那么 SPSS 软件就不会显示小数点前面的 0。

第 4 步：操作 SPSS 软件，计算出对每个学校的综合满意度。计算公式是：

$$综合满意度 = \sum(各因素上的满意度 \times 各因素权重)$$

点击【转换】→【计算变量】菜单命令，打开对话框。在“目标变量”列表框里输入“综合满意度”；把左边的变量和适当的计算符号选入“数学表达式”列表框中，由此得到如图 3-4 所示的对话框，点击【确定】按钮。随后，在数据视图窗口最右边出现一列“综合满意度”变量。

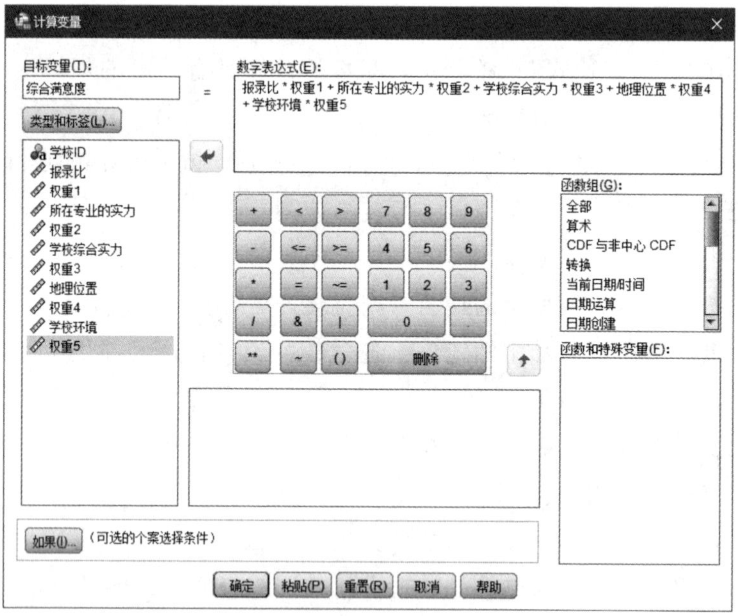

图 3-4 决策平衡单的综合计算

根据图 3-5 所示，可以认为：在秦同学的心中，他对 A，B，C 三所学校的综合满意度分别是 49.50 分、62.00 分和 61.50 分，所以秦同学应该选 B 学校。需要说明的是，我们并没有代替秦同学做决策，只是帮助他深入认识自己内心的想法并加以量化。

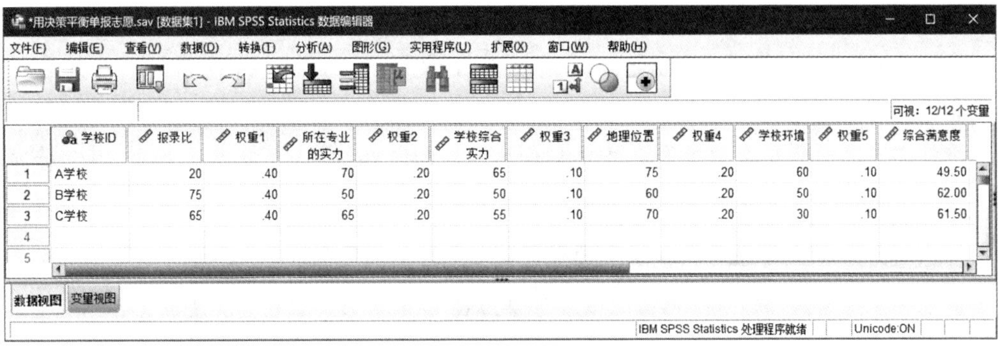

图 3-5　决策平衡单的计算结果

3.2　重新编码

在【转换】菜单下有【重新编码为相同的变量】【重新编码为不同变量】菜单命令，这两个命令的基本功能相似。不同之处为：【重新编码为相同的变量】菜单命令，旧变量名称不变，但是旧变量值会转换为新变量值；而【重新编码为不同变量】菜单命令会生成一个新的变量，旧变量名称和变量值都保持不变。

在心理与教育测量的研究情境中，以上操作可能出现四种应用情况。①有些心理测验中的部分题目的计分方法不一致，存在反向计分的题目。例如，在艾森克人格问卷中，有些题目是反向计分的。②有些测验中题目的计分方法有多种设置。例如，在卡特尔 16 人格因素测验中，有些题目选择 A 计 1 分，有些题目选择 A 计 2 分，有些题目选择 A 计 0 分，在计分时，需要对原始计分进行转换。③对测验分数重新分组，60 分及以下分数段赋值 1，不及格；60～70 分数段赋值 2，及格；70～80 分数段赋值 3，中等；80～90 分数段赋值 4，良好；90～100 分数段赋值 5，优秀。从某种程度上来讲，编码也可以被看作分组。④计算题目的难度、区分度时，需要进行高低分组；有些问卷需要对年龄进行分组。例如，20 岁及以下年龄段赋值 1，20～30 岁赋值 2，30～40 岁年龄段赋值 3，依此类推。

对于前两种情况，可以选择【重新编码为相同的变量】菜单命令；对于后两种情况，可以选择【重新编码为不同变量】菜单命令。

3.2.1　重新编码为相同的变量

【例 3-3】 以“艾森克人格问卷.sav”原始数据为例，说明【重新编码为相同的变量】的使用。在对艾森克人格问卷的原始数据录入时，选择“是”录入 1，选择“否”录入 0。在该问卷中，P 量表为精神质（又称倔强），该因子的第 19、第 23、第 27、第 38、第 41、第 44、第 57、第 58、第 65、第 69、第 73、第 77 题答“是”和第 2、第 8、第 10、第 17、第 33、第 50、第 62、第 80 题答“否”各得 1 分。那么对于那些答“否”而得 1 分的题(也就是反向计分题)，需要进行重新编码，才能进一步计算 P 量表的总分。

打开“艾森克人格问卷.sav”数据文件，点击【转换】→【重新编码为相同的变量】菜单命令，打开如图 3-6 所示的对话框。

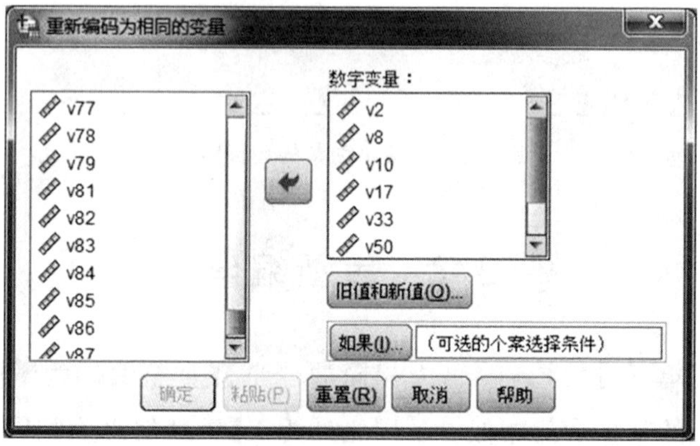

图 3-6　重新编码为相同的变量的主对话框

第 1 步：选择变量。将 V2，V8，V10，V17，V33，V50，V62，V80 这些变量从左边的对话框选入右边的“数字变量”列表框中。

第 2 步：点击【旧值和新值】按钮，弹出对话框(见图 3-7)。

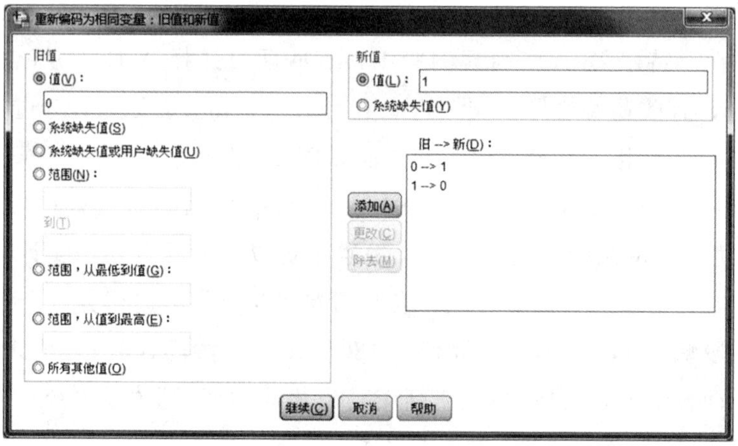

图 3-7　旧值和新值转换的子对话框(一)

第 2-1 步：在“旧值”框内选择第一个选项“值”，并输入 1，在“新值”框内输入 0。此时，右边的【添加】按钮就被激活了，点击此按钮，把这个旧的变量区间(值)以及新值移到“旧→新”栏中。

第 2-2 步：同理，在“旧值”框内选择第一个选项“值”，并输入 0，在“新值”框内输入 1，再点击【添加】按钮，把这个旧的变量区间(值)以及新的码值到“旧→

新”栏中。

第 2-3 步：点击【继续】按钮回到重新编码为相同的变量的主对话框，点击【确定】按钮执行菜单命令，在数据窗口可得到重新编码后的数据。

3.2.2　重新编码为不同变量

【例 3-4】以智力测验分数的分组为例，说明【重新编码为不同变量】菜单命令的使用。打开数据文件“智力测验分数. sav”，点击【转换】→【重新编码为不同变量】菜单命令，打开如图 3-8 所示的对话框。

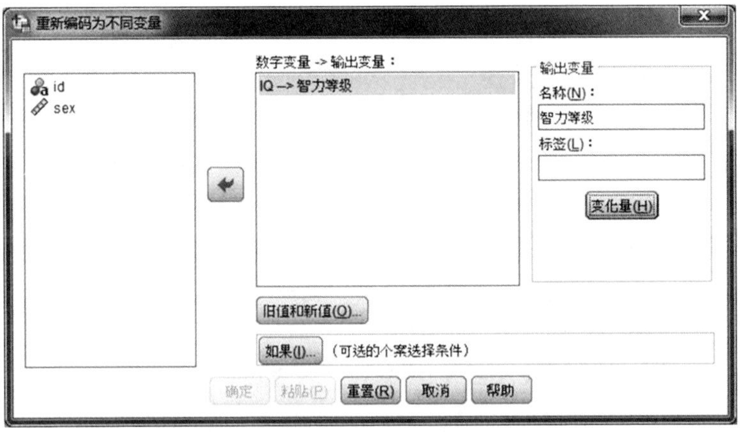

图 3-8　重新编码为不同变量的主对话框

第 1 步：选择定义输出变量。选择“IQ”变量进入“数字变量→输出变量”框中，并在右边的“输出变量”框中定义新的变量名及变量标签。在本例中，输入“智力等级”，标签可以不填。点击【变化量】按钮，此时“IQ→?”变化为“IQ→智力等级”。

第 2 步：点击【旧值和新值】按钮，弹出对话框(见图 3-9)。

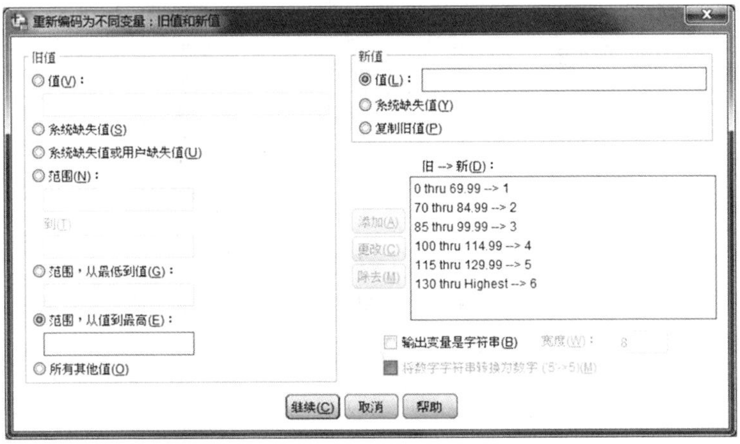

图 3-9　旧值和新值转换的子对话框(二)

①在“旧值”框内选择“范围”，并在范围区间输入两个数字，上面输入“0”，下面输入“69.99”。在“新值”框内输入 1。此时，右边的【添加】按钮就被激活了，点击此按钮，把这个区间以及新值移到“旧→新”栏中。

②在“旧值”框内选择“范围”，并在范围区间输入两个数字，上面输入“70”，下面输入“84.99”。在“新值”框内输入 2。此时，右边的【添加】按钮就被激活了，点击此按钮，把这个区间以及新值移到“旧→新”栏中。

注意：在“新值”那里，不能让某个组的最大值和下一个组的最小值完全相等，否则临界点就会同时属于两个组，造成混乱。

③重复以上步骤，把所有的区间都一个一个输入；点击【继续】按钮回到主对话框。

另外，如果担心旧值有奇异数据，且奇异数据不属于以上 6 个组中的任何一个，可以这样做：在“旧值”框内选择左下角【所有其他值】按钮，并在“新值”框内输入“7”或 1～6 以外的其他数字。

第 3 步：得到新变量。在主对话框内点击【确定】按钮，即在数据窗口得到新的分组变量(见图 3-10)。

id	sex	IQ	智力等级	变量
19	1	100	4.00	
49	2	100	4.00	
79	2	100	4.00	
118	2	65	1.00	
144	1	101	4.00	
1	1	84	2.00	
16	1	83	2.00	
31	2	78	2.00	
46	1	77	2.00	
47	2	85	2.00	
61	2	83	2.00	
76	1	82	2.00	
2	1	97	3.00	
3	1	98	3.00	
4	1	99	3.00	
5	1	139	6.00	
17	1	89	3.00	
18	1	92	3.00	
32	1	95	3.00	
33	1	97	3.00	
34	1	133	6.00	
35	1	98	3.00	
48	2	88	3.00	

图 3-10　生成的新变量

3.3　个案排秩

“秩”是次序的意思。个案排秩，是在指定条件下对某个或某些变量值的大小进行排序，也就是转化为等级变量，如成绩排名的名次变量。在求等级相关系数(包括肯德尔和谐系数)时，需要对变量进行排秩。

【例 3-5】这里以智商分数排名为例，打开“心理健康调查数据.sav”文件，要求分别得到男、女生在分组后的智力分数的排名。

在数据窗口点击【转换】→【个案排秩】菜单命令，对话框如图 3-11 所示。

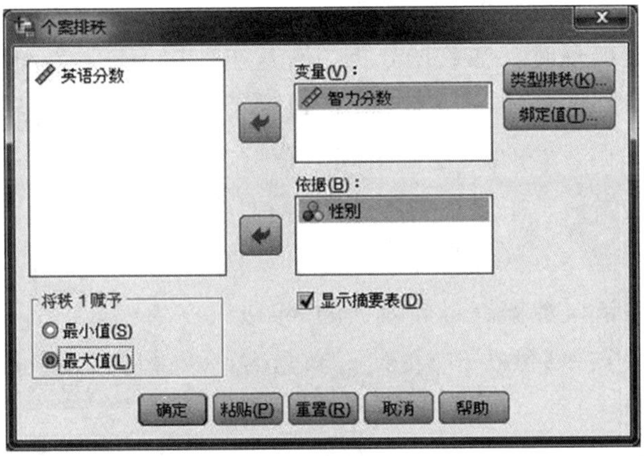

图 3-11　个案排秩的主对话框

从左边的框中选 1 个或多个变量(本例中选择智力分数)，点击向右按钮使之进入“变量”框内，作为按该变量值大小排序的依据。

将“性别”选入“依据”框内。如果选多个变量进入“依据”框内，那么系统将首先按照第一个分组变量排序，在此基础上再以第二个分组变量排序，以此类推。

排序的结果将在数据管理窗口中新建 1 个变量，变量名为原排序变量前加一特定排序类型字母 R(如原变量为 x，则普通排序时变量为 Rx)，该新变量用于放置秩次。

在“将秩 1 赋予”框中指定秩次排列方式，有两个单选按钮。

①最小值，表示最小值的个案排名为第 1，之后为 2，3，4，…

②最大值，表示最大值的个案排名为第 1，之后为 2，3，4，…

在本例中，选择“最大值”。

注：在分析学生的成绩排名、总分排名时，一般选择“最大值”。

在主对话框中，再点击【确定】按钮，在数据窗口的最右边会增加一列变量“R 智力”，用于记录被试的排序位置。

3.4 替换缺失值

在科学研究中，数据缺失是非常普遍的现象，凡是研究调查、数据收集的情景均可能出现数据缺失、数据奇异的现象。在社会科学研究中，调查对象在完成测验或问卷过程中可能因各种原因（如疏忽大意、回避敏感问题等）造成数据缺失、数据错误（或奇异）的现象。数据缺失对研究者来说是一个头痛的问题，不仅损失了信息，而且增加了分析难度。针对缺失值的情况，SPSS 分两种情况处理。

第一种情况，错误数据、奇异数据。对于这类数据，研究者不希望将其纳入分析中。操作：在 SPSS 中，在变量视图窗口进行数据分析的省略处理，即当错误数据、奇异数据出现时，在数据分析中对这类数据不进行统计分析。

【例 3-6】 打开“儿童智商分数. sav”数据文件，在该数据文件中，“年级”变量出现数值“0”“18”，显然是录入错误，于是我们不希望将相应数据纳入分析。点击“变量视图”标签，在变量视图窗口中，对存在错误数据、奇异数据的“年级”变量的“缺失”一栏点击【缺失值】按钮，弹出“缺失值”对话框（见图 3-12）。

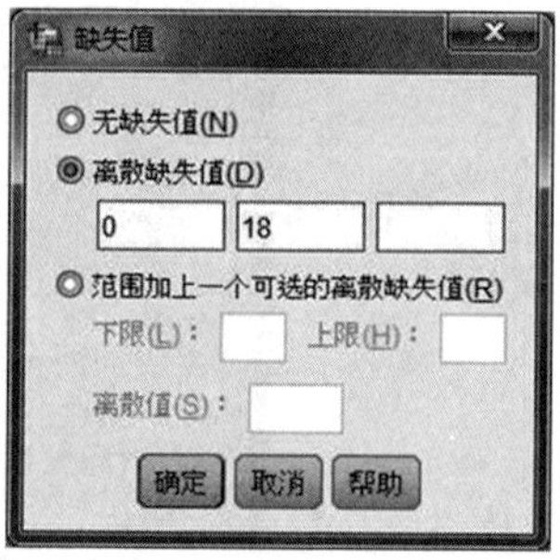

图 3-12　变量视图的缺失值定义

在“缺失值”对话框中，有以下三个选项。

①无缺失值。

②离散缺失值，可定义 1～3 个。在本例中，可定义“0”“18”为缺失值。

③范围加上一个可选的离散缺失值。在本例中，如定义 13～99 为“年级”变量的缺失值，同时定义 0 为“年级”变量的缺失值。

在本例中，选中“离散缺失值”。

对“年级”变量，定义“0”和“18”为缺失值；对“性别”变量，定义“0”为缺失值。

查看缺失处理后的效果，可以点击【分析】→【描述统计】→【描述】菜单命令，在“描述统计”对话框中选择“性别”“年级”“IQ”变量作为分析变量，点击【确定】按钮，可以得到如表 3-1 所示的结果。

表 3-1　描述统计

	N	最小值	最大值	均值	标准偏差
性别	29	1	2	1.52	0.509
年级	27	1	6	3.85	1.199
IQ	30	70	128	109.03	13.145
有效个案数(成列)	26				

注意：在 SPSS 操作的时候，选择的是“平均值”“标准差”，但 SPSS 输出的表格显示是“均值”“标准偏差”。

此时，性别的样本总数 N 为 29，年级的样本总数 N 为 27，IQ 的样本总数 N 为 30。也就是说，年级变量中有三个个案的数值为缺失值，性别变量中有一个个案的数值为缺失值。

第二种情况，缺失数据。在原始测验或问卷中，有时会出现被试没有作答或作答不清晰等原因造成数据不存在的现象，此时数据处理有两种操作方式。

①在分析过程中，SPSS 系统在进行报告、数据运算时默认进行删除，或由用户自定义选择删除方式。

②由用户主动对缺失值进行处理，使用缺失值替代方法替代缺失值；此时该替代值将纳入数据分析中，用户对缺失值进行处理，可以采用**【例 3-7】**的操作。

【例 3-7】 打开“员工岗位与外语成绩.sav”数据文件，分析月收入与外语成绩的回归方程。此时外语成绩存在缺失值，数据缺失时，在数据位置只显示一个“.”。对此数据集求回归方程时，需要进行缺失值的替换。在该数据文件中，在数据窗口点击【转换】→【替换缺失值】菜单命令，打开“替换缺失值”对话框（见图 3-13）。

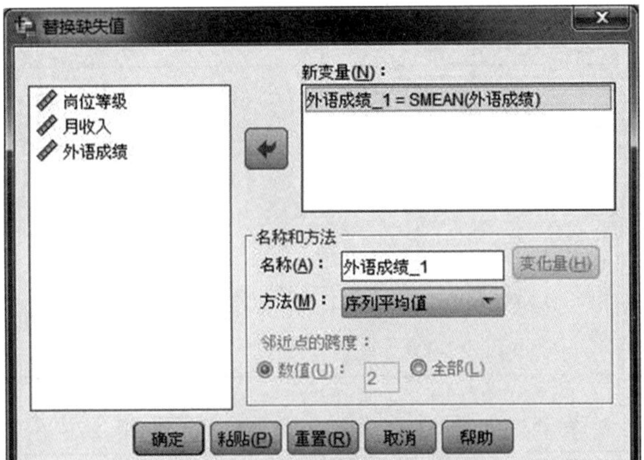

图 3-13　“替换缺失值”对话框

第 1 步：选择“外语成绩”变量到右边“新变量”框内，那么在右边的“新变量”框内会自动生成“外语成绩”变量替换后的新变量名称“外语成绩_1”以及替换方法。

第 2 步：在“名称和方法”框内，可以对新变量名称进行修改和替换方法的选择。

第 3 步：在【方法】的下拉菜单中选择缺失值的替代方式，五种方式如下。①序列平均值：用该变量所有非缺失值的平均值替代缺失值；②邻近点的平均值：用缺失值相邻点的非缺失值的平均数据替代缺失值；③邻近点的中位数：用缺失值相邻点的非缺失值的中位数替代缺失值；④线性插值：用缺失值相邻点的非缺失值的中点值替代缺失值；⑤邻近点的线性趋势：利用邻近点的非缺失数值以线性拟合方式替代缺失值。系统默认选择序列平均值。在一般应用中，也是使用序列平均值。

第 4 步：点击【确定】按钮，数据窗口中的缺失符号“.”就替换成具体的数字了。

【练习题】

1. 在“某心理测验数据.sav”数据文件中，第 2、第 33、第 35、第 64 题为反向计分题(反向计分规则：5→1；4→2；3→3；2→4；1→5)，请用变量重新赋值的方法进行调整(数据为 5 级计分)。

2. 请对“心理健康调查数据.sav”数据文件进行分析。①请对数据中的英语分数进行排序，并保存排序的秩次。②按 85 分以上为优秀，60～84 分以上为合格，60 分以下为不合格，将英语分数分为三类，并保存分类变量。③对“智力分数”变量，按以下范围分为六类(表 3-2 仅供参考。)

表 3-2　智力分数

分值范围/分	等级
70 以下	智力障碍
70～85	智力较落后
85～100	智力中等偏下
100～115	智力中等偏上
115～130	智力良好
130 以上	智力优秀

3. 对 300 多名大学生进行艾森克人格问卷测试，获得 271 份有效数据。根据被试的作答情况录入数据，若被试选择“是”则录入 1，若选择“否”则录入 0，汇总后的数据文件为“艾森克人格问卷.sav”。请根据“艾森克人格问卷计分方法.doc”文件的说明，先对反向计分题进行处理，然后再分别计算 E，N，P，L 四个分量表的总分。

第 4 章　描述统计分析

前几章主要是论述建立数据文件、数据编辑、数据整理、数据转换。从本章开始讲解【分析】菜单命令下的数据分析方法，点击【分析】菜单命令下拉子菜单(见图 4-1)。

本书将主要介绍【描述统计】【表】【比较平均值】【一般线性模型】【相关】【回归】【降维】【刻度】【非参数检验】【多重响应】菜单命令及其部分子菜单命令。

统计分析往往是从了解数据的基本特征开始的。描述数据分布特征的统计量可分为两类：一类表示变量的中心位置，另一类表示变量的变异程度(或称离散程度)。两者相互补充，共同反映数据的全貌。这些内容可以通过【分析】→【描述统计】菜单命令来完成。描述统计分析包括【频率】【描述】【探索】【交叉表】等子菜单命令。【交叉表】涉及卡方检验、品质相关检验等，本书将在第 8 章进行介绍。

图 4-1　【分析】菜单命令

4.1　频率分析

频率分布分析主要通过频率分布表、条形图和直方图，以及集中趋势和离散趋势的各种统计量来描述数据的分布特征。下面通过例子来说明频率分析的操作，实例操作与操作菜单命令使用说明同时进行。

【例 4-1】试对某一次测验的总分进行频率分析，描述测验分数的分布表及累积百分比表，并绘制分数分布直方图。

第 1 步：打开分析数据。打开“测验数据文件.sav”。

第 2 步：启动分析过程。点击【分析】→【描述统计】→【频率】菜单命令，打开对话框。

第 3 步：设置分析变量。从左边的源变量框中选择一个或多个变量进入右边的变量框中。在本例中选“总分”变量进入变量框中(见图 4-2)。

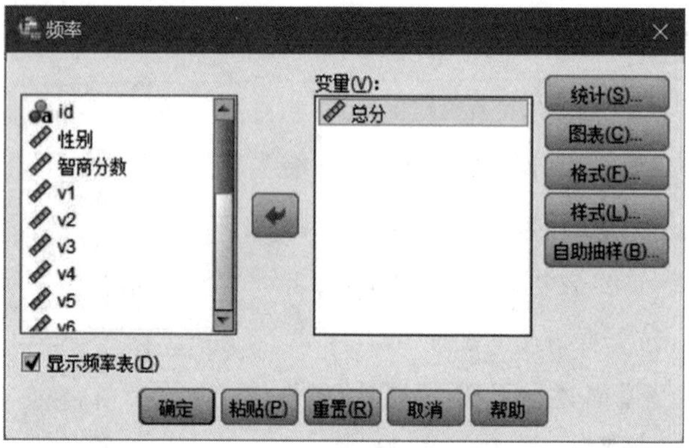

图 4-2 “频率”对话框

第 4 步：输出频率分布表。在主界面中“显示频率表”，系统默认为选中，在本例中也选中。

第 5 步：设置输出的统计量。单击【统计】按钮，打开子对话框，用于选择统计量。

此对话框中有多个内容框(见图 4-3)。

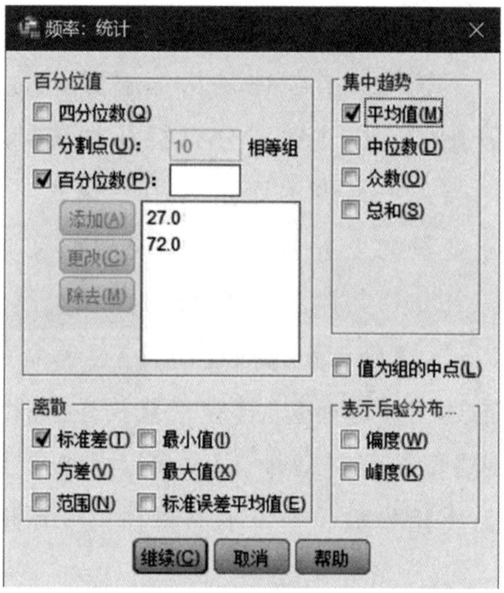

图 4-3 “频率：统计”对话框

第一个框：百分位值。

①四分位数：显示 25%、50%和 75%的百分位数。

②分割点：将数据平分为输入的 10 个等份。

③百分位数：用户自定义百分位数，输入值 0～100。选中此项后，输入数值，可以激活【添加】【更改】【除去】按钮，从而设置多个百分位数。

第二个框：离散。其中设有标准差、最小值、方差、最大值、范围、标准误差平均值几个选项。

第三个框：集中趋势。其中设有平均值、中位数、众数、总和几个选项。

第四个框：表示后验分布。其中设有偏度、峰度两个选项。

设置完成后，点击【继续】按钮回到主对话框。

第 6 步：统计图形输出设置。单击【图表】按钮，弹出如图 4-4 所示的对话框。

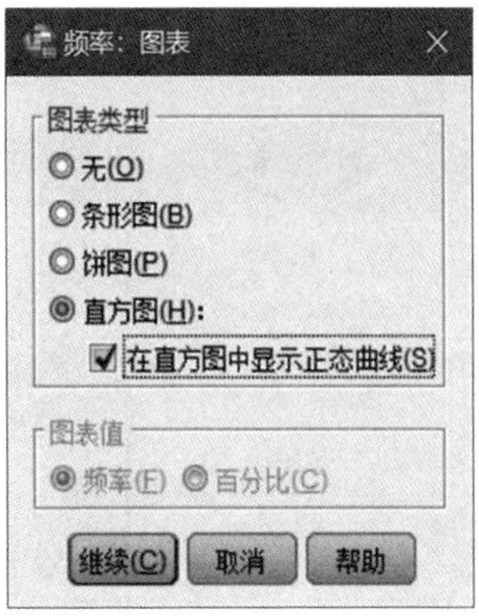

图 4-4　“频率：图表”对话框

在“图表类型”栏：

①无。

②条形图。

③饼图。

④直方图。若选中“在直方图中显示正态曲线”复选框，则在绘制直方图中会加绘一条正态分布曲线。

如果某一变量为连续型的变量，则可以选择直方图；如果某一变量为离散型的变量，只有少量的变化值，则可以选择饼图、条形图。

本例中选择“直方图”，并选中复选框。

在“图表值”栏：（在选择饼图时）

①频率。

②百分比。

设置完成后，点击【继续】按钮回到主对话框。

第 7 步：设置频率表格式。在主对话框中，单击【格式】按钮，打开如图 4-5 所示的对话框。

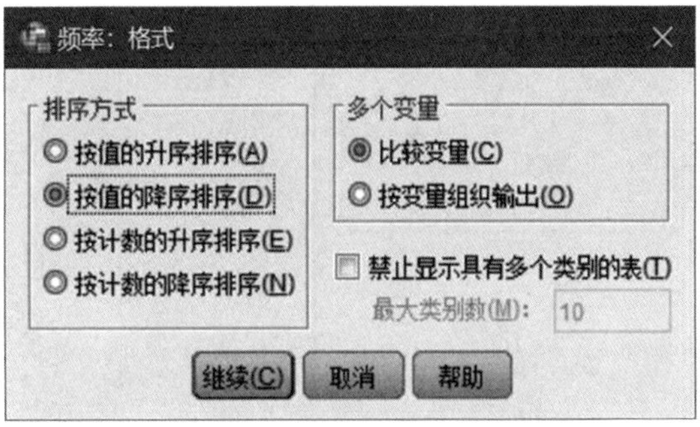

图 4-5　“频率：格式”对话框

在“排序方式”栏：

①按值的升序排序。

②按值的降序排序。在本例选择此项。

③按计数的升序排序。

④按计数的降序排序。

在“多个变量”栏：

①比较变量。系统默认。在本例中选择此项。

②按变量组织输出。

禁止显示具有多个类别的表。如果选中此项，需要输入分组数，系统默认为 10 组。一般不选择。在本例中不选择此项。

设置完成后，点击【继续】按钮回到主对话框。

第 8 步：在主对话框中点击【确定】按钮，提交执行。随后 SPSS 输出两个表格、一个图形。

第 9 步：结果分析。

第 1 个表(图)：统计(见表 4-1)。

表 4-1　统计

总分

个案数	有效	810
	缺失	0
平均值		62.21
标准偏差		18.721
百分位数	27	50.00
	72	74.00

在此表中列出的信息有：有效观察值 810 个，缺失值 0 个，平均数 62.21，标准差 18.721。百分位数 27 对应 50 分，百分位数 72 对应 74 分。

第 2 个表(图)：频率表(见表 4-2，有删减)。

表 4-2　频率表

总分

		频率	百分比/%	有效百分比/%	累积百分比/%
有效	15	1	0.1	0.1	0.1
	17	1	0.1	0.1	0.2
	18	2	0.2	0.2	0.5
	19	3	0.4	0.4	0.9
	20	3	0.4	0.4	1.2
	22	4	0.5	0.5	1.7
	23	5	0.6	0.6	2.3
	…	…	…	…	…
	95	6	0.7	0.7	97.8
	96	5	0.6	0.6	98.4
	97	5	0.6	0.6	99.0
	98	4	0.5	0.5	99.5
	99	2	0.2	0.2	99.8
	100	2	0.2	0.2	100.0
	总计	810	100.0	100.0	

在频率表中各列的数据分别是：观察值、频率、百分比、有效百分比、累积百分比。

第 3 个表(图)：频率分布的条形图(见图 4-6)。

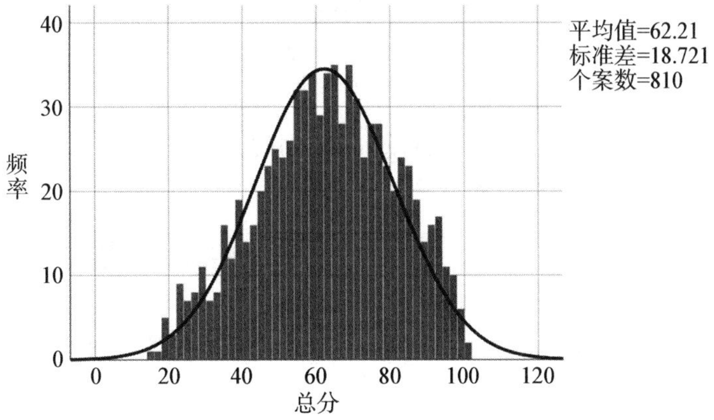

图 4-6　直方图

图 4-6 的右边标明了平均值、标准差、个案数。图形的正态分布曲线可以帮助读者大致判断是否符合正态分布。此图就表明，这批数据基本接近正态分布曲线。

【思考题】

在智力测验分析中，往往根据分数将智力分为几个等级，然后再统计报告各个智力等级的人数，如表 4-3 所示(数据仅为参考，实际统计数字以数据文件的统计结果为准)。以“智力测验分数.sav”数据文件为例，在 SPSS 中如何得到如表 4-3 的分析结果？

表 4-3　智力测验等级

分值范围/分	等级	频率	百分比/%
70 以下	智力障碍	2	1.3
70～85	智力较落后	7	4.7
85～100	智力中等偏下	23	15.3
100～115	智力中等偏上	76	50.7
115～130	智力良好	25	16.7
130 以上	智力优秀	17	11.3
总计		150	100

注：表中数据为样例，仅供参考。

4.2　描述分析

描述统计分析过程是对变量进行描述统计分析，包括计算集中趋势、离散趋势、分布等统计指标，而且可将原始数据转换成标准分数(Z 分数)并存入数据集中。所谓 Z 分数是指某原始数值比其均值高或低多少个标准差，高时为正值，低时为负值，相等时为零。下面仍然使用例子“测验数据文件.sav”来说明【分析】→【描述统计】→【描述】菜单命令的操作。

【例 4-2】试对某一次测验的测验总分进行分析，描述该测验分数的基本信息，并将每个被试的分数转化为标准分数。

第 1 步：打开分析数据。打开“测验数据文件.sav”。

第 2 步：启动分析过程。点击【分析】→【描述统计】→【描述】菜单命令，打开对话框。

第 3 步：设置分析变量。从左边的源变量框里选择一个和多个变量进入右边的“变量”框里。在本例中选择“总分”“智商分数”变量进入“变量”框里(见图 4-7)。

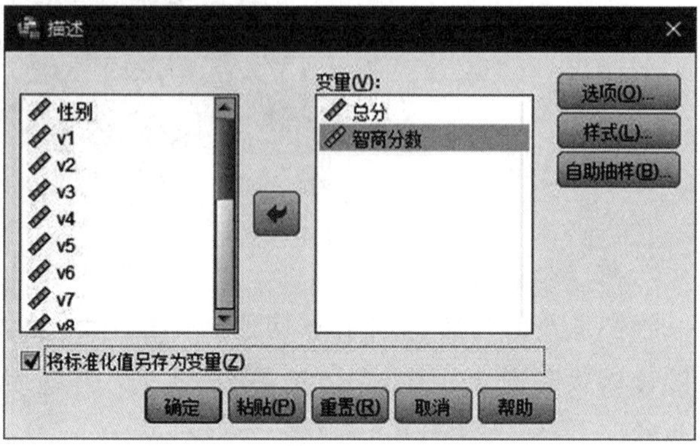

图 4-7 “描述”对话框

在本例中选中“将标准化值另存为变量”复选框，计算该变量的 Z 分数并将结果保存到当前数据集中。

第 4 步：选定统计分析选项。单击【选项】按钮，打开对话框(见图 4-8)，该对话框用于选择统计量。

在此对话框，有多个内容框。

顶部标签：集中趋势的统计量，包括平均值、总和。

第 1 个框：离散，其中设有标准差、最小值、方差、最大值、范围、标准误差平均值。

第 2 个框：表示后验分布的特征。

①峰度。此指标反映数据分布中心的数据集中程度。

②偏度。此指标反映数据分布偏离中心的程度及其方向。

在本例中，全部选择以上复选框。

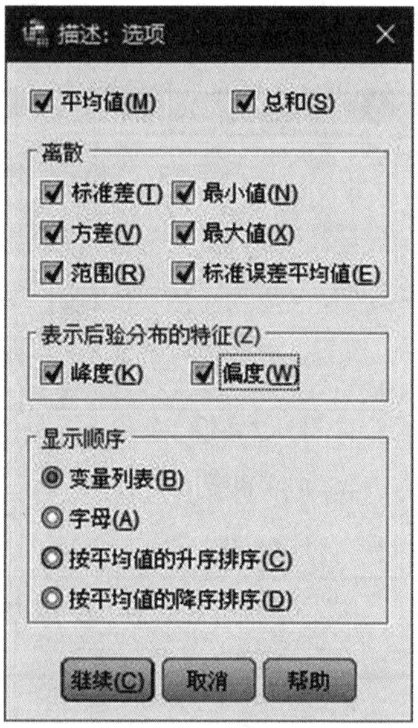

图 4-8 “描述：选项”对话框

设置完成后，点击【继续】按钮回到主对话框。

此外，在主对话框中，有【自助抽样】按钮，自助抽样方法是有放回的反复抽样方法，在一般情况下不使用。本章以及后面各章中的所有例子都不涉及自助抽样方法。

第 5 步：在主对话框中点击【确定】按钮，提交执行。SPSS 输出结果。

第 6 步：结果分析。

描述统计(见表 4-4)如下。

表 4-4　描述统计(一)

	N	范围	最小值	最大值	合计	均值		标准偏差	方差	偏度		峰度	
	统计	统计	统计	统计	统计	统计	标准错误	统计	统计	统计	标准错误	统计	标准错误
总分	810	85	15	100	50394	62.21	0.658	18.721	350.483	−0.191	0.086	−0.594	0.172
智商分数	810	63	66	129	85923	106.08	0.389	11.078	122.727	−0.407	0.086	−0.168	0.172
有效个案数(成列)	810												

此时，在原数据集最右边增加了两列数据“Z 总分”“Z 智商分数”，分别代表总分、智商分数的 Z 分数(见图 4-9)。

图 4-9　Z 总分变量

4.3　探索分析

调用探索性分析过程可对变量的分布进行更为深入详尽的描述性分析。它在一般描述统计指标的基础上，增加了观察数据的分布描述、发现数据是否有异常值或极值，以及有关数据其他特征的文字与图形描述，显得更加细致与全面，有助于用户思考对数据进行进一步分析的方案。下面以“10 岁少儿的智力测验分数.sav”文件为例来说明探索性分析过程的操作。

【例 4-3】试对 10 岁少儿的智力测验分数进行探索分析，对该测验分数进行正态分布检验、分析茎叶图。

SPSS 操作过程如下。

第 1 步：打开分析数据。打开“10 岁少儿的智力测验分数. sav”文件。

第 2 步：启动分析过程。点击【分析】→【描述统计】→【探索】菜单命令，打开探索的主对话框。

在对话框左侧的变量列表中，选中“智力测验分数”，点击向右按钮使之进入“因变量列表”框中。再选中“性别”，点击向右按钮使之进入“因子列表”框内（见图 4-10）。

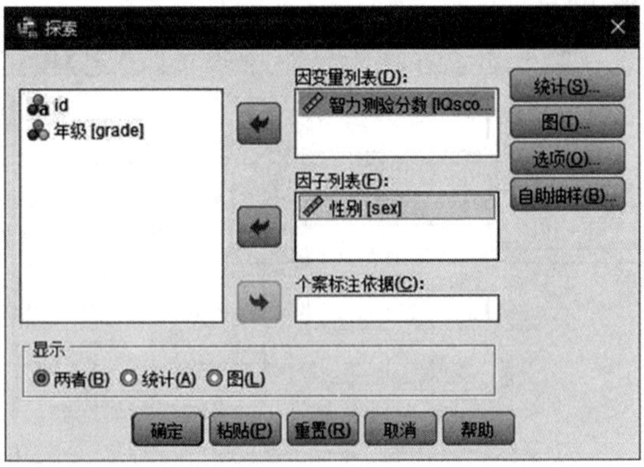

图 4-10　探索的主对话框

第 3 步：统计量选择。点击【统计】按钮，弹出“探索：统计”对话框（见图 4-11）。

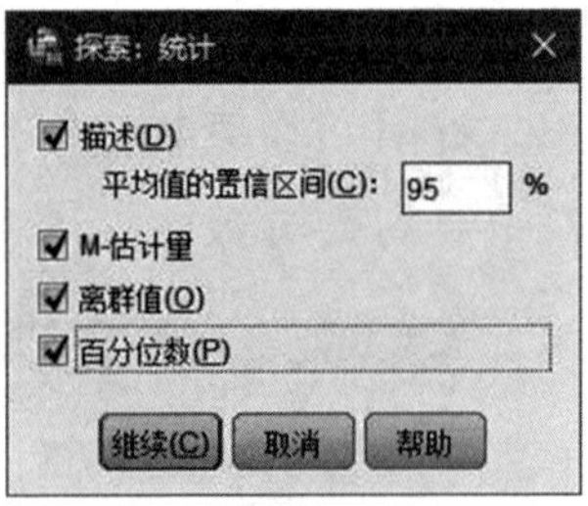

图 4-11　统计量的对话框

此界面有四个复选框。

①描述：输出均数、中位数、众数、5%修正均数、标准误、方差、标准差、最小值、最大值、范围、四分位全距、峰度系数、峰度系数的标准误、偏度系数、偏度系数的标准误。

②M-估计量：做中心趋势的粗略最大似然确定，输出四个不同权重的最大似然确定数。

③离群值：输出五个最大值与五个最小值。

④百分位数：输出第 5%、第 10%、第 25%、第 50%、第 75%、第 90%、第 95%位数。

在本例中，以上四个复选框全部选择，点击【继续】按钮回到主对话框。

第 4 步：设置绘图。点击【图】按钮，弹出“探索：图”对话框（见图 4-12）。

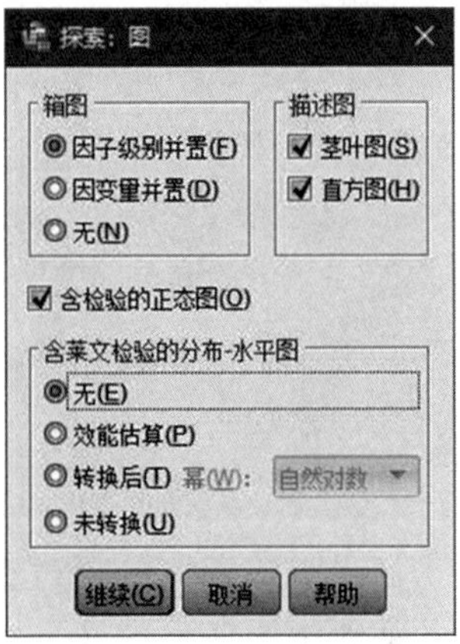

图 4-12　绘制对话框

在“箱图”栏内，按系统默认的方式，选择“因子级别并置”，即要求按组别进行箱图绘制。

在“描述图”栏内，同时选择“茎叶图”“直方图”两个复选框，要求做茎叶情形描述，以及直方图显示。

同时，选择“含检验的正态图”。

完成设置后，点击【继续】按钮回到主对话框。

第 5 步：设置选项。点击【选项】按钮，弹出“探索：选项”对话框(见图 4-13)。

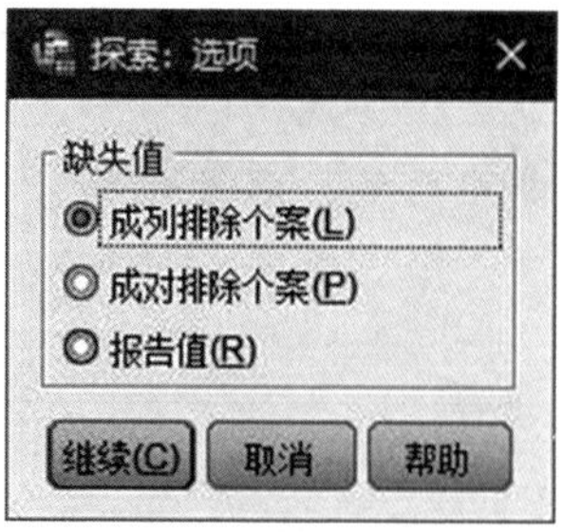

图 4-13　选项的对话框

按系统默认的方式，选中“成列排除个案”，点击【继续】按钮回到主对话框。

第 6 步：在主对话框中点击【确定】按钮，提交执行。SPSS 在输出窗口输出结果。

第 7 步：结果分析。在结果输出窗口中将看到如下表格、图形。

第 1 个表(图)：个案处理摘要(略)。

第 2 个表(图)：描述表(见表 4-5)。

表 4-5　描述表

	性别			统计	标准误差
智力测验分数	男	平均值		100.60	3.211
		平均值的 95%置信区间	下限	93.71	
			上限	107.49	
		5%剪除后平均值		101.33	
		中位数		100.00	
		方差		154.686	
		标准偏差		12.437	
		最小值		70	
		最大值		118	
		范围		48	
		四分位距		15	
		偏度		−0.923	0.580
		峰度		1.375	1.121
	女	平均值		117.47	1.841
		平均值的 95%置信区间	下限	113.52	
			上限	121.42	
		5%剪除后平均值		117.69	
		中位数		119.99	
		方差		50.838	
		标准偏差		7.130	
		最小值		103	
		最大值		128	
		范围		25	
		四分位距		13	
		偏度		−0.557	0.580
		峰度		−0.443	1.121

[分析]该表按男女分别输出了平均值、中位数、方差、标准偏差、最小值、最大值、范围(全距)、四分位距、偏度、峰度等统计量，能较全面地反映数据的集中趋势、离散趋势。

第 3 个表(图)：M-估计量(见表 4-6)。

表 4-6　M-估计量

	性别	休伯 M-估计量[a]	图基双权[b]	汉佩尔 M-估计量[c]	安德鲁波[d]
智力测验分数	男	101.82	102.15	101.70	102.15
	女	118.47	118.52	117.91	118.51

a. 加权常量为 1.339。

b. 加权常量为 4.685。

c. 加权常量为 1.700，3.400 和 8.500。

d. 加权常量为 1.340 * pi。

[分析]在四个不同权重下做中心趋势的粗略最大似然确定数。对于伴有长拖尾的对称分布数据或带有个别极端数值的数据，用粗略最大似然确定数替代均数或中位数，结果更准确。

第 4 个表(图)：输出百分位数(见表 4-7)。

表 4-7　百分位数

		性别	百分位数						
			5	10	25	50	75	90	95
加权平均(定义 1)	智力测验分数	男	70.00	79.00	96.00	100.00	111.00	116.20	
		女	103.00	106.00	110.00	119.00	123.00	126.20	
图基枢纽	智力测验分数	男			97.00	100.00	110.00		
		女			112.00	119.00	122.00		

[分析]有两种计算方式：加权平均、图基枢纽。利用计算的百分位数能较好地分析数据的百分位参照点。

第 5 个表(图)：输出极值(见表 4-8)。

表 4-8　极值

	性别			个案号	值
智力测验分数	男	最大值	1	13	118
			2	14	115
			3	5	113
			4	9	111
			5	2	109
		最小值	1	4	70
			2	11	85
			3	7	91
			4	6	96
			5	15	98[a]

续表

	性别			个案号	值
智力测验分数	女	最大值	1	25	128
			2	17	125
			3	19	125
			4	29	123
			5	20	121[b]
		最小值	1	16	103
			2	21	108
			3	27	110
			4	18	110
			5	26	114

a. 在较小极值的表中，仅显示了不完整的个案列表(这些个案的值为 98)。
b. 在较大极值的表中，仅显示了不完整的个案列表(这些个案的值为 121)。

按男女分组，分别输出最大五个数和最小五个数。

第 6 个表(图)：正态性检验(见表 4-9)。

表 4-9　正态性检验

	性别	柯尔莫戈洛夫-斯米诺夫(V)[a]			夏皮洛-威尔克		
		统计	自由度	显著性	统计	自由度	显著性
智力测验分数	男	0.156	15	0.200[*]	0.939	15	0.368
	女	0.141	15	0.200[*]	0.955	15	0.598

*. 这是真显著性的下限。
a. 里利氏显著性修正。

[分析]①柯尔莫戈洛夫-斯米诺夫的检验所对应的显著性水平均为 0.200，大于 0.05，接受原假设，即男生、女生的智力测验分数均服从正态分布。

②夏皮洛-威尔克的检验所对应的显著性水平分别为 0.368 和 0.598，大于 0.05，接受原假设，即男生、女生的智力测验分数均服从正态分布。

第 7 个表(图)：直方图(略)。

第 8 个表(图)：茎叶图(见图 4-14)。

第 9 个表(图)：正态 Q-Q 图(见图 4-15、图 4-16)。

Q-Q 图是用变量数据分布的分位数与所指定分布的分位数之间的关系曲线来进行检验的。这里是与正态分布进行对比的，因而被称为正态 Q-Q 图。原假设 H_0：一个变量的数据服从正态分布，正态 Q-Q 图将是一条直线。

智力测验分数茎叶图：
性别＝男

频率	茎 & 叶	
1.00	Extremes(≤70)	
1.00	8 .	5
5.00	9 .	16889
4.00	10 .	0249
4.00	11 .	1358

主干宽度：　10
每个叶：　1 个案

智力测验分数茎叶图：
性别＝女

频率	茎 & 叶	
1.00	10 .	3
1.00	10 .	8
3.00	11 .	004
3.00	11 .	789
4.00	12 .	0113
3.00	12 .	558

主干宽度：　10
每个叶：　1 个案

图 4-14　茎叶图

[分析]茎叶图描述，在男生的智力测验分数的茎叶图中的第二行，频率是数量为 1，也就是有 1 个数值，茎(Stem)为 8，叶(Leaf)为 5，其实该数值是 85；第三行，频率是数量为 5，有 5 个数值是茎为 9，叶为 16889，其实这 5 个数值分别是 91，96，98，98，99。其余数据依此类推。

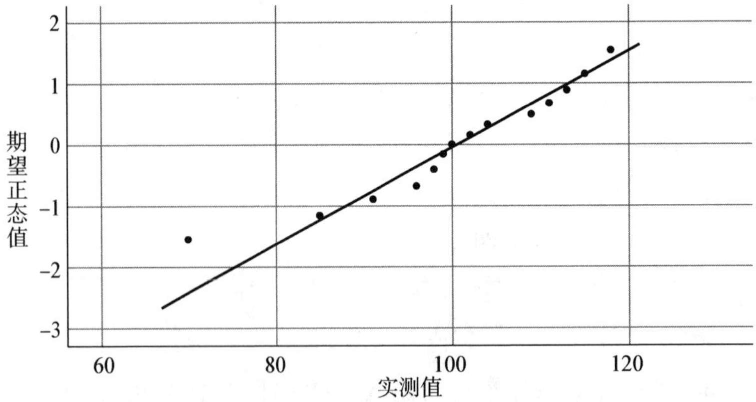

图 4-15　正态 Q-Q 图(男)

由图 4-15 可知，当性别为男时，正态 Q-Q 图中的点都在直线附近，也就是说，智力测验分数服从正态分布的假设可以接受。

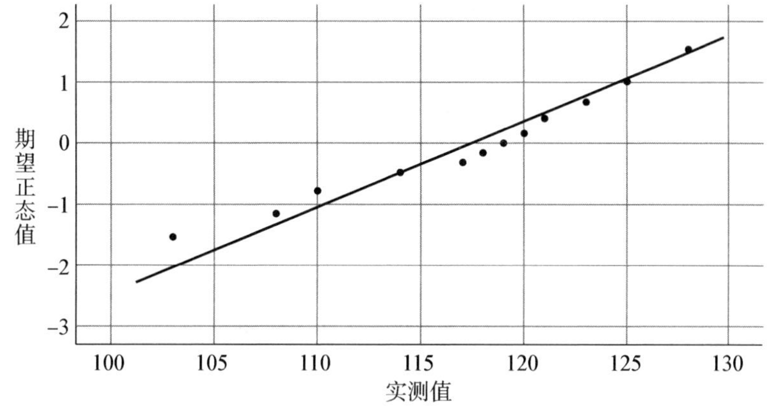

图 4-16　正态 Q-Q 图(女)

由图 4-16 可知，当性别为女时，正态 Q-Q 图中的点也都在直线附近，也就是说，智力测验分数服从正态分布的假设可以接受。

第 10 个表(图)：去趋势正态 Q-Q 图(见图 4-17)。

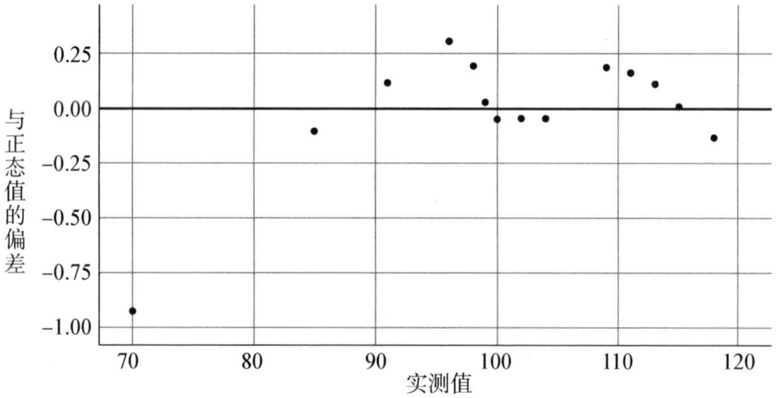

图 4-17　去趋势正态 Q-Q 图(男)

由图 4-17 可知，去趋势，也就是实测数据值距离正态期望值的偏差。当性别为男时，去趋势正态 Q-Q 图中的点都在 0.00 附近(只有一个点比较大，为 0.9；大部分点都在 0.25 以内)，可以反映实测数据值与正态期望值的具体差距情况。

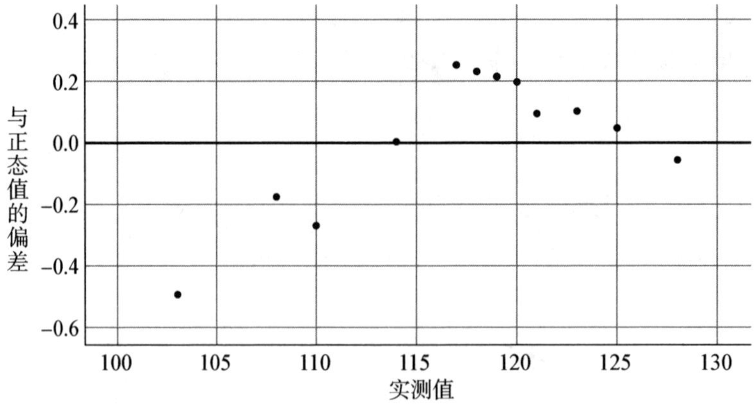

图 4-18　去趋势正态 Q-Q 图(女)

由图 4-18 可知，当性别为女时，去趋势正态 Q-Q 图中的点也都在 0.00 附近(相对于性别为男来说，有多个点大于 0.25)。

第 11 个表(图)：箱图(见图 4-19)。

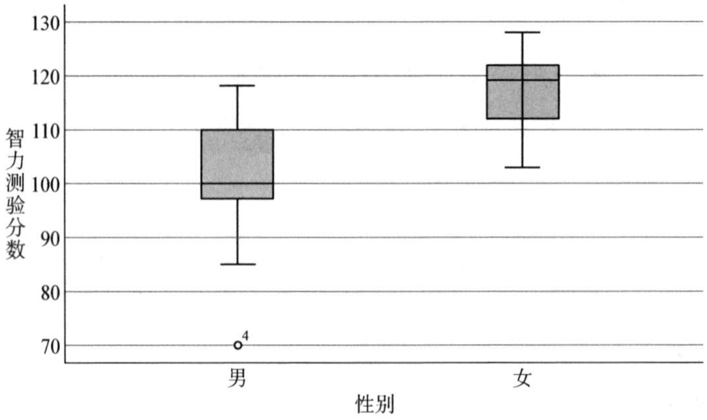

图 4-19　箱图

[分析]图 4-19 中的方箱为四分位数的箱图，中心粗线为中位数(50%百分位的观察值)，箱图的上线、下线分别为 75%、25%百分位的观察值，外部的两端线为去掉了极端数据(离群值)之后的最大值与最小值。

4.4　P-P 图

P-P 图是通过变量分布累计比与某一分布累计比生成的图形。通过 P-P 图可以检验数据是否符合指定的分布。原假设 H_0：观察变量的数据完全符合指定的分布时，P-P 图中的各点近似呈一条直线。如果 P-P 图中的各个观测点不呈直线，但有一定的规律，可以对变量数据进行转换，使转换后的数据更接近指定分布或另外指定的分布。

Q-Q 图同样可以用于检验数据的分布，其检验效果是一样的。所不同的是，Q-Q 图是用变量数据分布的分位数与所指定分布的分位数之间的关系曲线来进行检验的。在本章中仅介绍 P-P 图。

【例 4-4】 试对某一次测验的测验分数进行正态分布图形描述。

第 1 步：打开分析数据。打开“测验数据文件. sav”。

第 2 步：启动分析过程。点击【分析】→【描述统计】→【P-P 图】菜单命令，打开“P-P 图”对话框。

第 3 步：设置分析变量。从左边的变量列表，通过单击向右按钮可选择“总分”变量进入“变量”列表框中(见图 4-20)。当然，可以同时选择多个变量，本例中仅选择一个。

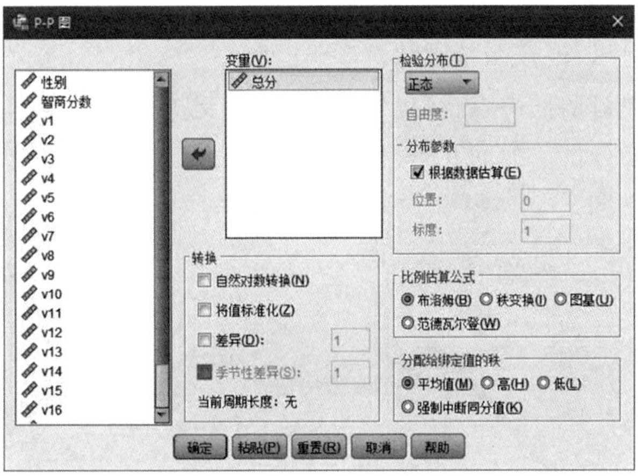

图 4-20　“P-P 图”对话框

第 4 步：设置分析参数。在对话框的“转换”栏中进行操作。

①自然对数转换，对当前变量的数据取自然对数，即将原有变量转换成以自然数 e 为底的对数变量。

②将值标准化，将当前变量的数据转换为标准值，即转换后变量数据的均值为 0，方差为 1。

③差异，对当前变量的数据进行差分转换，即利用变量中连续数据之间的差值来转换数据。选择此项以后，后面的文本框变为可用，在其中输入一个正整数，以确定转换的差分度，默认值为 1。

④季节性差异，用于确定指明计算时间序列的季节差分。只有在对当前变量的数据序列定义了周期以后才可用，如果当前周期为 0，将不能计算季节差分。选择此项，在后面的文本框中输入正整数，然后根据该正整数所确定的范围来计算该范围内数据的差值，并用该差值来转换原数据。

需要注意的是，这些数据转换并不会改变变量中的变量值，只会影响正态概率图。

在对话框的“检验分布”栏中，可选择不同的分布类型，检验变量数据是否符合所选分布。单击选项分布栏下的箭头可选择不同的分布类型。SPSS 默认的检验分布是正态，即正态分布。P-P 图可检验的分布还包括拉普拉斯分布、Logistic 分布、对数正态分布、正态分布、学生 t 分布、均匀分布、威布尔分布、帕累托分布等分布。在选择某一分布时，“自由度”复选框变亮：在该文本框中输入正整数，表示所选分布的自由度。

在“分布参数”栏中可输入所选分布类型的参数，选择的分布不同，参数输入窗口也不同。“根据数据估算”为系统默认选项。选择此项，系统将自动从数据中推测数据分布的参数，否则就要在该选项下方的参数框中根据需要自行指定。

在“比例估算公式”栏（单选项组），按系统默认选项选择。在“分配给绑定值的秩”栏（单选项组），也按系统默认选项选择。

第 5 步：在主对话框中点击【确定】按钮，提交执行。SPSS 输出结果。

第 6 步：结果分析。前面几个摘要表格省略。图 4-21 为正态 P-P 图，图 4-22 为去趋势正态 P-P 图。

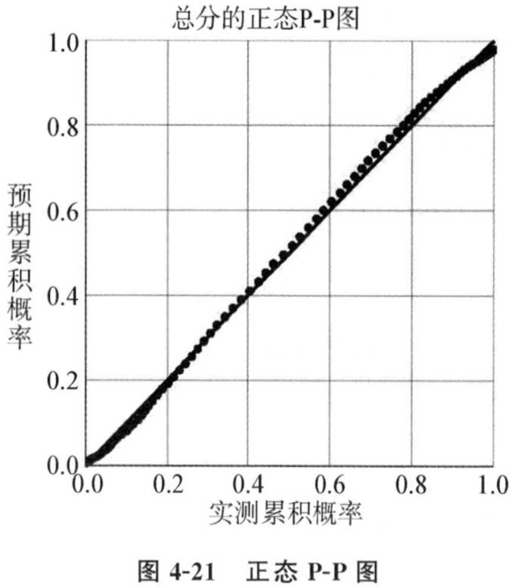

图 4-21　正态 P-P 图

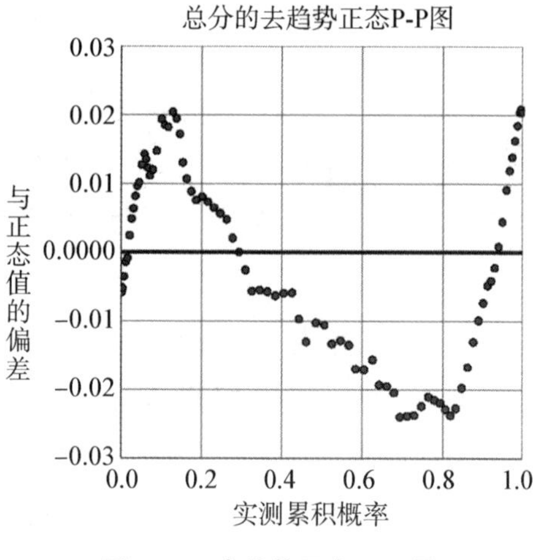

图 4-22　去趋势正态 P-P 图

由图 4-21 可知，观察数据基本上都在直线上，与正态分布的预期值基本上一致。该观察变量的数据符合正态分布的假设可以接受。

由图 4-22 可知，观察数据累计比例与正态分布累计比例的偏差情况，观察数据与预期正态分布的偏差相差比较小，而且在均线上方的正偏差与下方的负偏差的比例都在 0.03 以内。

4.5　SPSS 表格处理：三线表的制作

三线表是研究论文中普遍采用的格式。三线表通常只显示 3 条线，即顶线、底线和栏目线(注意：没有竖线)。顶线和底线为粗线，为 1.5 磅；栏目线为细线，为 0.5 磅。当然，三线表并不一定只有 3 条线，必要时可加辅助线，但仍被称为三线表。三线表的组成要素包括表序、表题、项目栏、表格数据显示区、表注，字号一般都为小五或更小的字号。

在数据编辑整理时，使用实际的表格进行编辑，只是表格的其他框线都不显示(见表 4-10)。

表 4-10　表格样例

↑
顶线　　项目栏
↑
栏目线
表格数据显示区
底线
↓

(此表引自：中国心理学会编写的《心理学论文写作规范》)

以下是一个样例。

打开“测验数据文件.sav”，点击【分析】→【描述统计】→【描述】菜单命令，把“总分”和“智商分数”选到“变量”框里，然后点击【确定】按钮，于是出来熟悉的表格(见表 4-11)。

表 4-11　描述统计(二)

	N	最小值	最大值	平均值	标准偏差
总分	810	15	100	62.21	18.721
智商分数	810	66	129	106.08	11.078
有效个案数(成列)	810				

这里做个说明：不同版本的 SPSS 软件输出的表格格式是不一样的。例如，SPSS 26.0 输出的表格没有顶线，也没有两端竖线，各条线都相对较细。而 SPSS 23.0 输出的表格有顶线，也有两端竖线，各条线都相对较粗(见表 4-12)。

表 4-12　描述统计(三)

	N	最小值	最大值	平均值	标准偏差
总分	810	15	100	62.21	18.721
智商分数	810	66	129	106.08	11.078
有效个案数(成列)	810				

下面要把 SPSS 输出的表格改成三线表。以 Microsoft Office 2016 版本的 Word 文档中的操作步骤为参考。

先选中 SPSS 输出界面的相应表格，点击右键进行复制，然后粘贴到 Word 文档中。

如果想去掉表格显示的回车键，可以点 Word 文档里的【文件】→【选项】→【显示】，然后把【段落标记】前面的钩去掉。

以上操作大致过程如下。

第 1 步：先选中整个表格，然后双击，此时在软件的工具栏的最右边会显示【表格工具】按钮，此时再选择【表格工具】下“表设计”标签中的【边框】按钮，点击下拉菜单，选择“无框线”，将整个表格修改为无框线(见图 4-23)。

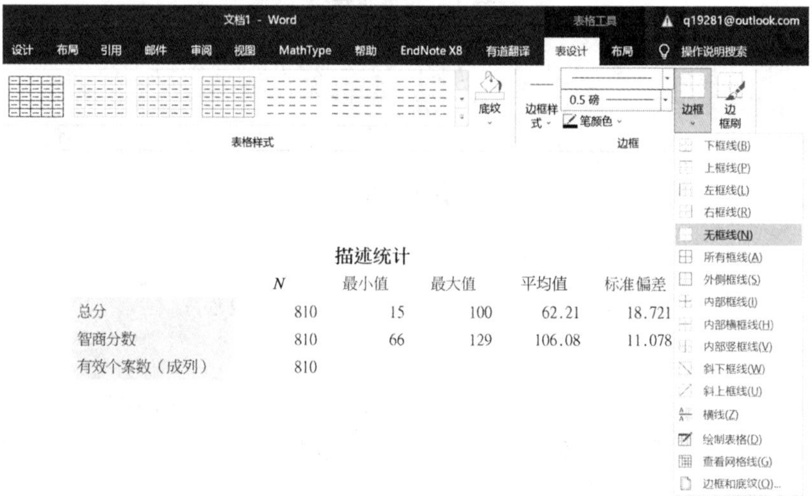

图 4-23 将整个表格修改为无框线

第 2 步：下拉表格设计线型宽度磅数菜单，选择 1.5 磅的线型，再点击【绘制表格】按钮，重新描绘顶线、底线(见图 4-24)。

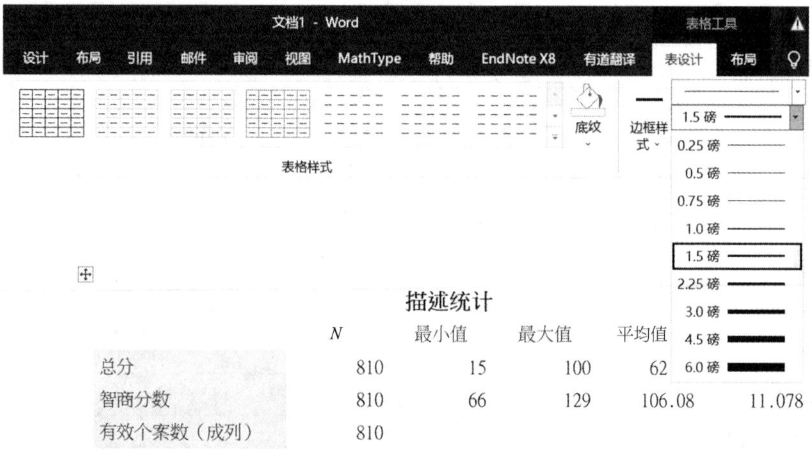

图 4-24 选择 1.5 磅的线型

于是得到表 4-13。

表 4-13　描述统计(重新绘制顶线和底线后的表格)

	N	最小值	最大值	平均值	标准偏差
总分	810	15	100	62.21	18.721
智商分数	810	66	129	106.08	11.078
有效个案数(成列)	810				

第 3 步：再选择 0.5 磅的线型，重新描绘中间的栏目线，有时还有辅助线(见表 4-14)。

表 4-14　描述统计(重新绘制栏目线后的表格)

	N	最小值	最大值	平均值	标准偏差
总分	810	15	100	62.21	18.721
智商分数	810	66	129	106.08	11.078
有效个案数(成列)	810				

第 4 步：把第一列的底纹调整成为无底纹。选中第一列的单元格，点击“表设计”标签中的【底纹】按钮，下拉菜单，选择“无颜色”(见图 4-25 和表 4-15)。

图 4-25　将底纹修改为无底纹

表 4-15　描述统计(去掉底纹后的表格)

	N	最小值	最大值	平均值	标准偏差
总分	810	15	100	62.21	18.721
智商分数	810	66	129	106.08	11.078
有效个案数(成列)	810				

第 5 步：修改字体。把标题改成黑体，表格里的中文字改成宋体，英文和数字都改成 Times New Roman 字体。

然后就得到了规范三线表(见表 4-16)。

表 4-16 描述统计(规范的三线表)

	N	最小值	最大值	平均值	标准偏差
总分	810	15	100	62.21	18.721
智商分数	810	66	129	106.08	11.078
有效个案数(成列)	810				

如有必要，还可以修改字号、修改对齐方式等。“标准偏差”里的那个空格也可以考虑去掉。

【练习题】

1. 对“儿童身体体检情况.sav”文件按性别、年龄汇总数据，计算体重(x_4)、身高(x_5)、坐高(x_6)、胸围(x_7)及头围(x_8)各组的平均值。

2. 某高校测定了 80 名大学新生的血清总蛋白含量(克/升)、情商测验分数，数据见“大学新生体检数据.sav”文件，试进行变量频率分析并绘制直方图。

3. 以“某课程考试成绩.sav”为数据集文件，试分析：

①将考试成绩分为优秀(85 分以上)、良好(70～85 分)、及格(60～70 分)、差(59 分以下)四个等级，然后分别统计各个等级的人数。

②参照表 4-17，对“某课程考试成绩.sav”文件中 10 个分数段的人数进行统计。

表 4-17 某课程考试成绩

分段/分	人数	比例/%
90～100	77	18.27
80～90	153	34.93
70～80	46	10.50
60～70	38	8.68
50～60	35	7.99
40～50	59	13.47
30～40	18	4.11
20～30	3	0.68
10～20	5	1.14
0～10	1	0.23

③分析考试成绩的百分等级分数为 27、50、73 时所对应的考试分数。

4. 使用"心理测验数据.sav"文件做如下统计分析。

①在数据中，第 2、第 33、第 35、第 64 题为反向计分题，请用变量重新赋值的方法进行调整(数据得分为 5 级计分)

②对数据 1 中的缺失值用系列均值法来代替。

③分析被试的年龄情况和英语分数情况的描述统计(样本数、平均数、标准差)，做出相关的条形图或直方图。

④对被试的心理特质进行探索性分析，分析百分位数，进行正态分布检验，并做出茎叶图、箱图。

⑤把被试的心理特质总分分为 4 个层次，并对分层后的信息进行频率分析。要求频率分析能得到表 4-18(仅供参考)所示的形式。

表 4-18　频率分析表

心理特质总分	人数	百分比	累积百分比
80～120			
120～160			
……			
320～360			
360 以上			

第5章　相关分析

在心理与教育研究领域中，智力与学业成就、性格与焦虑、测验的前测与后测、平行测验之间等都存在一定的联系。反映客观事物之间相互关系的密切程度，并用适当的统计指标表示出来，这个过程就是相关分析。相关系数就是用来描述两个(或多个)变量之间关系程度及其方向的统计量，通常用符号 r 表示。

需要注意的是，两个变量之间有相关关系，并不等于这两个变量之间有因果关系，有可能仅是伴随关系。例如，某人家里有个小孩，家门口有一棵树，每个月量一次小孩的身高 X，每个月量一次树高 Y，那么 X 和 Y 一定是正相关的，这个正相关一定是显著的，但 X 和 Y 之间不存在因果关系。不过，若事物之间有因果关系，则两者必然相关。

相关按形式可分为线性相关和非线性相关，本章主要探讨线性相关。按相关的程度，相关可分为完全相关、不完全相关和零相关。完全相关是指变量 Y 与 X 之间呈线性函数关系，此时 $r=1$ 或 $r=-1$。不完全相关是指变量 Y 与 X 之间呈统计关系，此时 $0<|r|<1$。若 Y 与 X 的变化方向一致，如身高与体重的关系，则被称为正相关，$r>0$；若 Y 与 X 的变化方向相反，如吸烟与肺功能的关系，则被称为负相关，$r<0$。零相关是指变量 Y 与 X 之间没有任何线性关系，此时 $r=0$。

本章主要论述心理统计中常用的几种相关系数分析，包括：①皮尔逊积差相关分析；②斯皮尔曼等级相关分析；③肯德尔和谐系数(SPSS 中文版将其译为肯德尔协同系数)相关分析。

其中，皮尔逊积差相关系数的大小评判标准如下：$|r|\geqslant 0.8$ 为高度相关；$0.5\leqslant|r|<0.8$ 为中度相关；$0.3\leqslant|r|<0.5$ 为低度相关；$|r|<0.3$ 为弱相关。当样本量较大时，即使 $|r|<0.3$，也可能在统计检验上显著。但是，即使在统计检验上显著，$|r|<0.3$ 也属于弱相关。

在 SPSS 中，可以通过【分析】→【相关】→【双变量】菜单命令进行相关分析，包括皮尔逊积差相关分析(若其中一列变量为真正的二分变量，此功能等价于点二列相关分析)、斯皮尔曼等级相关分析。通过【分析】→【非参数检验】→【旧对话框】→【K 个相关样本】菜单命令可计算肯德尔和谐系数。

5.1　皮尔逊积差相关分析及效应量计算

调用皮尔逊积差相关过程可对变量进行相关关系的分析，计算有关的统计指标，以判断变量之间相互关系的密切程度。皮尔逊积差相关的两个变量需要满足以下基本条件：两个变量都是连续型的等距数据；两个变量都服从正态分布；两个变量呈线性关系。

在进行皮尔逊积差相关系数的显著性检验时，假设检验的假设分别为：

原假设 H_0：$\rho=0$，即两变量的相关为 0。

备择假设 H_1：$\rho\neq0$，即两变量的相关不为 0，相关显著。

（ρ 表示两个总体之间的相关，而 r 表示两个样本之间的相关。）

【例 5-1】分析 30 名被试的外语成绩与智力分数之间是否有一定的关系。

SPSS 操作过程如下。

第 1 步：打开分析数据。打开“外语系学生的智力测验. sav”文件。

第 2 步：启动分析过程。点击【分析】→【相关】→【双变量】菜单命令，打开对话框。

第 3 步：设置分析变量。在左边变量列表中选择“外语成绩”和“智力分数”变量进入右边的“变量”框中（见图 5-1）。如果需要同时分析多个变量两两之间的相关，可以同时选中多个变量放入“变量”框中。

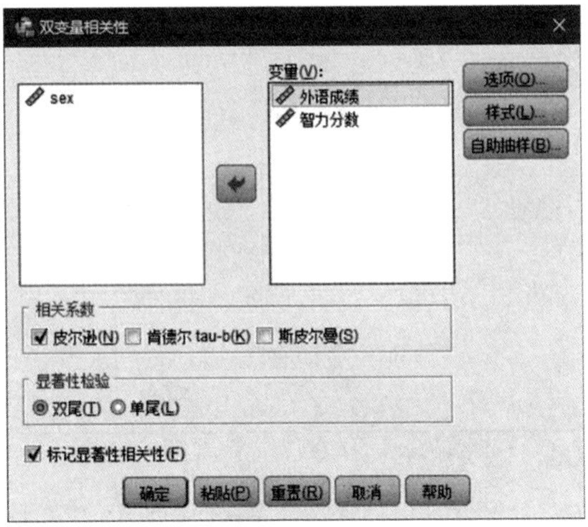

图 5-1　“双变量相关性”对话框

在“相关系数”框中选择相关系数的类型，共有三种：①“皮尔逊”为皮尔逊积差相关系数（或点二列相关系数）；②“肯德尔 tau-b”为非参数资料的相关系数；③“斯皮尔曼”为斯皮尔曼等级相关系数，是非正态分布资料（或顺序数据的资料、等级数据的资料）的皮尔逊相关系数替代值。本例选用系统默认的“皮尔逊”。

在“显著性检验”框中可选择相关系数的“双尾”“单尾”。本例按系统默认方式选择。

点击主对话框右侧的【选项】按钮弹出选项的对话框，在“统计”框内，有两个复选框：“平均数和标准差”“叉积偏差和协方差”。这里选择这两个复选框。在“缺失值”框内，按系统默认方式选择。点击【继续】按钮回到上一级对话框。

对主对话框右侧的【样式】【自助抽样】按钮，在本例中都不操作。

第 4 步：在主对话框中点击【确定】按钮，提交执行。

第 5 步：结果分析。

第 1 个表：描述统计(表格标题经过修改)(见表 5-1)。

表 5-1　外语成绩和智力分数的描述统计结果

	平均值	标准偏差	个案数
外语成绩	76.2667	16.81529	30
智力分数	103.4933	5.70728	30

[分析]主要列出各个变量的平均值、标准偏差及其对应的个案数。

第 2 个表：积差相关系数、协方差的情况(见表 5-2)。

表 5-2　外语成绩和智力分数的皮尔逊积差相关

		外语成绩	智力分数
外语成绩	皮尔逊相关性	1	0.529**
	Sig.(双尾)		0.003
	平方和与叉积	8199.867	1471.153
	协方差	282.754	50.729
	个案数	30	30
智力分数	皮尔逊相关性	0.529**	1
	Sig.(双尾)	0.003	
	平方和与叉积	1471.153	944.619
	协方差	50.729	32.573
	个案数	30	30

**. 在 0.01 级别(双尾)，相关性显著。

[分析]在本例中，外语成绩、智力分数的皮尔逊相关性(积差相关系数)为 0.529，对应的显著性水平为 0.003，小于 0.05，拒绝原假设。结论：外语成绩、智力分数两变量之间存在显著相关。

积差相关的效应量就是积差相关系数 r。根据科恩(1992)的观点，界定积差相关系数效应量大小的参考标准为：在积差相关系数 r 显著时(在 $p<0.05$ 时)，$0.1\leqslant r<0.3$ 时为小效应量，$0.3\leqslant r<0.5$ 时为中效应量，$r\geqslant 0.50$ 时为大效应

量。在本例中，r 为 0.529，为大效应量。

接下来可以计算积差相关系数的统计检验力(这个已经超出了 SPSS 的范围)。第一步：计算 $\delta=\rho\sqrt{N-1}$。在本例中，ρ 为 0.529，N 为 30，那么 $\delta=\rho\sqrt{N-1}=0.529\cdot\sqrt{30-1}\approx 2.849$。第二步：根据 δ 值，查询积差相关系数的检验力对应表(见表 5-3)，可得此时的统计检验力大约为 0.815(双侧，$\alpha=0.05$ 时)，即 81.5%。这里使用查表时的线性插值方法。

表 5-3　积差相关系数的检验力对应表

δ 统计量	统计检验力	δ 统计量	统计检验力
0.5	0.08	2.8	0.80
0.6	0.09	2.9	0.83
0.7	0.11	3.0	0.85
0.8	0.13	3.1	0.87
0.9	0.15	3.2	0.89
1.0	0.17	3.3	0.91
1.1	0.20	3.4	0.93
1.2	0.22	3.5	0.94
1.3	0.26	3.6	0.95
1.4	0.29	3.7	0.96
1.5	0.32	3.8	0.97
1.6	0.36	3.9	0.97
1.7	0.40	4.0	0.98
1.8	0.44	4.1	0.98
1.9	0.48	4.2	0.99
2.0	0.52	4.3	0.99
2.1	0.56	4.4	0.99
2.2	0.60	4.5	0.99
2.3	0.63	4.6	1
2.4	0.67	4.7	1
2.5	0.71	4.8	1
2.6	0.74	4.9	1
2.7	0.77	5.0	1

注：以上仅列出了双侧检验 0.05 水平时的查询表。

资料来源：胡竹菁.(2019). 心理统计学(第二版). 北京：高等教育出版社.

5.2 斯皮尔曼等级相关分析

斯皮尔曼等级相关分析，是分析顺序变量之间(等级变量之间)的秩相关，以及非正态分布数据之间的相关。以下情境适合使用斯皮尔曼等级相关：①两个变量都是顺序变量或等级变量；②一个变量是正态分布的等距数据，另一个变量是顺序变量或等级变量；③两个变量都是等距数据，但其中一个或两个变量不服从正态分布，属于偏态分布；④两个变量都是等距数据，但样本量较小($N<30$)。

在进行斯皮尔曼等级相关的显著性检验时，假设检验的假设分别为：

原假设 H_0：两变量的斯皮尔曼等级相关系数为 0。

备择假设 H_1：两变量的斯皮尔曼等级相关系数不为 0，相关显著。

【例 5-2】 分析 10 名儿童的情商分数与母亲的耐心程度之间是否存在相关。

由于本例中样本量较小，更适合计算斯皮尔曼等级相关。

SPSS 操作过程如下。

第 1 步：打开分析数据。打开“儿童情商分数.sav”文件。

第 2 步：启动分析过程。点击【分析】→【相关】→【双变量】菜单命令，打开相关分析的主对话框。

第 3 步：设置分析变量。在左边变量列表中选择“儿童情商”和“母亲耐心”变量进入右边的“变量”框中(见图 5-2)。在“相关系数”框中选择相关系数的类型，本例选择“斯皮尔曼”。

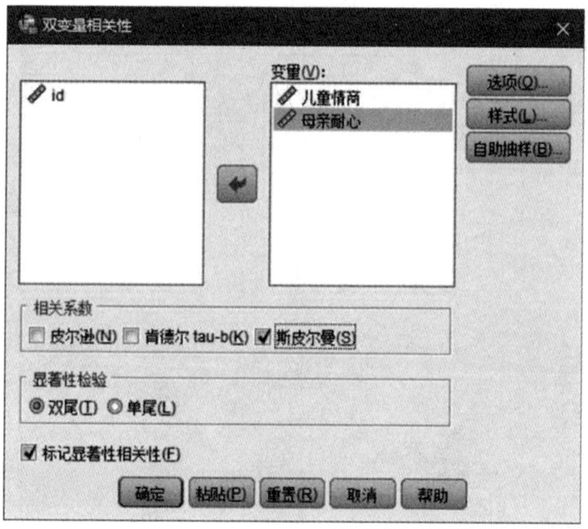

图 5-2　相关分析的主对话框

点击主对话框右侧的【选项】按钮弹出选项对话框，在“统计”框内有两个复选框，均为灰色不可用。在“缺失值”框内按系统默认方式选择。点击【继续】回到上一级对话框。

对主对话框右侧的【样式】【自助抽样】按钮，在本例中都不操作。

第 4 步：在主对话框中点击【确定】按钮，提交执行。SPSS 在输出窗口输出结果。

第 5 步：结果分析。

通过以上操作得到斯皮尔曼相关系数(见表 5-4)。

表 5-4　儿童情商和母亲耐心的斯皮尔曼等级相关

			儿童情商	母亲耐心
斯皮尔曼 Rho	儿童情商	相关系数	1.000	0.721*
		Sig.(双尾)	0	0.019
		N	10	10
	母亲耐心	相关系数	0.721*	1.000
		Sig.(双尾)	0.019	0
		N	10	10

*. 在 0.05 级别(双尾)，相关性显著。

[分析]儿童情商、母亲耐心的斯皮尔曼 Rho，即斯皮尔曼等级相关系数为 0.721，对应的显著性为 0.019，小于 0.05，拒绝原假设。结论：儿童情商、母亲耐心两变量之间存在显著相关。

【思考题】

在统计教材中，计算斯皮尔曼等级相关系数时先计算每个被试的等级，然后再根据等级来计算。这里直接使用原始数据是否正确？按照以下 SPSS 的操作步骤与按照统计教材中的步骤来计算的斯皮尔曼等级相关系数是否一致？

第 1 步：求两变量的等级变量(秩变量)。点击【转换】→【个案排秩】菜单命令，弹出个案排秩的对话框。选择“儿童情商”“母亲耐心”到右边的变量框中。点击【确定】按钮，提交执行，则在数据窗口出现两列新的排秩变量“Rank of 儿童情商”“Rank of 母亲耐心”。

第 2 步：求等级变量(秩变量)的相关系数。点击【分析】→【相关】→【双变量】菜单命令，打开对话框。选择“Rank of 儿童情商”“Rank of 母亲耐心”变量进入右边的“变量”框中(见图 5-3)。

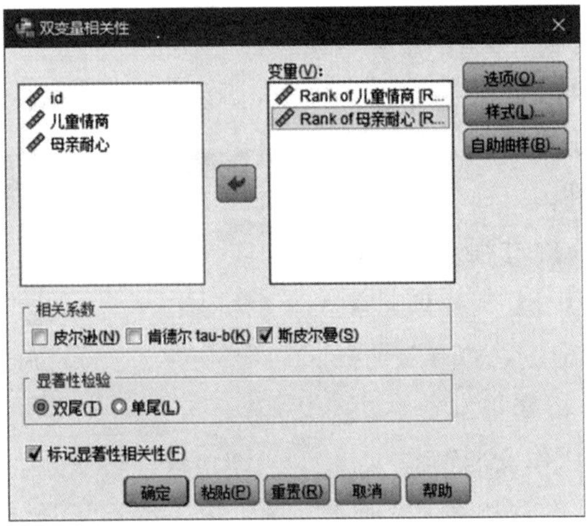

图 5-3　斯皮尔曼等级相关的主对话框

在主对话框中点击【确定】按钮，提交执行，得到的输出结果如表 5-5 所示。

表 5-5 相关性

			Rank of 儿童情商	Rank of 母亲耐心
斯皮尔曼 Rho	Rank of 儿童情商	相关系数	1.000	0.721*
		Sig.（双尾）	0	0.019
		N	10	10
	Rank of 母亲耐心	相关系数	0.721*	1.000
		Sig.（双尾）	0.019	0
		N	10	10

*. 在 0.05 级别(双尾)，相关性显著。

由表 5-5 可知，用两种方式求得的斯皮尔曼相关系数是一样的。由此可知，计算等级相关的时候，SPSS 是将连续数据先转换成等级数据来处理的。

5.3 肯德尔和谐系数相关分析

肯德尔和谐系数相关分析，又名肯德尔 W 系数分析，是分析等级变量之间的秩相关，适用于多列等级资料的相关，既可以是 k 个评分者评 N 个对象，也可以是同一个人先后 k 次评 N 个对象。通过求得肯德尔 W 系数，可以较为客观地评价评分者之间的一致性。W 的取值范围为[0，1]，当评分者完全无序、不一致时，$W=0$；当评分者完全一致时，$W=1$。W 越接近 1，评分者之间的一致性越高。

肯德尔 W 系数的显著性检验，其假设检验的假设分别为：

原假设 H_0：$W=0$，即评分者的评分之间不一致、不相关，评分等级是无序的。

备择假设 H_1：$W>0$，即评分者的评分之间存在一致性。

【例 5-3】 6 名教师对 5 篇作文进行评分，评分排名情况见"教师评定作文.sav"文件。试问教师对 5 篇作文的评分是否一致。

SPSS 操作过程如下。

第 1 步：打开分析数据。打开"教师评定作文.sav"文件。

第 2 步：启动分析过程。点击【分析】→【非参数检验】→【旧对话框】→【K 个相关样本】菜单命令，打开对话框。

第 3 步：设置分析变量。在左边变量列表中将"作文 1""作文 2""作文 3""作文 4""作文 5"选入右边的"检验变量"框中(见图 5-4)。

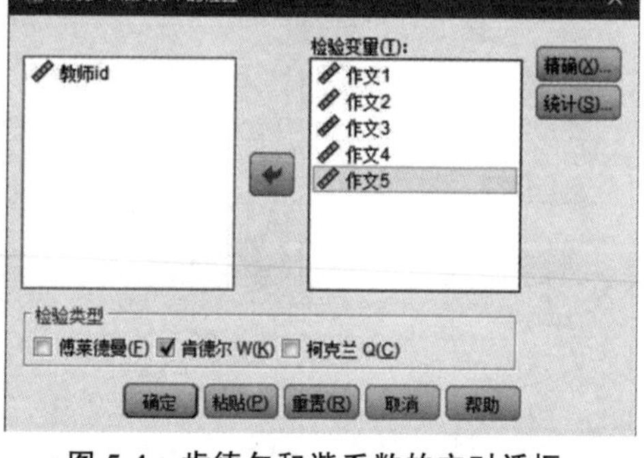

图 5-4 肯德尔和谐系数的主对话框

在“检验类型”框中有三种检验：“傅莱德曼”“肯德尔 W”“柯克兰 Q”。本例选用“肯德尔 W”。

点击主对话框右侧的【统计】按钮，弹出“多个相关样本：统计”对话框。有“描述性”“四分位”两个复选框，本例把这两个复选框都选中。

第 4 步：在主对话框中点击【确定】按钮，提交执行。SPSS 在输出窗口输出结果。

第 5 步：结果分析。

第 1 个表：描述统计(见表 5-6)。

表 5-6　描述统计

	个案数	平均值	标准偏差	最小值	最大值	百分位数		
						第 25 个	第 50 个(中位数)	第 75 个
作文 1	6	3.0000	0.00000	3.00	3.00	3.0000	3.0000	3.0000
作文 2	6	4.8333	0.40825	4.00	5.00	4.7500	5.0000	5.0000
作文 3	6	1.6667	0.51640	1.00	2.00	1.0000	2.0000	2.0000
作文 4	6	4.1667	0.40825	4.00	5.00	4.0000	4.0000	4.2500
作文 5	6	1.3333	0.51640	1.00	2.00	1.0000	1.0000	2.0000

[分析]主要列出各个被评价对象的平均数、标准差、样本数及四分位数。

第 2 个表：被评价对象的秩平均值，即每个评价对象获得的等级平均值(见表 5-7)。

表 5-7　秩

	秩平均值
作文 1	3.00
作文 2	4.83
作文 3	1.67
作文 4	4.17
作文 5	1.33

第 3 个表：肯德尔和谐系数(见表 5-8)。

表 5-8　检验统计

个案数	6
肯德尔 W^a	0.928
卡方	22.267
自由度	4
渐近显著性	0.000

a. 肯德尔和谐系数

[分析]肯德尔 W 系数为 0.928，对应的卡方值为 22.267，对应的显著性水平 p 值为 0.000，小于 0.05，拒绝原假设。结论：W 系数不为 0，评分者之间的评分存在一致性。

[备注]从理论上说，显著性水平 p 值不能是 0。SPSS 软件显示出来的 0.000，其实是一个很小很小的正数，在四舍五入后保留三位小数才变成 0.000。有些学术杂志规定不能写 $p=0.000$。所以，本书遇到这种情况，就一律写"p 小于 0.05"。

【思考题】

如果调查研究或实验研究中给出的是原始评分数据，没有给出分数的排名，是否需要先转化为排名，然后再按照排名求肯德尔和谐系数?

提示：利用给出的原始评分数据，也可以直接计算肯德尔和谐系数。方法一：根据原始数据直接计算得出肯德尔和谐系数；方法二：将原始数据先转化为排名秩次(注意排名是按照每个专家来一一排名的，而不是直接按照变量来排名的)，然后根据秩次来计算肯德尔和谐系数。最后发现这两种方法的计算结果是一样的。

5.4 相关分析的报告参考样例

5.4.1 两个变量进行相关分析的报告参考样例

将【例 5-1】的统计分析结果写在论文中，其报告可参考如下。

外语成绩、智力分数的积差相关系数为 0.529，对应的 p 值为 0.003，小于 0.05。外语成绩、智力分数两变量之间存在显著正相关。积差相关的效应量就是积差相关系数 0.529，为大效应量，统计检验力为 0.815。

5.4.2 多个变量进行相关分析的报告参考样例

以"大学毕业生的工作价值观调查.sav"数据文件为例，求"合作性、分配、职位出发点、工作投入、发展机会、社会地位、权力距离、职位升迁、领导风格"九个变量之间的相关系数，将经过 SPSS 统计分析的相关系数结果写在论文中，其报告可参考如下。

经过对大学生工作价值观的抽样统计，工作价值观的九个变量之间的相关系数如表 5-9① 所示。

①② 论文中应使用三线表的格式，这里为了方便直接使用了 SPSS 给出的表格。

表 5-9　工作价值观的九个变量之间的相关分析

	合作性	分配	职位出发点	工作投入	发展机会	社会地位	权力距离	职位升迁	领导风格
合作性	1								
分配	0.483**								
职位出发点	0.091	0.118							
工作投入	0.776**	0.485**	0.119						
发展机会	0.152*	0.318**	0.353**	0.228**					
社会地位	0.081	0.271**	0.525**	0.153*	0.701**				
权力距离	0.377**	0.445**	−0.055	0.580**	0.187**	−0.070			
职位升迁	0.102	0.123	0.566**	0.091	0.341**	0.503**	−0.046		
领导风格	0.539**	0.730**	0.149*	0.608**	0.593**	0.236**	0.669**	0.165*	1

注：①* 表示显著性小于 0.05，** 表示显著性小于 0.01；②相关系数大于等于 0.5 时表示大效应量，相关系数大于等于 0.3 而小于 0.5 时表示中效应量，相关系数大于等于 0.1 而小于 0.3 时表示小效应量。

进行积差相关分析时，其效应量就是积差相关系数。

计算 $\delta=\rho\sqrt{N-1}$，并查表，可得对应的统计检验力，结果如表 5-10[2]所示（也可使用文字进行简要表达）。

表 5-10　工作价值观包含的九个变量之间的相关系数的统计检验力

	合作性	分配	职位出发点	工作投入	发展机会	社会地位	权力距离	职位升迁	领导风格
合作性									
分配	1								
职位出发点	0.21	0.34							
工作投入	1	1	0.34						
发展机会	0.55	1	1	0.88					
社会地位	0.18	0.98	1	0.56	1				
权力距离	1	1	0.09	1	0.73	0.12			
职位升迁	0.32	0.37	1	0.21	1	1	0.07		
领导风格	1	1	0.6	1	1	0.92	1	0.61	

【练习题】

1. 基于“某次心理测验的数据.sav”文件，以 B 量表为 S 量表的效标量表，计算经过项目分析的 S 量表的效标关联效度。

2. 从某大学英语系学生中随机抽取 48 人，对语文成绩和英语成绩进行调查，并建立“大学英语成绩.sav”数据文件。试分析英语成绩和语文成绩的关系。

3. 某商学院对近五年毕业的管理专业学生进行调查，得到了他们工作第一年的年薪和在校的综合成绩的数据“毕业生数据.sav”。试分析两者有无相关关系。

4. 试分析 10 个国家、地区的教育科研水平和国际生产竞争力的关系(数据文件为“国际教育与生产力排名.sav”)。

5. 某学校重点班的 12 名学生进行了两次考试，考试成绩如表 5-11 所示。试问两次考试成绩有无相关关系。

表 5-11　12 名学生两次考试的成绩

学员编号	1	2	3	4	5	6	7	8	9	10	11	12
期中考试 x	97	60	52	87	77	89	79	98	94	83	74	73
期末考试 y	94	61	48	85	76	87	85	97	92	80	71	72

6. 为研究学校内儿童问题行为与母亲情商的关系，抽取 15 个家庭，让儿童与其母亲一同完成测验，测量儿童问题程度的分数与母亲情商分数，儿童问题程度的分数值越大，表明问题越大。试分析母亲情商与儿童问题的关系(数据文件为“儿童问题测量.sav”)。

7. 3 位专家对 6 篇心理学实验研究论文的评分经等级转换得到表 5-12。试计算专家评定结果的肯德尔和谐系数。

表 5-12　6 篇心理学实验研究论文的等级评定

专家	研究论文					
	A	B	C	D	E	F
甲	1	4	2.5	5	6	2.5
乙	2	3	1	5	6	4
丙	1.5	3	1.5	4	5.5	5.5

8. 某校开展学生小论文比赛，请 6 位教师对入选的 6 篇论文进行等级评定，结果如表 5-13 所示。试计算 6 位教师评定结果的肯德尔和谐系数。

表 5-13　6 篇小论文的等级评定情况

评分老师	论文编号					
	一	二	三	四	五	六
A	3	1	2	5	4	6
B	2	1	3	4	5	6
C	3	2	1	5	4	6
D	4	1	2	6	3	5
E	3	1	2	6	4	5
F	4	2	1	5	3	6

第 6 章　比较平均值

比较平均值的菜单命令包括平均值、单样本 T 检验、独立样本 T 检验、摘要独立样本 T 检验、成对样本 T 检验(配对样本 T 检验)；单因素 ANOVA 检验。单因素 ANOVA 检验，也就是单因素方差分析，是多组平均值的比较，单因素 ANOVA 检验将在下一章进行讲解。

6.1　平均值分析

平均值分析，是用于分组统计时分析一些基本统计量的方法。这些基本统计量包括均值、标准差、样本量、方差(Variance，又译为变异)。平均值分析也可以同时包含方差分析表和线性检验结果。

与描述统计的分析过程相比，如果仅仅计算单一组别的均数和标准差，平均值分析并无特别之处。但若用户要求按指定条件分组计算均数和标准差，平均值分析的优势在于各组的描述指标被放在一起，便于相互比较。

【例 6-1】 请分析某次考试的分数情况(数据文件为“考试成绩.sav”)：①分别求取不同性别、各个年级的考试成绩分数的平均数、标准差；②在各个年级中，再分男、女两个组别求取考试成绩的平均数、标准差。

SPSS 操作过程如下。

第 1 步：打开分析数据。打开“考试成绩.sav”文件。

第 2 步：启动分析过程。点击【分析】→【比较平均值】→【平均值】菜单命令，打开对话框。

第 3 步：设置分析变量。在本例中选择“总分”变量进入“因变量列表”框中。从左边的变量列表中选中“性别”“年级”变量进入“自变量列表”框中(见图 6-1)。

图 6-1　“平均值”对话框(一)

第 4 步：设置输出的统计量。单击【选项】按钮，打开如图 6-2 所示的对话框，该对话框用于选择统计量。

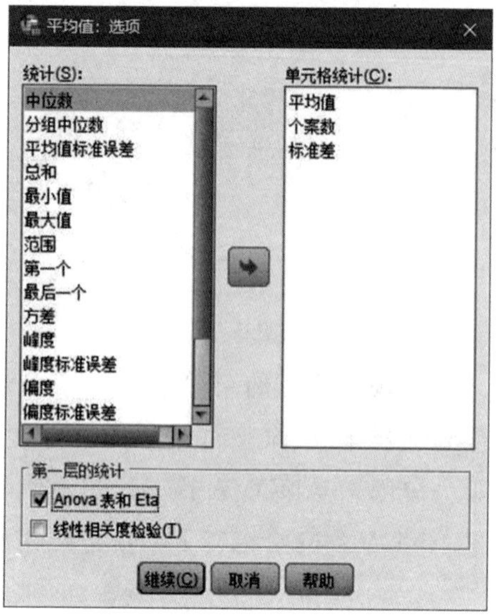

图 6-2 “平均值：选项”对话框

在此对话框中，左边为可供选择的统计量，包括集中趋势、离散趋势、偏度、峰度、误差计数等统计量，右边为选中的统计量。

“Anova 表和 Eta”。如果选择此复选框，将会给出方差分析表和 Eta 统计量。Eta 统计量为分组变量与生成统计量的变量关系紧密程度的度量。

“线性相关度检验”。如果选择此复选框，将会给出分析变量和分组变量的线性关系参数，其前提条件为：分组变量和分析变量线性相关。

本例选定统计量为“平均值”“个案数”“标准差”3 个统计变量。选中“Anova 表和 Eta”复选框，设置完成后，点击【继续】按钮回到上一级对话框。

在主对话框中，【样式】按钮的使用这里不涉及，【自助抽样】按钮也不涉及。在后续的菜单窗口中，【样式】按钮、【自助抽样】按钮都不涉及。

第 5 步：在主对话框中点击【确定】按钮，提交执行。

第 6 步：结果分析。在结果窗口主要输出内容如下。

第 1 个表：个案处理摘要表(略)。

第 2 个表：总分 * 性别的统计表(见表 6-1)。

表 6-1 统计表

总分

性别	平均值	个案数	标准偏差
0	46.74	121	24.750
1	72.16	579	21.790
总计	67.77	700	24.297

[分析]这里分别报告了男、女、总体的各个统计量，这样能较好地反映各个层次及总体的统计情况。

第 3 个表：总分 * 性别的方差分析(ANOVA)(见表 6-2)。

表 6-2　ANOVA

			平方和	自由度	均方	F	显著性
总分 * 性别	组间	(组合)	64697.978	1	64697.978	129.790	0.000
	组内		347941.599	698	498.484		
	总计		412639.577	699			

[分析]由方差分析得到 F 值，显著性小于 0.05，拒绝原假设。结论为：不同性别之间存在差异。

第 4 个表：总分 * 性别的相关性测量表(见表 6-3)。

表 6-3　相关性测量表

	Eta	Eta 平方
总分 * 性别	0.396	0.157

[分析]Eta 反映类型变量与等距变量之间的相关性，其取值范围是[0，1]。Eta 值越大，表示相关性越强。这里的 Eta 值为 0.396。Eta 平方值可认为是因变量受自变量影响所致方差的比例。

第 5、第 6、第 7 个表：总分 * 年级的统计表、方差分析表、相关性测量表(略)。

对于本例中的第(2)问“在各个年级中，再分男、女两个组别求取考试成绩的平均数、标准差”，其 SPSS 的操作与前面的基本相同，不同之处在于：先将“年级”变量放在第一层，点击【下一个】按钮，再将“性别”变量放在第二层(见图 6-3)。最后得到的分析结果与性别、年级放在同一层的情况不一样。利用图中的【上一个】和【下一个】按钮可以在不同层之间切换。

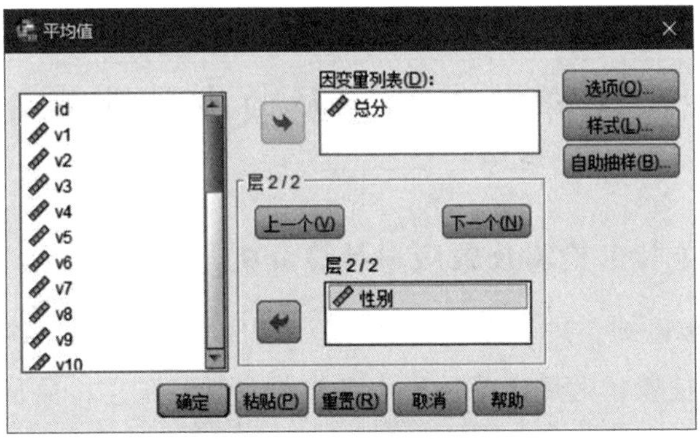

图 6-3　“平均值”对话框(二)

在主对话框中点击【确定】按钮，提交执行。

主要结果如表 6-4 所示。

表 6-4 报告

总分

年级	性别	平均值	个案数	标准偏差
2	0	34.46	70	19.405
	1	47.38	133	20.608
	总计	42.93	203	21.073
3	0	50.70	10	23.982
	1	69.07	54	17.371
	总计	66.20	64	19.525
4	0	55.80	10	18.220
	1	69.87	47	16.442
	总计	67.40	57	17.452
5	0	68.57	23	21.183
	1	81.91	265	15.050
	总计	80.84	288	15.996
6	0	75.13	8	8.887
	1	84.50	80	11.468
	总计	83.65	88	11.538
总计	0	46.74	121	24.750
	1	72.16	579	21.790
	总计	67.77	700	24.297

由结果可知，当年级作为第一层分类后，还进一步按照性别进行了分类，计算统计人数、平均数、标准差。

6.2 单样本 *T* 检验及效应量计算分析

6.2.1 单样本 *T* 检验及效应量计算分析

如果总体均数已知，进行样本均数与总体均数之间的差异检验属于单样本 *T* 检验；单样本 *T* 检验还适用于某一样本的均值与某一指定检验值的差异分析。单样本检验的原假设 H_0：某一样本的均值与总体均值(指定检验值)没有显著差异。

【例 6-2】按照随机化原则在七年级学生中选择 40 名学生进行智力测验，请分析该批学生的智力测验分数是否达到了平均水平(总体平均分为 100 分)。

此例的统计检验分析的原假设 H_0：七年级学生的智力测验分数与总体平均

值(100 分)没有显著差异，即 $u_1 = u_{总体}$。

SPSS 操作过程如下。

第 1 步：打开分析数据。打开“智力测验.sav”文件。

第 2 步：启动分析过程。在 SPSS 主菜单中选中【分析】→【比较平均值】→【单样本 T 检验】菜单命令，打开单样本 T 检验主对话框(见图 6-4)。

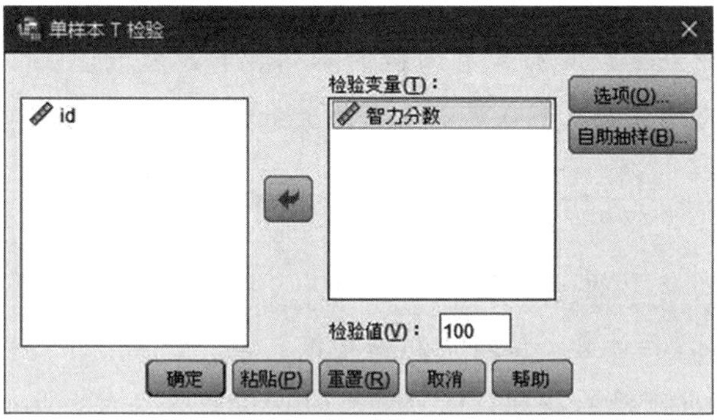

图 6-4　单样本 T 检验主对话框

第 3 步：设置分析变量。在本例中选择“智力分数”变量进入“检验变量”框中。在检验值的文本框中输入需要比较检验的总体均值 100。

点击右边的【选项】按钮，弹出对话框(见图 6-5)。

在本例中，均按系统默认的方式选择。点击【继续】按钮回到上一级对话框。

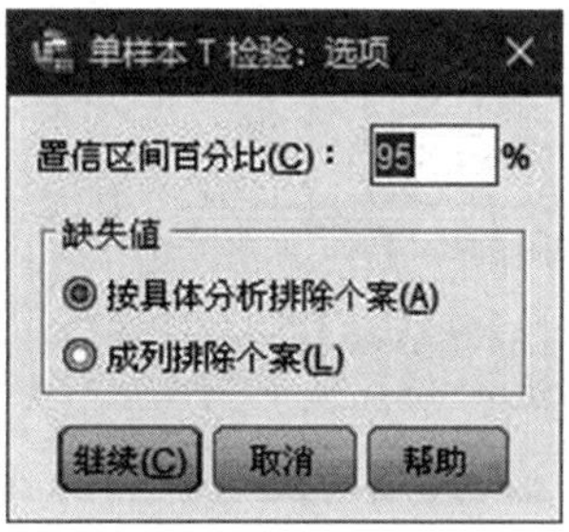

图 6-5　“单样本 T 检验：选项”对话框

第 4 步：在主对话框中点击【确定】按钮，提交执行。SPSS 在输出窗口输出结果。

第 5 步：结果分析。

第 1、第 2 个表：单样本统计(见表 6-5)、单样本检验(见表 6-6)。

表 6-5　单样本统计

	个案数	平均值	标准偏差	标准误差平均值
智力分数	40	95.53	10.994	1.738

表 6-6　单样本检验

	检验值=100					
	t	自由度	Sig.(双尾)	平均值差值	差值的 95%置信区间	
					下限	上限
智力测验分数	−2.574	39	0.014	−4.475	−7.99	−0.96

［分析］t 值为－2.574，由于样本的平均值为 95.53，小于总体均值 100(检验值)，因此为负值。t 对应的显著性水平为 0.014＜0.05，拒绝原假设。结论：该学校学生的智力分数与总体水平有差异，而且低于总体水平。

这里进一步报告假设检验的效应量、统计检验力。对于单样本均值比较的效应量计算公式为 $d=\frac{\delta}{\sqrt{n}}$，其 δ 为统计量，即 t 值或 z 值。在进行其他形式的均值比较检验时，其效应量计算公式有细微的不同。科恩提出：0.2～0.5，为小效应量；0.5～0.8，为中效应量；0.8 以上，为大效应量。

在本例中，$d=\frac{|t|}{\sqrt{n}}=\frac{2.574}{\sqrt{40}}\approx 0.407$，为小效应量。

统计检验力的计算过程：①自由度 $n-1=39$，并由 t 值表查右侧临界值 $t_{0.05/2}(39)=2.204$，再计算 t 值与右侧临界值之差 $t-t_{0.05/2}(39)=2.574-2.024=0.550$；②一般情况下难以找到 t 值所对应的 p 值的转换表，此时可以通过查正态分布表看近似的 z，求得相应的 $z=0.550$ 的曲线下的面积值是 0.20884。本例中 t 的绝对值大于右侧临界值，即由此拒绝虚无假设，因此统计检验力为 $0.5+0.20884=0.70884$。

由以上计算可知，本例的统计量检验显著，并且是小效应量。小效应量说明统计结论的可靠性较低，还需进一步的研究资料佐证此结论，研究结果推广时要慎重。

备注：如果统计检验中 t 的绝对值小于右侧临界值，则查询 $|z|$ 值所对应的面积值 s，最后的统计检验力为 $0.5-s$。

6.2.2 效应量与统计检验力的统计意义与使用说明

(一)为什么统计分析中需要报告效应量?

效应量，也被译为效果量。在这里简要说明报告效应量的意义：一般统计分析时所计算的 t 值、F 值、卡方值，其所对应的 p 值是统计学意义上的显著性指标。假设两个样本的均值有显著差异(这里以均值比较 T 检验为例)，p 值小于 0.05，但实际两个样本均值的差异有多大，p 值无法回答。因此仅仅报告 p 值(统计检验结果显著)是不够的，还需要报告此时 T 检验所对应的效应量 d，以反映两个样本均值实际差异的大小；而且 p 值的大小依赖样本的大小，而效应量的计算则不依赖样本的大小。因此，在得到统计结果显著时，需要计算并报告效应量，从而进一步确定此统计结论的价值的大小。

(二)效应量和统计检验力的使用情境分类

对于假设检验中的统计量、效应量的计算，以往多位研究者(吴艳，温忠麟，

2011；温忠麟，2016；Fan，Konold，2010 等)都做出了分析概括，温忠麟教授把“根据统计显著性和效应量做出统计结论”分为六种情况，并使用表格形式分类展示。在本书中用文字概述为以下四种情境(实际上也是六种情境，在进行其他均值比较分析、方差分析、卡方分析时都一样会出现以下四种情境)。

①统计量检验显著(p 小于 0.05，拒绝原假设 H_0)，并且是大效应量(或中效应量)。此时说明统计结论的可信度高(或可信度尚可)，完全(或基本上)可以认同此结论。此时不需要报告统计检验力。但在国外效果量分析软件中一般会同时计算统计检验力，在本书中也同时计算了统计检验力。

②统计量检验显著(p 小于 0.05，拒绝原假设 H_0)，并且是小效应量。此时，效应量小，就算统计检验显著，实际意义也不大，推广研究结论时要慎重，还需要进一步的研究资料佐证此结论。此时不需要报告统计检验力。**【例 6-2】**就属于此种情况。也就是说，此统计结论即该学校学生的智力分数低于总体水平，虽然统计检验显著，但实际意义也不大。

③统计量检验不显著(p 大于 0.05，接受原假设 H_0)，然而是大效应量(或中效应量)。此时需要进一步计算、报告统计检验力。如果统计检验力高，则认为是抽样误差引起的大效应量(或中效应量)；如果统计检验力低，则说明可能是样本量不足造成的，此时可以适当增加样本容量，再做实验或调查，获取数据再进行研究分析，以提高统计检验力。

④统计量检验不显著(p 大于 0.05，接受原假设 H_0)，并且是小效应量。此时可以认同此结论，检验结果无统计意义也无实际意义，不需要进一步探讨研究。此时不需要计算统计检验力。

如何结合效应量和显著性结果做出统计结论，有兴趣的读者可进一步参考温忠麟(2016)的《心理与教育统计(第二版)》。该书指出：统计检验力与效应量、样本容量、显著性水平(α)之间存在依存关系；要提高统计检验力，增加样本容量才是唯一可行的方法。

6.3　独立样本 *T* 检验及效应量计算分析

对于相互独立的两个来自正态总体的样本，利用独立样本 T 检验来检验这两个样本的均值和方差是否源于同一总体。在 SPSS 中，独立样本 T 检验由“独立样本 T 检验”过程来完成。此时要求独立样本的样本量大于 30，而且样本的总体服从正态分布。

【例 6-3】按照随机化原则在七年级学生中选择男、女生各 35 名进行推理能力测验，数据文件为“推理能力测验.sav”。试分析男生、女生的推理能力分数之间是否有差异。

此例的统计检验分析的原假设 H_0：男生、女生的推理能力分数的样本平均值之间没有显著差异，即 $u_1=u_2$。

SPSS 操作过程如下。

第 1 步：打开分析数据。打开“推理能力测验.sav”文件。

第 2 步：启动分析过程。点击【分析】→【比较平均值】→【独立样本 T 检验】菜单命令，打开“独立样本 T 检验”对话框。

第 3 步：设置分析变量。从左边的变量列表中选择变量，将“推理能力分数”变量选入“检验变量”框中(见图 6-6)。(在这个操作中，用户可以根据实际情况的需要，从左边变量列表里选择一个或多个需要检验的变量进入“检验变量”框中。)

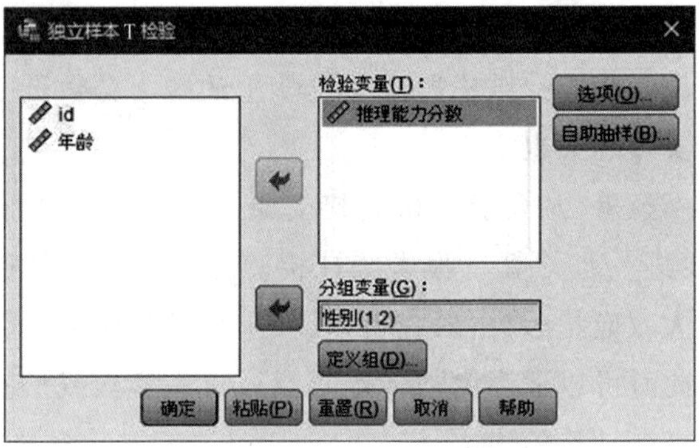

图 6-6 “独立样本 T 检验”对话框

将“性别”变量选入“分组变量”框中；此时，在分组变量“性别”后面就出现了“(??)”，需要用户进一步定义。

此时，点击【定义组】按钮，弹出如图 6-7 所示的对话框。

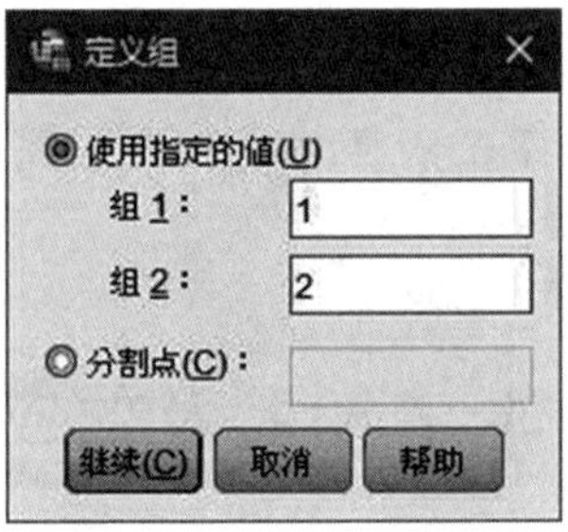

图 6-7 “定义组”对话框

在“使用指定的值”栏目下，需要在“组 1”“组 2”分别输入对应的组别编码。在本例中，男、女两个组别的编码分别为 1，2，则输入 1，2。

在“分割点”栏目下，如果分组变量是连续型变量，应选择“分割点”，分组变量会按该项输入值作为“分割点”，分为大于和小于两组。

设置完成后，点击【继续】按钮回到上一级对话框。

第 4 步：设置输出的统计量。点击主对话框中右边的【选项】按钮，弹出如图 6-8 所示的对话框。

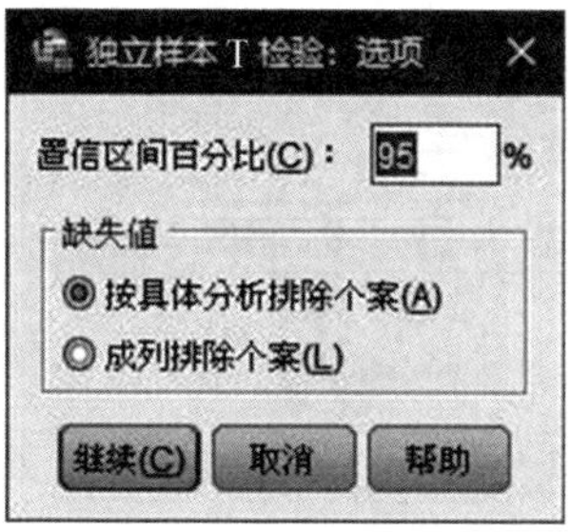

图 6-8　“独立样本 *T* 检验：选项”对话框

在本例中均按系统默认的方式选择。点击【继续】按钮回到上一级对话框。

第 5 步：在主对话框中点击【确定】按钮，提交执行。SPSS 在输出窗口输出结果，输出两个表格。

第 6 步：结果分析。

第 1 个表：组统计(见表 6-7)。

表 6-7　组统计

	性别	个案数	平均值	标准偏差	标准误差平均值
推理能力分数	1	35	103.86	11.622	1.964
	2	35	91.86	10.387	1.756

第 2 个表：独立样本 *T* 检验(见表 6-8)。

表 6-8　独立样本 *T* 检验

		莱文方差等同性检验		平均值等同性 *T* 检验						
									差值 95%置信区间	
		F	显著性	*t*	自由度	Sig.(双尾)	平均值差值	标准误差差值	下限	上限
推理能力分数	假定等方差	0.077	0.782	4.555	68	0.000	12.000	2.635	6.743	17.257
	不假定等方差			4.555	67.160	0.000	12.000	2.635	6.741	17.259

[分析]①莱文方差等同性检验的 *F* 值为 0.077，所对应的显著性水平为 0.782>0.05，接受原假设。结论：两个组别的方差齐性。因此，在本例中，选择第一行 *T* 检验的结果。

②*t* 值是 4.555，对应的显著性水平小于 0.05，拒绝原假设。结论：男、女组别的推理能力测验分数有显著差异。

这里进一步报告假设检验的效应量、统计检验力。科恩的效应量计算公式为 $d=\frac{\overline{X}_1-\overline{X}_2}{S_p}$，且 $S_p=\sqrt{\frac{(n_1-1)S_1^2+(n_2-1)S_2^2}{n_1+n_2-2}}$；其中 $\overline{X}_1$、$\overline{X}_2$ 为两组的平均数，

n_1、n_2 为两组的样本数，S_1、S_2 为两组的标准差。科恩提出：0.2～0.5，为小效应量；0.5～0.8，为中效应量；0.8 以上，为大效应量。

在本例中，$S_p=\sqrt{\dfrac{(n_1-1)S_1^2+(n_2-1)S_2^2}{n_1+n_2-2}}=\sqrt{\dfrac{(35-1)\cdot 11.622^2+(35-1)\cdot 10.387^2}{35+35-2}}\approx$ 11.022，因此 $d=\dfrac{\overline{X}_1-\overline{X}_2}{S_p}=\dfrac{103.86-91.86}{11.022}\approx 1.09$，为大效应量。

另一种计算方式：$d=\dfrac{t}{\sqrt{(n_1*n_2)/(n_1+n_2)}}=\dfrac{4.555}{\sqrt{(35*35)/(35+35)}}\approx 1.09$。

统计检验力的计算过程：①自由度 $n_1+n_2-2=68$，并由 t 值表查右侧临界值 $t_{0.05/2}(68)=1.995$，再计算 t 值与右侧临界值之差 $t-t_{0.05/2}(68)=4.555-1.995=2.56$；②通过查正态分布表看近似的 z，求得相应的 $z=2.56$ 的曲线下面积值是 0.49476，本例中 t 的绝对值大于临界值，统计检验力为 0.5+0.49476=0.99476。

由以上计算可知，本例的统计量检验显著，并且是大效应量。大效应量说明统计结论可信度高，应该认同此结论(拒绝原假设)。

对于均值比较的效应量和统计检验力的原理、计算方法，具体可参考胡竹菁的《心理统计学(第二版)》和温忠麟的《心理与教育统计(第二版)》。

【思考题】

如果在本例中，改为以年龄为分组变量，以 17 岁以上(含 17 岁)为青年组，以 17 岁以下(不含 17 岁)为少年组，该如何分析少年组、青年组的推理能力分数差异？

提示：在定义分组时，使用“分割点”作为分组的依据。

6.4 摘要独立样本 *T* 检验及效应量计算分析

摘要独立样本 T 检验是针对原始测量数据未知或丢失，而只知道两个比较组别的样本数量、平均值、标准差的情况下而进行的一种均值比较 T 检验。

【例 6-4】在甲、乙两个学校分别抽取 100 名 16 岁的男生进行智力测验，测得的平均分分别为 115 分和 111 分。根据常模，该年龄组男生智商的标准差为 15。请检验两个学校男生在智商方面是否有显著差异。(此例引自胡竹菁的《心理统计学(第二版)》)

此例中已知两个组别的样本数、平均值、标准差，可使用摘要独立样本 T 检验。

统计检验分析的原假设 H_0：两个学校男生的智商平均值之间没有显著差异，即 $u_1=u_2$。

SPSS 操作过程如下。

第 1 步：启动分析过程。点击【分析】→【比较平均值】→【根据摘要数据计算 T 检验】菜单命令，打开"根据摘要数据计算 T 检验"对话框。

第 2 步：在主对话框中，根据目前已知两个组别的信息，分别在"样本 1""样本 2"的框中输入个案数、平均值、标准差、标签(见图 6-9)。

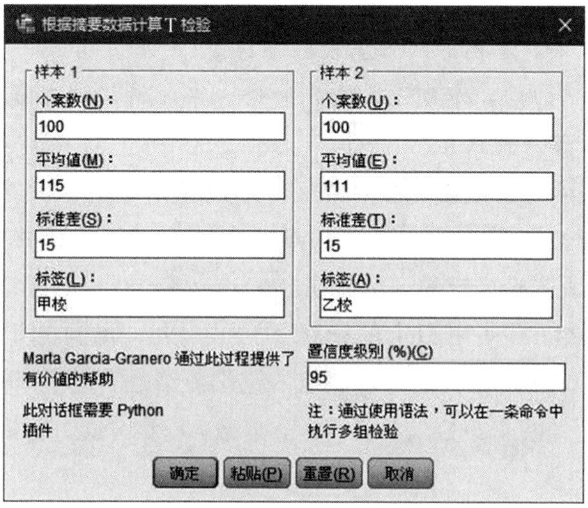

图 6-9　"根据摘要数据计算 *T* 检验"对话框(一)

第 3 步：在主对话框中点击【确定】按钮，提交执行。SPSS 在输出窗口输出结果。

第 4 步：结果分析。

第 1 个表：摘要数据(见表 6-9)。

表 6-9　摘要数据

	N	平均值	标准差	标准误差平均值
甲校	100	115.000	15.000	1.500
乙校	100	111.000	15.000	1.500

第 2 个表：独立样本 T 检验(见表 6-10)。

表 6-10　独立样本 *T* 检验

	平均值差值	标准误差差值	t	自由度	显著性(双尾)
假定等方差	4.000	2.121	1.886	198.000	0.061
不假定等方差	4.000	2.121	1.886	198.000	0.061

Hartley 等方差检验：$F=1.000$，显著性$=0.5000$。

[分析]①Hartley 等方差检验的 F 值为 1.000，所对应的显著性水平为 $0.5000>0.05$，接受原假设。结论：两个组别方差齐性。因此，在本例中，选择第一行 T 检验的结果。

②t 值是 1.886，对应的显著性水平 0.061，大于 0.05，接受原假设。结论：两个学校的男生的智商分数没有显著差异。

这里进一步报告假设检验的效应量、统计检验力。科恩的效应量计算公式为

$$d=\frac{t}{\sqrt{(n_1 * n_2)/(n_1+n_2)}}=\frac{1.866}{\sqrt{(100*100)/(100+100)}}\approx 0.264$$，根据科恩的标准判断，d 为小效应量。

由以上计算可知，本例的统计量检验不显著(p 大于 0.05，接受原假设 H_0)，并且是小效应量。此时可以认同此统计结论，在此情境下不需要进一步探讨研究。此时可以不计算统计检验力 $1-\beta$。

【例 6-5】在一项关于记忆方法对记忆单词成绩的影响研究中，将被试随机分为两组，在完成记忆任务之后，以被试回忆或描述记忆单词的数量为记忆成绩。其中实验组(使用了实验指定的记忆方法)35 人，得到的记忆成绩平均值为 16，标准差为 2.2；对照组(未使用指定的记忆方法)35 人，得到的记忆成绩平均值为 11，标准差为 4.3。试问实验组与对照组的记忆成绩是否有显著差异。

在此例中，已知两个组别的样本数(个案数)、平均值、标准差，可以使用摘要独立样本 T 检验。

统计检验分析的原假设 H_0：两个学校男生的智商平均值之间没有显著差异，即 $u_1=u_2$。

SPSS 操作过程如下。

第 1 步：启动分析过程。点击【分析】→【比较平均值】→【摘要独立样本 T 检验】菜单命令，打开“根据摘要数据计算 T 检验”对话框。

第 2 步：在主对话框中，根据目前已知两个组别的信息，分别在“样本 1”“样本 2”的框中输入个案数、平均值、标准差，同时分别输入样本 1、样本 2 的标签：“实验组”“对照组”(见图 6-10)。

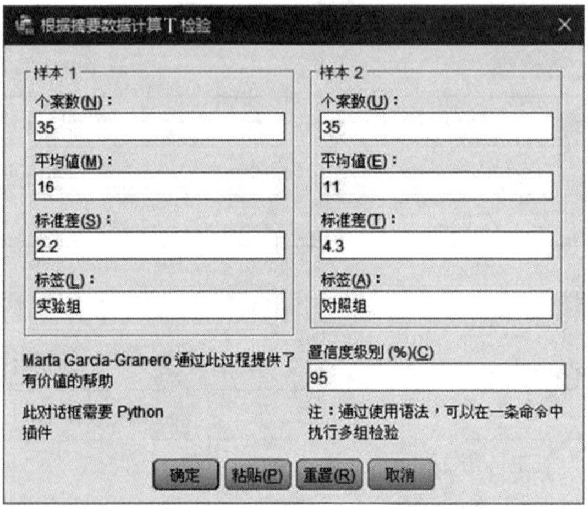

图 6-10 “根据摘要数据计算 T 检验”对话框(二)

第 3 步：在主对话框中点击【确定】按钮，提交执行。SPSS 在输出窗口输出结果。

第 4 步：结果分析。

第 1 个表：摘要数据(见表 6-11)。

表 6-11　摘要数据

	N	平均值	标准差	标准误差平均值
实验组	35	16.000	2.200	0.372
对照组	35	11.000	4.300	0.727

第 2 个表：独立样本检验(见表 6-12)。

表 6-12　独立样本检验

	平均值差值	标准误差差值	t	自由度	显著性(双尾)
假定等方差	5.000	0.816	6.124	68.000	0.000
不假定等方差	5.000	0.816	6.124	50.658	0.000

Hartley 等方差检验：$F=3.820$，显著性$=0.0001$。

[分析]① Hartley 等方差检验的 F 值为 3.820，所对应的显著性水平为 $0.0001<0.05$，拒绝原假设。结论：两个组别的方差不齐性。因此，在本例中，选择第二行 T 检验的结果。

②t 值是 6.124，对应的显著性水平小于 0.05，拒绝原假设。结论：实验组与对照组的记忆成绩有显著差异。

这里进一步报告假设检验的效应量、统计检验力。

科恩的效应量计算公式为

$d=\dfrac{t}{\sqrt{(n_1*n_2)/(n_1+n_2)}}=\dfrac{6.124}{\sqrt{(35*35)/(35+35)}}\approx 1.464$。根据科恩的标准判断，$d$ 为大效应量。

统计检验力的计算过程：①自由度 $n_1+n_2-2=68$，并由 t 值表查右侧临界值 $t_{0.05/2}(68)=1.99$，再计算 t 值与右侧临界值之差 $t-t_{0.05/2}(68)=6.124-1.99=4.134$；②一般情况下难以找到 t 值所对应的 p 值的转换表，此时可以通过查正态分布表看近似的 z，求得相应的 $z=4.134$ 的曲线下的面积值是 0.49997，本例中 t 的绝对值大于临界值的绝对值，统计检验力为 $0.5+0.49997=0.99997$。

由以上计算可知，本例的统计量检验显著，并且是大效应量。大效应量说明统计结论的可信度高，应认同此结论。

6.5　成对样本 T 检验及效应量计算分析

调用成对样本 T 检验过程可对配对资料进行显著性检验，成对样本 T 检验也称配对样本 T 检验，用于推断两种效果有无差别，或推断两种处理是否有差异。在心理学领域中，主要的配对资料包括：同对(年龄、性别、家庭背景等非处理因素相同或相似者）或同一研究对象分别给予两种不同处理的效果比较，以及同一研究对象处理前后的效果比较。

【例 6-6】在培训前使用某一能力测验对一批被试进行前测，经过 3 个月的训练，再次使用同一能力测验对这批被试进行后测。在排除练习效应、疲劳效应影响的前提下，试问这两次测试的成绩是否能反映培训的有效性。

此例的统计检验分析的原假设 H_0：两次测试成绩的平均值之间没有显著差异，即 $u_1=u_2$。

SPSS 操作过程如下。

第 1 步：打开分析数据。打开“能力测验的前测、后测.sav”文件。

第 2 步：启动分析过程。点击【分析】→【比较平均值】→【成对样本 *T* 检验】菜单命令，打开对话框。

从对话框左侧的变量列表中，选择“辅导前成绩”，点击向右按钮进入右边的“配对变量”列表框中，再选择“辅导后成绩”，点击向右按钮进入右边的“配对变量”列表框中。或者同时选中“辅导前成绩”“辅导后成绩”，点击向右按钮（见图 6-11）。

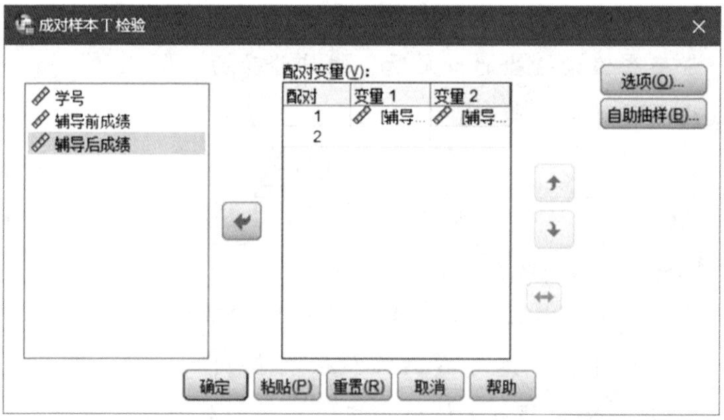

图 6-11 “成对样本 *T* 检验”对话框

当然，如果有多个配对变量，还可以设置第 2 对或更多对的配对变量。

第 3 步：设置输出的统计量。点击主对话框中右边的【选项】按钮，弹出如图 6-12 所示的对话框。

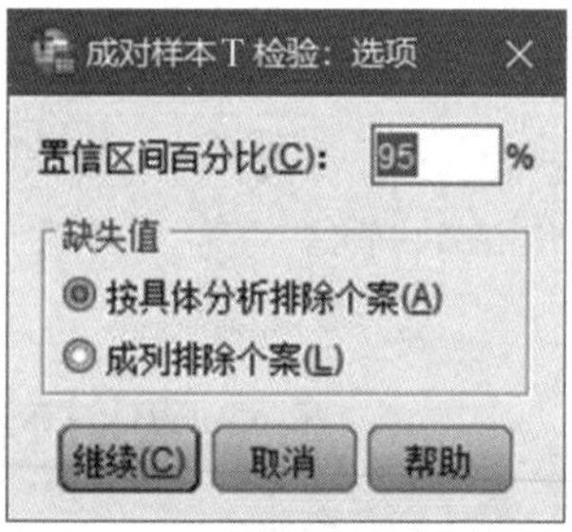

图 6-12 “成对样本 *T* 检验：选项”对话框

在本例中，按系统默认的方式选择。点击【继续】按钮回到上一级对话框。

第 4 步：在主对话框中点击【确定】按钮，提交执行。SPSS 在输出窗口输出结果。

第 5 步：结果分析。

第 1 个表：配对样本统计(见表 6-13)。

表 6-13　配对样本统计

		平均值	个案数	标准偏差	标准误差平均值
配对 1	辅导前成绩	69.50	50	9.780	1.383
	辅导后成绩	72.92	50	7.506	1.062

第 2 个表：配对样本相关性(见表 6-14)。

表 6-14　配对样本相关性

	个案数	相关系数	显著性
配对 1　辅导前成绩 & 辅导后成绩	50	0.930	0.000

[分析]“辅导前成绩”和“辅导后成绩”变量的相关系数为 0.930，对应的显著性水平 p 小于 0.05，拒绝原假设。结论：“辅导前成绩”和“辅导后成绩”的相关显著。

第 3 个表：配对样本检验(见表 6-15)。

表 6-15　配对样本检验

	配对差值					t	自由度	Sig.(双尾)
	平均值	标准差	标准误差平均值	差值的 95%置信区间 下限	差值的 95%置信区间 上限			
配对 1　辅导前成绩－辅导后成绩	－3.418	3.926	0.555	－4.534	－2.302	－6.155	49	0.000

[分析]此表显示变量“辅导前成绩”“辅导后成绩”相减的差值的平均值、标准差等。配对检验结果为：$t=-6.155$，对应的显著性 $p<0.05$，拒绝原假设。结论：“辅导前成绩”“辅导后成绩”的平均值有显著差异。

配对样本的效应量计算公式为：$d=\dfrac{t_{\text{matched}}}{\sqrt{\dfrac{n}{2}}\sqrt{\dfrac{1}{1-\rho}}}$，$t_{\text{matched}}$ 为计算得出的 t 值或 Z 值，n 为配对样本量，ρ 为相关系数。在本例中，$d=\dfrac{|t_{\text{matched}}|}{\sqrt{\dfrac{n}{2}}\sqrt{\dfrac{1}{1-\rho}}}=\dfrac{6.155}{\sqrt{\dfrac{50}{2}}\sqrt{\dfrac{1}{1-0.930}}}\approx 0.326$，为小效应量。

统计检验力的计算过程：①自由度 $n-1=49$，并由双侧 t 值表查右侧临界值

$t_{0.05/2}(49)=2.01$，再计算 t 的绝对值与右侧临界值之差为 4.144；②通过查正态分布表看近似的 z，求得相应于 $z=4.144$ 的曲线下面积值是 0.49997，本例中 t 的绝对值大于右侧临界值，因此统计检验力为 0.5+0.49997=0.99997。

由以上计算可知，统计量检验显著，并且是小效应量。小效应量说明统计结论的可靠性较低，还需进一步的研究资料佐证此结论，推广研究结果时要慎重。

【思考题】

1. 这里报告"辅导前成绩"与"辅导后成绩"之间的皮尔逊相关系数显著相关，但"辅导前成绩"与"辅导后成绩"之间的差异显著，怎么理解？

参考提示：皮尔逊相关系数反映是一个变量与另一个变量之间的数据变动关系。换句话说，当一个变量变动时，另一个变量也相应地发生变动(包括大小、方向)。如果两个变量的变化趋势一致，那么相关系数就很高；如果不一致，相关系数就相对较低，甚至可能为负。

两个变量之间的差异检验，是指两个变量的平均值(中心位置)之间的大小是否有显著差异。

在本例中，两个变量的相关系数有显著相关，而这两个变量的平均值之间的差异显著。

2. 如何区分单样本 T 检验与独立样本 T 检验？

参考提示：①单样本 T 检验，主要考察一个样本与总体均值是否有差异，需要输入一个总体均值。②独立样本 T 检验，主要考察两个相对独立的样本的均值之间是否有差异。这里的独立样本是指，分类相对独立的两个样本，两个样本的元素之间不存在一一对应的关系。在进行独立样本 T 检验时，需要定义分组变量。

3. 如何区分独立样本 T 检验与配对样本 T 检验？

参考提示：在独立样本 T 检验中，独立样本是指相对独立的两个样本(两个小组，但这两组相对独立的数据的形式是表现在同一列变量里的。例如，男、女信息都在性别变量中。)

配对样本 T 检验是针对两个相关样本的 T 检验(两个小组的数据是成对匹配的，每一个配对之间都有一定的关系)。两组数据的形式分别表现在两列变量里。

6.6 均值比较分析的报告参考样例

本章的 T 检验统计分析需要报告样本数、均值、标准差、t 值、p 值(或用 * 表示)，假设检验的结论(接受或拒绝原假设)，以及具体研究的结论、效应量和统计检验力。

6.6.1　单样本 *T* 检验报告的参考样例

单样本 T 检验报告的参考样例(见表 6-16)。

表 6-16　某学校智力分数与总体均值的差异检验

	样本数	平均值	标准差	检验值	t	p	效应量	统计检验力
智力分数	40	95.53	10.994	100	−2.574	0.014	0.407	0.709

注：这里的效应量、统计检验力都以 0.05 显著性水平为参考。

样本的平均值为 95.53，小于总体均值，t 值对应的显著性水平为 $0.014<0.05$，拒绝原假设。结论：该学校学生的智力分数与总体均值有显著差异，且低于总体均值。效应量为 0.407，是小效应量，说明此统计结论的可靠性较低，可能还需要进一步的研究资料来佐证此统计结论。

补充说明：①在呈现统计结果的表格同时，也需要对统计结果进行解释说明，并做出统计结论。②在以往的论文研究报告或 SPSS 输出结果中，当 p 值小于 0.05 时，用“*”表示；当 p 值小于 0.01 时，用“**”表示；当 p 值小于 0.001 时，用“***”表示。p 值或“*”这两种方式选择一种即可。现在的研究论文一般报告 p 值。

6.6.2　独立样本 *T* 检验报告的参考样例

独立样本 T 检验报告的参考样例(见表 6-17)。

表 6-17　城镇与农村学生的成绩差异比较检验

	所在区域	N	均值	标准差	t	p	效应量	统计检验力
语文	城镇	131	86.7630	9.32161	2.630	0.025	0.636	0.74537
	农村	167	80.6774	9.76922				
数学	城镇	131	99.2612	24.04500	0.202	0.840	0.0455	—
	农村	167	98.1721	23.816				

注：这里的效应量、统计检验力都以 0.05 显著性水平为参考。

语文课程成绩的均值比较检验 t 为 2.630，显著性水平为 0.025，小于 0.05，拒绝原假设。结论：城镇与农村学生的语文课程成绩的平均值有显著差异，而且城市学生的语文成绩显著高于农村。效应量为 0.636，是中效应量，说明此统计结论的可靠性相对较高，在较高的程度上可以接受此统计结论。

城镇与农村学生的数学课程成绩的均值比较检验 t 为 0.202，显著性水平为 $0.840>0.05$，接受原假设。结论：城镇与农村学生的数学课程成绩的平均值没有差异。效应量为 0.0455，为小效应量，无须计算统计检验力，也无须进一步探讨此结论，即城镇与农村学生的数学课程成绩的平均值没有差异。

6.6.3 成对样本 *T* 检验报告的参考样例

成对样本 T 检验报告的参考样例(见表 6-18)。

表 6-18 前后测成绩的成对样本比较检验

		平均值	样本数	标准差	t	p	相关性	效应量	统计检验力
配对 1	辅导前成绩	69.50	50	9.780	−6.155	0.000	0.930	0.326	0.999
	辅导后成绩	72.92	50	7.506					

注：这里的效应量、统计检验力都以 0.05 显著性水平为参考。

辅导前后测试成绩的相关系数为 0.930，显著性水平小于 0.05，拒绝原假设，说明辅导前后测试成绩的相关显著。均值比较检验的 t 值为−6.155，显著性水平小于 0.05，拒绝原假设。结论：辅导前后成绩之间有显著差异，而且辅导后成绩高于辅导前成绩。效应量为 0.326，是小效应量，说明此统计结论的可靠性较低，可能还需要进一步的研究资料来佐证此统计结论。

【练习题】

1. 对某次调查的“某心理测验数据.sav”数据文件进行分析。

①分别考察不同性别、不同年龄在心理特质的总分上的描述统计情况(包括平均分、标准差、方差)。

②分析性别与通过英语能力三级是否存在关联。

③考察不同性别在该心理特质的总分上是否有差异。

④考察 15 岁以下的被试组(不含 15 岁)与 15 岁以上的被试组(含 15 岁)之间在该心理特质的总分上是否有差异。

2. 为了调查在英语教学过程中，学生在两种不同教学法下的识字情况，抽取了 15 名小学生，记录下旧教学法与新教学法的识字得分，问两种教学方法是否有差异(见表 6-19)。

表 6-19 学生在两种教学法下的识字情况

学生号	1	2	3	4	5	6	7	8	9	10	11	12	13	14	15
旧教学法	14	11	10	14	14	12	11	13	11	12	11	14	10	10	11
新教学法	13	15	16	14	13	12	15	12	13	15	13	13	12	11	13

3. 某校某一届毕业生的抽样调查中，获得了毕业生后的年薪收入调查情况数据文件“大学生毕业情况调查.sav”。当年全国人均收入为 27893 元，试问：①该校毕业生是否达到了平均水平？②不同性别之间的收入是否有差异？③文理科专业之间的收入是否有差异？

4. 从甲、乙两校随机抽取 18 份数学竞赛试卷，其卷面上的分数见表 6-20。

试问甲、乙两校此次数学竞赛成绩是否有差异。

表 6-20 甲、乙两校学生数学竞赛卷面分数

学生试卷	1	2	3	4	5	6	7	8	9	10	11	12	13	14	15	16	17	18
甲校	64	68	58	60	80	76	81	54	50	60	65	47	59	63	48	58	68	65
乙校	60	71	60	56	68	78	69	90	48	63	68	52	65	67	55	59	67	78

5. 从某小学四年级学生中随机抽取 15 名学生学习解方程，进行辅导前与辅导后的实验研究，先后测验成绩见表 6-21。请检验辅导前与辅导后的成绩有无显著差异。

表 6-21 15 名学生两次测验的成绩

学生	1	2	3	4	5	6	7	8	9	10	11	12	13	14	15
辅导前	68	68	83	77	62	71	60	70	64	82	78	55	61	69	68
辅导后	84	75	82	81	71	71	68	66	89	81	80	58	63	70	72

6. 某心理学家为了研究环境对大脑发育的影响，随机抽取 11 窝小鼠，分别从每窝小鼠中选择一对性别相同且体重相近的小鼠(一对为一个配对组)，随机将每对小鼠中的一只分到甲组(玩具组)，而另一只分到乙组(无玩具组)。甲、乙两组小鼠的饲养条件相同，不同的是甲组鼠笼中有许多玩具，而乙组鼠笼中不仅没有玩具，而且还用隔板将小鼠彼此隔离。1 个月后，取出小鼠的大脑皮质称重，问两组的大脑皮质重量有无差异。数据文件为“大脑皮质重量. sav”。

7. 数据文件“world95. sav”为 1995 年 109 个国家和地区的部分指标的数据，其中变量“lifeexpf”和“lifeexpm”分别为各国或地区女性和男性人口的平均寿命。将这两个指标数据作为样本，试分析女性人口的平均寿命是否比男性人口的平均寿命长。(设 $\alpha=0.05$)

8. 分析某班级学生的高考语文成绩在性别上是否存在差异。数据如表 6-22 所示。

表 6-22 某班学生的高考语文成绩

性别	高考语文成绩																
男($n=17$)	82	87	75	58	86	80	78	76	84	89	99	95	82	87	86	85	89
女($n=17$)	85	93	86	83	78	87	70	65	70	65	70	78	72	66	65	76	77

第 7 章　方差分析

方差分析被用于两组以上数据的平均数差异检验。由于各种因素的影响，研究所得的数据有所波动，造成波动的原因可分为两类：一类是不可控的随机因素；另一类是研究中实施的对结果造成影响的可控因素。方差分析的基本思想是：通过分析、研究不同来源的方差对总方差的贡献的大小，从而确定可控因素对研究结果影响力的大小。

SPSS 中方差分析的菜单命令有两个。

第一，单因素 ANOVA 过程。

单因素 ANOVA 过程就是单因素方差分析过程，它可以进行单因素的方差分析、均值多重比较。

第二，一般线性模型过程。

一般线性模型过程可以完成简单的多因素方差分析和协方差分析，不仅可以分析各因素的主效应，而且还可以分析各因素间的交互效应。在【一般线性模型】菜单项的下一级菜单中有四个过程，这些过程的主要功能分别是：

①【单变量】：单变量是指因变量只能是一个，而自变量(实验变量、固定因子)可以是多个。【单变量】过程完成一般的单因素方差分析、多因素方差分析。可以指定协变量，即进行协方差分析。

②【多变量】：多变量是指因变量有两个或两个以上，而自变量(实验变量、固定因子)可以是一个或多个。【多变量】过程进行多因变量的多因素分析。当研究的问题有两个或两个以上相关的因变量时，才选用【多变量】过程。【多变量】过程也就是多元方差分析，本书不做介绍。

③【重复测量】：此过程进行重复测量方差分析。当一个因变量在多种条件下进行测度，比较因变量均值时使用该过程。

④【方差成分】：通过计算方差估计值，可以分析如何减小方差。此过程适用于概化理论的多侧面设计分析，本书不做介绍。

因素、因子、自变量三个词本身是一回事，如果在一本书里能统一用词是比较好的。然而，在 SPSS 软件中文版里，因素和因子这两个词就是混用的；而在实验心理学的教材里，一般使用自变量这个词。所以，为了与 SPSS 软件和实验心理学的教材保持一致，本书根据相应的语境而灵活使用这三个词。

7.1 单因素完全随机设计方差分析

单因素方差分析，是在研究的情境包括一个自变量和一个因变量时，检验自变量(因素)的各水平对应的因变量均值之间的差异是否具有统计意义。

【例 7-1】随机选择 117 名学生，并随机将其分成三组，分别使用三种教材进行教学，最后测试学生的成绩，分析这三种教材对学生成绩的影响是否有差异。

做统计检验分析，要先建立假设。

原假设 H_0：三组学生成绩的平均值都相等(没有显著差异)，即 $u_1=u_2=u_3$。

备择假设 H_1：三组学生成绩的平均值不全相等(存在显著差异)。注意，这里是不全相等，而不是全不相等。

SPSS 操作过程如下。

第 1 步：打开分析数据。打开“单因素方差分析——三种教材.sav”文件。

第 2 步：启动分析过程。点击【分析】→【比较平均值】→【单因素 ANOVA 检验】菜单命令，打开单因素 ANOVA 检验的主对话框。

第 3 步：设置分析变量。选择一个或多个因子变量进入“因变量列表”框中。本例选择“成绩”。选择一个因素变量进入“因子”框中。本例选择“教材”(见图 7-1)。

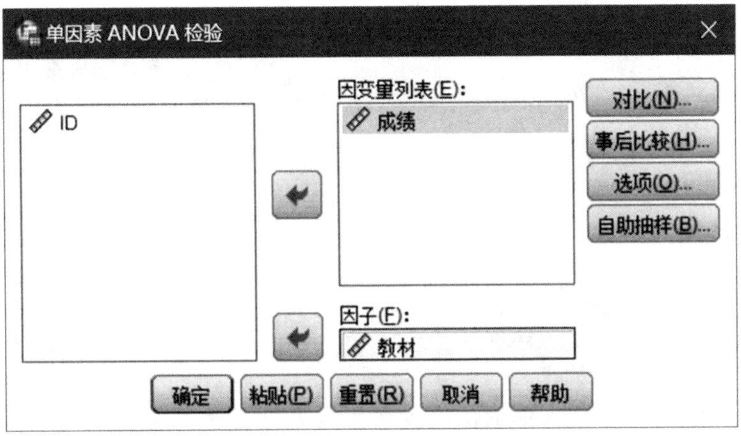

图 7-1　单因素 ANOVA 检验的主对话框

第 4 步：设置事后多重比较。在主对话框里单击【事后比较】按钮，将打开多重比较对话框(见图 7-2)。该对话框被用于设置多重比较和配对比较。如果方差分析确定各组均值间的差异显著，则输出多重比较的均值比较矩阵。

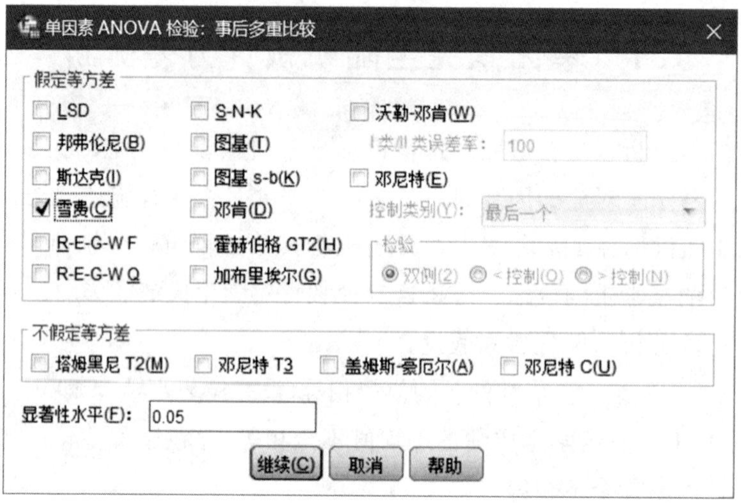

图 7-2 “单因素 ANOVA 检验：事后多重比较”对话框

在“假定等方差”框中有多种方法可以选择，本例选择“雪费”，对所有可能的组合进行配对比较。可以同时选择若干个选择项，以便比较各种均值比较方法的结果。检验的显著性水平值的系统默认值为 0.05。

第 5 步：设置输出统计量。单击【选项】按钮，打开“选项”对话框(见图 7-3)，选择要求输出的统计量。在该对话框中还可以选择对缺失值的处理要求。

在“统计”栏中选择输出统计量，选择情况如下。

描述：要求输出描述统计量。选择此项输出观测量数目、均值、标准差、标准误、最小值、最大值、各组中每个因变量的 95%置信区间。

固定和随机效应：输出固定和随机描述统计量。

方差齐性检验：要求进行方差齐性检验，即莱文检验。

布朗-福塞斯：布朗检验。

韦尔奇：韦尔奇检验。

同时选择“平均值图”，即输出根据各组均数描绘出的因变量的分布情况。

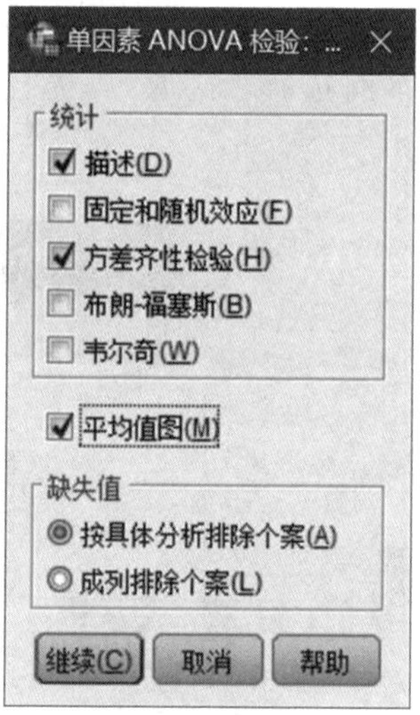

图 7-3 单因素 ANOVA 检验选项的子对话框

在“缺失值”栏中，选择缺失值处理方法。本例按照系统默认的进行选择。

设置完成后，点击【继续】按钮回到上一级对话框。

第 6 步：在主对话框中点击【确定】按钮，提交执行。SPSS 在输出窗口输出结果。

第 7 步：结果分析。

第 1 个表：描述统计量(见表 7-1)。

表 7-1　描述统计量

	个案数	平均值	标准偏差	标准错误	平均值的 95%置信区间		最小值	最大值
					下限	上限		
1	39	68.72	4.026	0.645	67.41	70.02	59	80
2	39	75.77	3.835	0.614	74.53	77.01	68	84
3	39	70.28	4.740	0.759	68.75	71.82	62	82
总计	117	71.59	5.168	0.478	70.64	72.54	59	84

第 2 个表：方差齐性检验(见表 7-2)。

表 7-2　方差齐性检验

		莱文统计	自由度 1	自由度 2	显著性
成绩	基于平均值	1.485	2	114.000	0.231
	基于中位数	1.445	2	114.000	0.240
	基于中位数并具有调整后自由度	1.445	2	111.207	0.240
	基于剪除后平均值	1.435	2	114.000	0.242

[分析]此表为方差齐性检验的结果，本例选择基于平均值检验的结果。显著性水平为 0.231>0.05，结论：各组的方差在 $\alpha=0.05$ 水平上没有显著差异，即方差齐性。方差齐性是进行方差分析的一个重要前提条件。

有关方差齐性检验的原理可参考温忠麟(2016)的《心理与教育统计(第二版)》。

第 3 个表：方差分析(ANOVA)(见表 7-3)。

表 7-3　ANOVA

成绩

	平方和	自由度	均方	*F*	显著性
组间	1069.590	2	534.795	30.052	0.000
组内	2028.718	114	17.796		
总计	3098.308	116			

[分析]此表为方差分析表：第 1 栏是方差来源，包括组间方差、组内方差和总方差；第 2 栏是平方和；第 3 栏是自由度 df；第 4 栏是均方，即第 2 栏与第 3 栏之比；第 5 栏是 F 值(组间均方与组内均方之比)；第 6 栏是 F 值对应的显著性水平值(p 值)。

本例中的 F 值为 30.052，对应的 $p<0.05$，拒绝原假设。结论：组间至少有一组与其他组有显著差异。

第 4 个表：多重比较(见表 7-4)。

表 7-4 多重比较

因变量：成绩
雪费

(I)教材	(J)教材	平均值差值(I－J)	标准错误	显著性	95%置信区间	
					下限	上限
1	2	－7.051*	0.955	0.000	－9.42	－4.68
	3	－1.564	0.955	0.266	－3.93	0.81
2	1	7.051*	0.955	0.000	4.68	9.42
	3	5.487*	0.955	0.000	3.12	7.86
3	1	1.564	0.955	0.266	－0.81	3.93
	2	－5.487*	0.955	0.000	－7.86	－3.12

*. 平均值差值的显著性水平为 0.05。

[分析]此表的第一行是教材 1 与教材 2 的比较，平均值差值为－7.051，并标识了“*”号，对应的显著性 $p<0.05$，拒绝原假设。结论：教材 1 与教材 2 的均值之间有显著差异。

第二行是教材 1 与教材 3 的比较，平均值差值为－1.564，对应的显著性 p 为 0.266，大于 0.05，接受原假设。结论：教材 1 与教材 3 的均值之间无显著差异。其他组间比较依此类推。

均值图如图 7-4 所示。

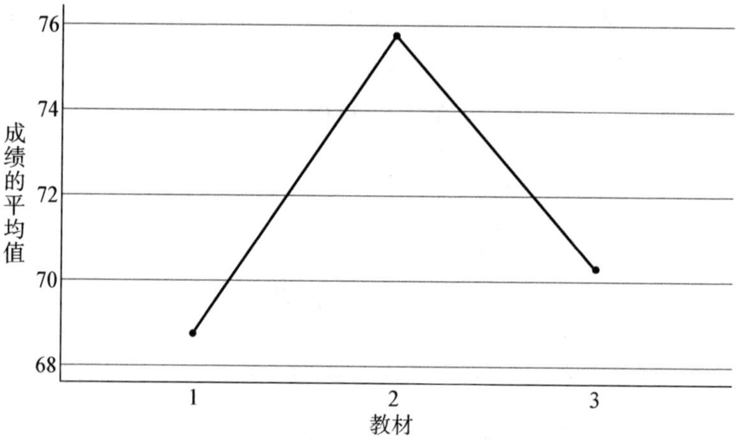

图 7-4 不同教材对应的成绩均值

【思考题】

本例是否可以使用【分析】→【一般线性模型】→【单变量】菜单命令？请对比两种命令下的数据分析结果。

[参考提示]在【分析】→【一般线性模型】→【单变量】菜单命令下可以分析方差分析的效应量和统计检验力。其主要步骤如下：点击【分析】→【一般线性模型】→

【单变量】菜单命令，打开如图 7-5 所示的对话框。

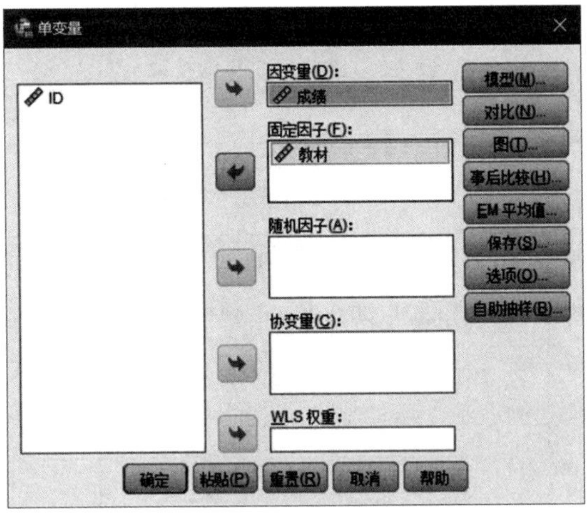

图 7-5　一般线性模型下的方差分析主对话框

第 1 步：设置分析变量。选择一个变量进入“因变量”框中，本例选择“成绩”。选择一个或多个变量进入“固定因子”框中，本例选择“教材”。

第 2 步：设置选项参数。点击主对话框右边的【选项】按钮，弹出如图 7-6 所示的对话框。

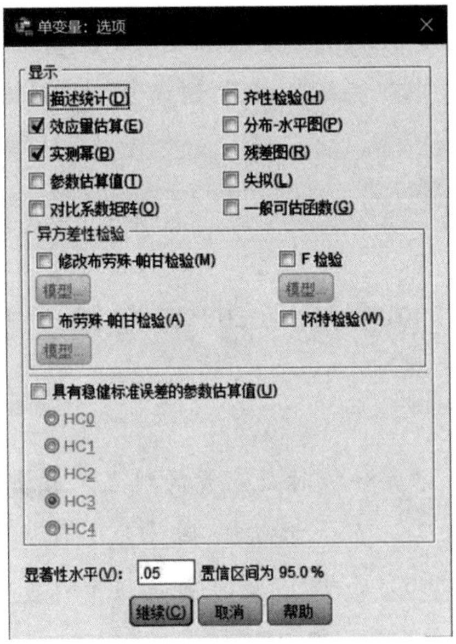

图 7-6　“单变量：选项”对话框

在“显示”框中选择“效应量估算”“实测幂”这两个复选框。效应量估算，即计算方差分析时 F 检验的效应量；实测幂，即计算方差分析时 F 检验的统计检验力。

在本例中，对其他按钮都不进行设置，以系统默认的方式进行分析。

第 3 步：点击【继续】按钮，回到主对话框中，然后再点击【确定】按钮，提交执行。SPSS 在输出窗口输出的主要结果如表 7-5 所示。

表 7-5　主体间效应的检验

因变量：成绩

源	Ⅲ类平方和	自由度	均方	F	显著性	偏 Eta 平方	非中心参数	实测幂[b]
修正模型	1069.590[a]	2	534.795	30.052	0.000	0.345	60.104	1.000
截距	599635.692	1	599635.692	33695.403	0.000	0.997	33695.403	1.000
教材	1069.590	2	534.795	30.052	0.000	0.345	60.104	1.000
误差	2028.718	114	17.796					
总计	602734.000	117						
修正后总计	3098.308	116						

a. R 方=0.345(调整后 R 方=0.334)。

b. 使用 Alpha=0.05 进行计算。

[分析]此表中教材、误差、修正后总计这三行所对应的平方和、自由度、F 值、显著性，与【分析】→【比较平均值】→【单因素 ANOVA 检验】菜单命令下的结果一致。

此表中的第 7 栏是方差分析的偏 Eta 平方(效应量)。表中的最右边一栏是统计检验力(统计功效)；SPSS 中文版把它翻译成“实测幂”或“观测幂”，其实不合适。

方差分析的效应量的计算公式为：偏 Eta 平方或偏 $\eta^2=\frac{SS_B}{SS_T}=\frac{SS_B}{SS_B+SS_{误差}}$。在本例中，$SS_B$ 为 1069.590，$SS_{误差}$ 为 2028.718，那么偏 Eta 平方 $\frac{SS_B}{SS_B+SS_{误差}}=\frac{1069.590}{1069.590+2028.718}\approx 0.345$。

根据科恩(1992)关于方差分析时效应量的观点，在 F 检验显著时：

①偏 Eta 平方大于 0.01，而小于 0.06 时，为小效应量；

②偏 Eta 平方大于 0.06，而小于 0.14 时，为中效应量；

③偏 Eta 平方大于 0.14 时，为大效应量。

由以上计算可知，本例的统计量检验显著(p 小于 0.05，拒绝原假设)。效应量偏 Eta 平方为 0.345，属于大效应量。这说明该统计结论的可信度高，应认同此结论。

方差分析的效应量有多种计算方法。胡竹菁(2019)的《心理统计学(第二版)》介绍了四种计算方法。用这四种计算方法评估效应量时，其结论往往是一致的，只需要选择其中一种就可以。在 SPSS 软件中计算的偏 Eta 平方，仅是其中的一种效应量计算方法的结果。

7.2　多因素完全随机设计方差分析及简单效应分析

多因素方差分析，是涉及一个因变量和多个自变量(又叫因素、实验因子、固定因子)的方差分析。它可以检验不同因素对因变量的作用，也可以分析多个因素之间的交互作用。该过程要求因变量服从正态总体，且总体中各单元的方差相同。因变量和协变量必须是数值型变量，协变量与因变量不彼此独立，自变量是分类变量。

下面以两因素方差分析为例，对多因素方差分析进行说明。

7.2.1　两因素方差分析的实例分析

【例 7-2】研究设计：主题熟悉程度 a 因素分为 2 个水平(不熟悉、熟悉)；生字密度 b 因素分为 3 个水平(5∶1、10∶1、15∶1)；因变量为阅读测验分数。研究者随机选取 96 名被试参加实验，分别阅读 6 篇主题熟悉程度不同、生字密度不同的文章(每篇文章安排了 16 个被试进行测试)，数据文件为"两因素方差分析——阅读理解测验. sav"。请分析主题熟悉程度、生字密度对阅读测验分数的影响。

为了读者对案例学习运用的可验证性和连贯性，**【例 7-2】【例 7-3】【例 7-4】【例 7-5】**的例子都参考了舒华(2016)的《心理与教育研究中的多因素实验设计》中的例子。如果读者对多因素实验设计的统计原理、统计推导感兴趣，可进一步阅读舒华教授的著作。

根据两因素方差分析的数学模型，假设

$$\begin{cases} y_{ij} = u + a_i + b_j + \varepsilon_{ij} \\ \sum_{i=1}^{p} a_i = 0,\ \sum_{j=1}^{q} b_j = 0 \\ \sum_{i=1}^{p} (ab)_{ij} = 0,\ j = 1,\ 2,\ \cdots,\ q \\ \sum_{j=1}^{q} (ab)_{ij} = 0,\ i = 1,\ 2,\ \cdots,\ p \\ \text{各 } \varepsilon_{ij} \text{ 相互独立，服从 } N(0,\ \sigma^2) \text{ 正态分布} \end{cases}$$

此例的统计检验分析中，①主题熟悉程度 a 因素的原假设 H_{0a}：a 因素的主效应为 0，即 $a_1 = a_2 = 0$。备择假设 H_{1a}：a 因素的主效应不为 0，即 a_1，a_2 不全为 0。

②生字密度 b 因素的原假设 H_{0b}：b 因素的主效应为 0，即 $b_1=b_2=b_3=0$。备择假设 H_{1b}：b 因素的主效应不为 0，即 b_1，b_2，b_3 不全为 0。

③a 因素与 b 因素的交互作用的原假设 H_{0a*b}：所有的 a 因素与 b 因素的交互效应为 0，或没有交互效应。备择假设 H_{1a*b}：至少有一个 a 因素与 b 因素的交互效应不为 0。

SPSS 操作过程如下。

第 1 步：打开分析数据。打开"两因素方差分析——阅读理解测验.sav"文件。

第 2 步：启动分析过程。点击【分析】→【一般线性模型】→【单变量】菜单命令。

第 3 步：设置分析变量。设置因变量：在左边变量列表中选择"阅读成绩"进入"因变量"框中。设置固定因子(自变量)：在左边变量列表中选择"熟悉程度"和"生字密度"变量进入"固定因子"框中，可以选择多个固定因子(见图 7-7)。在多因素方差分析的主界面中，固定因子是自变量、实验处理的变量、分类变量；随机因子是研究中的控制变量、区组变量。

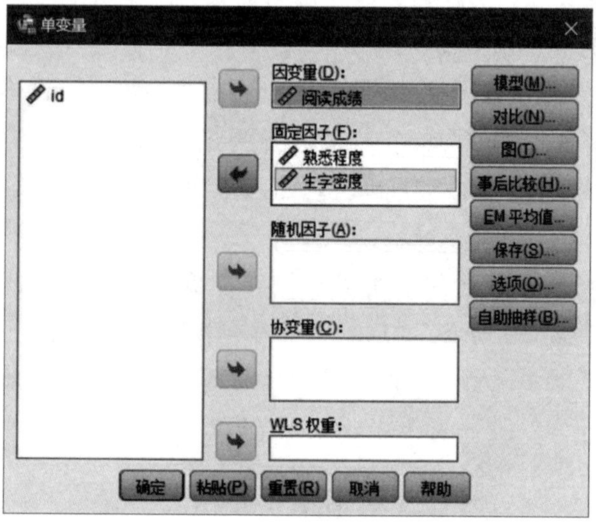

图 7-7　多因素方差分析的主对话框

设置随机因子(区组变量)：可以选择多个随机变量。本例无区组变量。

设置协变量：如果需要去除某个变量对固定因子(自变量)的影响，可将这个变量移到"协变量"框中。本例中无协变量。

设置权重变量：如果需要分析权重变量的影响，将权重变量移到"WLS 权重"框中。本例中无权重变量。

第 4 步：选择分析模型。主对话框中点击【模型】按钮，打开"单变量：模型"对话框(见图 7-8)。

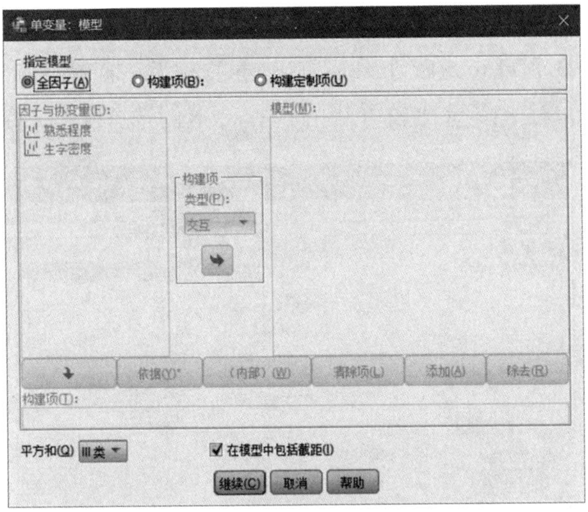

图 7-8　“单变量：模型”对话框

在此对话框中，本例按系统默认方式选择“全因子”。

第 5 步：选择比较方法。在主对话框中点击【对比】按钮，打开“单变量：对比”设置对话框(见图 7-9)。

在此对话框中，本例不做任何选择。

第 6 步：设置绘图。在主对话框中点击【图】按钮，打开“单变量：轮廓图”对话框(见图 7-10)。

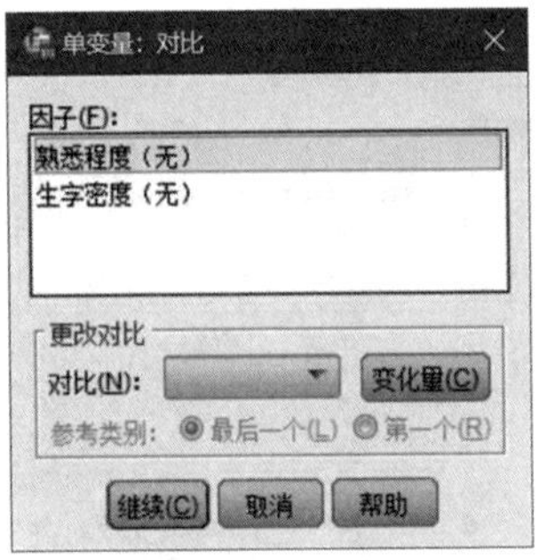

图 7-9　“单变量：对比”对话框

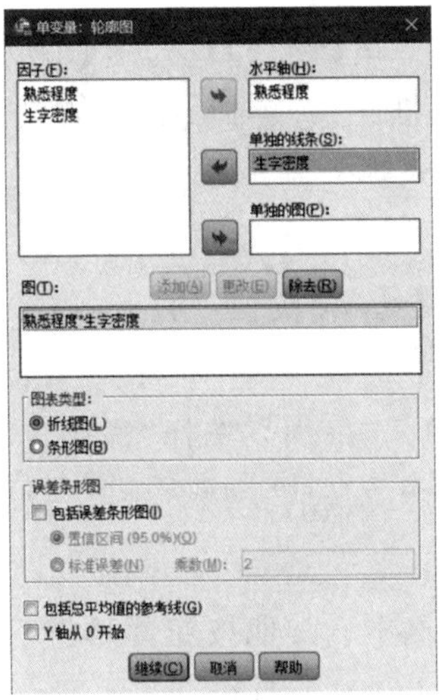

图 7-10　“单变量：轮廓图”对话框

在“水平轴”框内选择“熟悉程度”变量；在“单独的线条”框内选择“生字密度”变量，再点击【添加】按钮，在“图”中就增加了“熟悉程度 * 生字密度”。在“图表类型”框内，本例按系统默认方式选择“折线图”。点击【继续】按钮回到上一级对话框。

第 7 步：设置事后多重比较。在主对话框里单击【事后比较】按钮，将打开多重比较对话框(见图 7-11)。在“下列各项的事后检验”框内，本例选择了“熟悉程度”和“生字密度”。对于多重比较方法的选择，本例选择了“雪费”。

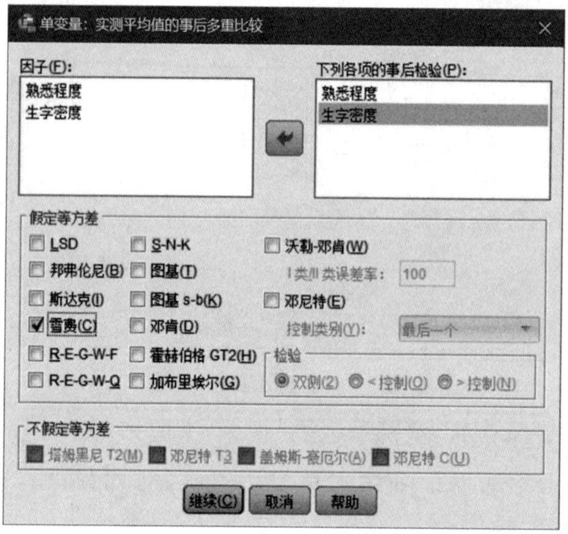

图 7-11 “单变量：实测平均值的事后多重比较”对话框

点击【继续】按钮回到上一级对话框。

第 8 步：设置保存运算值。在主对话框中，单击【保存】按钮，打开保存的设置对话框。在此对话框中的设置，本例中都不选择。

第 9 步：选择输出选项。在主对话框中单击【选项】按钮，打开“选项”对话框(见图 7-12)。

在“显示”框内，选择“描述统计”“齐性检验”“效应量估算”“实测幂”这四个复选框。

在本例中，其他按钮都不进行设置，以默认的方式进行分析。

第 10 步：在主对话框中点击【确定】按钮，提交执行。SPSS 在输出窗口输出结果。

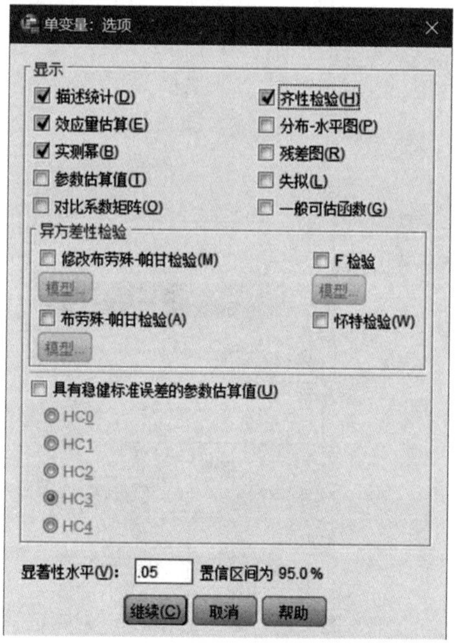

图 7-12 “单变量：选项”对话框

第 11 步：结果分析。

第 1 个表(图)：主体间因子(见表 7-6)。

表 7-6　主体间因子

		值标签	个案数
熟悉程度	1	主题不熟悉	48
	2	主题熟悉	48
生字密度	1	生字密度 5∶1	32
	2	生字密度 10∶1	32
	3	生字密度 15∶1	32

[分析]主要列出各个因子的水平及其对应的样本数。

第 2 个表(图)：描述统计(见表 7-7)。

表 7-7　描述统计

因变量：阅读成绩

熟悉程度	生字密度	平均值	标准偏差	个案数
主题不熟悉	生字密度 5∶1	3.75	1.125	16
	生字密度 10∶1	4.19	1.515	16
	生字密度 15∶1	4.81	1.328	16
	总计	4.25	1.376	48
主题熟悉	生字密度 5∶1	3.62	1.025	16
	生字密度 10∶1	8.50	1.366	16
	生字密度 15∶1	11.69	1.078	16
	总计	7.94	3.539	48
总计	生字密度 5∶1	3.69	1.061	32
	生字密度 10∶1	6.34	2.610	32
	生字密度 15∶1	8.25	3.690	32
	总计	6.09	3.251	96

[分析]分组给出描述统计量。

第 3 个表(图)：误差方差的莱文等同性检验(见表 7-8)。

表 7-8　误差方差的莱文等同性检验[a,b]

		莱文统计	自由度 1	自由度 2	显著性
阅读成绩	基于平均值	0.636	5	90.000	0.673
	基于中位数	0.766	5	90.000	0.577
	基于中位数并具有调整后自由度	0.766	5	84.098	0.577
	基于剪除后平均值	0.687	5	90.000	0.634

检验“各个组中的因变量误差方差相等”这一原假设。

a. 因变量：阅读成绩。

b. 设计：截距＋熟悉程度＋生字密度＋熟悉程度 * 生字密度。

[分析]此表为方差齐性检验结果，本例选择基于平均值的检验结果。显著性水平 p 值为 0.673，大于 0.05，说明各组的方差在 $\alpha=0.05$ 水平上没有显著差异，即方差齐性。

第 4 个表(图)：主体间效应检验(见表 7-9)。

表 7-9 主体间效应检验

因变量：阅读成绩

源	Ⅲ类平方和	自由度	均方	F	显著性	偏 Eta 平方	非中心参数	实测幂[b]
修正模型	863.094[a]	5	172.619	110.133	0.000	0.860	550.667	1.000
截距	3564.844	1	3564.844	2274.424	0.000	0.962	2274.424	1.000
熟悉程度	326.344	1	326.344	208.212	0.000	0.698	208.212	1.000
生字密度	336.063	2	168.031	107.206	0.000	0.704	214.413	1.000
熟悉程度 * 生字密度	200.688	2	100.344	64.021	0.000	0.587	128.042	1.000
误差	141.063	90	1.567					
总计	4569.000	96						
修正后总计	1004.156	95						

a. R 方=0.860(调整后 R 方=0.852)。
b. 使用 Alpha=0.05 进行计算。

[分析]表中第一栏为方差来源，修正模型的平方和由熟悉程度、生字密度、熟悉程度 * 生字密度这三项平方和累加所得。

修正后总计由熟悉程度、生字密度、熟悉程度 * 生字密度、误差这四项方差来源累加所得，为 1004.156。

总计由修正后总计加上截距累加所得。

根据 F 值、显著性水平，熟悉程度、生字密度以及熟悉程度 * 生字密度所对应的显著性水平都小于 0.05，都分别拒绝原假设。结论：①熟悉程度对测验成绩有显著影响；②生字密度对测验成绩有显著影响；③熟悉程度 * 生字密度这两个因素之间存在交互效应。

第七栏的偏 Eta 平方，是方差分析的效应量。

①熟悉程度所对应的偏 Eta 平方为 0.698，计算公式为偏 $\eta^2_{熟悉程度}=\dfrac{SS_{熟悉程度}}{SS_{熟悉程度}+SS_{误差}}=\dfrac{326.344}{326.344+141.063}\approx 0.698$，大于 0.14，为大效应量。

②生字密度所对应的偏 Eta 平方为 0.704，计算公式为偏 $\eta^2_{生字密度}=\dfrac{SS_{生字密度}}{SS_{生字密度}+SS_{误差}}=\dfrac{336.063}{336.063+141.063}\approx 0.704$，大于 0.14，为大效应量。

③熟悉程度 * 生字密度的交互效应所对应的偏 Eta 平方为 0.587，计算公式为偏 $\eta^2_{熟悉程度*生字密度}=\dfrac{SS_{熟悉程度*生字密度}}{SS_{熟悉程度*生字密度}+SS_{误差}}=\dfrac{200.688}{200.688+141.063}\approx 0.587$，大于

0.14，为大效应量。

第九栏的实测幂，是各个因子及其交互效应的统计检验力(又被译为统计功效)。

由以上分析可知，熟悉程度、生字密度、熟悉程度＊生字密度所对应的统计量检验都显著，并且都是大效应量。这说明，拒绝原假设的结论可信度高，应认同此结论。

第 5 个表(图)：多重比较(见表 7-10)。

表 7-10　多重比较

因变量：阅读成绩
雪费

(I)生字密度	(J)生字密度	平均值差值(I－J)	标准误差	显著性	95%置信区间	
					下限	上限
生字密度 5∶1	生字密度 10∶1	－2.66*	0.313	0.000	－3.44	－1.88
	生字密度 15∶1	－4.56*	0.313	0.000	－5.34	－3.78
生字密度 10∶1	生字密度 5∶1	2.66*	0.313	0.000	1.88	3.44
	生字密度 15∶1	－1.91*	0.313	0.000	－2.69	－1.13
生字密度 15∶1	生字密度 5∶1	4.56*	0.313	0.000	3.78	5.34
	生字密度 10∶1	1.91*	0.313	0.000	1.13	2.69

基于实测平均值。
误差项是均方(误差)＝1.567。
*. 平均值差值的显著性水平为 0.05。

[分析]此表的第一行是生字密度 5∶1 与生字密度 10∶1 的比较，平均值差值为－2.66，对应的显著性 $p<0.05$，拒绝原假设。结论：生字密度 5∶1 与生字密度 10∶1 组别所对应的成绩的均值之间有显著差异。其他组间的比较依此类推。

第 6 个表(图)：轮廓图。其实这是一个交互作用图(见图 7-13)。

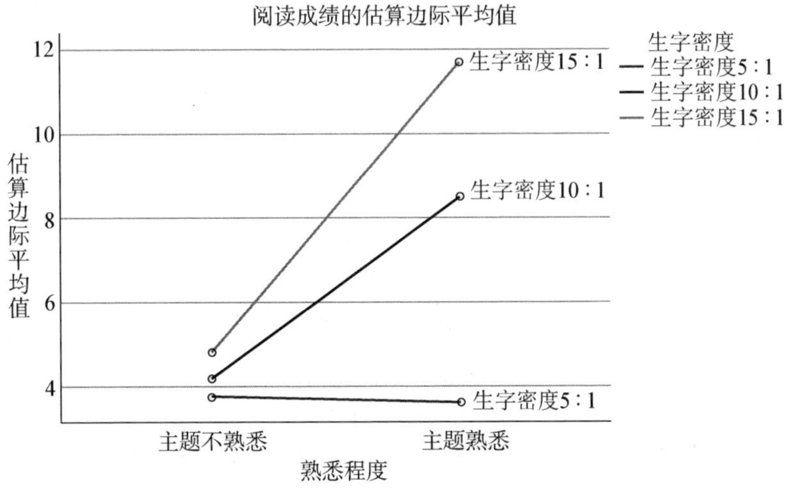

图 7-13　熟悉程度与生字密度的交互作用图

备注：由于 SPSS 软件输出的是彩色图片，而本书为黑白印刷，为了便于读者区分不同的线条，本书作者用其他软件在上图的线条旁边添加了文字。本书中还有其他图片也做了相同方式的修改。

[分析]由图 7-13 可知，三条线段(或其延长线)发生相交，从图形的角度验证了前面方差分析的交互效应的检验显著。在方差分析中，如果交互效应显著，线段(或线段的延长线)就会出现交叉。

7.2.2 两因素方差分析的简单效应检验

在检验出交互效应显著的情况下，可以进一步检验简单效应。简单效应是指，将一个自变量固定于某一个水平，对另一个自变量的多个水平的均值进行差异比较分析(也可以表述为：分析另一个自变量对因变量的影响)。SPSS 没有直接分析简单效应的菜单命令，所以需要在语法编辑器窗口进行编程。

在【例 7-2】中，“熟悉程度”“生字密度”两个变量存在交互效应，可以进一步做简单效应分析。SPSS 操作过程如下。

第 1 步：重新启动分析过程。点击【分析】→【一般线性模型】→【单变量】菜单命令，打开对话框。点击对话框最下方的【重置】按钮。然后再重新选择变量，将“阅读成绩”选入“因变量”框中，将“熟悉程度”“生字密度”变量选入“固定因子”框中。选好变量后，再点击【粘贴】按钮(见图 7-14)。

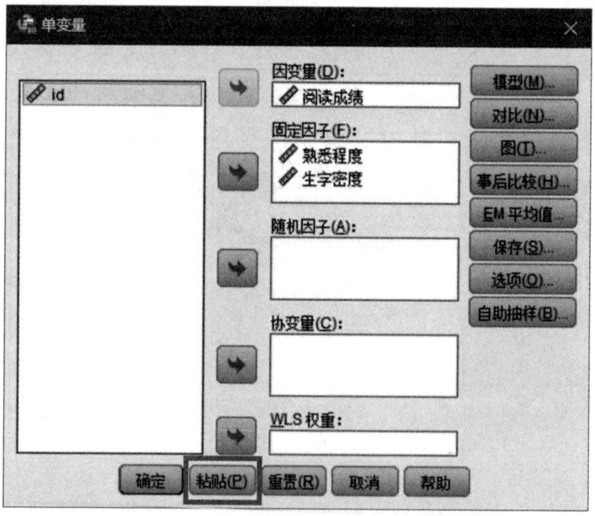

图 7-14　多因素方差分析：简单效应分析的窗口示意图

第 2 步：编辑插入命令。此时弹出语法编辑器窗口，出现以下命令。

```
DATASET ACTIVATE 数据集 3.
UNIANOVA 阅读成绩 BY 熟悉程度 生字密度
/METHOD=SSTYPE(3)
/INTERCEPT=INCLUDE
…………………………………(插入位置)
/CRITERIA=ALPHA(0.05)
/DESIGN=熟悉程度 生字密度 熟悉程度 * 生字密度
```

此时，在第四行的下方插入、添加以下命令。

```
/PLOT=PROFILE(熟悉程度 * 生字密度)
/PLOT=PROFILE(生字密度 * 熟悉程度)
/EMMEANS=TABLES(熟悉程度 * 生字密度) COMPARE(生字密度)ADJ(SIDAK)
/EMMEANS=TABLES(生字密度 * 熟悉程度) COMPARE(熟悉程度)ADJ(SIDAK)
```

其中：PLOT 是图形的意思，PROFILE 是绘制的意思，绘制图形。EMMEANS 是 estimated marginal means subcommand 的缩写，意思是估计边际平均数。ADJ 是比较方式，除了 SIDAK 之外还可以用 LSD 和 Bonferroni 两种方法。此语句命令文件为“两因素方差分析简单效应 . sps”，打开此文件，可以查看或复制这些语法命令。

第 3 步：执行命令。在插入以上命令后，在语法编辑器窗口单击【运行】→【全部】按钮；或者将代码全部选中，并点击工具栏中的工具图标▶，然后系统处理数据并输出结果。

第 4 步：结果分析。

第 1、第 2 个表为方差分析表(略)。

第 3、第 4、第 5 个表为“主题熟悉”因子的某一水平固定(见表 7-11、表 7-12、表 7-13)，“生字密度”各个水平的简单效应检验。

表 7-11　估算值

因变量：阅读成绩

熟悉程度	生字密度	平均值	标准误差	95%置信区间	
				下限	上限
主题不熟悉	生字密度 5：1	3.750	0.313	3.128	4.372
	生字密度 10：1	4.188	0.313	3.566	4.809
	生字密度 15：1	4.813	0.313	4.191	5.434
	生字密度 5：1	3.625	0.313	3.003	4.247
主题熟悉	生字密度 10：1	8.500	0.313	7.878	9.122
	生字密度 15：1	11.688	0.313	11.066	12.309

表 7-12 成对比较

因变量：阅读成绩

熟悉程度	(I)生字密度	(J)生字密度	平均值差值(I－J)	标准误差	显著性[b]	差值的 95%置信区间[b]	
						下限	上限
主题不熟悉	生字密度 5：1	生字密度 10：1	－0.437	0.443	0.693	－1.514	0.639
		生字密度 15：1	－1.062	0.443	0.054	－2.139	0.014
	生字密度 10：1	生字密度 5：1	0.438	0.443	0.693	－0.639	1.514
		生字密度 15：1	－0.625	0.443	0.410	－1.702	0.452
	生字密度 15：1	生字密度 5：1	1.063	0.443	0.054	－0.014	2.139
		生字密度 10：1	0.625	0.443	0.410	－0.452	1.702
主题熟悉	生字密度 5：1	生字密度 10：1	－4.875*	0.443	0.000	－5.952	－3.798
		生字密度 15：1	－8.062*	0.443	0.000	－9.139	－6.986
	生字密度 10：1	生字密度 5：1	4.875*	0.443	0.000	3.798	5.952
		生字密度 15：1	－3.187*	0.443	0.000	－4.264	－2.111
	生字密度 15：1	生字密度 5：1	8.062*	0.443	0.000	6.986	9.139
		生字密度 10：1	3.187*	0.443	0.000	2.111	4.264

基于估算边际平均值。

*. 平均值差值的显著性水平为 0.05。

b. 多重比较调节：斯达克法。

表 7-13 单变量检验

因变量：阅读成绩

熟悉程度		平方和	自由度	均方	F	显著性
主题不熟悉	对比	9.125	2	4.563	2.911	0.060
	误差	141.063	90	1.567		
主题熟悉	对比	527.625	2	263.813	168.316	0.000
	误差	141.063	90	1.567		

每个 F 都将检验其他所示效应的每个级别组合中“生字密度”的简单效应。这些检验基于估算边际平均值之间的线性无关成对比较。

[分析]表 7-11 为基本的描述统计。

表 7-12 为“主题熟悉”因子的某一水平固定时，“生字密度”各个水平的均值之间两两比较。当主题不熟悉时，“生字密度”各个水平的均值差异都不显著；而在主题熟悉时，“生字密度”各个水平的均值差异都显著。

表 7-13 为“主题熟悉”因子的某一水平固定时对生字密度的简单效应分析。当主题不熟悉时，生字密度的方差分析的 F 值为 2.911，显著性水平 $p>0.05$，接受原假设，即生字密度各个水平之间没有差异。当主题熟悉时，生字密度的方差分析的 F 值为 168.316，显著性水平 $p<0.05$，拒绝原假设，即生字密度各个水

平之间至少有一组与其他组别有差异。具体差异要看表 7-12，三个水平两两之间都有差异。

效应量的计算：

主题不熟悉的简单效应量：

$$偏\ \eta^2_{生字密度}=\frac{SS_{生字密度}}{SS_{生字密度}+SS_{误差}}=\frac{9.125}{9.125+141.063}\approx 0.061$$

主题熟悉的简单效应量：

$$偏\ \eta^2_{生字密度}=\frac{SS_{生字密度}}{SS_{生字密度}+SS_{误差}}=\frac{527.625}{527.625+141.063}\approx 0.789$$

第 6、第 7、第 8 个表为“生字密度”因子的某一水平固定时(见表 7-14、表 7-15、表 7-16)，“熟悉程度”各个水平的简单效应检验。

表 7-14 估算值

因变量：阅读成绩

生字密度	熟悉程度	平均值	标准误差	95%置信区间	
				下限	上限
生字密度 5∶1	主题不熟悉	3.750	0.313	3.128	4.372
	主题熟悉	3.625	0.313	3.003	4.247
生字密度 10∶1	主题不熟悉	4.188	0.313	3.566	4.809
	主题熟悉	8.500	0.313	7.878	9.122
生字密度 15∶1	主题不熟悉	4.813	0.313	4.191	5.434
	主题熟悉	11.688	0.313	11.066	12.309

表 7-15 成对比较

因变量：阅读成绩

生字密度	(I)熟悉程度	(J)熟悉程度	平均值差值(I－J)	标准误差	显著性[b]	差值的 95%置信区间[b]	
						下限	上限
生字密度 5∶1	主题不熟悉	主题熟悉	0.125	0.443	0.778	－0.754	1.004
	主题熟悉	主题不熟悉	－0.125	0.443	0.778	－1.004	0.754
生字密度 10∶1	主题不熟悉	主题熟悉	－4.313*	0.443	0.000	－5.192	－3.433
	主题熟悉	主题不熟悉	4.313*	0.443	0.000	3.433	5.192
生字密度 15∶1	主题不熟悉	主题熟悉	－6.875*	0.443	0.000	－7.754	－5.996
	主题熟悉	主题不熟悉	6.875*	0.443	0.000	5.996	7.754

基于估算边际平均值。

*. 平均值差值的显著性水平为 0.05。

b. 多重比较调节：斯达克法。

表 7-16　单变量检验

因变量：阅读成绩

生字密度		平方和	自由度	均方	F	显著性
生字密度 5∶1	对比	0.125	1	0.125	0.080	0.778
	误差	141.063	90	1.567		
生字密度 10∶1	对比	148.781	1	148.781	94.925	0.000
	误差	141.063	90	1.567		
生字密度 15∶1	对比	378.125	1	378.125	241.249	0.000
	误差	141.063	90	1.567		

每个 F 都将检验其他所示效应的每个级别组合中"熟悉程度"的简单效应。这些检验基于估算边际平均值之间的线性无关成对比较。

[分析]表 7-14 为基本的描述统计。

表 7-15 为"生字密度"因子的某一水平固定时，"主题熟悉"各个水平的均值之间进行两两比较。当生字密度为 5∶1 时，"主题熟悉"各个水平之间没有显著差异；而生字密度为 10∶1 和 15∶1 时，"主题熟悉"各个水平之间有显著差异。

表 7-16 为"生字密度"因子的某一水平固定时对"主题熟悉"的简单效应分析。当生字密度为 5∶1 时，生字密度的方差分析的 F 值为 0.080，显著性水平 $p>0.05$，接受原假设，即"主题熟悉"的两个水平之间没有差异。当生字密度为 10∶1 时，生字密度的方差分析的 F 值为 94.925，显著性水平 $p<0.05$，拒绝原假设，即"主题熟悉"的两个水平之间有差异。当生字密度为 15∶1 时，生字密度的方差分析的 F 值为 241.249，显著性水平 $p<0.05$，拒绝原假设，即"主题熟悉"的两个水平之间有差异。

再接下来是两个交互效应图(见图 7-15、图 7-16)。在这类图中，若线段或其延长线发生交叉，就意味着存在交互效应。

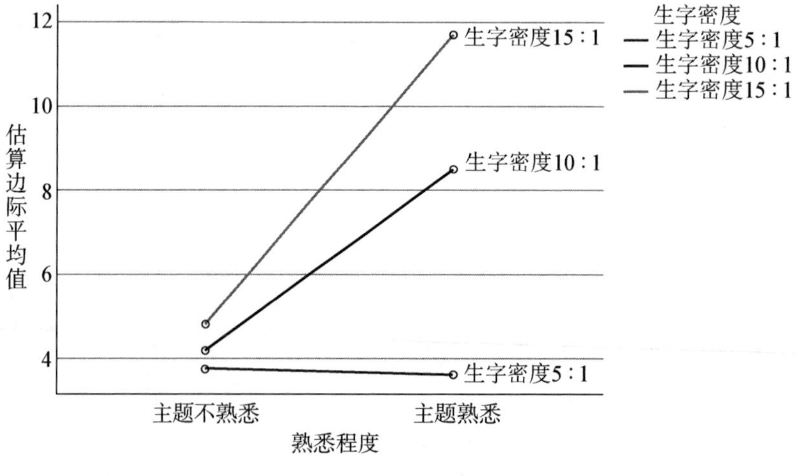

图 7-15　以熟悉程度为横轴画出的交互作用图

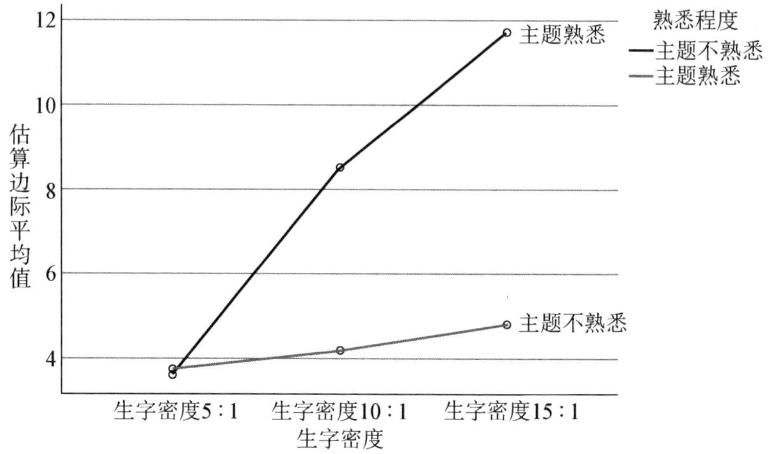

图 7-16　以生字密度为横轴画出的交互作用图

[分析]以上交互图形中的线段存在交叉，这也进一步验证了前面方差分析表的结论。由图可知，当主题不熟悉时，“生字密度”各个水平下的阅读成绩相差不大；当主题熟悉时，三种生字密度下的阅读测验的成绩相差很大，而且生字密度越小，阅读成绩越好。

注意：在进行简单效应分析时，需要注意以下几点。①命令符号的书写是反斜杠(从右上方往左下方倾斜)。②在运行语法命令时，不能关闭原数据集文件，本例中“DATASET ACTIVATE 数据集 3.”表示目前简单效应分析所对应的数据集，该数据集不能关闭。③每一行命令结束都没有标点符号，只有最后一行命令结束时才有一个英文状态下的点。④在语法编辑器窗口点击【运行】→【全部】，这个做法比较稳妥。如果用点击工具栏中的运行图标的做法，有时候没有任何反应。⑤如果在输出窗口没有输出结果，仅仅有一些警告提示信息输出，这说明插入的命令行出现了问题，请根据信息内容对插入的命令进行编辑。⑥语法编辑器窗口的命令内容可以保存为文件，下次重新运行分析时，可以直接打开该文件并运行(需要同时打开数据文件)。但这个做法有时候不成功。⑦有时候方差分析的结果是，各个因素的主效应都不显著而交互效应显著，在这种情况下简单效应分析的意义更大。

7.3　单因素随机区组方差分析

随机区组设计把干扰因素(额外变量)设置成区组变量，从而使得影响实验结果的干扰因素在同一区组内均匀。例如，在教学实验研究中，被试的初始成绩可能是一个干扰因素，此时可将初始成绩设置为区组变量。具体做法：将初始成绩 60～69 分归为区组 1，初始成绩 70～79 分归为区组 2，初始成绩 80～89 分归为区组 3，以此类推，然后每个区组内的 K 个被试分别接受一种实验处理。

在单因素随机区组设计和两因素完全随机设计中，每个被试都只接受一种实验处理，所以这两种设计都属于被试间设计。这两种设计的区别如表 7-17 所示。

表 7-17　单因素随机区组设计和两因素完全随机设计的区别

	单因素随机区组设计	两因素完全随机设计
变量	有一个自变量 A 和一个区组变量 B	有两个自变量 A 和 B
研究者关心	关心 A，不关心 B	对 A 和 B 都关心
交互作用	事先认为 A 和 B 之间没有交互作用	事先认为 A 和 B 之间可能有交互作用
计算	计算公式里没有交互作用项	计算公式里有交互作用项

【例 7-3】探讨文章的生字密度对学生阅读能力的影响。实验设计：自变量是生字密度，四种生字密度水平 5∶1(a_1)，10∶1(a_2)，15∶1(a_3)，20∶1(a_4)；因变量是被试的阅读理解测验分数；无关变量有文章长度、内容的熟悉程度、被试的受教育程度、阅读能力等，尽量使之匹配。随机选择 160 名学生做智力测验，然后再按智力测验分为 4 个区组。然后随机分配每个区组内的 40 名同质被试分别阅读一种生字密度的文章。

SPSS 操作过程如下。

第 1 步：打开分析数据。打开“单因素区组方差分析——阅读测验(智力水平区组).sav”文件。

第 2 步：启动分析过程。点击【分析】→【一般线性模型】→【单变量】菜单命令，打开如图 7-17 所示的对话框。

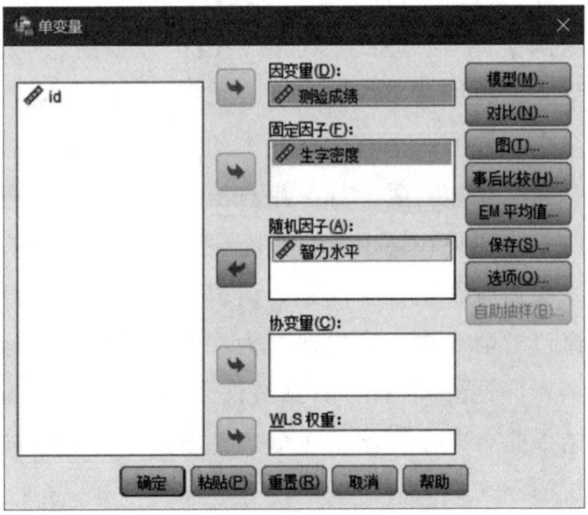

图 7-17　随机区组方差分析的对话框

第 3 步：设置分析变量。

设置因变量：将左边变量列表中的“测验成绩”选入“因变量”框中。

设置固定因子(自变量)：将左边变量列表中的“生字密度”选入“固定因子”框中。

设置随机因子(区组变量)：将左边变量列表中的“智力水平”选入“随机因子”框中。

第 4 步：设置事后多重比较。在主对话框里单击【事后比较】按钮，将打开多重比较对话框。在“下列各项的事后检验”框中，本例中选择了“生字密度”。对于多重比较方法的选择，本例选择了“雪费”。点击【继续】按钮回到上一级对话框（见图 7-18）。

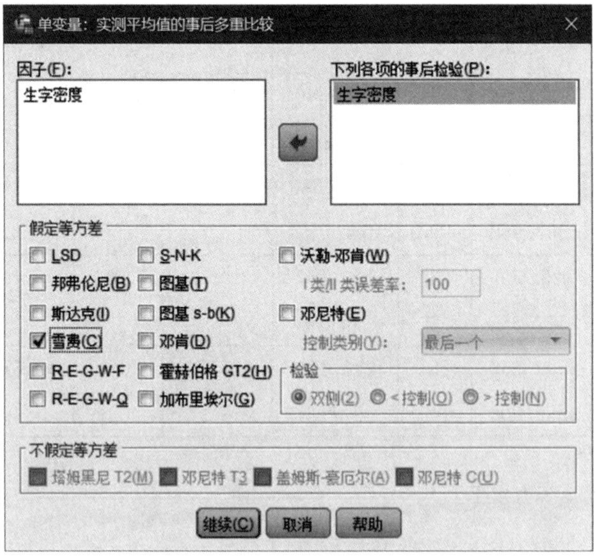

图 7-18　“单变量：实测平均值的事后多重比较”对话框

第 5 步：选择输出选项。在主对话框中单击【选项】按钮，打开“选项”对话框。在“显示”框内选择“描述统计”“齐性检验”“效应量估算”“实测幂”四个复选框。

第 6 步：在主对话框中点击【确定】按钮，提交执行。SPSS 在输出窗口输出结果。

第 7 步：结果分析。

第 1 个表：主体间因子（略）。

第 2 个表：描述统计（略）。

第 3 个表：误差方差的莱文等同性检验（见表 7-18）。

表 7-18　误差方差的莱文等同性检验[a,b]

		莱文统计	自由度 1	自由度 2	显著性
测验成绩	基于平均值	1.486	15	144.000	0.117
	基于中位数	1.114	15	144.000	0.349
	基于中位数并具有调整后自由度	1.114	15	114.056	0.352
	基于剪除后平均值	1.484	15	144.000	0.118

检验“各个组中的因变量误差方差相等”这一原假设。

a. 因变量：测验成绩。

b. 设计：截距＋生字密度＋智力水平＋生字密度 * 智力水平。

[分析]此表为方差齐性检验结果，本例选择基于平均值的检验结果。显著性水平 p 值为 0.117，大于 0.05，说明各组的方差在 $\alpha=0.05$ 水平上没有显著差异，即方差齐性。

第 4 个表：主体间效应检验(见表 7-19)。

表 7-19　主体间效应检验

源		Ⅲ类平方和	自由度	均方	F	显著性	偏 Eta 平方	非中心参数	实测幂[d]
截距	假设	71910.400	1	71910.400	510.486	0.000	0.994	510.486	1.000
	误差	422.600	3	140.867[a]					
生字密度	假设	9332.050	3	3110.683	11.185	0.002	0.789	33.556	0.981
	误差	2502.950	9	278.106[b]					
智力水平	假设	422.600	3	140.867	0.507	0.687	0.144	1.520	0.117
	误差	2502.950	9	278.106[b]					
生字密度 * 智力水平	假设	2502.950	9	278.106	14.042	0.000	0.467	126.376	1.000
	误差	2852.000	144	19.806[c]					

a. *MS*(智力水平)。

b. *MS*(生字密度 * 智力水平)。

c. *MS*(错误)。

d. 使用 Alpha＝0.05 进行计算。

[分析]生字密度所对应的 p 值为 0.002，小于 0.05，拒绝原假设。结论：生字密度至少有一个组别与其他组别之间的均值有显著差异，说明生字密度对测验成绩有显著影响。

智力水平所对应的 p 值为 0.687，大于 0.05，接受原假设。结论：智力水平各组别之间的均值没有显著差异，说明智力水平区组对测验成绩没有显著影响。

生字密度 * 智力水平所对应的方差在本例中作为误差项，在 F 值检验中当分母。

偏 Eta 平方是方差分析的效应量；实测幂是统计检验力。

①生字密度所对应的偏 Eta 平方为 0.789，计算公式为偏 $\eta^2_{生字密度}=\frac{SS_{生字密度}}{SS_{生字密度}+SS_{误差}}=\frac{9332.050}{9332.050+2502.950}\approx 0.789$，大于 0.14，属于大效应量。这说明，拒绝原假设的结论可信度高，应该认同此结论。

②智力水平作为区组变量，区组效应的偏 Eta 平方为 0.144，计算公式为偏 $\eta^2_{智力水平}=\frac{SS_{智力水平}}{SS_{智力水平}+SS_{误差}}=\frac{422.600}{422.600+2502.950}\approx 0.144$，大于 0.14，属于大效应量。区组效应的 F 检验不显著，但效应量大，此时需要关注统计检验力。由表中最右边一栏可知，统计检验力为 0.117，较低，这说明可能是由于样本量不足造成区组效应不显著，此时可以适当增加样本量并重新进行统计分析。

7.4　重复测量方差分析及简单效应分析

重复测量设计又称被试内设计、组内设计，即实验中每个被试都要接受所有水平的实验处理。优点：可以最大限度地控制被试的个体差异带来的方差，被试的特征能在所有的处理中保持恒定；还可以节约被试，由此节约研究成本。在 SPSS 中，重复测量设计数据文件的特点：若干次重复测量结果可以作为不同的列出现。

7.4.1　单因素重复测量方差分析

【例 7-4】 为了更好地控制被试的个体差异对实验结果的影响，实验采用单因素重复测量实验设计。实验变量：自变量——生字密度，含有 4 种水平(5∶1、10∶1、15∶1、20∶1)；因变量——阅读测验的分数；被试及程序：研究者随机选取 24 名被试参加实验，每个被试阅读 4 篇生字密度不同的文章。为了克服疲劳效应、练习效应等顺序效应，以拉丁方排序分别实施 4 种生字密度的文章。试分析文章的生字密度对学生阅读理解的影响。

SPSS 操作过程如下。

第 1 步：打开分析数据。打开“重复测量方差分析——单因素生字密度.sav”文件。

第 2 步：启动分析过程。点击【分析】→【一般线性模型】→【重复测量】菜单命令，打开对话框。

输入主体内因子名“生字密度”，以及级别数“4”，点击【添加】按钮(见图 7-19)，左下角的【定义】按钮被激活，点击【定义】按钮进入主对话框(见图 7-20)。

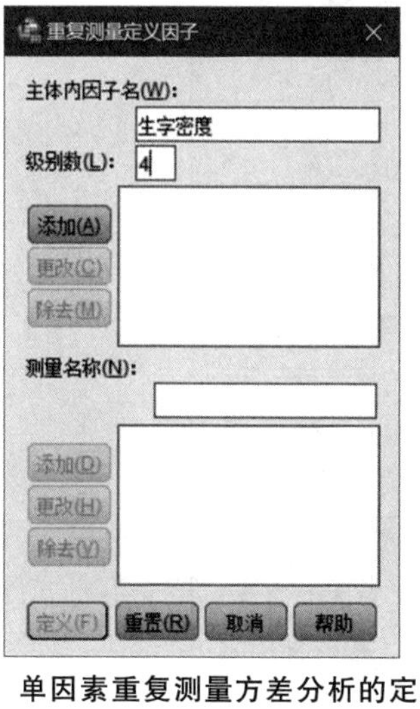

图 7-19　单因素重复测量方差分析的定义向导

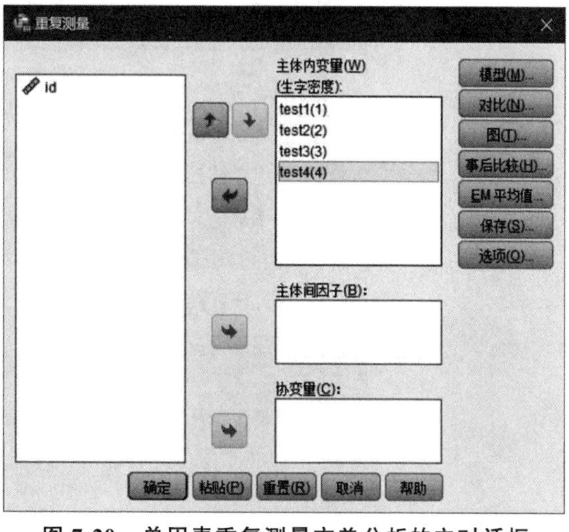

图 7-20　单因素重复测量方差分析的主对话框

在左边的变量框中选择“test1”“test2”“test3”“test4”变量进入右边“主体内变量”框内。主对话框右边的 7 个设置按钮与前面多因素方差分析的主对话框的设置按钮是一致的。

第 3 步：设置主效应比较。在主对话框中单击【EM 平均值】按钮，打开“估算边际平均值”对话框。在“因子与因子交互”框中选择“生字密度”进入“显示下列各项的平均值”框中，并选择“比较主效应”复选框(见图 7-21)。

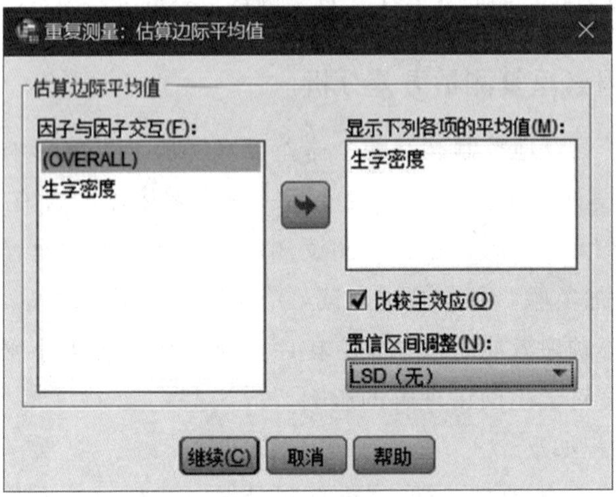

图 7-21 “重复测量：估算边际平均值”对话框

第 4 步：设置统计功效检验。在主对话框中点击【选项】按钮，打开“重复测量：选项”对话框。在“显示”框中选择“描述统计”“效应量估算”“齐性检验”“实测幂”这四个复选框。

在本例中，其他按钮都不进行设置，以默认的方式进行分析(见图 7-22)。

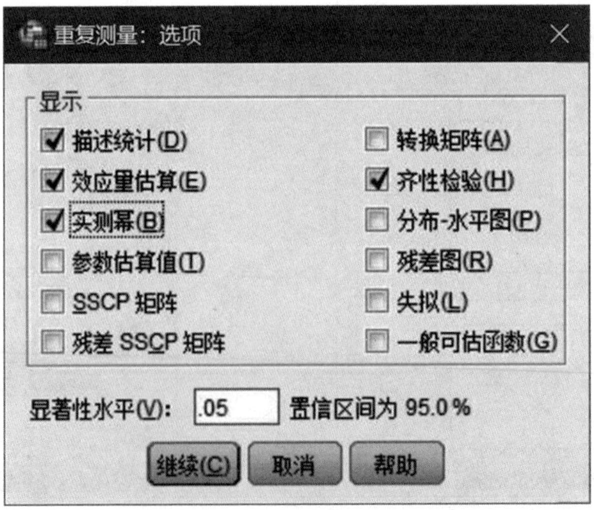

图 7-22 “重复测量：选项”对话框

第5步：在主对话框中点击【确定】按钮，提交执行。SPSS在输出窗口输出结果。

第6步：结果分析。

第1个表：主体内因子(略)。

第2个表：描述统计(略)。

第3个表：多变量检验(见表7-20)。

表7-20　多变量检验[a]

效应		值	F	假设自由度	误差自由度	显著性	偏Eta平方	非中心参数	实测幂[c]
生字密度	比莱轨迹	0.963	181.914[b]	3.000	21.000	0.000	0.963	545.742	1.000
	威尔克Lambda	0.037	181.914[b]	3.000	21.000	0.000	0.963	545.742	1.000
	霍特林轨迹	25.988	181.914[b]	3.000	21.000	0.000	0.963	545.742	1.000
	罗伊最大根	25.988	181.914[b]	3.000	21.000	0.000	0.963	545.742	1.000

a. 设计：截距。

主体内设计：生字密度。

b. 精确统计。

c. 使用Alpha=0.05进行计算。

[分析]多变量检验能否被用来解释方差分析的结果，取决于球形度检验的结果(见输出的第4个表)。因此，我们暂时先不管这个表，先看第4个表。

第4个表：莫奇来球形度检验(见表7-21)。

表7-21　莫奇来球形度检验[a]

测量：MEASURE_1

主体内效应	莫奇来 W	近似卡方	自由度	显著性	Epsilon[b]		
					格林豪斯-盖斯勒	辛-费德特	下限
生字密度	0.644	9.574	5	0.089	0.779	0.873	0.333

检验"正交化转换后因变量的误差协方差矩阵与恒等矩阵成比例"这一原假设。

a. 设计：截距。

主体内设计：生字密度。

b. 可用于调整平均显著性检验的自由度。修正检验将显示在"主体内效应检验"表中。

[分析]做常规的重复测量方差分析，需要满足协方差矩阵球形的前提假设。也就是说，所有重复测量的总体方差相等，并且所有重复测量的总体之间的协方差相等。莫奇来球形度检验(SPSS里叫莫奇来球形度检验)，就用于检验这个前提假设。

如果不满足这个前提假设(球形度检验的结果拒绝了球形对称的原假设)，做常规的重复测量方差分析就会导致得到的F统计量出现正偏态，使得犯一类错误的概率增大、统计检验力降低。此时可以用多变量检验(多元方差分析)来解释方差分析，或者采用校正自由度的 F 检验。

球形度检验的 p 值为 0.089，大于 0.05，接受原假设，所检验的因变量服从球形分布，因此不使用多变量检验，不需要考虑第 3 个表。

资料来源：刘红云，孟庆茂. (2003). 纵向数据分析方法. 心理科学进展，11(5)，586-592.

第 5 个表：主体内效应检验(见表 7-22)。

表 7-22 主体内效应检验

测量：MEASURE_1

源		Ⅲ类平方和	自由度	均方	F	显著性	偏 Eta 平方	非中心参数	实测幂[a]
生字密度	假设球形度	624.448	3.000	208.149	173.453	0.000	0.883	520.360	1.000
	格林豪斯-盖斯勒	624.448	2.338	267.115	173.453	0.000	0.883	405.491	1.000
	辛-费德特	624.448	2.619	238.467	173.453	0.000	0.883	454.204	1.000
	下限	624.448	1.000	624.448	173.453	0.000	0.883	173.453	1.000
误差(生字密度)	假设球形度	82.802	69.000	1.200					
	格林豪斯-盖斯勒	82.802	53.768	1.540					
	辛-费德特	82.802	60.228	1.375					
	下限	82.802	23.000	3.600					

a. 使用 Alpha=0.05 进行计算。

[分析]此表为方差分析结果的主要表格。

第一行为球形分布检验通过时报告的数据。由于本例题已经通过了球形分布检验，因此使用第一行的数据。由表可知，生字密度的 F 值为 173.453，显著性水平 $p<0.05$，拒绝原假设。结论：生字密度对测验阅读的成绩有显著的影响。也就是说，生字密度的组别中至少有一个组别与其他组别有差异。

第七栏的偏 Eta 平方，是效应量。生字密度所对应的偏 Eta 平方为 0.883，计算公式为偏 $\eta^2_{生字密度}=\frac{SS_{生字密度}}{SS_{生字密度}+SS_{误差}}=\frac{624.448}{624.448+82.802}\approx 0.883$，大于 0.14，属于大效应量。实测幂是方差分析的统计检验力。

由以上计算可知，本例的统计量检验显著，并且是大效应量。大效应量说明统计结论(拒绝原假设)可信度高，应认同此结论。

如果球形分布检验没有通过，则需要使用格林豪斯-盖斯勒、辛-费德特、下限等方法来校正；也可以使用第 3 个表的多变量检验结果。

第 6、第 7 个表：主体内对比检验(见表 7-23)、主体间效应检验(见表 7-24)。

表 7-23　主体内对比检验

测量：MEASURE_1

源		Ⅲ类平方和	自由度	均方	F	显著性	偏 Eta 平方	非中心参数	实测幂[a]
生字密度	线性	535.519	1	535.519	433.218	0.000	0.950	433.218	1.000
	二次	75.260	1	75.260	51.687	0.000	0.692	51.687	1.000
	三次	13.669	1	13.669	15.056	0.001	0.396	15.056	0.960
误差(生字密度)	线性	28.431	23	1.236					
	二次	33.490	23	1.456					
	三次	20.881	23	0.908					

a. 使用 Alpha＝0.05 进行计算。

表 7-24　主体间效应检验

测量：MEASURE_1

转换后变量：平均

源	Ⅲ类平方和	自由度	均方	F	显著性	偏 Eta 平方	非中心参数	实测幂[a]
截距	3888.760	1	3888.760	662.581	0.000	0.966	662.581	1.000
误差	134.990	23	5.869					

a. 使用 Alpha＝0.05 进行计算。

[分析]主体间效应检验即组间效应检验。如果在混合设计中，就需要检验组间变量。在本例中，没有组间变量，仅检验被试之间的均值差异。

第 8、第 9、第 10 个表：生字密度的描述统计估算值(见表 7-25)、成对比较(见表 7-26)、多变量检验(见表 7-27)。

表 7-25　估算值

测量：MEASURE_1

生字密度	平均值	标准误差	95%置信区间	
			下限	上限
1	4.250	0.264	3.704	4.796
2	3.917	0.312	3.271	4.563
3	7.042	0.272	6.478	7.605
4	10.250	0.391	9.441	11.059

表 7-26　成对比较

测量：MEASURE_1

(I)生字密度	(J)生字密度	平均值差值(I－J)	标准误差	显著性[b]	差值的 95%置信区间[b]	
					下限	上限
1	2	0.333	0.238	0.175	－0.160	0.826
	3	－2.792*	0.307	0.000	－3.426	－2.157
	4	－6.000*	0.341	0.000	－6.704	－5.296
2	1	－0.333	0.238	0.175	－0.826	0.160
	3	－3.125*	0.250	0.000	－3.643	－2.607
	4	－6.333*	0.322	0.000	－7.000	－5.667
3	1	2.792*	0.307	0.000	2.157	3.426
	2	3.125*	0.250	0.000	2.607	3.643
	4	－3.208*	0.408	0.000	－4.053	－2.364
4	1	6.000*	0.341	0.000	5.296	6.704
	2	6.333*	0.322	0.000	5.667	7.000
	3	3.208*	0.408	0.000	2.364	4.053

基于估算边际平均值。

*. 平均值差值的显著性水平为 0.05。

b. 多重比较调节：最低显著差异法(相当于不进行调整)。

表 7-27　多变量检验

	值	*F*	假设自由度	误差自由度	显著性	偏 Eta 平方	非中心参数	实测幂[b]
比莱轨迹	0.963	181.914[a]	3.000	21.000	0.000	0.963	545.742	1.000
威尔克 Lambda	0.037	181.914[a]	3.000	21.000	0.000	0.963	545.742	1.000
霍特林轨迹	25.988	181.914[a]	3.000	21.000	0.000	0.963	545.742	1.000
罗伊最大根	25.988	181.914[a]	3.000	21.000	0.000	0.963	545.742	1.000

每个 *F* 值都将检验生字密度的多变量效应。这些检验基于估算边际平均值之间的线性无关成对比较。

a. 精确统计。

b. 使用 Alpha＝0.05 进行计算。

[分析]由成对比较(两两比较)的表格可知，生字密度的各个水平之间的两两比较，除了第一组和第二组之间无显著差异之外，其他组别之间均差异显著。

表 7-27 与表 7-20 相比，除了去掉了表 7-20 第一列之外，其他地方都相同。因此这个表是累赘的。

【思考题】

在单因素实验设计时，当所有被试重复接受所有实验处理时，可以采取两种方式进行检验分析：一种是按照随机区组设计的方式；另一种是按照单因素重复测量设计的方式。注意：从理论上来说，随机区组设计和重复测量设计并不是同一种设计(前者属于被试间设计)，这两种设计在 SPSS 中录入的数据结构也不一样，但所得的结果及结论是一样的。

试将本章中单因素测量方差分析的例子按照单因素随机区组方式进行分析(数据为“对比——随机区组. sav”)，看看两者的结果是否一致。

7.4.2　两因素重复测量方差分析

两因素重复测量方差分析又叫两因素被试内设计、两因素组内设计，是指一个实验设计里有两个自变量且它们都是被试内变量。也就是说，每个被试都要接受两个自变量的所有水平组合的处理。

【例 7-5】选择 6 篇主题熟悉程度不同、生字密度不同的文章，其中主题熟悉程度 a 因素分为 2 个水平：熟悉、不熟悉。生字密度 b 因素分为 3 个水平：5∶1、10∶1、15∶1。被试及程序：研究者随机选取 24 名被试参加实验，每名被试阅读 6 篇主题熟悉程度不同、生字密度不同的文章。为了克服疲劳效应、练习效应等顺序效应，以拉丁方排序安排 6 篇文章的测验。试分析主题熟悉、生字密度是否会影响阅读理解的成绩(见表 7-28)。

表 7-28　a、b 两因素各水平的实验处理

	文章 1	文章 2	文章 3	文章 4	文章 5	文章 6
a、b 因素水平	a_1b_1	a_1b_2	a_1b_3	a_2b_1	a_2b_2	a_2b_3

SPSS 操作过程如下。

第 1 步：打开分析数据。打开“重复测量方差分析——两因素主题熟悉、生字密度. sav”文件。

第 2 步：启动分析过程。点击【分析】→【一般线性模型】→【重复测量】菜单命令，打开对话框。

在“主体内因子名”中输入“主题熟悉”，以及级别数“2”，点击【添加】按钮；输入主体内因子名“生字密度”，以及级别数“3”，点击【添加】按钮(见图 7-23)。注意：“主题熟悉”“生字密度”定义的先后顺序与后面内部变量的选择需要一一对应。

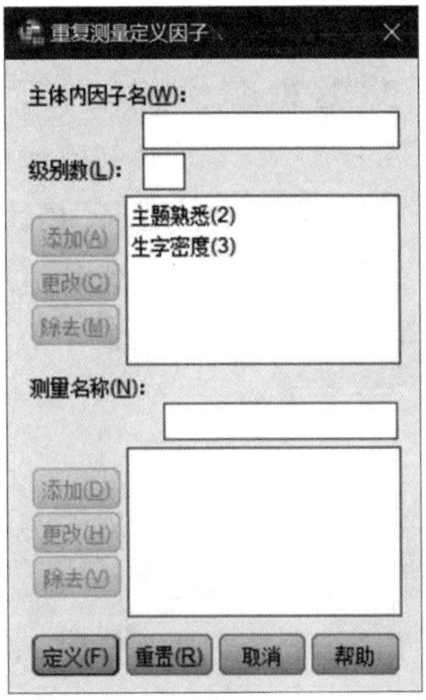

图 7-23　“重复测量定义因子”对话框

此时左下角的【定义】按钮被激活，点击【定义】按钮进入主对话框(见图 7-24)。

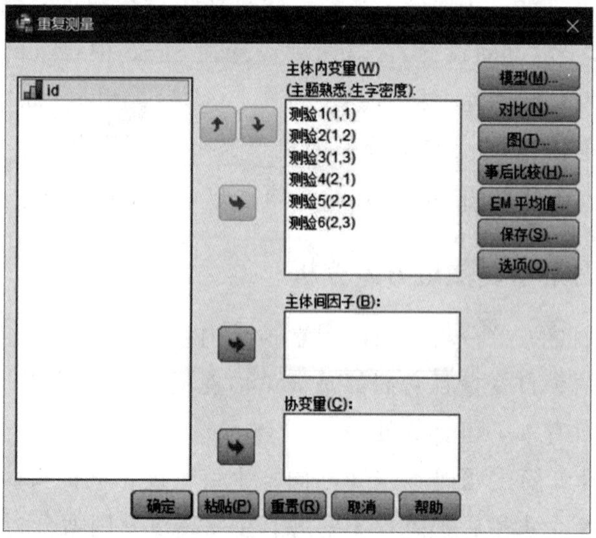

图 7-24　两因素重复测量的主对话框

在左边的变量框中，选择“测验 1”“测验 2”“测验 3”“测验 4”“测验 5”“测验 6”变量进入右边“主体内变量”框内；注意各个测验与实验水平组合要完全吻合。例如，测验 3 对应的主题熟悉水平 1、生字密度 3，那么测验 3 就对应(1，3)。如果没有一一对应准确，可以使用此对话框中的上下按钮进行调整。

第 3 步：设置主效应比较。在主对话框中单击【EM 平均值】按钮，打开“估计边际平均值”对话框。在“因子与因子交互”框中选择“主题熟悉”“生字密度”“主题熟悉 * 生字密度”进入“显示下列各项的平均值”框内，同时选中“比较主效应”。

注意：在被试间设计方差分析中，组别之间的两两比较，是在【事后比较】中实现的。这和重复测量设计不同。

第 4 步：设置统计功效检验。在主对话框中单击【选项】按钮，打开“选项”对话框。在“显示”框中选择“描述统计”“效应量估算”“齐性检验”“实测幂”四个复选框。在本例中，其他按钮都不进行设置，以默认的方式进行分析。

第 5 步：在主对话框中点击【确定】按钮，提交执行。SPSS 在输出窗口输出结果。

第 6 步：结果分析。

第 1 个表：主体内因子(略)。

第 2 个表：描述统计(略)。

第 3 个表：多变量检验(略)。

第 4 个表：莫奇来球形度检验(见表 7-29)。

表 7-29　莫奇来球形度检验[a]

测量：MEASURE_1

主体内效应	莫奇来 W	近似卡方	自由度	显著性	Epsilon[b]		
					格林豪斯-盖斯勒	辛-费德特	下限
主题熟悉	1.000	0.000	0	0	1.000	1.000	1.000
生字密度	0.983	0.368	2	0.832	0.984	1.000	0.500
主题熟悉 * 生字密度	0.941	1.344	2	0.511	0.944	1.000	0.500

检验"正交化转换后因变量的误差协方差矩阵与恒等矩阵成比例"这一原假设。

a. 设计：截距。

主体内设计：主题熟悉＋生字密度＋主题熟悉 * 生字密度。

b. 可用于调整平均显著性检验的自由度。修正检验将显示在"主体内效应检验"表中。

[分析]由于自变量主题熟悉只有两个水平，所以无须进行球形度检验。

生字密度的球形度检验 p 值为 0.832，大于 0.05，接受原假设，所检验的因变量服从原假设分布。

主题熟悉 * 生字密度的球形度检验 p 值为 0.511，大于 0.05，接受原假设，所检验的因变量服从原假设分布。

第 5 个表：主体内效应检验(见表 7-30)。

表 7-30　主体内效应检验

测量：MEASURE_1

源		Ⅲ类平方和	自由度	均方	F	显著性	偏 Eta 平方	非中心参数	实测幂[a]
主题熟悉	假设球形度	386.778	1.000	386.778	326.788	0.000	0.934	326.788	1.000
	格林豪斯-盖斯勒	386.778	1.000	386.778	326.788	0.000	0.934	326.788	1.000
	辛-费德特	386.778	1.000	386.778	326.788	0.000	0.934	326.788	1.000
	下限	386.778	1.000	386.778	326.788	0.000	0.934	326.788	1.000
误差(主题熟悉)	假设球形度	27.222	23.000	1.184					
	格林豪斯-盖斯勒	27.222	23.000	1.184					
	辛-费德特	27.222	23.000	1.184					
	下限	27.222	23.000	1.184					
生字密度	假设球形度	492.347	2.000	246.174	723.449	0.000	0.969	1446.898	1.000
	格林豪斯-盖斯勒	492.347	1.967	250.258	723.449	0.000	0.969	1423.284	1.000
	辛-费德特	492.347	2.000	246.174	723.449	0.000	0.969	1446.898	1.000
	下限	492.347	1.000	492.347	723.449	0.000	0.969	723.449	1.000
误差(生字密度)	假设球形度	15.653	46.000	0.340					
	格林豪斯-盖斯勒	15.653	45.249	0.346					
	辛-费德特	15.653	46.000	0.340					
	下限	15.653	23.000	0.681					

续表

源		Ⅲ类平方和	自由度	均方	*F*	显著性	偏 Eta 平方	非中心参数	实测幂[a]
主题熟悉 * 生字密度	假设球形度	328.514	2.000	164.257	657.822	0.000	0.966	1315.644	1.000
	格林豪斯-盖斯勒	328.514	1.888	173.993	657.822	0.000	0.966	1242.029	1.000
	辛-费德特	328.514	2.000	164.257	657.822	0.000	0.966	1315.644	1.000
	下限	328.514	1.000	328.514	657.822	0.000	0.966	657.822	1.000
误差（主题熟悉 * 生字密度）	假设球形度	11.486	46.000	0.250					
	格林豪斯-盖斯勒	11.486	43.426	0.264					
	辛-费德特	11.486	46.000	0.250					
	下限	11.486	23.000	0.499					

a. 使用 Alpha=0.05 进行计算。

[分析]两因素重复测量方差分析，有三个误差项，每一个 F 值的计算都有对应的误差项。“主题熟悉”因素的 F 值计算是 F=MS 主题熟悉/Error(主题熟悉)=386.778/1.184≈326.671。其他 F 值的计算也是类似的，使用相对应的误差项。主题熟悉、生字密度、主题熟悉 * 生字密度，它们所对应 F 检验的 p 值都小于 0.05，拒绝原假设。结论：①主题熟悉程度两个组别之间的均值有显著差异，说明熟悉程度对测验成绩有显著影响；②生字密度至少有一个组别与其他组别之间的均值有显著差异，说明生字密度对测验成绩有显著影响；③熟悉程度 * 生字密度这两个因素之间存在交互效应。

该表的偏 Eta 平方是方差分析的效应量；实测幂是方差分析的统计检验力，在本例中都接近 1。

主题熟悉所对应的偏 Eta 平方为 0.934，计算公式为偏 $\eta^2_{\text{主题熟悉}}=\dfrac{SS_{\text{主题熟悉}}}{SS_{\text{主题熟悉}}+SS_{\text{误差}}}=\dfrac{386.778}{386.778+27.222}\approx 0.934$，大于 0.14，属于大效应量。

生字密度所对应的偏 Eta 平方为 0.969，计算公式为偏 $\eta^2_{\text{生字密度}}=\dfrac{SS_{\text{生字密度}}}{SS_{\text{生字密度}}+SS_{\text{误差}}}=\dfrac{492.347}{492.347+15.653}\approx 0.969$，大于 0.14，属于大效应量。

生字密度 * 主题熟悉所对应的偏 Eta 平方为 0.966，计算公式为偏 $\eta^2_{\text{主题熟悉*生字密度}}=\dfrac{SS_{\text{主题熟悉*生字密度}}}{SS_{\text{主题熟悉*生字密度}}+SS_{\text{误差}}}=\dfrac{328.514}{328.514+11.486}\approx 0.966$，大于 0.14，属于大效应量。

由以上计算可知，主题熟悉、生字密度、主题熟悉 * 生字密度所对应的统计量都检验显著，并且都是大效应量。大效应量说明这些拒绝原假设的结论可信度高，应该认同这些结论。

第 6、第 7 个表：主体内对比检验、主体间效应检验(略)。

第 8、第 9、第 10 个表：主题熟悉的描述统计估算值、成对比较、多变量检验(略)。

第 11、第 12、第 13 个表：生字密度的描述统计估算值(见表 7-31)、成对比较(见表 7-32)、多变量检验(见表 7-33)。

表 7-31　估算值

测量：MEASURE_1

生字密度	平均值	标准误差	95%置信区间	
			下限	上限
1	4.417	0.216	3.969	4.864
2	6.438	0.213	5.996	6.879
3	8.938	0.259	8.401	9.474

表 7-32　成对比较

测量：MEASURE_1

(I)生字密度	(J)生字密度	平均值差值(I−J)	标准误差	显著性[b]	差值的 95%置信区间[b]	
					下限	上限
1	2	−2.021*	0.118	0.000	−2.266	−1.776
	3	−4.521*	0.126	0.000	−4.781	−4.261
2	1	2.021*	0.118	0.000	1.776	2.266
	3	−2.500*	0.113	0.000	−2.733	−2.267
3	1	4.521*	0.126	0.000	4.261	4.781
	2	2.500*	0.113	0.000	2.267	2.733

基于估算边际平均值。

*. 平均值差值的显著性水平为 0.05。

b. 多重比较调节：最低显著差异法(相当于不进行调整)。

表 7-33　多变量检验

	值	F	假设自由度	误差自由度	显著性	偏 Eta 平方	非中心参数	实测幂[b]
比莱轨迹	0.983	626.858[a]	2.000	22.000	0.000	0.983	1253.716	1.000
威尔克 Lambda	0.017	626.858[a]	2.000	22.000	0.000	0.983	1253.716	1.000
霍特林轨迹	56.987	626.858[a]	2.000	22.000	0.000	0.983	1253.716	1.000
罗伊最大根	56.987	626.858[a]	2.000	22.000	0.000	0.983	1253.716	1.000

每个 F 值都将检验生字密度的多变量效应。这些检验基于估算边际平均值之间的线性无关成对比较。

a. 精确统计。

b. 使用 Alpha=0.05 进行计算。

[分析]由成对比较(两两比较)的表格可知，生字密度的各个水平之间的两两比较都差异显著。多变量检验的表格，是进行多元方差分析的结果，可不关注(报告)。

7.4.3 两因素重复测量设计的简单效应检验

在【例 7-5】检验出被试存在交互效应的情况下，则可以进一步检验简单效应。SPSS 操作过程如下。

第 1 步：重新启动分析过程。点击【分析】→【一般线性模型】→【重复测量】菜单命令，打开定义对话框。如果对话框中已经保存了对变量的定义，则直接点击【定义】按钮进入主对话框。如果对话框中没有(保存)对变量的定义，则进行定义。在“主体内因子名”中输入“主题熟悉”，以及级别数“2”，点击【添加】按钮；在“主体内因子名”中输入“生字密度”，以及级别数“3”，点击【添加】按钮；此时左下角的【定义】按钮被激活，点击【定义】按钮进入主对话框(见图 7-25)。

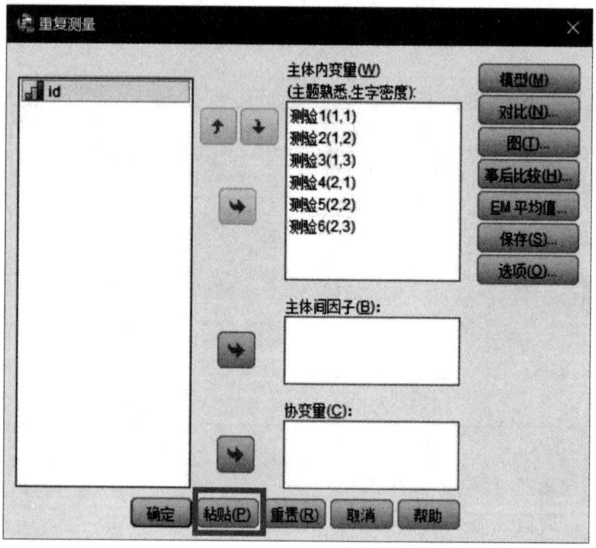

图 7-25 两因素重复测量：简单效应分析的示意对话框

在主对话框最下方的五个按钮中，先点击【重置】按钮，然后再重新选择变量。在左边的变量框中选择“测验 1”“测验 2”“测验 3”“测验 4”“测验 5”“测验 6”变量进入右边“主体内变量”框内。选好变量后，再在主对话框中点击【粘贴】按钮。

第 2 步：编辑插入命令。此时，弹出语法编辑器窗口，出现以下命令。

```
GLM 测验 1  测验 2  测验 3  测验 4  测验 5  测验 6
/WSFACTOR=主题熟悉 2  Polynomial 生字密度 3  Polynomial
/METHOD=SSTYPE(3)
································(插入位置)
/CRITERIA=ALPHA(.05)
/WSDESIGN=主题熟悉 生字密度 主题熟悉 * 生字密度.
```

此时，在第三行下方插入、添加以下命令。

```
/PLOT=PROFILE(生字密度 * 主题熟悉)
/PLOT=PROFILE(主题熟悉 * 生字密度)
/EMMEANS=TABLES(生字密度 * 主题熟悉) COMPARE(主题熟悉)ADJ(SIDAK)
/EMMEANS=TABLES(主题熟悉 * 生字密度) COMPARE(生字密度)ADJ(SIDAK)
```

以上命令文件为“简单效应——两因素重复测量.sps”。

第3步：执行命令。在插入以上命令后，在语法编辑器窗口单击【运行】→【全部】按钮，或者点击工具栏中的工具图标▶，开始处理数据并输出结果。

第4步：结果分析。

第1至第6个表为一般重复测量方差分析的结果，这里省略。从标题“估计边际平均值”之后的表格才为简单效应分析的结果。

第7、第8、第9个表为生字密度固定为某一水平时，主题熟悉各个水平的简单效应检验(见表7-34、表7-35、表7-36)。

表7-34　估算值

测量：MEASURE_1

生字密度	主题熟悉	平均值	标准误差	95%置信区间	
				下限	上限
1	1	4.708	0.272	4.145	5.272
	2	4.125	0.174	3.766	4.484
2	1	4.625	0.300	4.005	5.245
	2	8.250	0.138	7.965	8.535
3	1	5.542	0.395	4.725	6.358
	2	12.333	0.143	12.037	12.630

表7-35　成对比较

测量：MEASURE_1

生字密度	(I)主题熟悉	(J)主题熟悉	平均值差值(I−J)	标准误差	显著性[b]	差值的95%置信区间[b]	
						下限	上限
1	1	2	0.583*	0.146	0.001	0.280	0.886
	2	1	−0.583*	0.146	0.001	−0.886	−0.280
2	1	2	−3.625*	0.189	0.000	−4.015	−3.235
	2	1	3.625*	0.189	0.000	3.235	4.015
3	1	2	−6.792*	0.289	0.000	−7.389	−6.195
	2	1	6.792*	0.289	0.000	6.195	7.389

基于估算边际平均值。

*. 平均值差值的显著性水平为0.05。

b. 多重比较调节：斯达克法。

表 7-36　多变量检验

生字密度		值	F	假设自由度	误差自由度	显著性
1	比莱轨迹	0.408	15.873[a]	1.000	23.000	0.001
	威尔克 Lambda	0.592	15.873[a]	1.000	23.000	0.001
	霍特林轨迹	0.690	15.873[a]	1.000	23.000	0.001
	罗伊最大根	0.690	15.873[a]	1.000	23.000	0.001
2	比莱轨迹	0.941	369.611[a]	1.000	23.000	0.000
	威尔克 Lambda	0.059	369.611[a]	1.000	23.000	0.000
	霍特林轨迹	16.070	369.611[a]	1.000	23.000	0.000
	罗伊最大根	16.070	369.611[a]	1.000	23.000	0.000
3	比莱轨迹	0.960	554.023[a]	1.000	23.000	0.000
	威尔克 Lambda	0.040	554.023[a]	1.000	23.000	0.000
	霍特林轨迹	24.088	554.023[a]	1.000	23.000	0.000
	罗伊最大根	24.088	554.023[a]	1.000	23.000	0.000

每个 F 值都将检验其他所示效应的每个级别组合中主题熟悉的多变量简单效应。这些检验基于估算边际平均值之间的线性无关成对比较。

a. 精确统计。

[分析]表 7-34 为基本的描述统计；表 7-35 为生字密度固定为某一水平时，主题熟悉各个水平的均值之间两两比较。在生字密度的各水平中，主题熟悉两个水平之间的均值差异均显著。

表 7-36 是生字密度固定为某一水平时，对主题熟悉的简单效应分析。当生字密度固定为第 1 个水平时，主题熟悉的方差分析的 F 值为 15.873，$p<0.05$，拒绝原假设，即主题熟悉两个水平之间的差异显著。当生字密度固定为第 2 个、第 3 个水平时，F 值分别为 369.611 和 554.023，p 都小于 0.05，主题熟悉两个水平之间的差异显著。

第 10、第 11、第 12 个表为熟悉程度固定为某一水平，对生字密度各个水平做的简单效应检验。这里省略表格数据，分析方法与上面的类似。

再接下来是两个交互效应图，这里省略。

注意：在进行重复测量的简单效应分析时，还需要注意以下几点。①语法编辑器窗口的命令内容可以保存为文件，下次重新运行次命令文件时，需要按照原来的方式重新定义重复测量变量(如本例中的“主题熟悉”“生字密度”)。如果对前一次的定义不清楚，建议从本例操作的第 1 步开始。②如果直接打开语句命令文件，然后再打开对应的数据文件，且在该数据文件的【分析】→【一般线性模型】→【重复测量】菜单命令中，没有定义重复测量变量，那么语句命令文件可能会出现错误，无法执行运算该语句命令文件。

7.5 混合设计方差分析及简单简单效应分析

7.5.1 混合设计的方差分析

混合设计是指自变量里既有被试内变量(重复测量变量)，又有被试间变量。

【例 7-6】 实验处理设计如下。组内变量：生字密度分为 4 个水平(5∶1、10∶1、15∶1、20∶1)；组间变量：焦虑水平分为 2 个水平(高焦虑、低焦虑)，时间紧张程度分为 2 个水平(时间宽裕、时间紧张)，共 4 种测验环境(高焦虑时间宽裕、高焦虑时间紧张、低焦虑时间宽裕、低焦虑时间紧张)。被试及程序：研究者随机选取 48 名被试参加实验，被试分 4 个小组分别被安排在 4 种测验环境下进行测试，每名被试阅读 4 篇生字密度不同的文章。为了克服疲劳效应、练习效应等顺序效应，以拉丁方排序实施 4 种生字密度的文章测试。试分析生字密度、焦虑水平、时间紧张程度对阅读理解成绩的影响。

SPSS 操作过程如下。

第 1 步：打开分析数据。打开“重复测量方差分析——混合设计.sav”文件。

第 2 步：启动分析过程。点击【分析】→【一般线性模型】→【重复测量】菜单命令，打开对话框。

输入主体内因子名“生字密度”，以及级别数“4”，点击【添加】按钮(见图 7-26)，左下角的【定义】按钮被激活，点击【定义】按钮进入主对话框。

从左边的变量框中，选择“a1(测验 1)”“a2(测验 2)”“a3(测验 3)”“a4(测验 4)”到右边“主体内变量”框内；选择“焦虑水平”“时间紧张”变量到右边“主体间因子”框内(见图 7-27)。

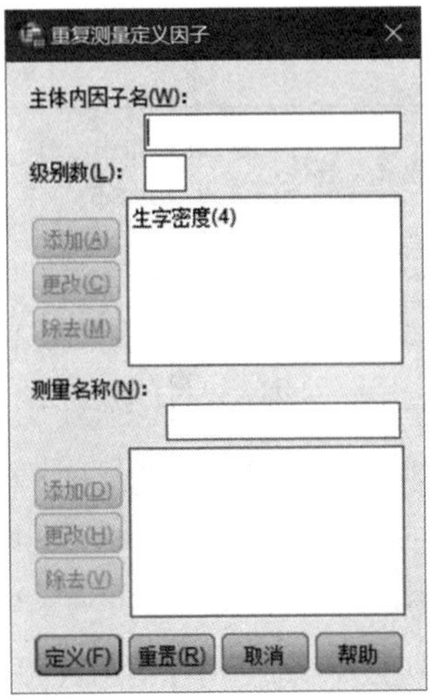

图 7-26 重复测量的定义对话框

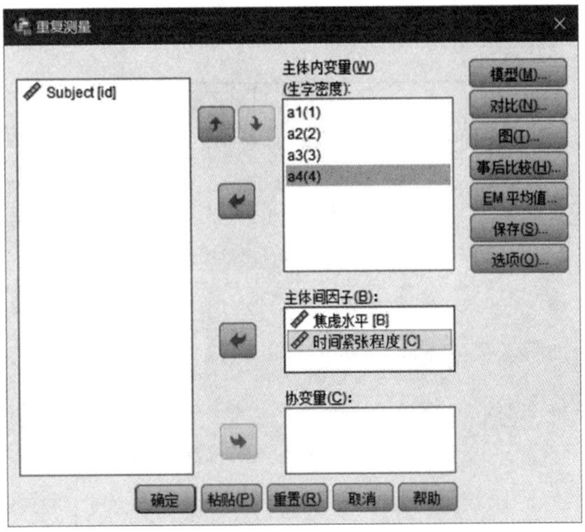

图 7-27 混合设计的主对话框

单击【选项】按钮，打开“选项”对话框。在“显示”框中选择“描述统计”“效应量估算”“齐性检验”“实测幂”四个复选框。在本例中，对其他按钮都不进行设置，以默认的方式进行分析。

第 3 步：在主对话框中点击【确定】按钮，提交执行。SPSS 在输出窗口输出结果。

第 4 步：结果分析。

第 1 个表：主体内因子(略)。

第 2 个表：主体间因子(略)。

第 3 个表：描述统计(略)。

第 4 个表：协方差矩阵的博克斯等同性检验(略)。

第 5 个表：多变量检验(略)。

第 6 个表：莫奇来球形度检验(见表 7-37)。

表 7-37　莫奇来球形度检验[a]

测量：MEASURE_1

主体内效应	莫奇来 W	近似卡方	自由度	显著性	Epsilon[b]		
					格林豪斯-盖斯勒	辛-费德特	下限
生字密度	0.923	3.435	5	0.633	0.954	1.000	0.333

检验“正交化转换后因变量的误差协方差矩阵与恒等矩阵成比例”这一原假设。

a. 设计：截距$+B+C+B*C$。

主体内设计：生字密度。

b. 可用于调整平均显著性检验的自由度。修正检验将显示在“主体内效应检验”表中。

[分析]此表中球形度检验的 p 值为 0.633，大于 0.05，因此认为因变量服从球形分布。

第 7 个表：主体内效应检验(见表 7-38)。

表 7-38　主体内效应检验

测量：MEASURE_1

源		Ⅲ类平方和	自由度	均方	F	显著性	偏 Eta 平方	非中心参数	实测幂[a]
生字密度	假设球形度	2918.391	3.000	972.797	1571.155	0.000	0.973	4713.465	1.000
	格林豪斯-盖斯勒	2918.391	2.861	1019.983	1571.155	0.000	0.973	4495.412	1.000
	辛-费德特	2918.391	3.000	972.797	1571.155	0.000	0.973	4713.465	1.000
	下限	2918.391	1.000	2918.391	1571.155	0.000	0.973	1571.155	1.000
生字密度 * B	假设球形度	135.266	3.000	45.089	72.822	0.000	0.623	218.466	1.000
	格林豪斯-盖斯勒	135.266	2.861	47.276	72.822	0.000	0.623	208.360	1.000
	辛-费德特	135.266	3.000	45.089	72.822	0.000	0.623	218.466	1.000
	下限	135.266	1.000	135.266	72.822	0.000	0.623	72.822	1.000

续表

源		Ⅲ类平方和	自由度	均方	F	显著性	偏 Eta 平方	非中心参数	实测幂[a]
生字密度 * C	假设球形度	127.807	3.000	42.602	68.807	0.000	0.610	206.420	1.000
	格林豪斯-盖斯勒	127.807	2.861	44.669	68.807	0.000	0.610	196.871	1.000
	辛-费德特	127.807	3.000	42.602	68.807	0.000	0.610	206.420	1.000
	下限	127.807	1.000	127.807	68.807	0.000	0.610	68.807	1.000
生字密度 * B * C	假设球形度	30.057	3.000	10.019	16.182	0.000	0.269	48.545	1.000
	格林豪斯-盖斯勒	30.057	2.861	10.505	16.182	0.000	0.269	46.299	1.000
	辛-费德特	30.057	3.000	10.019	16.182	0.000	0.269	48.545	1.000
	下限	30.057	1.000	30.057	16.182	0.000	0.269	16.182	0.976
误差(生字密度)	假设球形度	81.729	132.000	0.619					
	格林豪斯-盖斯勒	81.729	125.893	0.649					
	辛-费德特	81.729	132.000	0.619					
	下限	81.729	44.000	1.857					

a. 使用 Alpha＝0.05 进行计算。

[分析]此表为重复测量方差分析的结果(重复测量变量为生字密度)。由于因变量服从球形分布，故报告第一行的数据。

由表可知，生字密度的 F 值为 1571.155，显著性水平 p 值小于 0.05，拒绝原假设。结论：生字密度对阅读理解成绩有显著影响。

生字密度 * 焦虑水平的 F 值为 72.822，显著性水平 p 值小于 0.05，拒绝原假设。结论：生字密度、焦虑水平两个因素之间存在交互效应。

生字密度 * 时间紧张程度的 F 值为 68.807，显著性水平 p 值小于 0.05，拒绝原假设。结论：生字密度、时间紧张两个因素之间存在交互效应。

生字密度 * 焦虑水平 * 时间紧张程度的 F 值为 16.182，显著性水平 p 值小于 0.05，拒绝原假设。结论：生字密度、焦虑水平、时间紧张程度三个因素之间存在三重交互效应。

第 8 个表：主体内对比检验(略)。

第 9 个表：误差方差的莱文等同性检验(见表 7-39)。

表 7-39　误差方差的莱文等同性检验[a]

		莱文统计	自由度 1	自由度 2	显著性
测验 1	基于平均值	0.876	3	44.000	0.461
	基于中位数	1.132	3	44.000	0.347
	基于中位数并具有调整后自由度	1.132	3	41.107	0.347
	基于剪除后平均值	0.926	3	44.000	0.436

续表

		莱文统计	自由度 1	自由度 2	显著性
测验 2	基于平均值	0.724	3	44.000	0.543
	基于中位数	0.207	3	44.000	0.891
	基于中位数并具有调整后自由度	0.207	3	38.205	0.891
	基于剪除后平均值	0.619	3	44.000	0.606
测验 3	基于平均值	1.403	3	44.000	0.255
	基于中位数	1.265	3	44.000	0.298
	基于中位数并具有调整后自由度	1.265	3	32.980	0.302
	基于剪除后平均值	1.411	3	44.000	0.252
测验 4	基于平均值	0.504	3	44.000	0.681
	基于中位数	0.326	3	44.000	0.807
	基于中位数并具有调整后自由度	0.326	3	38.571	0.807
	基于剪除后平均值	0.502	3	44.000	0.683

检验“各个组中的因变量误差方差相等”这一原假设。

a. 设计：截距＋B＋C＋$B*C$。

主体内设计：生字密度。

[分析]由表可知，各项方差齐性检验的 p 值都大于 0.05，接受原假设，即认为全部符合方差齐性的要求。

第 10 个表：主体间效应检验(见表 7-40)。

表 7-40　主体间效应检验

测量：MEASURE_1

转换后变量：平均

源	Ⅲ类平方和	自由度	均方	F	显著性	偏 Eta 平方	非中心参数	实测幂[a]
截距	19020.422	1	19020.422	6562.838	0.000	0.993	6562.838	1.000
B	23.380	1	23.380	8.067	0.007	0.155	8.067	0.793
C	641.672	1	641.672	221.404	0.000	0.834	221.404	1.000
$B*C$	148.755	1	148.755	51.327	0.000	0.538	51.327	1.000
误差	127.521	44	2.898					

a. 使用 Alpha＝0.05 进行计算。

[分析]此表为被试间(组间)的方差分析结果(组间变量：焦虑水平、时间紧张程度)。

根据 F 值、显著性水平，焦虑水平(B)所对应的 p 值为 0.007，小于 0.05，拒绝原假设。结论：焦虑水平对阅读理解成绩有显著影响。

时间紧张程度(C)所对应的 p 值小于 0.05，拒绝原假设。结论：时间紧张程度对阅读理解成绩有显著影响。

焦虑水平 * 时间紧张程度所对应的 p 值小于 0.05，拒绝原假设。结论：焦虑水平与时间紧张程度存在交互效应。

该表的偏 Eta 平方是方差分析的效应量；实测幂是方差分析的统计检验力，非常接近 1。

焦虑水平(B)所对应的偏 Eta 平方(效应量)为 0.155；时间紧张程度(C)所对应的偏 Eta 平方为 0.834；焦虑水平(B) * 时间紧张程度(C)所对应的偏 Eta 平方为 0.538。三个效应量都大于 0.14，故都属于大效应量。

在本例中，焦虑水平(B)、时间紧张程度(C)、焦虑水平(B) * 时间紧张程度(C)分别对应的统计量检验都显著，并且都是大效应量。这说明，拒绝原假设的结论可信度高，应认同此结论。

7.5.2　混合设计的简单效应检验

在**【例 7-6】**的分析中，被试内变量(生字密度)与被试间变量(焦虑水平、时间紧张程度)之间存在交互效应，可以进行简单效应检验。这里再用另一个例子说明混合设计的简单效应检验。

【例 7-7】为了测试四种英文单词识记方法(联想法、表象法、大声背诵法、默念背诵法)的记忆效果，某研究者从某学校二年级找学生进行实验。前测过程为：让学生用 20 分钟识记 20 个英文单词(双音节词，词长 6～8 个字母)，方法不限。20 分钟后进行自由回忆测验，每回忆出一个正确的单词记 1 分，取成绩为 10～12 分的学生作为正式被试，共选取了 30 名。在正式测试过程中，采用拉丁方设计安排不同被试识记方法的顺序，每名被试分别进行四种识记方法的测试，每种方法测试各用 20 个不同的英文单词(词长 6～8 个字母，单词之间保持基本一致)；并且 15 名被试被安排在测试时间紧张、高焦虑的情境下，另外 15 名被试被安排在时间宽裕、低焦虑的情境下。最后得到正式测试的成绩，数据文件为“简单效应——识记方法. sav”。试分析各个识记方法、焦虑程度对识记效果的影响，以及是否存在交互效应(如果存在交互效应，则进一步分析简单效应)。

SPSS 操作过程如下。

第 1 步：启动分析过程。打开数据文件。点击【分析】→【一般线性模型】→【重复测量】菜单命令，打开定义对话框。输入主体内因子名“识记方法”，以及级别数“4”；点击【添加】按钮，此时左下角的【定义】按钮被激活，点击【定义】按钮进入主对话框，在主对话框中，在左边的变量框中选择“识记方法 1”“识记方法 2”“识记方法 3”“识记方法 4”变量进入右边“主体内变量”框内。将“焦虑水平”选到右边“主体间因子”框内(见图 7-28)。

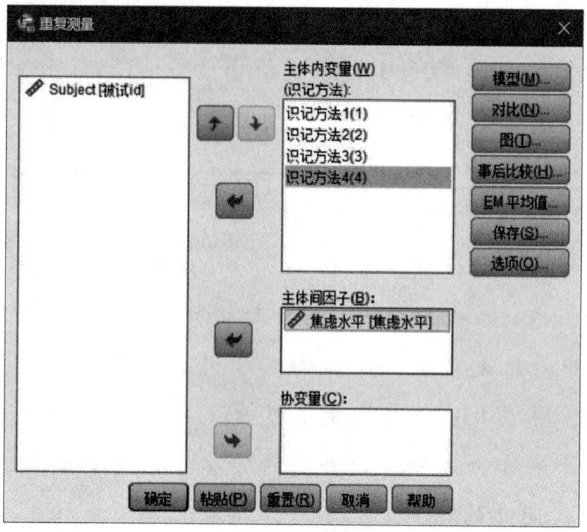

图 7-28　混合设计的主对话框

点击【确定】按钮，得到方差分析的结果。可知，焦虑水平与识记方法之间存在交互效应。

第 2 步：重新启动分析过程。点击【分析】→【一般线性模型】→【重复测量】菜单命令，打开定义对话框。此时，定义对话框中已经保存了对变量的定义，则直接点击【定义】按钮进入主对话框。在主对话框最下方的五个按钮中，先点击【重置】按钮，然后再重新选择变量。在左边的变量框中选择“识记方法 1”“识记方法 2”“识记方法 3”“识记方法 4”变量进入右边的“主体内变量”框内。将“焦虑水平”选到右边“主体间因子”框内。选择好变量后，再在主对话框中点击【粘贴】按钮。

第 3 步：编辑插入命令。此时，弹出语法编辑器窗口，出现以下命令。

```
DATASET ACTIVATE 数据集 1.
GLM 识记方法 1  识记方法 2  识记方法 3  识记方法 4  BY 焦虑水平
/WSFACTOR=识记方法 4  Polynomial
/METHOD=SSTYPE(3)
……………………………(插入位置)
/CRITERIA=ALPHA(.05)
/WSDESIGN=识记方法
/DESIGN=焦虑水平
```

此时，在第四行下方插入、添加以下命令。

```
/PLOT=PROFILE(焦虑水平 * 识记方法)
/PLOT=PROFILE(识记方法 * 焦虑水平)
/EMMEANS=TABLES(焦虑水平 * 识记方法) COMPARE(识记方法)ADJ(SIDAK)
/EMMEANS=TABLES(识记方法 * 焦虑水平) COMPARE(焦虑水平)ADJ(SIDAK)
```

第 4 步：执行命令。在插入以上命令后，在语法编辑器窗口单击【运行】→【全部】按钮，或者点击工具栏中的工具图标▶，开始处理数据并输出结果。

第 5 步：结果分析。

第 1 至第 7 个表为混合设计方差分析的结果，这里省略。从标题“估计边际平均值”之后的表格才为简单效应分析的结果。

第 8、第 9、第 10 个表为焦虑水平固定为某一水平时，识记方法各个水平的简单效应检验(见表 7-41、表 7-42、表 7-43)。

表 7-41　估算值

测量：MEASURE_1

焦虑水平	识记方法	平均值	标准误差	95%置信区间	
				下限	上限
焦虑水平低	1	15.333	0.455	14.401	16.265
	2	10.400	0.592	9.187	11.613
	3	8.933	0.287	8.345	9.522
	4	10.933	0.332	10.253	11.613
焦虑水平高	1	16.600	0.455	15.668	17.532
	2	10.867	0.592	9.653	12.080
	3	6.533	0.287	5.945	7.122
	4	7.667	0.332	6.987	8.347

表 7-42　成对比较

测量：MEASURE_1

焦虑水平	(I)识记方法	(J)识记方法	平均值差值(I－J)	标准误差	显著性[b]	差值的 95%置信区间[b]	
						下限	上限
焦虑水平低	1	2	4.933*	0.539	0.000	3.409	6.458
		3	6.400*	0.504	0.000	4.975	7.825
		4	4.400*	0.427	0.000	3.192	5.608
	2	1	−4.933*	0.539	0.000	−6.458	−3.409
		3	1.467	0.649	0.177	−0.371	3.304
		4	−0.533	0.512	0.889	−1.983	0.916
	3	1	−6.400*	0.504	0.000	−7.825	−4.975
		2	−1.467	0.649	0.177	−3.304	0.371
		4	−2.000*	0.383	0.000	−3.085	−0.915
	4	1	−4.400*	0.427	0.000	−5.608	−3.192
		2	0.533	0.512	0.889	−0.916	1.983
		3	2.000*	0.383	0.000	0.915	3.085

续表

焦虑水平	(I)识记方法	(J)识记方法	平均值差值(I−J)	标准误差	显著性[b]	差值的 95%置信区间[b]	
						下限	上限
焦虑水平高	1	2	5.733*	0.539	0.000	4.209	7.258
		3	10.067*	0.504	0.000	8.641	11.492
		4	8.933*	0.427	0.000	7.725	10.141
	2	1	−5.733*	0.539	0.000	−7.258	−4.209
		3	4.333*	0.649	0.000	2.496	6.171
		4	3.200*	0.512	0.000	1.751	4.649
	3	1	−10.067*	0.504	0.000	−11.492	−8.641
		2	−4.333*	0.649	0.000	−6.171	−2.496
		4	−1.133*	0.383	0.037	−2.218	−0.048
	4	1	−8.933*	0.427	0.000	−10.141	−7.725
		2	−3.200*	0.512	0.000	−4.649	−1.751
		3	1.133*	0.383	0.037	0.048	2.218

基于估算边际平均值。

*. 平均值差值的显著性水平为 0.05。

b. 多重比较调节：斯达克法。

表 7-43　多变量检验

焦虑水平		值	F	假设自由度	误差自由度	显著性
焦虑水平低	比莱轨迹	0.879	62.953[a]	3.000	26.000	0.000
	威尔克 Lambda	0.121	62.953[a]	3.000	26.000	0.000
	霍特林轨迹	7.264	62.953[a]	3.000	26.000	0.000
	罗伊最大根	7.264	62.953[a]	3.000	26.000	0.000
焦虑水平高	比莱轨迹	0.948	156.913[a]	3.000	26.000	0.000
	威尔克 Lambda	0.052	156.913[a]	3.000	26.000	0.000
	霍特林轨迹	18.105	156.913[a]	3.000	26.000	0.000
	罗伊最大根	18.105	156.913[a]	3.000	26.000	0.000

每个 F 值都将检验其他所示效应的每个级别组合中识记方法的多变量简单效应。这些检验基于估算边际平均值之间的线性无关成对比较。

a. 精确统计。

[分析]表 7-41 为基本的描述统计。

表 7-42 为焦虑水平固定为某一水平时，识记方法各个水平均值之间的两两比较。在焦虑水平高时，各种识记方法之间均值差异皆显著；在焦虑水平低时，各种识记方法的有些组别之间的均值差异不显著。

表 7-43 为焦虑水平固定为某一水平时，对识记方法的简单效应分析。由表可知，当焦虑水平低时，识记方法的方差分析的 F 值为 62.953，$p<0.05$，拒绝原

假设，即识记方法的组别之间至少有一组差异显著。当焦虑水平高时，识记方法的方差分析的 F 值为 156.913，$p<0.05$，拒绝原假设，即识记方法的组别之间至少有一组差异显著。

第 11、第 12、第 13 个表为识记方法固定为某一水平时，对焦虑水平各个水平的简单效应检验。表格数据这里省略，分析方法与上面类似。接下来是两个交互效应图(见图 7-29、图 7-30)。

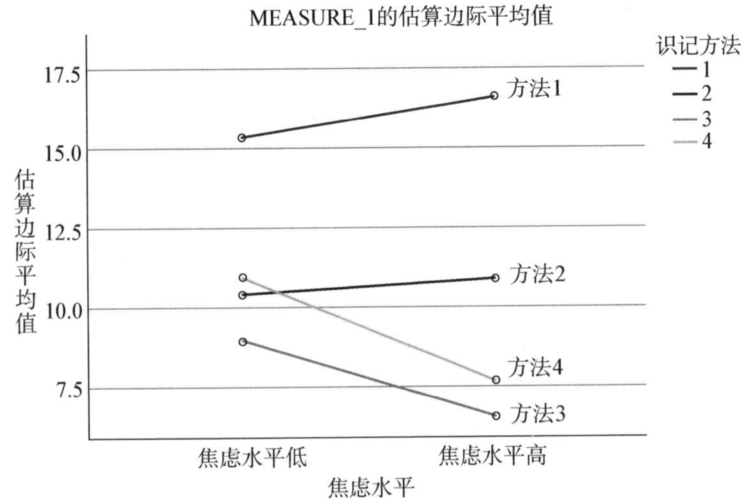

图 7-29　以焦虑水平为横轴画出的交互效应图

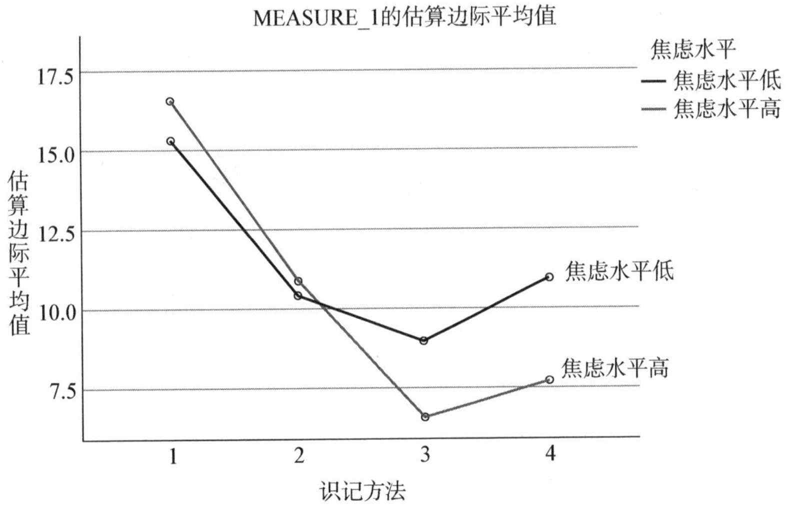

图 7-30　以识记方法为横轴画出的交互效应图

[分析]如图 7-29 所示，当焦虑水平低时，各个识字方法下的识字成绩之间有一定的距离；当焦虑水平高时，各种识字方法的成绩差距进一步扩大，识记方法 1(联想法)、识记方法 2(表象法)的成绩在上升，识记方法 3(大声背诵法)、识记方法 4(默念背诵法)的成绩在下降。从图形看，形成了线段(线段的延长线)的交叉现象。

如图 7-30 所示，在识记方法 1、识记方法 2 时，焦虑水平高与焦虑水平低两个组别之间的差异不明显；在识记方法 3、识记方法 4 时，焦虑水平高与焦虑水平低两个组别之间的差异显著。从图形看，形成了线段(线段的延长线)的交叉现象。

7.5.3 混合设计的简单简单效应检验

简单简单效应检验，是在三个或三个以上因素的方差分析中，当三个因素之间存在交互效应时(三阶交互效应、$A*B*C$ 所对应的效应显著)，可以进一步做 F 检验，进一步分析存在哪些简单交互效应，以及进行简单简单效应检验。简单简单效应检验与简单效应一样，本质上也是方差分析形式下的多个均值比较检验。

【例 7-8】在反应时实验中，焦虑水平 A、熟悉程度 B、任务情境 C 三个因素影响被试的反应时，A 有两个水平，B 有三个水平，都属于被试内变量；C 有四个水平，属于被试间变量。数据文件为“重复测量方差分析——三因素简单简单效应.sav”。请分析这三个因素对被试反应时的影响，如果存在交互效应或三阶交互效应，则要分析简单效应或简单简单效应。

SPSS 操作过程如下。

第 1 步：启动方差分析过程。打开相应的数据文件。点击【分析】→【一般线性模型】→【重复测量】菜单命令，打开定义对话框。输入主体内因子名“A”，以及级别数“2”，点击【添加】按钮；接着输入主体内因子名“B”，以及级别数“3”，再点击【添加】按钮。此时左下角的【定义】按钮被激活，点击【定义】按钮进入主对话框。

在主对话框中，在左边变量框选择“测验 1”“测验 2”“测验 3”“测验 4”“测验 5”“测验 6”变量进入右边“主体内变量”框内。将变量“C”选到右边“主体间因子”框内(见图 7-31)。

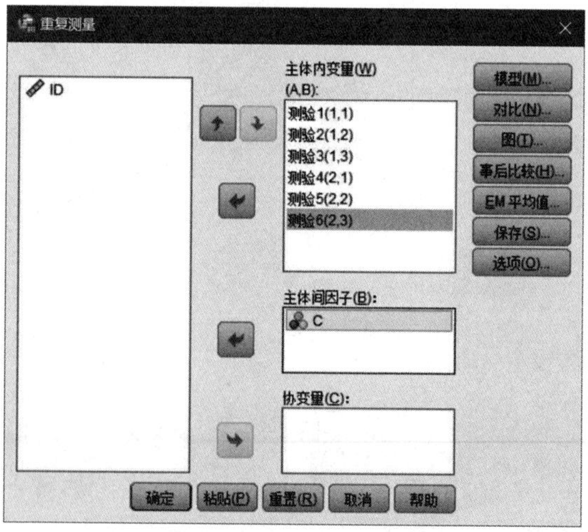

图 7-31 混合设计的主对话框

点击【确定】，可以得到方差分析的结果。由 SPSS 输出结果可知，$A*B*C$ 存在三重交互效应，因此可以进行简单简单效应分析，以下是具体步骤。

第 2 步：重新启动方差分析过程。点击【分析】→【一般线性模型】→【重复测量】菜单命令，打开定义对话框。

此时，定义对话框中已经保存了对变量的定义，则直接点击【定义】按钮进入主对话框内。在主对话框中，在对话框最下方的五个按钮中，先点击【重置】按钮。然后再重新选择变量。在左边的变量框内选择“测验 1”“测验 2”“测验 3”“测验 4”“测验 5”“测验 6”变量进入右边的“主体内变量”框内。将变量“*C*”选到右边的“主体间因子”框内。选好变量后，再在主对话框中点击【粘贴】按钮。

第 3 步：编辑插入命令。此时，弹出语法编辑器窗口，出现以下命令。

```
DATASET ACTIVATE 数据集 1.
GLM 测验 1  测验 2  测验 3  测验 4  测验 5  测验 6  BY C
/WSFACTOR=A 2  Polynomial B 3  Polynomial
/METHOD=SSTYPE(3)
/CRITERIA=ALPHA(.05)
    ………………………………(插入位置)
/WSDESIGN=A B A*B
/DESIGN=C
```

此时，在第五行下方插入、添加以下命令。

```
/PLOT=PROFILE(A*B*C)
/PLOT=PROFILE(A*C*B)
/PLOT=PROFILE(B*C*A)
/EMMEANS=TABLES(A*B*C) COMPARE(C)ADJ(SIDAK)
/EMMEANS=TABLES(A*C*B) COMPARE(B)ADJ(SIDAK)
/EMMEANS=TABLES(B*C*A) COMPARE(A)ADJ(SIDAK)
```

第 4 步：执行命令。在插入以上命令后，在语法编辑器窗口单击【运行】→【全部】按钮，或者点击工具栏中的工具图标▶，开始处理数据并输出结果。

第 5 步：结果分析。

第 1 至第 7 个表为混合设计方差分析的常规分析结果，这里省略。从标题“估计边际平均值”之后的表格才为简单简单效应分析的结果。

第 8、第 9、第 10 个表为 *A* 因子和 *B* 因子都固定于某一水平，对 *C* 因子各个水平做的简单效应检验(见表 7-44、表 7-45、表 7-46)。

表 7-44　估算值

测量：MEASURE_1

A	*B*	*C*	平均值	标准误差	95%置信区间	
					下限	上限
1	1	1	1709.063	121.718	1465.417	1952.708
		2	1049.067	125.710	797.431	1300.702
		3	1355.200	125.710	1103.564	1606.836
		4	1514.125	121.718	1270.480	1757.770

续表

A	*B*	*C*	平均值	标准误差	95%置信区间	
					下限	上限
1	2	1	1609.250	114.382	1380.290	1838.210
		2	1317.933	118.133	1081.465	1554.402
		3	1636.133	118.133	1399.665	1872.602
		4	1660.000	114.382	1431.040	1888.960
	3	1	1804.063	130.828	1542.182	2065.943
		2	1541.933	135.119	1271.464	1812.403
		3	2096.133	135.119	1825.664	2366.603
		4	1727.875	130.828	1465.994	1989.756
2	1	1	2226.750	169.126	1888.207	2565.293
		2	1461.800	174.673	1112.154	1811.446
		3	2183.067	174.673	1833.421	2532.713
		4	1891.000	169.126	1552.457	2229.543
	2	1	2097.313	128.219	1840.655	2353.970
		2	1297.267	132.424	1032.192	1562.342
		3	1516.400	132.424	1251.325	1781.475
		4	1466.250	128.219	1209.592	1722.908
	3	1	1249.938	85.209	1079.374	1420.501
		2	1090.333	88.003	914.176	1266.490
		3	1389.600	88.003	1213.443	1565.757
		4	1456.625	85.209	1286.062	1627.188

表 7-45　成对比较

测量：MEASURE_1

A	*B*	(I)*C*	(J)*C*	平均值差值(I−J)	标准误差	显著性[b]	差值的 95%置信区间[b]	
							下限	上限
1	1	1	2	659.996*	174.981	0.002	183.378	1136.614
			3	353.862	174.981	0.254	−122.756	830.481
			4	194.938	172.135	0.839	−273.930	663.805
		2	1	−659.996*	174.981	0.002	−1136.614	−183.378
			3	−306.133	177.781	0.434	−790.378	178.111
			4	−465.058	174.981	0.059	−941.677	11.560
		3	1	−353.862	174.981	0.254	−830.481	122.756
			2	306.133	177.781	0.434	−178.111	790.378
			4	−158.925	174.981	0.936	−635.543	317.693
		4	1	−194.938	172.135	0.839	−663.805	273.930
			2	465.058	174.981	0.059	−11.560	941.677
			3	158.925	174.981	0.936	−317.693	635.543

续表

A	B	(I)C	(J)C	平均值差值(I—J)	标准误差	显著性[b]	差值的95%置信区间[b]	
							下限	上限
	2	1	2	291.317	164.434	0.400	−156.574	739.208
			3	−26.883	164.434	1.000	−474.774	421.008
			4	−50.750	161.760	1.000	−491.358	389.858
		2	1	−291.317	164.434	0.400	−739.208	156.574
			3	−318.200	167.065	0.318	−773.258	136.858
			4	−342.067	164.434	0.227	−789.958	105.824
		3	1	26.883	164.434	1.000	−421.008	474.774
			2	318.200	167.065	0.318	−136.858	773.258
			4	−23.867	164.434	1.000	−471.758	424.024
		4	1	50.750	161.760	1.000	−389.858	491.358
			2	342.067	164.434	0.227	−105.824	789.958
			3	23.867	164.434	1.000	−424.024	471.758
	3	1	2	262.129	188.077	0.670	−250.162	774.420
			3	−292.071	188.077	0.554	−804.362	220.220
			4	76.187	185.019	0.999	−427.773	580.148
		2	1	−262.129	188.077	0.670	−774.420	250.162
			3	−554.200*	191.087	0.031	−1074.688	−33.712
			4	−185.942	188.077	0.907	−698.232	326.349
		3	1	292.071	188.077	0.554	−220.220	804.362
			2	554.200*	191.087	0.031	33.712	1074.688
			4	368.258	188.077	0.288	−144.032	880.549
		4	1	−76.187	185.019	0.999	−580.148	427.773
			2	185.942	188.077	0.907	−326.349	698.232
			3	−368.258	188.077	0.288	−880.549	144.032
2	1	1	2	764.950*	243.135	0.016	102.692	1427.208
			3	43.683	243.135	1.000	−618.575	705.941
			4	335.750	239.181	0.663	−315.739	987.239
		2	1	−764.950*	243.135	0.016	−1427.208	−102.692
			3	−721.267*	247.025	0.030	−1394.122	−48.412
			4	−429.200	243.135	0.405	−1091.458	233.058
		3	1	−43.683	243.135	1.000	−705.941	618.575
			2	721.267*	247.025	0.030	48.412	1394.122
			4	292.067	243.135	0.799	−370.191	954.325
		4	1	−335.750	239.181	0.663	−987.239	315.739
			2	429.200	243.135	0.405	−233.058	1091.458
			3	−292.067	243.135	0.799	−954.325	370.191

续表

A	*B*	(I)*C*	(J)*C*	平均值差值(I−J)	标准误差	显著性[b]	差值的 95%置信区间[b]	
							下限	上限
	2	1	2	800.046*	184.326	0.000	297.972	1302.119
			3	580.913*	184.326	0.015	78.839	1082.986
			4	631.063*	181.329	0.006	137.153	1124.972
		2	1	−800.046*	184.326	0.000	−1302.119	−297.972
			3	−219.133	187.275	0.817	−729.241	290.974
			4	−168.983	184.326	0.933	−671.057	333.090
		3	1	−580.913*	184.326	0.015	−1082.986	−78.839
			2	219.133	187.275	0.817	−290.974	729.241
			4	50.150	184.326	1.000	−451.924	552.224
		4	1	−631.062*	181.329	0.006	−1124.972	−137.153
			2	168.983	184.326	0.933	−333.090	671.057
			3	−50.150	184.326	1.000	−552.224	451.924
	2	1	2	159.604	122.495	0.733	−174.052	493.260
			3	−139.663	122.495	0.834	−473.318	193.993
			4	−206.687	120.503	0.438	−534.918	121.543
		2	1	−159.604	122.495	0.733	−493.260	174.052
			3	−299.267	124.455	0.111	−638.261	39.728
			4	−366.292*	122.495	0.024	−699.948	−32.636
		3	1	139.663	122.495	0.834	−193.993	473.318
			2	299.267	124.455	0.111	−39.728	638.261
			4	−67.025	122.495	0.995	−400.681	266.631
		4	1	206.687	120.503	0.438	−121.543	534.918
			2	366.292*	122.495	0.024	32.636	699.948
			3	67.025	122.495	0.995	−266.631	400.681

基于估算边际平均值。

*. 平均值差值的显著性水平为 0.05。

b. 多重比较调节：斯达克法。

表 7-46　单变量检验

测量：MEASURE_1

A	*B*		平方和	自由度	均方	*F*	显著性
1	1	对比	3602879.415	3	1200959.805	5.066	0.003
		误差	13748572.021	58	237044.345		
	2	对比	1164532.801	3	388177.600	1.854	0.147
		误差	12141179.667	58	209330.684		
	3	对比	2393568.839	3	797856.280	2.913	0.042
		误差	15883619.354	58	273855.506		

续表

A	B		平方和	自由度	均方	F	显著性
2	1	对比	5669137.102	3	1889712.367	4.129	0.010
		误差	26544280.333	58	457660.006		
	2	对比	5722879.223	3	1907626.408	7.252	0.000
		误差	15256368.971	58	263040.844		
	3	对比	1212277.734	3	404092.578	3.479	0.022
		误差	6737733.621	58	116167.821		

每个 F 值都将检验其他所示效应的每个级别组合中 C 的简单效应。这些检验基于估算边际平均值之间的线性无关成对比较。

[分析]表 7-45 为两两比较。在该表的第 2 至第 4 行，是在 A 因子固定为水平 1 且 B 因子固定为水平 1 时，对 C 的两个组别进行的两两比较。发现：C 的水平 1 与 C 的水平 2 组别之间的差异显著，而 C 的水平 1 与 C 的水平 3、水平 4 组别之间的差异不显著。其余各个组别比较依此类推。

表 7-46 为单变量检验，是在 A 因子和 B 因子都固定在某一水平时，对 C 因子进行简单效应分析。在单变量检验的表格中，当 A 水平为 1 且 B 水平为 1 时，F 值为 5.066，p 值为 0.003，小于 0.05，拒绝原假设，说明此时 C 因子的各个组别之间至少有一组与其他组别存在显著差异。此时需要进一步查看第九个表中，当 A 水平为 1 且 B 水平为 1 时，C 因子中哪些组别之间有显著差异。

当 A 水平为 1 且 B 水平为 2 时，F 值为 1.854，p 值为 0.147，大于 0.05，接受原假设，说明此时 C 因子的各个组别之间都没有显著差异。

当 A 水平为其他水平且 B 水平为其他水平时，其简单简单效应的分析可以参照以上方式依此类推。

第 11 至第 13 个表为，A 因子和 C 因子都固定在某一水平，对 B 因子的各个水平做的简单效应检验。其数据分析与第 8 至第 10 个表类似。

第 14 至第 16 个表为，B 因子和 C 因子都固定在某一水平，对 A 因子各个水平做的简单效应检验。其数据分析与第 8 至第 10 个表类似。

接下来呈现的四个图(见图 7-32 至图 7-35)，是在 C 的四个水平上的 $A*B$ 简单交互效应图。

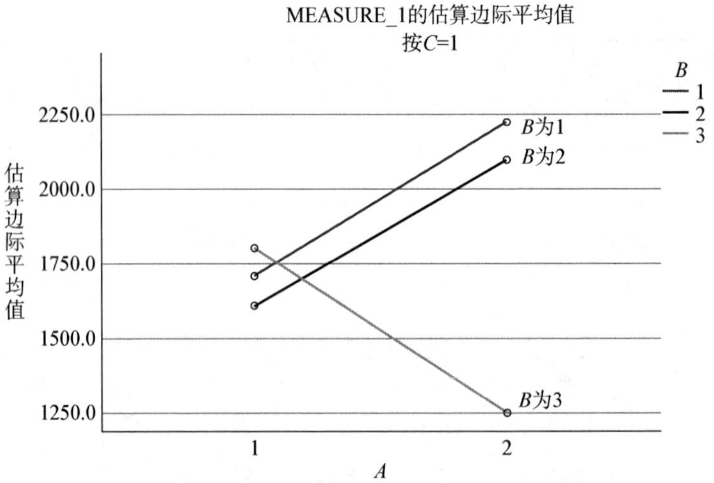

图 7-32　C＝1 时，A、B 两因子的简单交互效应

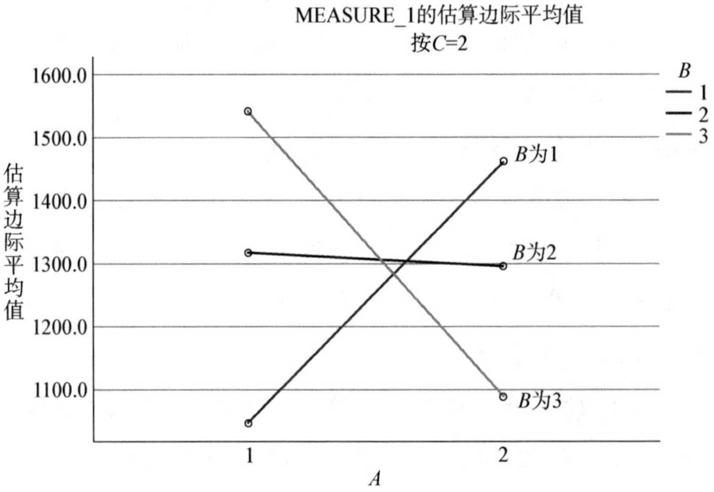

图 7-33　C＝2 时，A、B 两因子的简单交互效应

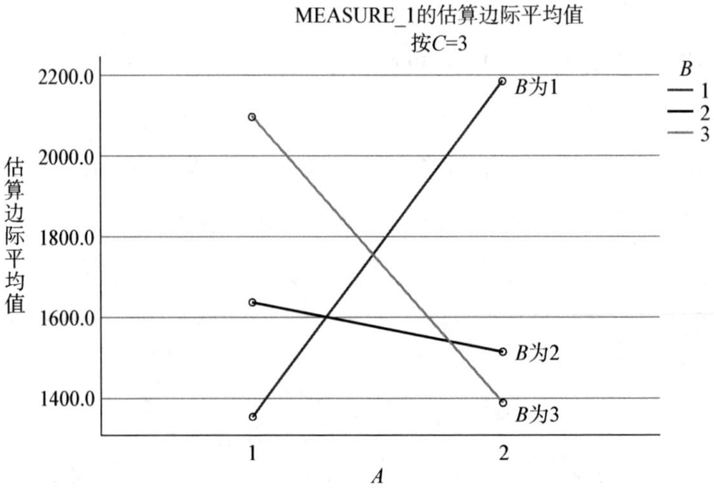

图 7-34　C＝3 时，A、B 两因子的简单交互效应

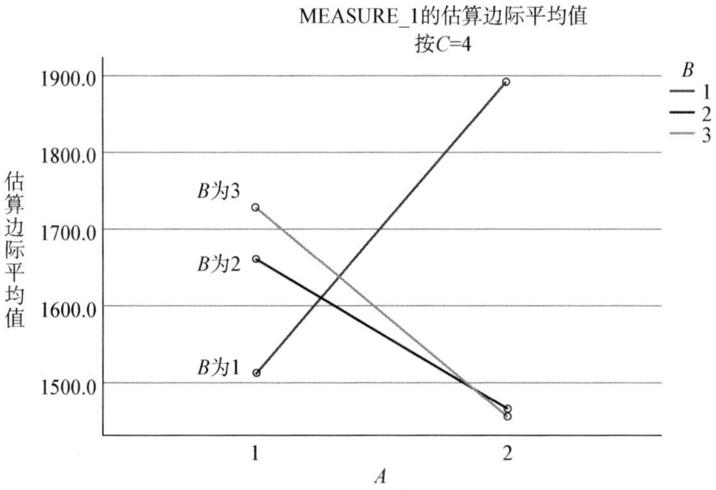

图 7-35　$C=4$ 时，A、B 两因子的简单交互效应

[分析]在 $C=1$ 水平上的简单交互效应图如图 7-32 所示。由 A_1 水平至 A_2 水平，B 因子的 B_1、B_2 水平的线由低水平向上，呈现上升趋势；B 因子的 B_3 水平的线由高水平向下，呈现下降趋势。从图形来看，形成了线段(或线段的延长线)的交叉现象。

若线段(或线段的延长线)出现交叉现象，在方差分析中一般都会检验出交互效应。

在 C 因子的其他几个水平上的分析，可以参照 C_1 依此类推。

再后面的三个图是在 B 的三个水平上的 $A*C$ 简单交互效应图。最后两个图，是在 A 的两个水平上的 $B*C$ 简单交互效应图。这些交互效应图都可以参照 $C=1$ 水平上的 $A*B$ 交互效应图的分析。

【小结】

这里再对组内、组间、混合设计下的交互效应、简单效应、简单交互效应、简单简单效应的使用情况进行小结归纳。假设 A，B，C 三个因子各有三个水平，则是 $3\times3\times3$ 设计。

如果交互作用不显著，则看主效应。如果 A，B，C 中某一个有三个或以上的水平，则做事后比较分析。如果只有两个水平，就无须多重比较了。

如果二阶交互作用($A*B$，或 $B*C$，或 $A*C$)显著，则看简单主效应。例如，$A*C$ 显著，这时在不考虑 B 的情况下，分别在 A 因子的某个水平上检验 C 因子的三个水平是否差异显著(包括 F 检验和成对比较检验)；同时，也可以把 C 因子固定于某个水平检验 A 因子的三个水平是否差异显著。

如果三阶交互作用($A*B*C$)显著，则看简单交互作用。例如，$A*B*C$ 显著，先要看 $A*B$ 在 C_1 上是否显著，即在 C_1 上的交互作用是否显著。如果交互作用不显著，则不用继续看了，就接下来看 $A*B$ 在 C_2 上是否显著，依次类推。

如果 $A*B$ 在 C_1 上显著，则要进一步看简单简单效应。此时在 C_1 水平上，在 A 因子的各个水平上检验 B 因子的各个水平是否差异显著；同时，在 C_1 水平上，在 B 因子的各个水平上检验 A 因子的各个水平是否显著差异。此时，分析好了 $A*B$ 在 C_1 上的简单效应，接下来分析 $A*B$ 在 C_2 和 C_3 等其他水平上的简单效应。以上是人们分析的逻辑顺序。在 SPSS 中，$A*B$ 在 C 因子的各个水平上的简单交互效应的检验结果，以及两两比较的结果，都会在一个语法命令下统一计算出来，无论检验结果是否显著。在研究报告或论文中，可以选择检验显著的部分进行论述。

以上步骤分析了 $A*B$ 在 C 因子各个水平上的交互作用、简单简单效应。接下来就分析 $A*C$ 在 B 因子各个水平上和 $B*C$ 在 A 因子各个水平上的交互作用、简单简单效应，可以依此类推。

以上这些规则或步骤在三因素组间设计、三因素组内设计和三因素混合设计的简单效应分析中都是一样的，只是具体的计算方式不同。

7.6 协方差分析

协方差分析综合使用了方差分析与回归的方法，是方差分析的扩展，其目的是控制误差。注意，协方差分析的名字让人以为它跟协方差有关，其实没有什么关系。协方差分析的正确断句是“协/方差分析”，而不是“协方差/分析”。

在心理实验、心理测验中，存在各种干扰变量。在完全随机实验设计中，难以对年龄、智商、熟练水平、初始成绩等已经存在的额外变量(而且是连续型数据)进行控制。协方差分析可以消除这些干扰变量对因变量的影响。

【例 7-9】数学课程进行教学方法实验，在同一年级中随机选取被试，并随机分成三个班进行实验。先对三个班的学生进行数学成绩调查，获取这些学生前一年历次数学考试成绩的平均分。在实验阶段，对三个班分别采用三种不同的数学教学方法。经过一段时间教学，再次对学生进行测试，获得实验后的成绩。试分析三种教学方法对学生成绩的影响。

分析：学生的数学基础(过往成绩的平均分)对测试结果会有较大影响，属于额外变量/干扰变量。采用协方差分析，可以消除此干扰因素对测试结果的影响。

SPSS 操作过程如下。

第 1 步：打开分析数据。打开“协方差分析——数学教学方法.sav”文件。

第 2 步：启动分析过程。点击【分析】→【一般线性模型】→【单变量】菜单命令，打开对话框。

第 3 步：设置分析变量。设置因变量：在左边变量列表中选择“实际测试成绩”进入“因变量”框中。设置固定因子(自变量)：将左边变量列表中的“数学教学方法”选入“固定因子”框中(见图 7-36)。这里可以选择两个或两个以上的固定因子。

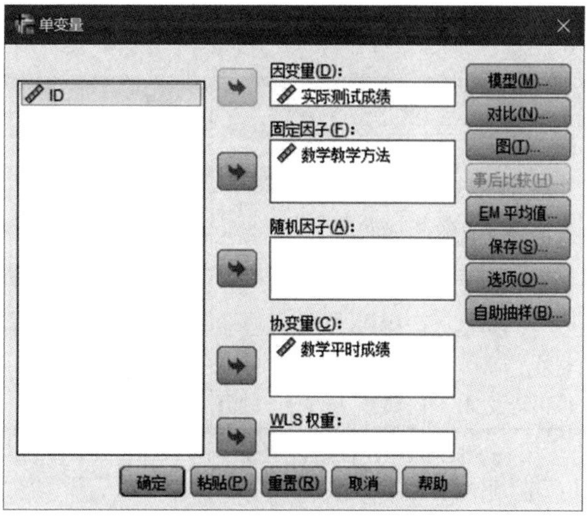

图 7-36　协方差的主对话框

设置协变量：本例子中将“数学平时成绩”变量选入“协变量”框中。

第 4 步：设置主效应比较。在主对话框中点击【EM 平均值】按钮，打开“估计边际平均值”对话框。在“因子与因子交互”框中选择“数学教学方法”进入“显示下列各项的平均值”框中。

第 5 步：设置统计功效检验。在主对话框中单击【选项】按钮，打开“选项”对话框。在“显示”框中选择“描述统计”“效应量估算”“齐性检验”“实测幂”这四个复选框。在本例中，对其他按钮都不进行设置，以默认的方式进行分析。点击【继续】按钮回到上一级对话框。

第 6 步：在主对话框中点击【确定】按钮，提交执行。SPSS 在输出窗口输出结果。

第 7 步：结果分析。

第 1 个表：主体间因子(略)。

第 2 个表：描述统计(略)。

第 3 个表：误差方差的莱文等同性检验(见表 7-47)。

表 7-47　误差方差的莱文等同性检验[a]

因变量：实际测试成绩

F	自由度 1	自由度 2	显著性
0.610	2	57	0.547

检验“各个组中的因变量误差方差相等”这一原假设。

a. 设计：截距＋数学平时成绩＋数学教学方法。

[分析]本例选择基于平均值的检验结果，方差齐性检验的 F 值为 0.610，对应的显著性为 0.547，大于 0.05，接受原假设。结论：各个组间的方差齐性，可以进行方差分析。

第 4 个表：主体间效应检验(见表 7-48)。

表 7-48　主体间效应检验

因变量：实验测试成绩

源	Ⅲ类平方和	自由度	均方	F	显著性	偏 Eta 平方	非中心参数	实测幂[b]
修正模型	3121.886[a]	3	1040.629	57.355	0.000	0.754	172.064	1.000
截距	37.203	1	37.203	2.050	0.158	0.035	2.050	0.291
数学平时成绩	695.452	1	695.452	38.330	0.000	0.406	38.330	1.000
数学教学方法	106.516	2	53.258	2.935	0.061	0.095	5.871	0.550
误差	1016.048	56	18.144					
总计	394242.000	60						
修正后总计	4137.933	59						

a. R 方=0.754(调整后 R 方=0.741)。

b. 使用 Alpha=0.05 进行计算。

[分析]协变量数学平时成绩的 F 值为 38.330，显著性小于 0.05，拒绝原假设。结论：协变量对因变量实际测试成绩有显著影响。

实验变量数学教学方法的 F 值为 2.935，显著性为 0.061，大于 0.05，接受原假设。结论：数学教学方法的各个组之间没有显著差异，即数学教学方法对因变量实际测试成绩没有显著影响。

该表的偏 Eta 平方是方差分析的效应量。数学平时成绩所对应的偏 Eta 平方为 0.406，大于 0.14，属于大效应量。由此，实际测试成绩变量所对应的统计量检验显著，并且是大效应量。这说明统计结论的可信度高，应认同此结论。

数学教学方法所对应的偏 Eta 平方为 0.095，介于 0.06 和 0.14 之间，属于中效应量。数学教学方法的主效应不显著，然而是中效应量，此时需要进一步计算(查询)统计检验力。统计检验力为 0.550，即统计检验力中等。这说明主效应不显著可能是由样本量不足造成的，此时可以适当增加样本容量，再进行研究分析。

7.7　拉丁方设计方差分析

拉丁方设计是按照拉丁方表进行实验的一种设计方法。所谓拉丁方表，是一个有拉丁字母的表，以 n 个拉丁字母 A，B，C，…为元素，列出一个 n 阶方阵，这 n 个拉丁方字母在这 n 阶方阵的每一行、每一列中都会出现，且只出现一次，如：

$$\begin{matrix} A & B & C & D \\ B & C & D & A \\ C & D & A & B \\ D & A & B & C \end{matrix}$$

在拉丁方设计中，每一行或每一列都是一个完全单位组，而每一处理在每一行或每一列中都只出现一次。也就是说，在拉丁方设计中，自变量的实验处理水平＝横行单位组数＝直列单位组数。在实验设计中，常用的有 3×3，4×4，5×5，6×6 阶拉丁方。

拉丁方设计实验的三个前提条件：①研究中有一个自变量（P 个实验处理水平），同时还有两个额外变量或控制变量（也都是 P 个处理水平）；②事先假设实验处理与无关变量之间、无关变量相互之间都没有交互作用；③随机分配处理水平给 P 个方格单元，每个处理仅在每行、每列中出现一次。每个方格单元中分配一个或多个被试接受处理，因此实验中需要的被试数量为 $N=n\cdot P^2$。

如果在一个单元格内分配了 2 个或 2 个以上的被试，此时的拉丁方设计又被称为复拉丁方设计。

特别说明：此处提到的拉丁方设计与大多数实验心理学教材中提到的拉丁方设计有所不同。实验心理学教材中常常提到，被试的安排顺序按照拉丁方顺序进行。被试接受实验处理水平时按照拉丁方顺序，这是一种被试安排方式。这种对被试按顺序安排的方式，可以适用于所有的单因素实验设计、多因素实验设计。而此处多因素实验的拉丁方设计，是一个实验变量（自变量）、两个无关变量在 $P\times P$ 方格上对实验变量的各个水平进行的拉丁方设计，是一种实验设计方式。这种实验设计方式源于统计学家方开泰（1980）提出的均匀设计理念，而此处用到的正交实验设计，也称正交拉丁方设计，是均匀设计的一个特例（范会勇等，2009）。拉丁方实验设计的优点是，可以节省被试的数目，用较小规模的实验同时研究三个因子的作用（史秉璋，杨琦，1992）。例如，在**【例 7-10】**中，如果采用完全随机设计，则至少需要 4×4×4＝64 名被试，而使用拉丁方设计后，最少只需要 16 名被试。

【例 7-10】一个研究者在做 4 种文章的生字密度对学生阅读理解影响的研究时，随机选取 32 名学生，每个班 8 人，实验在星期三、星期四、星期五、星期六下午分 4 次进行。在这个研究中，自变量——生字密度有 a_1，a_2，a_3，a_4 四个水平，考虑到来自不同班级的学生可能在阅读理解方面存在差异，从而影响实验结果，但班级的差异又不是研究者感兴趣的，可以把班级作为一个有 b_1，b_2，b_3，b_4 四个水平的无关变量。另外，实验时间的不同也可能会影响学生的情绪，从而影响实验结果，因此可将实验时间作为第二个无关变量，它也有 4 个水平：c_1，c_2，c_3，c_4。实验实施前，研究者需要首先建构一个 4＊4 的拉丁方格标准块，将每个班级的 8 名学生随机分配在 c_1，c_2，c_3，c_4 的拉丁方格中，每个方格中的两个学生接受完全相同的实验条件。然后，将拉丁方格标准块随机化，并按随机块的方案实施实验（见表 7-49）。

表 7-49　拉丁方格标准块随机化

	c_1	c_2	c_3	c_4
b_1	a_1(3，4)	a_2(2，3)	a_3(6，5)	a_4(9，8)
b_2	a_4(8，7)	a_1(2，3)	a_2(4，3)	a_3(7，6)
b_3	a_3(8，9)	a_4(12，13)	a_1(5，6)	a_2(6，4)
b_4	a_2(5，4)	a_3(8，7)	a_4(12，11)	a_1(7，5)

注：每个单元格中( )中的两个数字为两名被试的阅读测验成绩。

根据实验结果，整理数据为“生字密度、班级、测试时间的拉丁方设计.sav”。

此案例取自舒华(2016)的著作。在此案例中，在一个单元格内分配了 2 名被试，属于复拉丁方设计。

SPSS 操作过程如下。

第 1 步：打开分析数据。打开“生字密度、班级、测试时间的拉丁方设计.sav”文件。

第 2 步：启动分析过程。点击【分析】→【一般线性模型】→【单变量】菜单命令，打开对话框。

第 3 步：设置分析变量。设置因变量：在左边变量列表中选择“阅读成绩”进入“因变量”框中。设置固定因子(自变量)：在左边变量列表中选择“生字密度”“班级”“测试时间”三个变量进入“固定因子”框中(见图 7-37)。

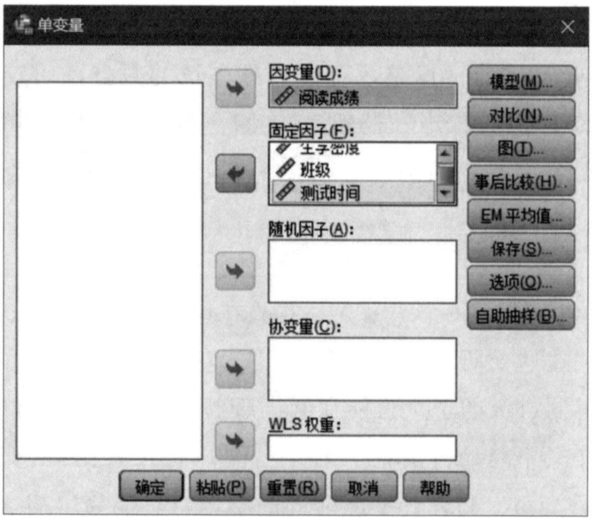

图 7-37　拉丁方设计分析时的主对话框

第 4 步：选择模型。在主对话框中单击【模型】按钮，打开“单变量：模型”对话框。先选中“构建项”，则整个对话框变亮。在“构建项”框内点中下拉菜单，选择“主效应”，然后再将“生字密度”“班级”“测试时间”三个变量选到右边的“模型”框中(见图 7-38)。

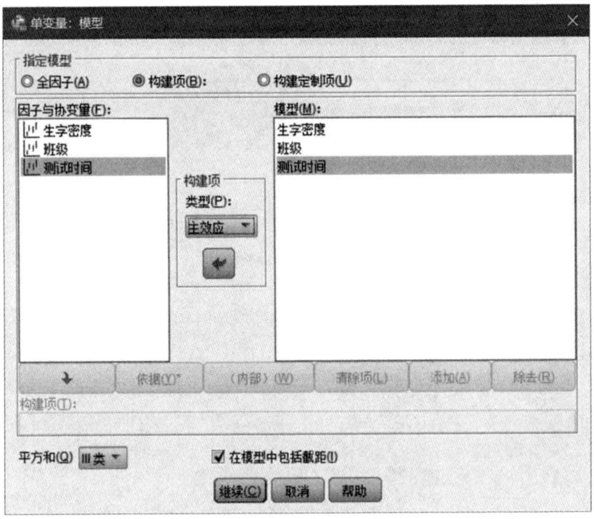

图 7-38　模型子对话框(一)

在本例中，每一个方格内都有两名被试，属于复拉丁方设计，需要计算单元格内误差。接下来继续在“构建项”框内点中下拉菜单，选择“交互”，然后再将“生字密度”“班级”“测试时间”三个变量同时选中(注意：同时选中三个变量)，并点击向右按钮，选到右边的“模型”框中(见图 7-39)。如果实验中每一个方格内都只有一名被试，则不需要选择“交互”这一步。点击【继续】按钮回到上一级对话框。

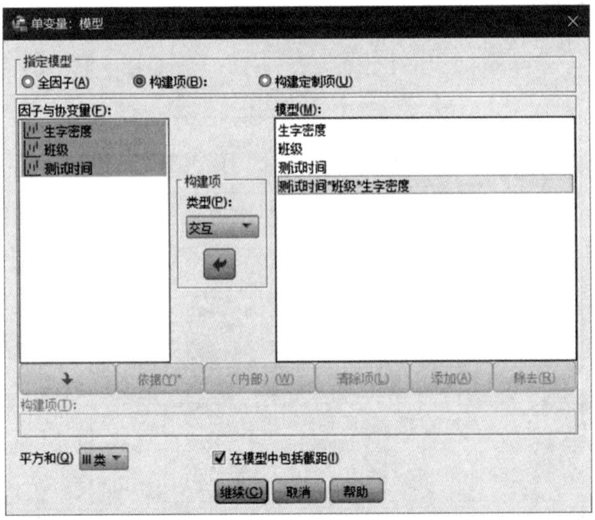

图 7-39　模型子对话框(二)

第 5 步：设置事后多重比较。在主对话框中点击【事后比较】按钮，打开对话框。将左边“因子”框内的“生字密度”“班级”“测试时间”三个变量选到右边的“下列各项的事后检验”框内。然后，选择下方的“雪费”(见图 7-40)。

图 7-40　多重比较子对话框

第 6 步：选择输出选项。在主对话框中点击【选项】按钮，打开“选项”对话框，在“显示”框中选择“描述统计”“效应量估算”“齐性检验”“实测幂”四个复选框。

第 7 步：在主对话框中点击【确定】按钮，提交执行。SPSS 在输出窗口输出结果。

第 8 步：结果分析。

第 1 个表：主体间因子(略)。

第 2 个表：描述统计(略)。

第 3 个表：主体间效应检验(见表 7-50)。

表 7-50　主体间效应检验

源	Ⅲ类平方和	自由度	均方	F	显著性	偏 Eta 平方	非中心参数	实测幂[b]
修正模型	257.875[a]	15	17.192	25.006	0.000	0.959	375.091	1.000
截距	1275.125	1	1275.125	1854.727	0.000	0.991	1854.727	1.000
生字密度	190.125	3	63.375	92.182	0.000	0.945	276.545	1.000
班级	56.125	3	18.708	27.212	0.000	0.836	81.636	1.000
测试时间	1.375	3	0.458	0.667	0.585	0.111	2.000	0.159
生字密度 * 班级 * 测试时间	10.250	6	1.708	2.485	0.068	0.482	14.909	0.661
误差	11.000	16	0.688					
总计	1544.000	32						
修正后总计	268.875	31						

a. R 方=0.959(调整后 R 方=0.921)。

b. 使用 Alpha=0.05 进行计算。

[分析]自变量生字密度的 F 值为 92.182，p 值小于 0.05，拒绝原假设，生字密度的各个组别之间至少有一组与其他组别有差异。结论：生字密度对因变量阅读成绩有显著影响。

在本例中，SS_B 为 190.125，$SS_{误差}$ 为 11.000，那么根据方差分析的效应量的计算公式，有偏 $\eta^2=\frac{SS_B}{SS_B+SS_{误差}}=\frac{190.125}{190.125+11.000}\approx 0.945$，属于大效应量。所对应的统计检验力为 1。由此，生字密度变量所对应的统计量检验显著，并且是大效应量。这说明拒绝原假设的结论可信度高，应该认同此结论。

无关变量班级的 F 值为 27.212，p 值小于 0.05，拒绝原假设，班级的各个组别之间至少有一组与其他组别有差异。结论：班级对因变量阅读成绩有显著影响。F 值对应的效应量为 0.836，属于大效应量，所对应的统计检验力为 1。由此，统计量检验显著，并且是大效应量。这说明拒绝原假设的结论可信度高，应该认同此结论。

无关变量测试时间的 F 值为 0.667，p 值为 0.585，大于 0.05，接受原假设，测试时间的各个组别之间的差异不显著。结论：测试时间对因变量阅读成绩没有显著影响。F 值对应的效应量为 0.111，属于中效应量。统计量检验不显著却是中效应量，此时需要进一步计算(查询)统计检验力。实测幂(统计检验力)为 0.159，很低，这说明这个不显著可能是样本量不足造成的。此时可以适当增加样本容量，再进行研究分析。

生字密度＊班级＊测试时间的 F 值为 2.485，p 值为 0.068，大于 0.05，接受原假设，认为单元格内的被试差异不显著。F 值对应的效应量为 0.482，属于大效应量。统计量检验不显著却是大效应量，此时需要进一步计算(查询)统计检验力。实测幂(统计检验力)为 0.661，较高，由此认为是抽样误差引起的大效应量。

第 4 至第 9 个表：生字密度、班级、测试时间三个变量各个组别的两两比较，包括多重比较和齐性子集两种表格，共六个表。在齐性子集中，第一列为变量的各水平，从第三列开始为子集，变量各水平的平均值被划分到同一子集的无显著差异，被划分到不同子集的差异显著。(六个表的具体分析略)

7.8　方差分析的报告参考样例

本章方差分析 F 检验需要报告各组的描述性统计分析表(有时为可选项)、方差分析报告表、F 值的显著性水平(与 0.05 的比较)、假设检验的结论(接受或拒绝原假设)，以及具体研究的研究结论、效应量和统计检验力。如果主效应显著，则需要报告两两比较的结果；如果交互效应显著，则需要简单效应；如果三因素的交互效应显著，则需要进一步分析简单交互效应、简单简单效应。

7.8.1 多因素方差分析的报告样例

在 SPSS 中，方差分析的主体间效应检验表格中的内容较多，在报告时只需要保留栏目：源(误差来源)、Ⅲ类平方和(平方和)、自由度(df)、均方(MS)、F、显著性(p)、效应量偏 Eta 平方(偏 η^2)、实测幂(统计检验力)；在"源"一栏，需要删除"修正模型""截距""总计"三行，并将"修正后总计"改为"总计"。最后的报告结果如表 7-51 所示(使用三线表格式)。

表 7-51 阅读测验的两因素方差分析

误差来源	平方和	自由度	均方	F	显著性	偏 Eta 平方	统计检验力
熟悉程度	326.344	1	326.344	208.212	0.000	0.698	1.000
生字密度	336.063	2	168.031	107.206	0.000	0.704	1.000
熟悉程度 * 生字密度	200.688	2	100.344	64.021	0.000	0.587	0.997
误差(误差)	141.063	90	1.567				
总计	4569.000	96					

[分析]熟悉程度的 F 值为 208.212，$p<0.05$，拒绝原假设，认为熟悉程度对测验成绩有显著影响；对应的偏 Eta 平方为 0.698，属于大效应量。

生字密度的 F 值为 107.206，$p<0.05$，拒绝原假设，认为生字密度对测验成绩有显著影响；对应的偏 Eta 平方为 0.704，属于大效应量。

熟悉程度 * 生字密度的 F 值为 64.021，$p<0.05$，拒绝原假设，认为这两个因素之间存在交互效应；对应的偏 Eta 平方为 0.587，属于大效应量。

大效应量说明拒绝原假设的结论可信度高，应该认同以上结论。

熟悉程度因素的主效应显著，但只有两个水平，故不需要进行两两比较。生字密度因素的主效应显著，且有三个水平，故需要进行两两比较，结果发现两两之间的差异都显著。具体表格如表 7-52 所示(也可以使用文字表达)。

表 7-52 生字密度各个组别均值比较结果

(I)生字密度	(J)生字密度	平均值差值(I－J)	显著性
生字密度 5∶1	生字密度 10∶1	-2.66^*	0.000
	生字密度 15∶1	-4.56^*	0.000
生字密度 10∶1	生字密度 5∶1	2.66^*	0.000
	生字密度 15∶1	-1.91^*	0.000
生字密度 15∶1	生字密度 5∶1	4.56^*	0.000
	生字密度 10∶1	1.91^*	0.000

7.8.2 两因素重复测量方差分析的报告样例

重复测量方差分析的主体内效应检验表格中的内容，包括服从球形分布假设的情况，以及不服从球形分布假设的情况。

首先需要报告这批数据是否服从球形分布，然后根据这个来选择在主体内效应检验表格中使用哪些数据，接下来再合成方差分析表。比如前面讲的两因素重复测量方差分析例题，结果如表7-53所示。

表7-53 阅读测验的两因素重复测量方差分析

误差来源	平方和	自由度	均方	F	显著性	偏 Eta 平方	统计检验力
熟悉程度	386.778	1	386.778	326.788	0.000	0.934	1.000
误差(熟悉程度)	27.222	23	1.184				
生字密度	492.347	2	246.174	723.449	0.000	0.969	1.000
误差(生字密度)	15.653	46	0.340				
熟悉程度 * 生字密度	328.514	2	164.257	657.822	0.000	0.966	1.000
误差(熟悉程度 * 生字密度)	11.486	46	0.250				
总方差	1262.000	120					

熟悉程度的 F 值为326.788，$p<0.05$，拒绝原假设，认为熟悉程度对测验成绩有显著影响。对应的偏 Eta 平方为0.934，属于大效应量。

生字密度的 F 值为723.449，$p<0.05$，拒绝原假设，认为生字密度对测验成绩有显著影响。对应的偏 Eta 平方为0.969，属于大效应量。

熟悉程度 * 生字密度的 F 值为657.822，$p<0.05$，拒绝原假设，认为这两个因素之间存在交互效应。对应的偏 Eta 平方为0.966，属于大效应量。

大效应量说明拒绝原假设的结论可信度高，应该认同以上结论。

熟悉程度因素的主效应显著，但只有两个水平，不需要进行两两比较；生字密度因素的主效应显著且有三个水平，故需要进行两两比较，结果发现两两之间的差异都显著(具体表格略)。

7.8.3 混合设计方差分析的报告样例

混合设计方差分析分为两步：第1步，报告被试内的主体内效应检验，这部分与两因素重复测量方差分析的报告样例的报告过程一致；第2步，报告被试间的主体间效应检验，这部分与两因素方差分析的报告样例的报告过程一致。这两部分的报告表格可合并为一个表，如表7-54所示(以**【例7-6】**的 SPSS 分析结果为例)。

表 7-54　生字密度、焦虑水平、时间紧张程度对阅读测验成绩影响的结果分析

方差来源	平方和	自由度	均方	F	显著性	偏 Eta 平方	统计检验力
生字密度	2918.391	3	972.797	1571.155	0.000	0.973	1.000
生字密度 * B	135.266	3	45.089	72.822	0.000	0.623	1.000
生字密度 * C	127.807	3	42.602	68.807	0.000	0.610	1.000
生字密度 * B * C	30.057	3	10.019	16.182	0.000	0.269	1.000
误差(生字密度)	81.729	132	0.619				
B	23.380	1.000	23.380	8.067	0.007	0.155	0.793
C	641.672	1.000	641.672	221.404	0.000	0.834	1
B * C	148.755	1.000	148.755	51.327	0.000	0.538	1.000
误差	127.521	44	2.898				
总方差	4234.578	191					

7.8.4　协方差分析的报告样例

在协方差分析的结果分析中，需另外单独对协变量进行统计检验分析，协方差分析的报告样例如表 7-55 所示(以**【例 7-9】**的 SPSS 分析结果为例)。

表 7-55　数学教学方法的协方差分析

误差来源	平方和	自由度	均方	F	显著性	偏 Eta 平方	统计检验力
数学平时成绩	695.452	1	695.452	38.330	0.000	0.406	1.000
数学教学方法	106.516	2	53.258	2.935	0.061	0.095	0.550
误差(误差)	1016.048	56	18.144				
总计	4137.933	59					

数学平时成绩在分析中作为协变量，对应的 F 值为 38.330，$p<0.05$，拒绝原假设。结论：协变量对因变量实际测试成绩有显著影响。对应的效应量偏 Eta 平方为 0.406，属于大效应量，说明拒绝原假设的结论可信度高，应该认同此结论。

数学教学方法是自变量，对应的 F 值为 2.935，$p>0.05$，接受原假设。结论：数学教学方法对因变量没有影响。对应的偏 Eta 平方为 0.095，属于中效应量，此时需要进一步计算(查询)统计检验力。对应的统计检验力为 0.550，中等，说明这个不显著可能是由样本量不足造成的。此时可以适当增加样本容量，再进行研究分析。

本章参考文献

笔为剑，瑶瑶，Psyedu，等. (2020). 心理学考研重难点手册：基础备考(第九版). 北京：世界图书出版公司.

方开泰.(1980).均匀设计——数论方法在试验设计中的应用.应用数学学报,3(4),363-372.

范会勇,杨新国,张进辅.(2009).均匀设计在心理实验中的应用探讨.心理科学进展,17(1),233-239.

胡竹菁.(2019).心理统计学(第二版).北京:高等教育出版社.

刘红云,孟庆茂.(2003).纵向数据分析方法.心理科学进展,11(5),586-592.

史秉璋,杨琦.(1992).正交拉丁方设计的方差分析(一).中国卫生统计,9(2),51-54.

舒华.(2017).心理与教育研究中的多因素实验设计(第二版).北京:北京师范大学出版社.

Cohen,J.(1992).A Power Primer. Psychological Bulletin,112(1),155-159.

【练习题】

1. 某校收集毕业五年后学生的信息,见“毕业学生信息.sav”文件。请分析:①不同性别的工资收入、在校综合素质得分是否不同;②不同专业类型的工资收入、在校综合素质得分是否不同;③不同性别、专业的对工资收入是否有交互效应;④不同性别、专业的在校综合素质得分是否有交互效应。

2. 某产品营销部门为了解某一产品设计广告对该品牌印象的影响,分别在三个商业环境相似的地区推出三个备选广告方案(A,B,C)。三个月后,分别调查三个地区共30名顾客对该品牌的印象得分情况,调查数据如表7-56所示。请问三种广告方案的影响效果是否有差别。

表7-56 三种广告方案品牌的印象得分

广告方案	品牌的印象得分									
A	69	76	71	84	68	67	73	70	80	69
B	74	79	63	74	68	79	65	79	70	72
C	71	92	85	68	84	75	90	85	70	88

3. 表7-57给出了某地区10名被试分别在三种不同声音的背景(噪声、无声安静、轻音乐)下测试的反应时。请问三种声音背景对被试的反应时是否有影响。

表7-57 被试在三种不同声音的背景下测试的反应时

被试	B_1	B_2	B_3
A_1	43.1	42.3	45.6
A_2	27.6	29.3	35.1
A_3	27.0	26.5	29.3

续表

被试	B_1	B_2	B_3
A_4	31.0	32.3	34.5
A_5	21.3	20.3	28.6
A_6	40.1	42.3	49.6
A_7	26.6	26.3	38.1
A_8	29.0	23.5	29.3
A_9	36.0	33.3	37.5
A_{10}	23.3	21.3	29.6

4. 为检验某课程各教学方法的教学效果，将三个教师任教的三个水平条件相同班的学生随机分成三个小班，分别施行三种教学方法。最后，在每个小班中随机选取四个学生进行测验，结果见表 7-58，数据文件为“教师与教学方法.sav”。请分析教师、教学方法及两者的交互作用对学生的成绩是否有影响，并找出最佳教学方案。

表 7-58　教师与教学方法

教学方法	教师 B_1				教师 B_2				教师 B_3			
A_1	88	85	77	78	74	81	80	75	82	77	75	74
A_2	90	80	92	82	89	90	91	86	82	71	75	72
A_3	72	80	83	85	76	73	78	85	76	86	90	88

5. 对小白鼠给予 A，B，C 三种不同的训练方法，目的是了解不同的训练方法对小白鼠的反应时的影响。采用随机区组设计方法，以窝别为划分区组的特征，以消除遗传因素对体重增长的影响。现将同品系同体重的 24 只小白鼠分为 8 个区组，每个区组 3 只小白鼠。三周后小白鼠走迷宫的反应时(秒)列于表 7-59。请问小白鼠经三种不同训练方法所增的反应时有无差别。

表 7-59　小白鼠走迷宫的反应时

区组号	A 训练方法	B 训练方法	C 训练方法
1	50.10	58.20	64.50
2	47.80	48.50	62.40
3	53.10	53.80	58.60
4	63.50	64.20	72.50
5	71.20	68.40	79.30
6	41.40	45.70	38.40
7	61.90	53.00	51.20
8	42.20	39.80	46.20

6. 某教师对 3 组学生分别使用不同的教学方法，以训练独立思维能力。2 个月后，3 组学生的独立思维能力测试结果如表 7-60 所示。请分析这 3 种教学方法的效果是否有显著差异。

表 7-60　学生的独立思维能力测试结果

	1	2	3	4	5	6	7	8	9	10	11	12
教学方法 1	75	80	80	81	79	80	83	84	79	78	77	80
教学方法 2	87	86	86	86	85	83	84	85	86	87	80	81
教学方法 3	71	71	73	70	69	73	72	70	70	71	70	69

7. 某研究人员为了解升白细胞药物(a)和纯苯(b)(包括两者同时使用)对小白鼠神经反应敏感性指数的影响。将 20 只性别相同、体重相近的小白鼠，按 a，b 两因素的有无分为 a_1b_1，a_1b_2，a_2b_1 和 a_2b_2 四组。其中 a_1 表示使用升白细胞药物；a_2 表示未使用升白细胞药物；b_1 表示以 0.3 mg/kg 的纯苯给小白鼠进行皮下注射，每周 3 次，共一个半月；b_2 表示未使用纯苯染毒。测得的其神经反应敏感性指数结果如表 7-61 所示。试分析实验处理的主效应和交互效应。

表 7-61　神经反应敏感性指数

使用升白细胞药物 a_1		未使用升白细胞药物 a_2	
使用纯苯 b_1	未使用纯苯 b_2	使用纯苯 b_1	未使用纯苯 b_2
1.94	3.80	1.85	3.88
2.25	3.90	2.01	3.84
2.03	4.06	2.10	3.96
2.10	3.85	1.92	3.92
2.08	3.84	2.04	3.80

8. 某脑电图室观察家兔注射 AT3 前后脑电图波形的变化，观测结果如表 7-62 所示。请分析注射前后脑电图波形之间的差别有无统计学意义。

表 7-62　脑电图波形变化率

家兔编号	变化率(%)			
	注射前	注射后 1 小时	注射后 24 小时	注射后 48 小时
1	29	37	27	38
2	28	44	31	33
3	38	52	38	39
4	29	35	36	34
5	34	41	31	30
6	41	43	42	29

9. 采用不同脑电诱导方法、不同相位时，被试的大脑唤醒反应时(毫秒)不一样。试分析诱导方法和诱导相位(t_1，t_2，t_3，t_4，t_5 五种相位)对大脑唤醒是否有差异。数据文件为“脑电诱导大脑唤醒.sav”。

10. 随机抽样，选取 6 名中国学生(母语为非英语)、6 名美国学生(母语为英语)组成两个组，采用被试内设计方法，用 5 种不同记忆方法来记忆无意义音节的英文单词，5 次测试成绩见表 7-63。试分析记忆方法对测试成绩是否有影响。

表 7-63 测试成绩

学生编号	母语为非英语					学生编号	母语为英语				
	方法 1	方法 2	方法 3	方法 4	方法 5		方法 1	方法 2	方法 3	方法 4	方法 5
1	1.43	1.47	1.39	1.40	1.44	7	1.63	1.62	1.64	1.63	1.53
2	1.50	1.41	1.51	1.53	1.41	8	1.81	1.83	1.84	1.83	1.86
3	1.79	1.88	1.89	2.00	1.90	9	2.25	2.10	2.34	2.27	2.32
4	1.87	1.78	2.00	2.00	2.11	10	1.79	1.80	1.92	2.03	2.02
5	1.85	1.89	1.93	1.86	1.81	11	2.11	2.00	2.33	2.46	2.35
6	1.89	1.66	1.78	1.77	1.67	12	2.10	2.03	2.00	2.09	1.87

11. 一项研究需要分析家庭经济状况是否会影响幼儿的语言表达能力。首先定义四种经济状况，并各选了 20 个六岁以下的孩子参加实验。研究假设这四种家庭经济状况的幼儿平均表达能力是不同的。研究者认为，对幼儿来说他们的表达能力会随着月龄的增长而显著提高，研究者进一步假定，月龄的大小也就是对语言表达能力影响的大小。因此，他们同时也记录下每个孩子的月龄和语言表达能力(通过测验衡量)。数据文件为“语言测试.sav”。试分析家庭经济状况对幼儿的语言表达能力是否有影响。

12. 在反应时实验中，研究者采用三种情绪类型的图片共 36 张，分为积极、中性、消极情绪三种图片(假定每一种类型的图片内部之间没有差异)，按钮反应采取了左手方式、右手方式两种，被试在图片呈现后，立即识别图片内容并做出按键反应，此时记录被试的反应时。研究选择了 36 名被试进行实验，一名被试只安排其中一种类型的图片进行实验作答，而且分别使用左手、右手先后重复进行作答；其中一半被试先进行左手方式的，再进行右手方式的；另一半被试先进行右手方式的，再进行左手方式的；获得了数据文件“反应时统计结果.sav”。请问图片情绪类型、左右手按钮对被试的反应时是否有影响。

13. 为了探讨研究不同的肾上腺激素水平对人的视觉反应速度(毫秒)的影响，将肾上腺激素水平分为 A，B，C，D，E 五个级别。同时将被试年龄分为 5 个层次(3～5 岁为Ⅰ，6～8 岁为Ⅱ，9～11 岁为Ⅲ，12～14 岁为Ⅳ，15～17 岁为Ⅴ)，测试时间分为 5 个时间段：清晨、上午、中午、下午、晚上；由于测试时间和被试年龄的不同对人的视觉反应速度有较大影响，因此采用拉丁方设计，以便控制这两个方面的系统误差。实验因素为肾上腺激素水平，处理数为 5；将被试年龄作为直列单位组因素，直列单位组数为 5；将测试时间作为横行单位组因素，横行单位组数为 5，即实验处理数、直列单位组数、横行单位组数均为 5，则应选取 5×5 阶拉丁方，如表 7-64 所示，每一个单元格中安排了一个被试。试分析肾上腺激素水平对人的视觉反应速度(毫秒)的影响，以及测试时间和被试年龄这两个控制因素的影响。

表 7-64　五种不同的肾上腺激素水平对视觉反应速度的影响

年龄层次	测试时间				
	一	二	三	四	五
Ⅰ	*D*(115)	*E*(106)	*A*(121)	*B*(105)	*C*(95)
Ⅱ	*A*(110)	*C*(101)	*E*(101)	*D*(106)	*B*(110)
Ⅲ	*E*(100)	*A*(125)	*B*(132)	*C*(111)	*D*(116)
Ⅳ	*B*(125)	*D*(112)	*C*(127)	*E*(106)	*A*(115)
Ⅴ	*C*(96)	*B*(102)	*D*(121)	*A*(112)	*E*(96)

注：Ⅰ、Ⅱ、Ⅲ、Ⅳ、Ⅴ表示被试的年龄层次；一、二、三、四、五表示测试时间；*A*，*B*，*C*，*D*，*E* 表示肾上腺激素水平。括号中的表示被试的视觉反应速度。

第 8 章　交叉表分析

交叉表是指两个或多个分类变量各水平的频率分布表，又称频率交叉表、列联表。交叉表分析过程既可以对数据进行汇总，也包括独立性检验、品质相关性检验(Phi 相关检验)。卡方检验、Phi 相关检验是分析交叉表资料常用的假设检验方法，这两类分析处理的数据都属于类别数据(名义变量数据)。

独立性检验是指两个或两个以上的分类变量之间是相互独立的或相互联系的假设检验。独立性检验，在有些研究中也称同质性检验。原假设 H_0：所观测的两个分类变量之间没有关联。备择假设 H_1：所观测的两个分类变量之间有关联或存在相关。

品质相关性检验是指两个或两个以上的分类变量(顺序变量)之间相关性程度的假设检验。原假设 H_0：所观测的两个分类变量之间的相关性为 0。备择假设 H_1：所观测的两个分类变量之间的相关性不为 0。

8.1　交叉表的独立性检验及效应量计算

在许多实际问卷调查中，很多分析变量都属于类型变量，如性别、城乡、年级等。在分析这些类型变量之间是否存在关联时，就需要使用交叉表分析法(独立性卡方检验)。

一般交叉表分析使用的数据形式有两种情况：一种情况是已整理的汇总表数据；另一种情况是对原始数据进行交叉表分析。以下分别举例。交叉表分析的类型变量水平无论是 2×2，还是 $R*C(R>2, C>2)$，都使用相同的 SPSS 菜单命令。

8.1.1　汇总表数据的交叉表分析及效应量计算

【例 8-1】为了探讨患胃病的影响因素，研究者调查了 339 人，得到了调查数据初步汇总情况如表 8-1 所示。

表 8-1　胃病调查数据

	患胃病	未患胃病
精神焦虑	43	162
非精神焦虑	13	121

试分析精神焦虑与患胃病是否存在联系。

以上表格是汇总表的数据形式，需要先建立 SPSS 数据文件。

SPSS 操作过程如下。

第 1 步：输入数据。将实际问题中的数据准确转化、表达为 SPSS 中的数据，也是需要学习的一个技能，这是由实际问题到数据处理、研究分析的一个桥梁。在本例中，需要定义“焦虑情况”“患胃病情况”两个变量；变量“焦虑情况”有两个水平：1 为精神焦虑，2 为非精神焦虑；“患胃病情况”有两个水平：1 为患病，2 为不患病；变量“人数”为计数频率。数据文件中的数据格式如图 8-1 所示。

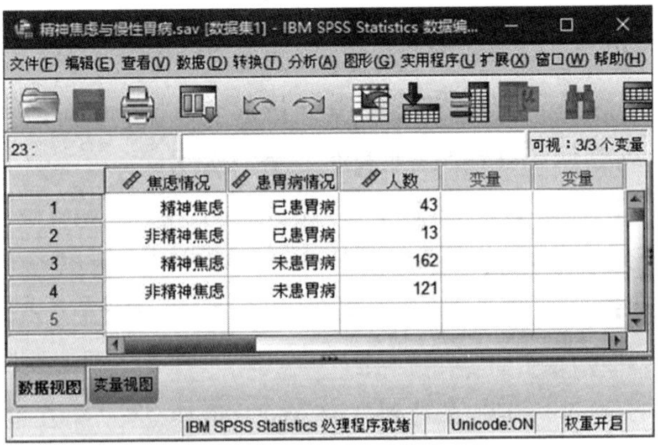

图 8-1　汇总数据的交叉表录入样例

第 2 步：进行人数加权。点击【数据】→【个案加权】菜单命令，打开“个案加权”对话框。选择“个案加权系数”，再将变量“人数”选入“频率变量”框中，点击【确定】按钮，完成加权。

第 3 步：启动分析过程。点击【分析】→【描述统计】→【交叉表】菜单命令，弹出交叉表的主对话框(见图 8-2)。

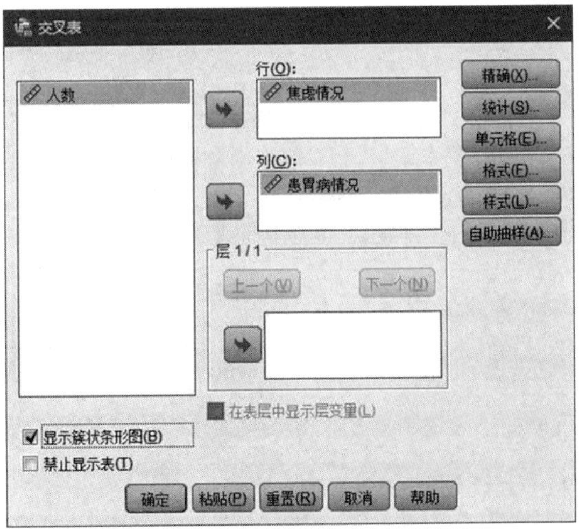

图 8-2　交叉表的主对话框

第 4 步：设置分析变量。将“焦虑情况”变量选入“行”变量框中，将“患胃病情况”变量选入“列”变量框中。

第 5 步：输出复式条形图和分布表。选中“显示簇状条形图”复选框。

第 6 步：统计量选择。点击【统计】按钮，弹出“交叉表：统计”对话框(见图 8-3)。

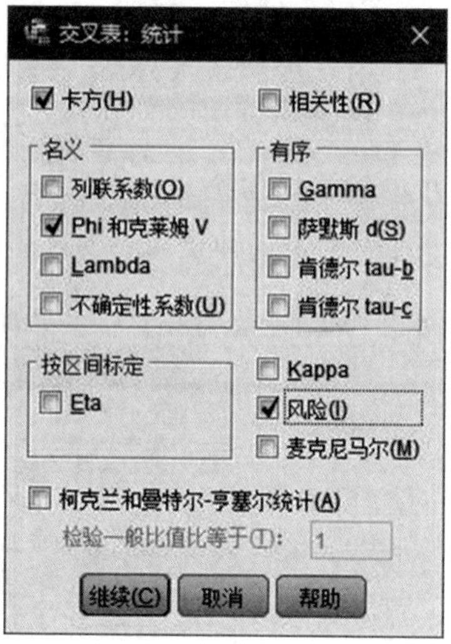

图 8-3 “交叉表：统计”对话框

在此对话框，有各种检验方法，包括卡方检验、相关检验、Phi 和克莱姆 V 检验、Kappa 吻合检验、风险计算、柯克兰和曼特尔-亨塞尔统计等。一般常用的选择：①卡方检验、风险计算(也称优势比)，在一般交叉表分析、分层交叉表分析时都会使用；②Phi 和克莱姆 V 检验，计算区分度 Phi 相关系数，以及计算克莱姆 V 系数，也就是卡方检验的效应量；③Kappa 吻合检验，估计两个专家评委的评分一致性卡方检验。④柯克兰和曼特尔-亨塞尔统计，在分层卡方中计算优势比。

本例选中“卡方”“Phi 和克莱姆 V”“风险”，表示进行卡方检验分析、计算克莱姆 V、风险计算。其他复选框都不选择。

设置完成后，点击【继续】按钮，返回到上一级对话框。

第 7 步：设置交叉表的显示。点击【单元格】按钮，弹出“交叉表：单元格显示”对话框(见图 8-4)。

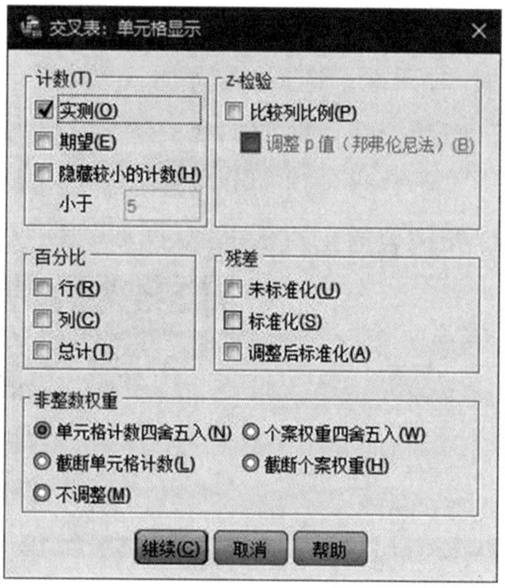

图 8-4 “交叉表：单元格显示”对话框

在“计数”栏内：

①实测；

②期望；

③隐藏较小的计数。

在本例中，选中“实测”。

在“百分比”栏内：

①行；

②列；

③总计。

在本例中，均不选择。

在“Z-检验”栏内：比较列比例。

在本例中，不选择。

在“残差”栏内：

①未标准化；

②标准化；

③调整后标准化。

在本例中，均不选择。

设置完成后，点击【继续】按钮，返回到上一级对话框。

第 8 步：设置输出格式。点击【格式】按钮，弹出对话框(见图 8-5)。

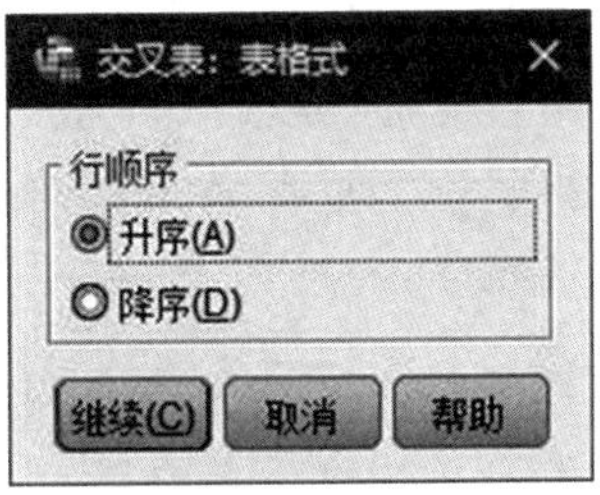

图 8-5　“交叉表：表格式”对话框

在“行顺序”栏内：

①升序；系统默认。

②降序；

在本例中，选择“升序”。

设置完成后，点击【继续】按钮回到上一级对话框。

第 9 步：在主对话框中点击【确定】按钮，提交执行。

第 10 步：结果分析。在结果窗口主要输出内容如下。

第 1 个表：个案处理摘要表(略)。

第 2 个表：焦虑情况与患胃病情况的交叉表(见表 8-2)。

表 8-2　焦虑情况 * 患胃病情况交叉表

		患胃病情况		总计
		已患胃病	未患胃病	
焦虑情况	精神焦虑	43	162	205
	非精神焦虑	13	121	134
总计		56	283	339

[分析]从表中可以看出，此交叉表的统计人数与原始汇总表的统计人数一致。

第 3 个表：卡方检验(见表 8-3)。

表 8-3　卡方检验

	值	自由度	渐进显著性(双侧)	精确显著性(双侧)	精确显著性(单侧)
皮尔逊卡方	7.469[a]	1	0.006		
连续性修正[b]	6.674	1	0.010		
似然比	7.925	1	0.005		
费希尔精确检验				0.007	0.004
线性关联	7.447	1	0.006		
有效个案数	339				

a. 0 个单元格(0.0%)的期望计数小于 5。最小期望计数为 22.14。

b. 仅针对 2×2 表进行计算。

［分析］在此表中，有皮尔逊卡方、连续性修正卡方、似然比卡方检验及费希尔精确检验的检验结果。在一般卡方检验中，主要报告皮尔逊卡方检验的情况。

在本例中，皮尔逊卡方检验的卡方值为7.469，显著值Sig值为0.006，小于0.05，应拒绝原假设，即认为焦虑情况与患胃病情况两个因素是不独立的，两个变量之间存在关联。

接下来，计算皮尔逊卡方检验的效应量和统计检验力，其统计原理与公式可参考胡竹菁的《心理统计学(第二版)》。

第1步：用克莱姆V系数(Cramer V或Cramer Φ)来计算效应量。公式为$\Phi_G=\sqrt{\frac{\chi^2}{N\times(\mathrm{d}f_{更小值})}}=\sqrt{\frac{\chi^2}{N\times(L-1)}}$。温忠麟(2016)的《心理与教育统计(第二版)》介绍了该系数的公式原理与意义。克莱姆V系数的计算值详见本例输出结果中的第4个表。

第2步：确定这个效应量的大小。根据科恩(Cohen，1992)对克莱姆V系数效应量大小的评定表，本例中$\mathrm{d}f_{更小值}$为1，在该评定表(见表8-4)中的第一行中查找，克莱姆V系数为0.148，介于0.1与0.3之间，为小效应量。

表8-4　科恩对克莱姆V系数效应量大小的评定表

列联表中更小分组的数目	效应量大小		
	小	中	大
2(或$\mathrm{d}f_{更小值}=1$)	0.10	0.30	0.50
3(或$\mathrm{d}f_{更小值}=2$)	0.07	0.21	0.35
4(或$\mathrm{d}f_{更小值}=3$)	0.06	0.17	0.29

资料来源：胡竹菁.（2019）. 心理统计学(第二版). 北京：高等教育出版社.

第3步：根据克莱姆V系数值的大小和自由度，查表确定皮尔逊卡方检验的统计检验力。在本例中，由前面计算的效应量和第二步查询评定表的结果可知，卡方检验为小效应量，总自由度为(2－1)＊(2－1)＝1，总体N为339，查询表8-5可知，统计检验力大约为0.29。也就是说，本例中焦虑情况与患胃病情况这两个变量之间存在关联，其可能性为29％左右。

总之，在本例中，统计量检验显著(p小于0.05，拒绝原假设)，但是效应量小。这说明统计结论的可靠性较低，还需进一步的研究资料佐证，推广研究结果时要慎重。

表8-5　列联表卡方检验的统计检验力表(显著性水平为0.05时)

总自由度	样本总体N	小效应量时	中效应量时	大效应量时
1	25	0.08	0.32	0.70
	50	0.11	0.56	0.94
	100	0.17	0.85	非常接近1
	200	0.29	0.99	非常接近1

续表

总自由度	样本总体 N	小效应量时	中效应量时	大效应量时
2	25	0.07	0.25	0.60
	50	0.09	0.46	0.90
	100	0.13	0.77	非常接近 1
	200	0.23	0.97	非常接近 1
3	25	0.07	0.21	0.54
	50	0.08	0.40	0.86
	100	0.12	0.71	0.99
	200	0.19	0.96	非常接近 1
4	25	0.06	0.19	0.50
	50	0.08	0.36	0.82
	100	0.11	0.66	0.99
	200	0.17	0.94	非常接近 1

资料来源：胡竹菁. (2019). 心理统计学(第二版). 北京：高等教育出版社.

第 4 个表：对称测量表(见表 8-6)。

表 8-6　对称测量表

		值	渐进显著性
名义到名义	Phi	0.148	0.006
	克莱姆 V	0.148	0.006
有效个案数		339	

[分析]Phi 系数为 0.148，克莱姆 V 系数为 0.148，对应的显著性都为 0.006，小于 0.05，拒绝原假设，即 Phi 系数、克莱姆 V 系数都显著。

第 5 个表：风险评估(见表 8-7)。

表 8-7　风险评估

	值	95%置信区间	
		下限	上限
焦虑情况(精神焦虑 / 非精神焦虑)的比值比	2.471	1.272	4.797
已患胃病	2.162	1.209	3.865
未患胃病	0.875	0.800	0.957
有效个案数	339		

[分析]比值比(OR 值)为 2.471，也就是说，精神焦虑的人群患胃病是非精神焦虑的 2.471 倍。2.471 可由表中 2.162/0.875 得出。

复合条形图见图 8-6。

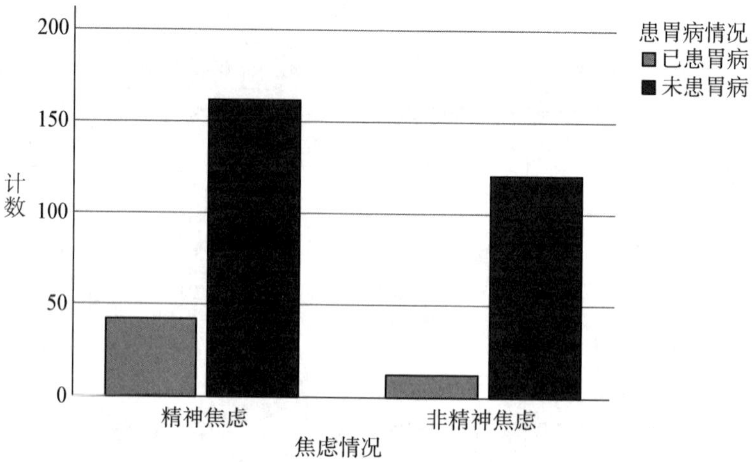

图 8-6　分析结果的复合条形图

[分析]从复合条形图中可以看出，在非精神焦虑部分，患胃病的人数比例相对很小；在精神焦虑部分，患胃病的人数比例相对较大。

8.1.2　原始数据的交叉表分析及效应量计算

【例 8-2】这里以"大学生学习与消费调查问卷. sav"的数据为例，分析大学生的性别与英语四级通过情况、考研意向(考研、不考研、暂时未定)、消费观念倾向水平(分为节约、适度、高消费三个等级)变量之间是否有关联。

SPSS 操作过程如下。

第 1 步：打开分析数据。打开"大学生学习与消费调查问卷. sav"数据文件(见图 8-7)。

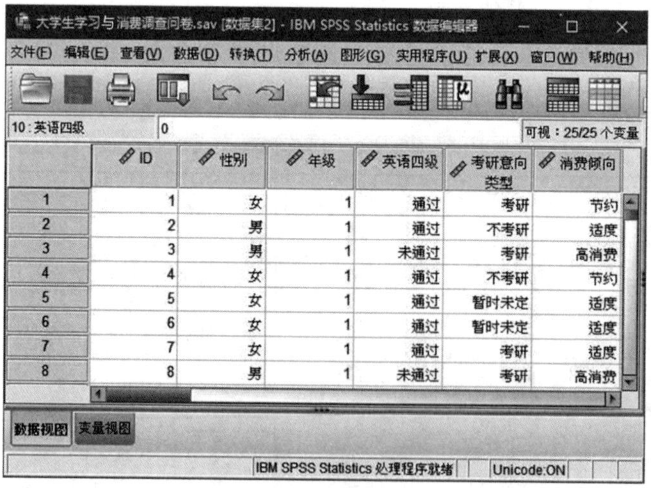

图 8-7　交叉表分析时原始数据的样例

第 2 步：启动分析过程。点击【分析】→【描述统计】→【交叉表】菜单命令，弹出“交叉表”对话框(见图 8-8)。

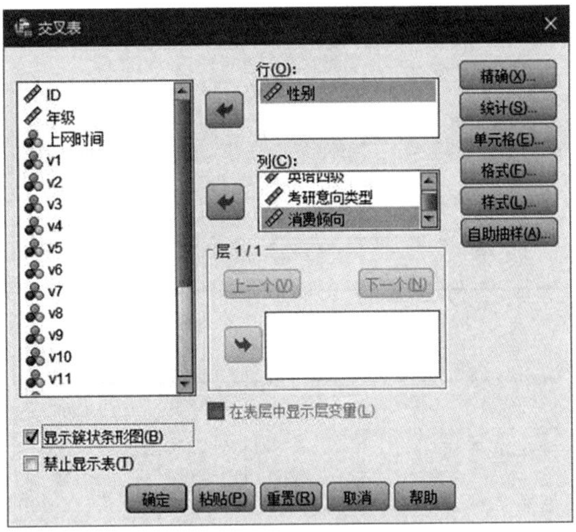

图 8-8　“交叉表”对话框

第 3 步：设置分析变量。选择“性别”变量进入“行”变量框中，选择“英语四级”“考研意向类型”“消费倾向”三个变量进入“列”变量框中。

第 4 步：输出复式条形图和分布表。选中“显示簇状条形图”复选框。

第 5 步：统计量选择。点击【统计】按钮，弹出“交叉表：统计”对话框。本例选中“卡方”“Phi 和克莱姆 *V*”，其他复选框都不选择。设置完成后，点击【继续】按钮，返回到上一级对话框。

第 6 步：设置交叉表的显示。点击【单元格】按钮，弹出“交叉表：单元格显示”对话框。在“计数”栏内，选中“实测”“期望”。在“百分比”栏内选中“行”。在本例中，其他复选框均不选择。设置完成后，点击【继续】按钮，返回到上一级对话框。

第 7 步：设置输出格式。点击【格式】按钮，弹出对话框。在本例中，按系统默认选择“升序”。设置完成后，点击【继续】按钮，返回到上一级对话框。

第 8 步：在主对话框中点击【确定】按钮，提交执行。

第 9 步：结果分析。结果窗口的主要输出内容如下。

第 1 个表：个案处理摘要表(略)。

第 2、第 3、第 4 个表：性别与英语四级的交叉表(见表 8-8)、卡方检验表(见表 8-9)、对称测量表(见表 8-10)。

表 8-8　交叉表

			英语四级		总计
			未通过	通过	
性别	女	计数	19	122	141
		期望计数	36.5	104.5	141.0
		百分比	13.5%	86.5%	100.0%
	男	计数	55	90	145
		期望计数	37.5	107.5	145.0
		百分比	37.9%	62.1%	100.0%

续表

		英语四级		总计
		未通过	通过	
总计	计数	74	212	286
	期望计数	74.0	212.0	286.0
	百分比	25.9%	74.1%	100.0%

表 8-9 卡方检验

	值	自由度	渐进显著性(双侧)	精确显著性(双侧)	精确显著性(单侧)
皮尔逊卡方	22.292[a]	1	0.000		
连续性修正[b]	21.035	1	0.000		
似然比	23.072	1	0.000		
费希尔精确检验				0.000	0.000
线性关联	22.214	1	0.000		
有效个案数	286				

a. 0 个单元格(0.0%)的期望计数小于 5。最小期望计数为 36.48。

b. 仅针对 2×2 表进行计算。

表 8-10 对称测量表

		值	渐进显著性
名义到名义	Phi	−0.279	0.000
	克莱姆 V	0.279	0.000
有效个案数		286	

[分析]性别与英语四级的交叉表中比上一个例子中增加了期望计数。由此就可以计算卡方值。

在卡方检验表中，皮尔逊卡方检验的卡方值为 22.292，显著性水平 $p<0.05$，应拒绝原假设，即认为性别与英语四级通过情况之间不独立，两个变量之间存在关联。换句话说，男女性别在英语四级通过情况上存在差异，结合前面交叉表的计数人数，认为女生的英语四级通过人数的比例远远大于男生。

接下来计算性别与英语四级的卡方值的效应量和统计检验力。

第 1 步：效应量克莱姆 V 系数为 0.279。

第 2 步：根据科恩(1992)对克莱姆 V 系数效应量大小的评定表(见表 8-4)，本例中的 $df_{更小值}$ 为 1，在该评定表中的第一行中查找，效应量克莱姆 V 系数为 0.279，很接近 0.30，为中效应量。

第 3 步：根据克莱姆 V 系数值的大小和自由度查表确定统计检验力。这里卡方检验为中效应量，总自由度为(2－1)*(2－1)＝1，总体 N 为 286，通过查询表 8-5 可知，统计检验力大约为 0.99。

由以上计算可知，在本例中，统计量检验显著，并且是中效应量。此时说明统计结论的可靠性尚可，基本可以认同此结论。

第 5 至第 7 个表：性别与考研意向类型的交叉表(见表 8-11)、卡方检验(见表 8-12)、对称测量表(见表 8-13)。

表 8-11　交叉表

			考研意向类型			总计
			考研	暂时未定	不考研	
性别	女	计数	43	46	52	141
		期望计数	46.8	48.8	45.4	141.0
		百分比	30.5%	32.6%	36.9%	100.0%
	男	计数	52	53	40	145
		期望计数	48.2	50.2	46.6	145.0
		百分比	35.9%	36.6%	27.6%	100.0%
总计		计数	95	99	92	286
		期望计数	95.0	99.0	92.0	286.0
		百分比	33.2%	34.6%	32.2%	100.0%

表 8-12　卡方检验

	值	自由度	渐进显著性(双侧)
皮尔逊卡方	2.857[a]	2	0.240
似然比	2.863	2	0.239
线性关联	2.342	1	0.126
有效个案数	286		

a. 0 个单元格(0.0%) 的期望计数小于 5。最小期望计数为 45.36。

表 8-13　对称测量表

		值	渐进显著性
名义到名义	Phi	0.100	0.240
	克莱姆 V	0.100	0.240
有效个案数		286	

[分析]在性别与考研意向类型的卡方检验表中，皮尔逊卡方检验的卡方值为 2.857，显著性水平 p 值为 0.240，大于 0.05，接受原假设，即性别与考研意向类型之间是独立的，两个变量之间不存在关联。换句话说，男女性别在考研意向上

不存在差异。

接下来计算性别与考研意向类型的卡方值的效应量和统计检验力。

第 1 步：效应量克莱姆 V 系数为 0.100。

第 2 步：根据科恩(1992)对克莱姆 V 系数值效应量大小的评定表(见表 8-4)，本例中 $df_{更小值}$ 为 1，在该评定表的第一行中查找，克莱姆 V 系数等于 0.10，为小效应量。此时统计检验力则不需要查询。

由以上计算可知，本例的统计量检验不显著，并且是小效应量。此时应认同此统计结论(接受原假设)，在此情境下不需要进一步探讨研究。

第 8 至第 10 个表：性别与消费倾向水平的交叉表、卡方检验表、对称测量表(略)。

【思考题】

在实际应用中，大部分测量数据都是原始数据，即获得的是每个作答的具体信息，在 SPSS 录入的数据集中，一个被试占一行记录。当然，有时也会获得计数数据，如统计满意度调查，或者简要汇总的某些教育信息。无论是原始数据，还是汇总数据，最后所得的卡方检验结果都是一样的。不同的是，汇总数据在 SPSS 操作时，需要对“人数”等变量进行加权。

由【例 8-1】的原始资料录入为原始数据文件“精神焦虑与患胃病的调查原始信息数据. sav”，在 SPSS 中一行代表一个被试记录，请根据原始数据文件分析精神焦虑与患胃病是否存在联系；并与**【例 8-1】**的分析结果对比，比较两种情况下的统计结果是否有差异。

8.2 分层交叉表的独立性检验

分层交叉表分析也可称分层卡方分析，分层卡方检验是把对象分解成不同的层次，每层分别检验行变量与列变量的独立性。

如果分层卡方分析的分层变量在几个分层之间的分布不均，既可能削弱了原本存在的行变量与列变量之间的关系，也可能使得原本不存在关系的两个变量呈现统计学上显著的关系。因此有利有弊。为了避免分层卡方分析带来的误差，分层卡方分析往往需要大样本数据。用于分层的变量往往是性别、年级、职业、地区等人口学变量。

【例 8-3】为了解大学生的专业承诺与学习兴趣、学习成绩的关系，通过问卷调查获得了数据文件“专业承诺与学习兴趣、学习成绩的关系. sav”。考虑到性别可能是一个额外变量或控制变量，因此将性别变量作为分层变量。

SPSS 操作过程如下。

第 1 步：打开数据文件。

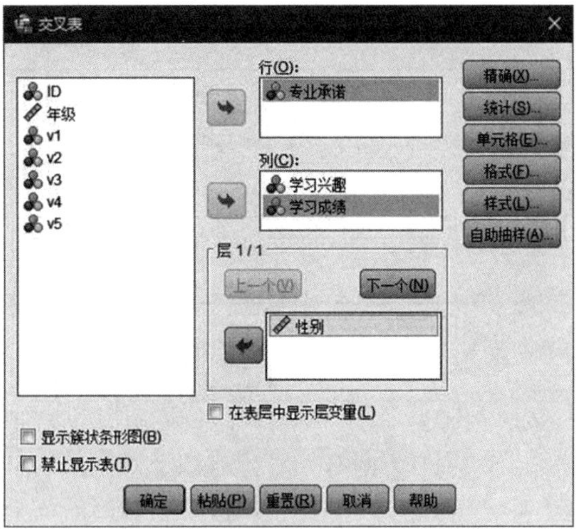

图 8-9　“交叉表”对话框

第 2 步：启动分析过程。点击【分析】→【描述统计】→【交叉表】菜单命令(见图 8-9)。

第 3 步：设置分析变量。将“专业承诺”变量选入“行”变量框中，将“学习兴趣”“学习成绩”变量选入“列”变量框中。此外，将“性别”变量从左边选入分层变量框中。

第 4 步：统计量选择。点击【统计】按钮，弹出“交叉表：统计”对话框。本例选中“卡方”“Phi 和克莱姆 *V*”“柯克兰和曼特尔-亨塞尔统计”，其他复选框都不选择。点击【继续】按钮，返回到上一级对话框。

第 5 步：设置交叉表的显示。点击【单元格】按钮，弹出“交叉表：单元格显示”对话框。在“计数”栏内选中“实测”。其他复选框均不选择。

第 6 步：设置输出格式。点击【格式】按钮，弹出对话框。在本例中，按系统默认选择“升序”。

第 7 步：在主对话框中点击【确定】按钮，提交执行。

第 8 步：结果分析。在结果窗口主要输出内容如下。

第 1 个表：个案处理摘要表(略)。

第 2 至第 4 个表：专业承诺 * 学习兴趣 * 性别的交叉表(见表 8-14)、卡方检验(见表 8-15)、对称测量表(见表 8-16)。

表 8-14　交叉表

			学习兴趣		总计
			学习兴趣较低	学习兴趣较高	
女	专业承诺	专业承诺低	15	22	37
		专业承诺高	13	100	113
	总计		28	122	150
男	专业承诺	专业承诺低	27	22	49
		专业承诺高	11	93	104
	总计		38	115	153

续表

			学习兴趣		总计
			学习兴趣较低	学习兴趣较高	
总计	专业承诺	专业承诺低	42	44	86
		专业承诺高	24	193	217
	总计		66	237	303

表 8-15 卡方检验

		值	自由度	渐近显著性（双侧）	精确显著性（双侧）	精确显著性（单侧）
女	皮尔逊卡方	15.479[c]	1	0.000		
	连续性修正[b]	13.625	1	0.000		
	似然比	13.779	1	0.000		
	费希尔精确检验				0.000	0.000
	线性关联	15.375	1	0.000		
	有效个案数	150				
男	皮尔逊卡方	35.371[d]	1	0.000		
	连续性修正[b]	33.026	1	0.000		
	似然比	33.890	1	0.000		
	费希尔精确检验				0.000	0.000
	线性关联	35.140	1	0.000		
	有效个案数	153				
总计	皮尔逊卡方	51.591[a]	1	0.000		
	连续性修正[b]	49.397	1	0.000		
	似然比	47.522	1	0.000		
	费希尔精确检验				0.000	0.000
	线性关联	51.420	1	0.000		
	有效个案数	303				

a. 0 个单元格(0.0%) 的期望计数小于 5。最小期望计数为 18.73。
b. 仅针对 2×2 表进行计算。
c. 0 个单元格(0.0%) 的期望计数小于 5。最小期望计数为 6.91。
d. 0 个单元格(0.0%) 的期望计数小于 5。最小期望计数为 12.17。

表 8-16 对称测量表

			值	渐进显著性
女	名义到名义	Phi	0.321	0.000
		克莱姆 V	0.321	0.000
	有效个案数		150	

续表

			值	渐进显著性
男	名义到名义	Phi	0.481	0.000
		克莱姆 V	0.481	0.000
	有效个案数		153	
总计	名义到名义	Phi	0.413	0.000
		克莱姆 V	0.413	0.000
	有效个案数		303	

[分析]表 8-15 中“总计”所对应的卡方检验值，也就是未分层前的卡方检验值。由结果可知，在“性别”=女、“性别”=男、总计三个栏目上的卡方值分别为 15.479，35.371，51.591，所对应的显著性水平都小于 0.05，拒绝原假设，即在性别各个层次上，专业承诺与学习兴趣两个变量存在关联。换句话说，无论是男性还是女性，专业承诺与学习兴趣都存在紧密的联系。

卡方检验显著，接下来进一步计算效应量和统计检验力。

第 1 步：“性别”=女、“性别”=男、总计三个栏目的效应量克莱姆 V 系数分别为 0.321，0.481，0.413。

第 2 步：根据科恩(1992)对克莱姆 V 系数效应量大小的评定表(见表 8-4)，本例中 $df_{更小值}$ 为 1，在该评定表的第一行中查找，“性别”=女、“性别”=男、总计的克莱姆 V 系数都介于 0.3 与 0.5 之间，为中效应量。

第 3 步：根据克莱姆 V 系数的大小和自由度查表确定统计检验力。在本例中，“性别”=女、“性别”=男、总计三个栏目的自由度都为 $(2-1)*(2-1)=1$，人数 N 分别为 150，153，303，查询表 8-5，并根据表中的已有数据使用线性插值方法计算大效应量对应的统计检验力，可得统计检验力分别为 0.92，0.92，0.99。也就是说，男性、女性，以及总体上的专业承诺与学习兴趣存在紧密的联系，其可能性分别为 92%，92%，99%。

由此，本例三个卡方检验在统计学上都显著，并且是中效应量。此时说明统计结论的可信度尚可，应该认同这些结论。

第 5 至第 7 个表：比值比齐性检验(见表 8-17)、条件独立性检验(见表 8-18)、曼特尔-亨塞尔一般比值比估算(见表 8-19)。

表 8-17　比值比齐性检验

	卡方	自由度	渐进显著性(双侧)
Breslow-Day	1.221	1	0.269
塔罗内	1.221	1	0.269

表 8-18　条件独立性检验

	卡方	自由度	渐进显著性(双侧)
柯克兰	50.287	1	0.000
曼特尔-亨塞尔	47.801	1	0.000

注：在条件独立性假定下，仅当层数固定，而曼特尔-亨塞尔统计始终渐近分布为 1 自由度卡方分布时，柯克兰统计才渐近分布为 1 自由度卡方分布。请注意，当实测值与期望值之差的总和为 0 时，曼特尔-亨塞尔统计将不会进行连续性修正。

表 8-19　曼特尔-亨塞尔一般比值比估算

估算			7.571
ln(估算值)			2.024
ln(Estimate) 标准误差			0.306
渐进显著性(双侧)			0.000
渐近 95%置信区间	一般比值比	下限	4.157
		上限	13.789
	ln(一般比值比)	下限	1.425
		上限	2.624

注：曼特尔-亨塞尔一般比值比估算在假定一般比值比为 1 的前提下进行渐近正态分布。自然对数估算也是如此。

[分析]比值比齐性检验，也就是层间一致性检验。显示差异不显著，说明在不同性别组中，专业承诺与学习兴趣的关系是相同的。

条件独立性检验，也就是分层卡方检验，这里的柯克兰卡方值为 50.287，曼特尔-亨塞尔卡方值为 47.801，对应的 p 值都小于 0.05，拒绝原假设。结论：考虑了性别的影响因素后，专业承诺与学习兴趣是有关联的。

曼特尔-亨塞尔一般比值比估算为 7.571，对应的渐进显著性水平 p 值小于 0.05，拒绝原假设。结论：在排除性别因素的影响后，与专业承诺低相比，在专业承诺高的人群中学习兴趣高是学习兴趣低的人群的 7.571 倍。

第 8 至第 10 个表：专业承诺 * 学习成绩 * 性别的交叉表(见表 8-20)、卡方检验(见表 8-21)、对称测量表(见表 8-22)。

表 8-20　交叉表

性别			学习成绩				总计
			落后	中等	良好	优秀	
女	专业承诺	专业承诺低	4	6	11	16	37
		专业承诺高	17	25	29	42	113
	总计		21	31	40	58	150

续表

性别			学习成绩				总计
			落后	中等	良好	优秀	
男	专业承诺	专业承诺低	19	21	4	5	49
		专业承诺高	9	18	32	45	104
	总计		28	39	36	50	153
总计	专业承诺	专业承诺低	23	27	15	21	86
		专业承诺高	26	43	61	87	217
	总计		49	70	76	108	303

表 8-21　卡方检验

性别		值	自由度	渐近显著性(双侧)
女	皮尔逊卡方	1.266[b]	3	0.737
	似然比	1.303	3	0.729
	线性关联	1.013	1	0.314
	有效个案数	150		
男	皮尔逊卡方	43.420[c]	3	0.000
	似然比	45.259	3	0.000
	线性关联	38.091	1	0.000
	有效个案数	153		
总计	皮尔逊卡方	18.915[a]	3	0.000
	似然比	18.498	3	0.000
	线性关联	16.559	1	0.000
	有效个案数	303		

a. 0 个单元格(0.0%) 的期望计数小于 5。最小期望计数为 13.91。
b. 0 个单元格(0.0%) 的期望计数小于 5。最小期望计数为 5.18。
c. 0 个单元格(0.0%) 的期望计数小于 5。最小期望计数为 8.97。

表 8-22　对称测量表

性别			值	渐进显著性
女	名义到名义	Phi	0.092	0.737
		克莱姆 *V*	0.092	
	有效个案数		150	
男	名义到名义	Phi	0.533	0.000
		克莱姆 *V*	0.533	0.000
	有效个案数		153	
总计	名义到名义	Phi	0.250	0.000
		克莱姆 *V*	0.250	0.000
	有效个案数		303	

[分析]由结果可知，在“性别”＝女时的皮尔逊卡方值为1.266，对应的显著性水平大于0.05，接受原假设。因此，在“性别”＝女时，专业承诺与学习成绩两个变量没有关联。

在“性别”＝男时的皮尔逊卡方值为43.420，对应的显著性水平小于0.05，拒绝原假设。因此，在“性别”＝男时，专业承诺与学习成绩两个变量存在关联，即专业承诺与学习成绩存在紧密的联系。

总体上的皮尔逊卡方值为18.915，对应的显著性水平小于0.05，拒绝原假设。也就是说，从总体的被试情况分析，不分男女性别，专业承诺与学习成绩两个变量都存在关联，即专业承诺与学习成绩存在紧密的联系。

以上对性别进行分层卡方分析的案例可以说明，分层卡方分析可以进一步了解分层被试的统计检验信息。

接下来进一步计算效应量和统计检验力。

第1步：计算“性别”＝男、“性别”＝女、总计这三个栏目的效应量克莱姆V系数，分别为0.533，0.092，0.250。

第2步：根据科恩(1992)对克莱姆V系数效应量大小的评定表(见表8-4)，本例中$df_{更小值}$为1，在该评定表的第一行中查找，“性别”＝男的克莱姆V系数大于0.5，为大效应量；“性别”＝女的克莱姆V系数值小于0.1，为小效应量；总计的克莱姆V系数值介于0.1与0.3之间，为小效应量。

第3步：根据克莱姆V系数的大小和自由度查表确定统计检验力。在本例中，“性别”＝男、“性别”＝女、总计的自由度都为(2－1)＊(4－1)＝3，人数N分别为153，150，303，查询表8-5，并根据表中的已有数据使用线性插值方法计算，“性别”＝男的克莱姆V系数值大于0.5，为大效应量，在大效应量一列查找，可得统计检验力接近1。也就是说，男性的专业承诺与学习兴趣存在紧密的联系，其可能性接近100%。“性别”＝女的克莱姆V系数小于0.1，为极小的效应量。在小效应量一列查找，女性样本的人数为150，根据查询表的100，200所对应的检验力数值，使用线性插值法计算，可得统计检验力大约为0.23，即23%。总计的克莱姆V系数介于0.1与0.3之间，为小效应量，在小效应量一列查找，可得统计检验力大约为0.29，即29%。

由以上计算可知，①“性别”＝男时所对应的卡方检验的统计量检验显著，并且是大效应量。这说明统计结论的可信度高，应认同此结论。

②“性别”＝女时所对应的卡方检验的统计量检验不显著，效应量极小，应认同此统计结论，在此情境下不需要进一步探讨研究。

③总体所对应的卡方检验的统计量检验显著，但是小效应量，说明统计结论的可靠性较低，还需进一步的研究资料佐证此结论，推广研究结果时要慎重。

【课堂练习】

在“专业承诺与学习兴趣、学习成绩的关系.sav”数据文件中，以年级变量为分层变量(此时不考虑性别)，分析此时专业承诺与学习兴趣、学习成绩的关系。

8.3　一致性卡方检验

一致性卡方检验属于配对卡方检验的一种。一致性检验经常用在下列两种情况中：一种是检验测验诊断评价结果(或实验方法)与公认标准的一致性；另一种是评价两种方法对同一批样本的实验效果的一致性，或两个专家对同一批样本的评价结论的一致性，或同一专家对同一批样本前后两次评价的一致性等。

一致性卡方检验常用的评价指标为 Kappa 值。Kappa 值即内部一致性系数，是评价判断的一致性程度的重要指标，取值为 0～1。

【例 8-4】两位教师对 104 篇学生的论文进行评审，请评价这两位老师评价结果的一致性。

第 1 步：打开分析数据。打开“两教师对论文的成绩评价.sav”数据文件(见图 8-10)。

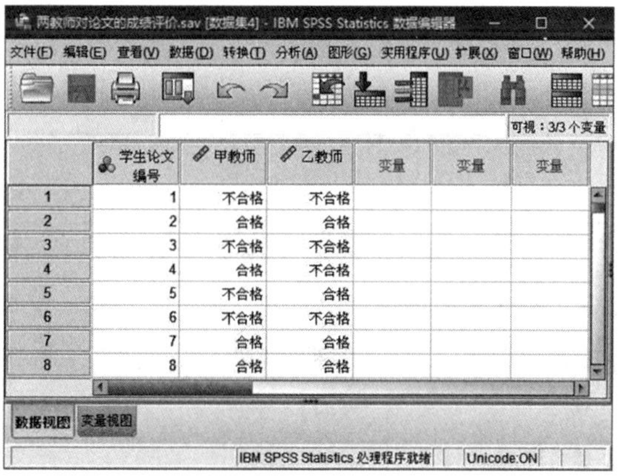

图 8-10　一致性卡方检验的数据样例

第 2 步：启动分析过程。点击【分析】→【描述统计】→【交叉表】菜单命令，弹出“交叉表”对话框(见图 8-11)。

第 3 步：设置分析变量。选择“甲教师”变量进入“行”变量框中，选择“乙教师”变量进入“列”变量框中。

第 4 步：统计量选择。点击【统计】按钮，弹出“交叉表：统计”对话框。本例选中“卡方”“Kappa”两个复选框，其他复选框都不选择。设置完成后，点击【继续】按钮，返回到上一级对话框。

第 5 步：设置交叉表的显示。点击【单元格】按钮，弹出“交叉

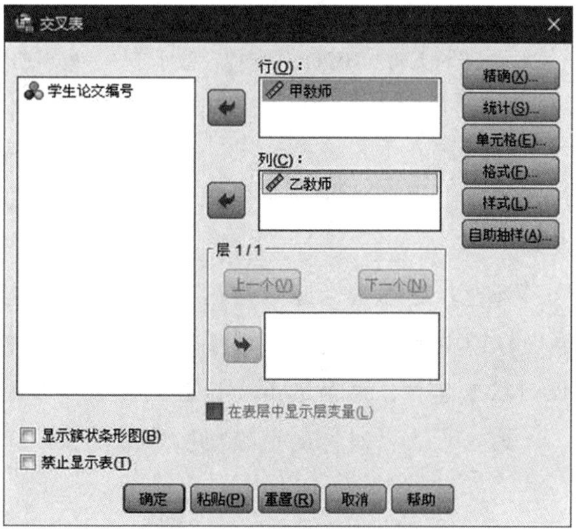

图 8-11　“交叉表”对话框

表：单元格显示”对话框。在“计数”栏内选中“实测”，其他复选框均不选择。设置完成后，点击【继续】按钮，返回到上一级对话框。

第 6 步：设置输出格式。点击【格式】按钮，弹出对话框。在本例中，按系统默认选择“升序”。设置完成后，点击【继续】按钮，返回到上一级对话框。

第 7 步：在主对话框中点击【确定】按钮，提交执行。

第 8 步：结果分析。在结果窗口主要输出内容如下。

第 1 个表：个案处理摘要表(略)。

第 2、第 3 个表：甲教师 * 乙教师的交叉表(见表 8-23)、卡方检验(见表 8-24)。

表 8-23　交叉表

		乙教师		总计
		不合格	合格	
甲教师	不合格	48	10	58
	合格	11	35	46
总计		59	45	104

表 8-24　卡方检验

	值	自由度	渐进显著性(双侧)	精确显著性(双侧)	精确显著性(单侧)
皮尔逊卡方	36.189[a]	1	0.000		
连续性修正[b]	33.832	1	0.000		
似然比	38.353	1	0.000		
费希尔精确检验				0.000	0.000
线性关联	35.842	1	0.000		
有效个案数	104				

a. 0 个单元格(0.0%)的期望计数小于 5。最小期望计数为 19.90。

b. 仅针对 2×2 表进行计算。

[分析]在卡方检验表中，皮尔逊卡方值为 36.189，显著性水平小于 0.05，拒绝原假设，即认为甲教师与乙教师的评审之间是不独立的，两个变量之间存在关联。

注意：皮尔逊卡方检验的卡方值只能检验甲教师与乙教师的评审之间是否存在关联。如果存在关联，则表明甲教师与乙教师的评审结果存在一致性，但一致性的程度怎样，皮尔逊卡方检验无法进一步判断，这时就需要 Kappa 检验。

第 4 个表：对称测量表(见表 8-25)。

表 8-25　对称测量表

	值	渐近标准误差[a]	近似 T^b	渐进显著性
协议测量　Kappa	0.590	0.080	6.016	0.000
有效个案数	104			

a. 未假定原假设。

b. 在假定原假设的情况下使用渐近标准误差。

［分析］Kappa≥0.75，两者的一致性较好；0.75＞Kappa≥0.4，两者的一致性一般；Kappa＜0.4，两者的一致性较差。在本例中，Kappa 值为 0.590，两者的一致性一般。

【注意区别】肯德尔和谐系数使用的原始数据(或者原始数据的等级排秩)，与这里一致性卡方检验使用的数据排列方式、评价方式不一样。

①做一致性卡方检验时，列变量为评委，行变量为被评对象；做肯德尔和谐系数检验时，列变量为被评对象，行变量为评委。

②一致性卡方的评价数据为具体的评价等级(可以是两级或多级)，被试得分不需要具体分数信息或等级顺序；肯德尔和谐系数检验需要对被试得分进行等级排序。

8.4　列联表的品质相关分析

前面主要论述了两个分类变量之间的独立性卡方检验。这里再分析两个分类变量之间的相关分析，有些统计书也把这种相关称为品质相关。对于不同层级类型的数据的相关性分析方法，可以汇总如表 8-26 所示。

表 8-26　数据的相关性分析方法

	定类	定序	定距
定类	φ 相关系数、C 相依系数等卡方类测量	φ 相关系数、C 相依系数等卡方类测量	Eta 系数
定序		斯皮尔曼相关系数	斯皮尔曼相关系数
定距			皮尔逊相关系数

这里只讨论 φ 相关系数、C 相依系数。斯皮尔曼相关系数、皮尔逊相关系数已在前面有所讲述。

φ 相关系数是描述 2×2 列联表(四分格)数据相关程度的一种相关系数，计算公式为：$\varphi=\pm\sqrt{\chi^2/n}$，或 $\varphi=\dfrac{ad-bc}{\sqrt{(a+b)(c+d)(a+c)(b+d)}}$。其中 n 为样本容量，φ 相关系数取值在±1 之间。教育成就测验(教育考试)中题目的五种区分度计算方法中，有一种就是计算 φ 相关系数的方法。

C 相依系数是列联系数，主要用于大于 2×2 列联表的情况，其计算公式为：$C=\sqrt{\frac{\chi^2}{\chi^2+n}}$。其中 n 为样本容量，C 相依系数取值在 ±1 之间。φ 相关系数、C 相依系数都需要进行相关系数的统计检验(在 SPSS 中使用检验参数的 p 值大小判断)，判断两个分类变量之间是否存在显著相关。

【例 8-5】在关于“儿童从众行为与儿童的思维类型(场独立性、场依存性)之间是否有关联”的调查中，儿童的从众回答人数情况如表 8-27 所示。

表 8-27　儿童的从众回答人数情况

思维类型	回答类型	
	从众回答	不从众回答
场独立性	196	225
场依存性	252	168

第 1 步：输入数据。在本例中，汇总表中涉及“思维类型”“回答类型”两个变量；变量“思维类型”有两个水平：1 为场独立性，2 为场依存性；“回答类型”有两个水平：1 为从众回答，2 为不从众回答；变量“人数”为计数频率。数据文件中的数据格式如图 8-12 所示。

图 8-12　数据录入样例

第 2 步：进行人数加权。点击【数据】→【个案加权】菜单命令，打开“个案加权”对话框。选择“个案加权系数”，再将变量“人数”选入“频率变量”框中，点击【确定】按钮，完成变量“人数”加权。

第 3 步：启动分析过程。点击【分析】→【描述统计】→【交叉表】菜单命令，弹出“交叉表”对话框(见图 8-13)。

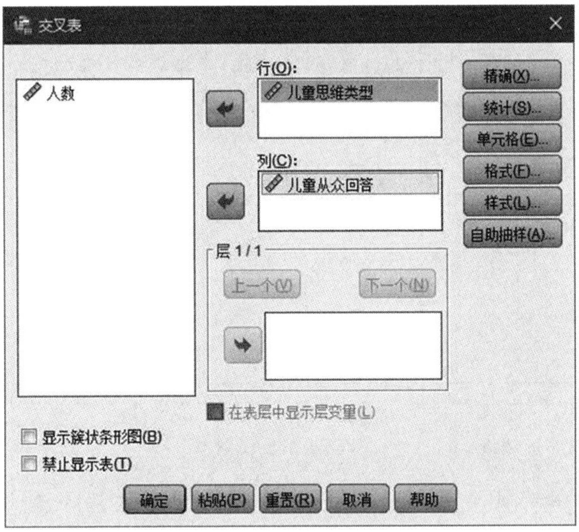

图 8-13　“交叉表”对话框

第 4 步：设置分析变量。将“儿童思维类型”变量选入“行”变量框中，将“儿童从众回答”变量选入“列”变量框中。

第 5 步：统计量选择。点击【统计】按钮，弹出“交叉表：统计”对话框(见图 8-14)。

本例选中“卡方”“Phi 和克莱姆 *V*”两个复选框，其他复选框都不选择。设置完成后，点击【继续】按钮回到上一级对话框。

第 6 步：在主对话框中点击【确定】按钮，提交执行。

第 7 步：结果分析。在结果窗口主要输出内容如下。

第 1 个表：个案处理摘要(略)。

第 2 个表：儿童思维类型 * 儿童从众回答的交叉表(见表 8-28)。

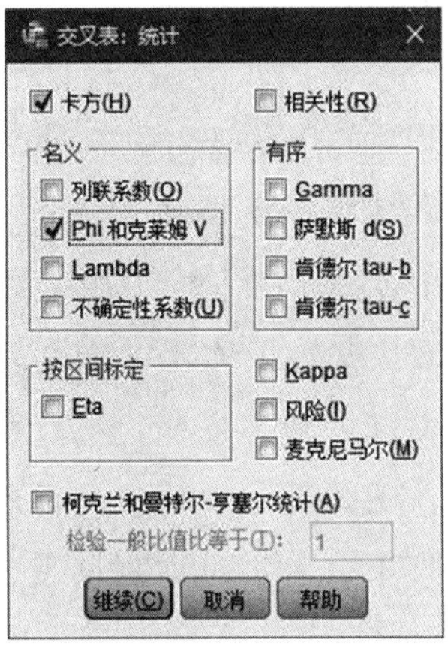

图 8-14　“交叉表：统计”对话框

表 8-28　交叉表

		儿童从众回答		总计
		从众回答	不从众回答	
儿童从众回答	场独立性	196	225	421
	场依存性	252	168	420
总计		448	393	841

第 3 个表：卡方检验(见表 8-29)。

表 8-29 卡方检验

	值	自由度	渐进显著性(双侧)	精确显著性(双侧)	精确显著性(单侧)
皮尔逊卡方	15.266[a]	1	0.000		
连续性修正[b]	14.731	1	0.000		
似然比	15.314	1	0.000		
费希尔精确检验				0.000	0.000
线性关联	15.248	1	0.000		
有效个案数	841				

a. 0 个单元格(0.0%)的期望计数小于 5。最小期望计数为 196.27。

b. 仅针对 2×2 表进行计算。

[分析]这里计算的儿童思维类型、儿童从众回答这两个变量之间的独立性检验的卡方值为 15.266，对应的 p 值小于 0.05，拒绝原假设，即儿童思维类型与儿童从众回答这两个变量存在关联性。接下来计算效应量和统计检验力。

第 1 步：效应量为表 8-30 中的克莱姆 V 系数 0.135。

第 2 步：根据科恩(1992)对克莱姆 V 系数值效应量大小的评定表，确定效应量大小。本例中的 $df_{更小值}$ 为 1，在该评定表中的第一行中查找，克莱姆 V 系数 0.135 介于 0.1 与 0.3 之间，为小效应量。

第 3 步：根据克莱姆 V 系数的大小和自由度查表确定统计检验力。在本例中，卡方检验为小效应量，总自由度为(2－1)＊(2－1)＝1，总体 N 为 841，查询表 8-5 可知，统计检验力大约为 0.29，即 29%左右。

由以上计算可知，统计检验显著，但它是小效应量，说明统计结论的可靠性较低，还需进一步的研究资料佐证此结论，推广研究结果时要慎重。

第 4 个表：对称测量表(见表 8-30)。

表 8-30 对称测量表

		值	渐进显著性
名义到名义	Phi	−0.135	0.000
	克莱姆 V	0.135	0.000
有效个案数		841	

[分析]儿童思维类型、儿童从众回答之间的 Phi 相关系数为－0.135，对应的 p 值小于 0.05，拒绝原假设，即儿童思维类型与儿童从众回答这两个变量存在显著相关。

同理，儿童思维类型、儿童从众回答之间的克莱姆 V 系数(也就是 C 系数)为 0.135，对应的 p 值小于 0.05，拒绝原假设，即儿童思维类型与儿童从众回答这两个变量存在显著相关。

特别说明：儿童思维类型、儿童从众回答之间的 Phi 相关系数为－0.135，这里的负值仅表示 2×2 四分格中，ad 的乘积小于 bc 的乘积而为负值。

【例 8-6】 某一大学进行研究生的英语学位考试，获取该次考试中的部分题目作答数据和考生最后的成绩评定，数据文件为“英语学位考试成绩. sav”。试分析这些题目的区分度(Phi 相关系数)。

SPSS 操作过程如下。

第 1 步：打开数据。打开“英语学位考试成绩. sav”数据文件。

第 2 步：启动分析过程。点击【分析】→【描述统计】→【交叉表】菜单命令，弹出“交叉表”对话框(见图 8-15)。

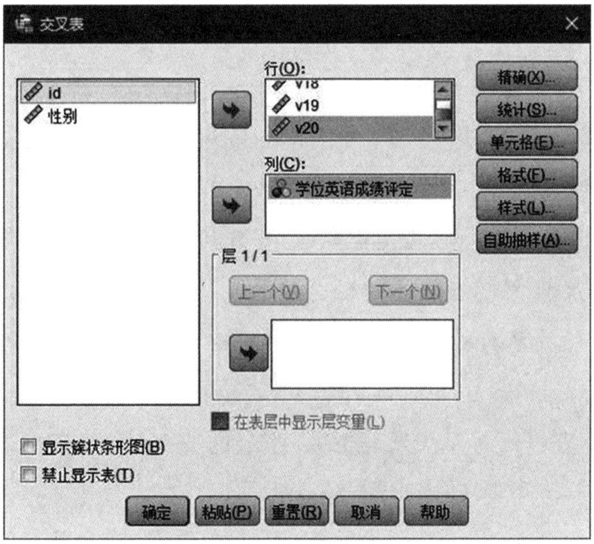

图 8-15　“交叉表”对话框

第 3 步：设置分析变量。将 v_1，v_2，v_3，…，v_{20} 这 20 道题目变量选入“行”变量框中，将“学位英语成绩评定”变量选入“列”变量框中。

第 4 步：统计量选择。点击【统计】按钮，弹出“交叉表：统计”对话框。本例选中“Phi 和克莱姆 V”按钮，其他复选框都不选择。设置完成后，点击【继续】按钮回到上一级对话框。

第 5 步：在主对话框中点击【确定】按钮，提交执行。

第 6 步：结果分析。

第 1 个表：个案处理摘要(略)。

第 2、第 3 个表：v_1 * 学位英语成绩评定的交叉表(见表 8-31)、对称测量表(见表 8-32)。

表 8-31　交叉表

计数

		学位英语成绩评定		总计
		不通过	通过	
v_1	0	98	140	238
	1	103	271	374
总计		201	411	612

表 8-32　对称测量表

		值	渐进显著性
名义到名义	Phi	0.142	0.000
	克莱姆 *V*	0.142	0.000
有效个案数	612		

[分析]在对称测量表格中，v_1 与学位英语成绩评定两个变量的 Phi 相关系数为 0.142，对应的渐进显著性水平 p 值小于 0.05，拒绝原假设，即 v_1 与学位英语成绩评定两个变量有关联。也就是说，v_1 题目的区分度 Phi 相关系数显著；或者说 v_1 题目的区分度较高，有较高的区分能力。

与 v_1 的 Phi 相关系数检验相似，Phi 相关系数显著、有较高的区分能力的题目还有 v_3，v_4，v_5，v_7，v_8，v_9，v_{10}，v_{11}，v_{12}，v_{14}，v_{15}，v_{16}，v_{17}，v_{19}，v_{20}。

第 4、第 5 个表：v_2 * 学位英语成绩评定的交叉表(见表 8-33)、对称测量表(见表 8-34)。

表 8-33　交叉表

计数

		学位英语成绩评定		总计
		不通过	通过	
v_2	0	36	54	90
	1	165	357	522
总计		201	411	612

表 8-34　对称测量表

		值	渐进显著性
名义到名义	Phi	0.063	0.117
	克莱姆 *V*	0.063	0.117
有效个案数		612	

[分析]在对称测量表格中，v_2 与学位英语成绩评定两个变量的 Phi 相关系数为 0.063，对应的渐进显著性 p 值为 0.117，大于 0.05，接受原假设，即 v_2 与学位英语成绩评定两个变量没有关联。也就是说，v_2 题目的区分度 Phi 相关系数不显著；或者说 v_2 题目的区分度较低，没有区分能力。

在 20 道题目中，与 v_2 的 Phi 相关系数检验相似，区分度较低、没有区分能力的题目还有 v_6，v_{13}，v_{18}。

8.5　交叉表分析的报告参考样例

8.5.1　独立性卡方检验的报告参考样例

本书【**例 8-1**】的统计分析结果报告(使用三线表格式)可参考如下。

通过对被试的抽样调查统计，得到焦虑情况 * 患胃病情况的交叉表(见表 8-35)。

表 8-35　交叉表

	已患胃病	未患胃病	总计
精神焦虑	43	162	205
非精神焦虑	13	121	134
总计	56	283	339

对焦虑情况、患胃病情况进行独立性卡方检验，皮尔逊卡方检验的卡方值为 7.469，显著性水平小于 0.05，拒绝原假设，即认为焦虑情况与患胃病情况是不独立的，两个变量之间存在关联。皮尔逊卡方检验的效应量克莱姆 V 系数值为 0.148，介于 0.1 与 0.3 之间，为小效应量。由于是小效应量，说明此统计结论的可靠性较低，还需进一步的研究资料佐证，推广研究结果时要慎重。根据克莱姆 V 系数值的大小和自由度查表确定统计检验力大约为 0.29；也就是说，本例中焦虑情况与患胃病情况这两个变量之间存在关联，其可能性为 29%左右。

8.5.2　分层卡方检验的报告参考样例

本书【**例 8-3**】的统计分析结果报告可参考如下。

通过对大学生的抽样调查统计后，以性别为分层变量，得到专业承诺 * 学习兴趣的汇总(见表 8-36)。

表 8-36　交叉表

性别		学习兴趣	
		学习兴趣较低	学习兴趣较高
女	专业承诺低	15	22
	专业承诺高	13	100
男	专业承诺低	27	22
	专业承诺高	11	93
总计	专业承诺低	42	44
	专业承诺高	24	193

在“性别”＝女、“性别”＝男、总计三个栏目上，卡方值分别为 15.479，35.371，51.591，所对应的概率都小于 0.05，拒绝原假设，即在性别各个层次上，专业承诺与学习兴趣两个变量存在关联。换句话说，无论是男性还是女性，专业承诺与学习兴趣都存在紧密的联系。“性别”＝女、“性别”＝男、总计三个栏目的效应量克莱姆 V 系数的值分别为 0.321，0.481，0.413，以上都属于中效应量。这说明统计结论的可信度相对较高，可以认同此结论(拒绝原假设)。根据克莱姆 V 系数的大小和自由度查表确定统计检验力，可得的统计检验力分别为 0.92，0.92，0.99。也就是说，男性、女性，以及总体上的专业承诺与学习兴趣都存在紧密的联系，其可能性分别为 92%，92%，99%。

8.5.3　品质相关分析的报告参考样例

本书**【例 8-5】**的统计分析结果报告参考如下。

通过抽样调查统计，儿童的从众回答人数情况如表 8-37 所示。

表 8-37　儿童的从众回答人数情况

思维类型	回答类型	
	从众回答	不从众回答
场独立性	196	225
场依存性	252	168

儿童思维类型、儿童从众回答这两个变量之间的独立性检验的卡方值为 15.266，对应的 p 值小于 0.05，拒绝原假设，即儿童思维类型与儿童从众回答这两个变量存在关联。接下来计算效应量克莱姆 V 系数 0.135，为小效应量，其统计检验力大约为 0.29。统计量检验显著但效应量小，说明统计结论的可靠性较低，还需要进一步的研究资料佐证，推广研究结果时要慎重。

儿童思维类型、儿童从众回答之间的 Phi 相关系数为－0.135，对应的 p 值小于 0.05，拒绝原假设，即儿童思维类型与儿童从众回答这两个变量存在显著相关。

本章参考文献

胡竹菁. (2019). 心理统计学(第二版). 北京：高等教育出版社.

温忠麟. (2016). 心理与教育统计(第二版). 广州：广东高等教育出版社.

【练习题】

1. 通过某心理调查得到了 314 名学生的智商分数和性格类型情况(见表 8-38)。请分析性格类型与智商分数之间是否存在关联。

表 8-38　智商分数和性格类型

智商分数	性格类型		
	外倾	中间	内倾
智力优秀(IQ 在 120 以上)	36	40	12
智力落后(IQ 在 70 以下)	46	92	88

2. 对于某项任选课程，男生持满意态度的有 25 人，持不满意态度的有 38 人，不置可否的有 12 人；女生持满意态度的有 33 人，持不满意态度的有 21 人，不置可否的有 9 人。请问男女生对该任选课程的态度是否有差异。

3. 通过某心理调查得到了大学生网瘾情况与人际交往情况，数据见“大学生网瘾调查类型. sav”。请分析大学生网瘾情况与人际交往情况是否存在一定的关联。

4. 甲、乙两位评审教师对一批学生论文分别做出了成绩等级评价(见表 8-39)。请分析两位评审教师的评分的一致性。

表 8-39　评审成绩

乙教师的评审成绩	甲教师的评审成绩		
	优秀	中等	差
优秀	29	11	1
中等	1	50	9
差	0	7	33

5. 通过大学生调查问卷得到了性别与对吸烟的态度资料(见表 8-40)。请问性别与对吸烟的态度是否存在关联。

表 8-40　性别与对吸烟的态度

态度 y	性别 x		
	男	女	总计
容忍	37	8	45
反对	15	42	57
总计	52	50	102

6. 对一群失眠症患者进行治疗，让一些人服用安眠药，另一些人服用糖衣药（他们都认为自己服用的是安眠药），其中服用安眠药组有 56 例睡眠好、15 例睡眠不好；服用糖衣药组有 90 例睡眠好、29 例睡眠不好。请问安眠药与糖衣药的效果有无差异。

7. 某班 69 名学生全部参加大学英语四级水平考试，女生合格 16 人、不合格 23 人，男生合格 9 人、不合格 21 人。请问男女生在英语四级考试情况上有无差异。

第 9 章　回归分析

回归是统计分析方法中最常用的方法之一。如果所研究的现象有若干个影响因素，且这些因素对现象的综合影响是线性的，则可以使用回归的方法建立现象(因变量)与影响因素(自变量)之间的线性函数关系式，从而根据变量的取值来预测或控制另一个特定变量的取值，并给出这种预测或控制的精确程度。本章将介绍用 SPSS 软件进行线性回归分析的常用操作，包括一元线性回归、多元线性回归，以及虚拟自变量回归分析。

线性回归分析有以下几个前提假设：①正态性假设，即所研究的变量均服从正态分布；②等方差假设，即各变量标准化后的方差是相等的；③独立性假设，即各变量之间是相互独立的；④残差项无自相关性假设，即误差项之间互不相关。

线性回归模型的检验项目主要包括：①回归方程的检验(F 检验)；②回归系数的检验(T 检验)；③拟合程度判定(决定系数 R^2)；④共线性检验(多元线性回归特有)；⑤D-W 检验(残差项是否自相关)。

在一元回归方程中，如果因变量用 Y 表示，自变量用 X 表示，那么建立的回归方程叫"Y 对 X 的回归方程"。在多元回归方程中，如果因变量用 Y 表示，自变量用 X_1，X_2，…，X_n 表示，那么建立的回归方程叫"Y 对 X_1，X_2，…，X_n 的回归方程"。

9.1　一元线性回归分析

【例 9-1】为了探求人的智力水平与成就动机的关系，某研究者抽取 94 名大学生完成了智力测验和成就动机测验，获得的数据文件为"智商与成就动机.sav"。试分析个人成就动机分数对智商分数的回归方程。

分析：此例属于一元线性回归，一般先做两个变量之间的散点图进行简单观测。若散点图的趋势大概呈线性分布，则可以建立线性方程；若不呈线性分布，则可建立其他方程模型，并通过比较 R^2 来确定最佳模型。一元线性回归方程的

原假设 H_0：所建立的回归方程无效，回归方程中来自总体自变量的系数为 0。备择假设 H_1：所建立的回归方程有效，回归方程中来自总体自变量的系数不为 0。

SPSS 操作过程如下。

第 1 步：打开分析数据。打开"智商与成就动机.sav"数据文件。

第 2 步：散点图分析。点击菜单【图形】→【旧对话框】→【散点图/点图】菜单命令，弹出对话框(见图 9-1)。

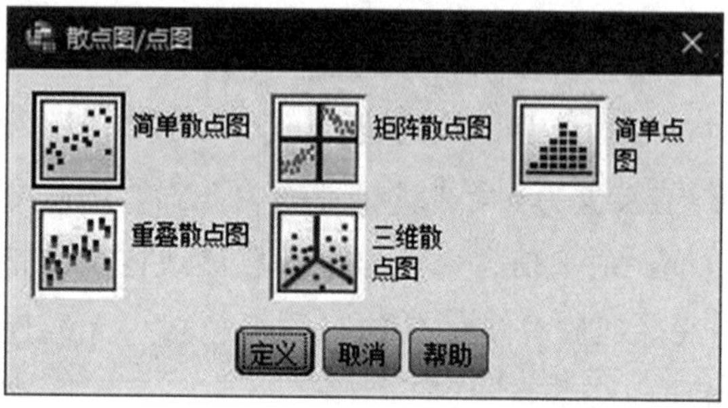

图 9-1 散点图的对话框

选择【简单散点图】菜单命令，再点击【定义】按钮，弹出散点图的主对话框(见图 9-2)。

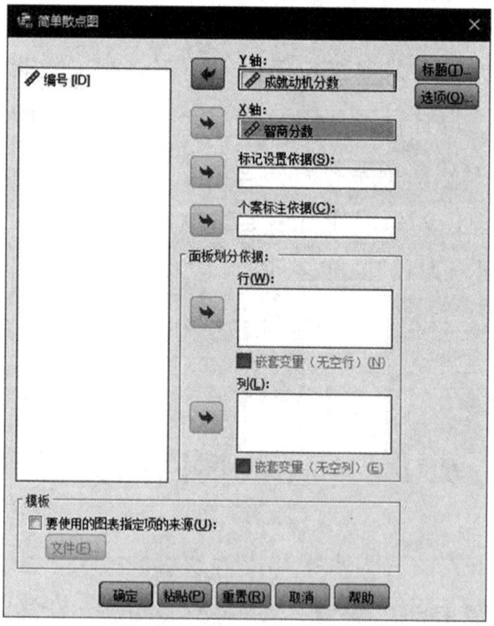

图 9-2 散点图的主对话框

将自变量"智商分数"选入"*X* 轴"框内，因变量"成就动机分数"选入"*Y* 轴"框内，点击【确定】按钮，得到散点图(见图 9-3)。

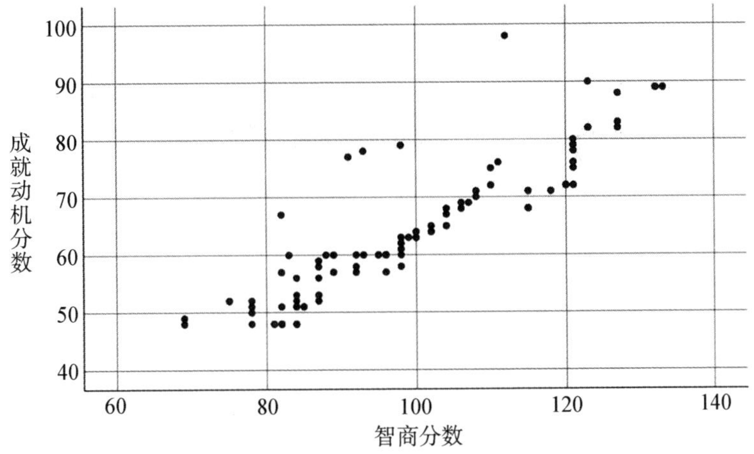

图 9-3 散点图的结果

如图 9-3 所示，自变量“智商分数”与因变量“成就动机分数”基本呈线性关系，因此可以进行线性回归分析。

如果自变量与因变量的散点图不是呈线性关系，而是呈反函数、二次函数、logistic 函数等曲线关系，则使用曲线回归【分析】→【回归】→【曲线估算】菜单命令。

第 3 步：启动分析过程。点击【分析】→【回归】→【线性】菜单命令，打开对话框。

第 4 步：设置分析变量。设置因变量：在左边变量列表中将“成就动机分数”选入“因变量”框中。设置自变量：在左边变量列表中将“智商分数”变量选入“自变量”框中。如果是多元线性回归，则可以选择多个自变量。

从“方法”框内下拉式菜单中选择回归分析方法，有输入、步进、除去、后退、前进五种。本例中选择输入(见图 9-4)。

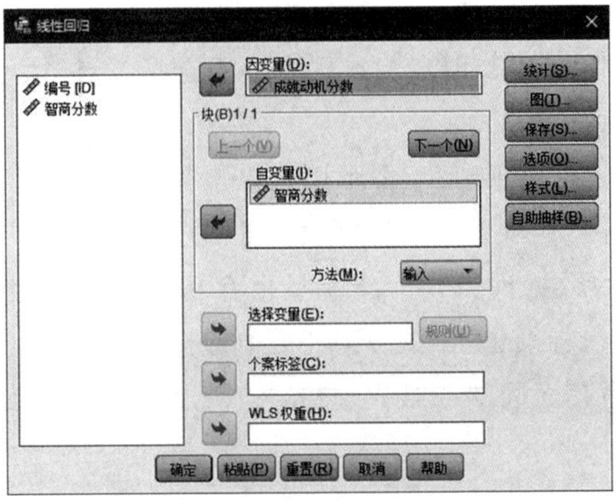

图 9-4 “线性回归”对话框

第 5 步：设置分析参数。单击【统计】按钮，打开“线性回归：统计”对话框，可以选择输出的统计量(见图 9-5)。

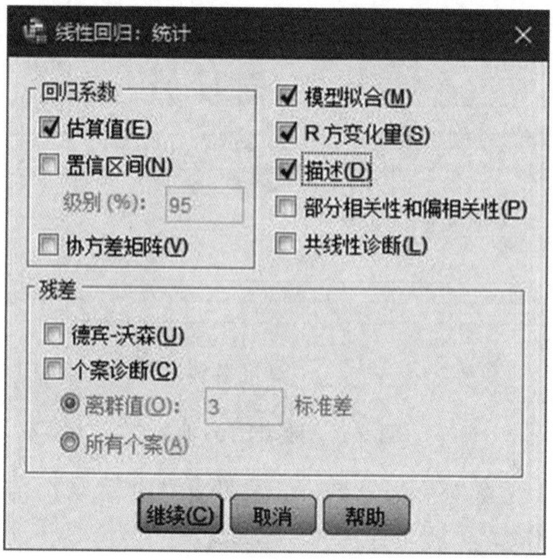

图 9-5 “线性回归：统计”对话框

在“回归系数”栏中有“估算值”“置信区间”“协方差矩阵”。本例中选择“估算值”。

在对话框的右边有五个复选框。①“模型拟合”：系统默认项，输出复相关系数 R，R^2，R^2 修正值以及估计值的标准误和方差分析表；②“R 方变化量”：输出增加或剔除一个自变量时，R^2 的变化；③“描述”：输出基本统计描述；④“部分相关性和偏相关性”：输出相关系数及偏相关系数；⑤“共线性诊断”：输出共线性诊断，主要对多元回归模型，分析各自变量之间的共线性的统计量，包括容忍度和方差膨胀因子、特征值、条件指标等。

本例中仅有一个变量，选择“模型拟合”“R 方变化量”“描述”。

在“残差”栏中，有“德宾-沃森”和“个案诊断”两个选项。个案诊断，即奇异值诊断，有两个选项。“离群值”：奇异值判断依据，默认项标准差≥3；“所有个案”：输出所有观测量的残差值。在本例中都不选择。点击【继续】按钮，返回到上一级对话框。

单击【图】按钮，如果需要观察图形则选择，在本例中不选择。

第 6 步：设置保存选项。单击【保存】按钮，打开“线性回归：保存”对话框。

选择需要保存的数据种类作为新变量保存在数据编辑窗口。在本例中，在“预测值”框中选择“未标准化”，在“残差”框中选择“未标准化”，在“预测区间”框中选择“平均值”；置信区间默认保持为“95%”。点击【继续】按钮，返回到上一级对话框(见图 9-6)。

第 7 步：设置选项参数。单击【选项】按钮，打开“线性回归：选项”对话框(见图 9-7)。

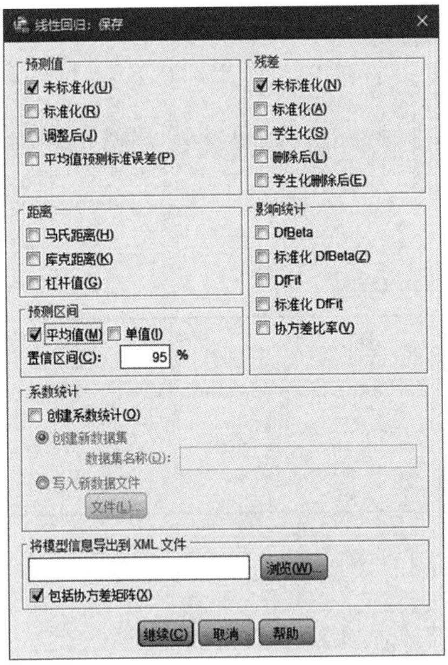

图 9-6　“线性回归：保存”对话框

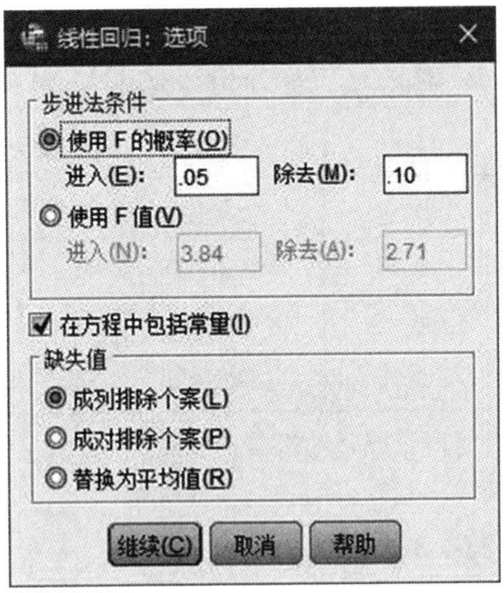

图 9-7　“线性回归：选项”对话框

在“步进法条件”中选择模型拟合判断准则：“使用 F 的概率”，默认为“进入 0.05，除去 0.10”；“使用 F 值”，默认为“进入 3.84，除去 2.71”。按系统默认的方式选择。

在“缺失值”框中按系统默认的方式选择。点击【继续】按钮，返回到上一级对话框。

第 8 步：在主对话框中点击【确定】按钮，提交执行。

第 9 步：结果分析。

第 1 个表：描述统计(略)。

第 2 个表：相关性(略)。

第 3 个表：输入/除去的变量(略)。

第 4 个表：模型摘要(见表 9-1)。

表 9-1　模型摘要[b]

模型	R	R^2	调整后的 R^2	标准估算的误差	更改统计				
					R^2 变化量	F 变化量	自由度 1	自由度 2	显著性 F 变化量
1	0.892[a]	0.795	0.793	5.514	0.795	356.712	1	92	0.000

a. 预测变量：(常量)，智商分数。

b. 因变量：成就动机分数。

[分析]此表报告了模型的样本复相关系数 R 为 0.892，样本决定系数 R^2 为 0.795，调整后的 R^2 为 0.793，估计标准误为 5.514。R^2 说明自变量对因变量解

释的百分比，其值越接近 1，说明回归方程对数据的拟合越好。

在一元回归分析中，决定系数 R^2 一般要求在 0.5 以上，0.8 以上则非常好；而对于多元回归分析，决定系数 R^2 一般要求在 0.3 以上，0.5 为良好，0.6 以上为非常好。当样本量很大时，决定系数 R^2 在 0.1 以下也可以接受。

第 5 个表：方差分析(ANOVA)(见表 9-2)。

表 9-2　ANOVA[a]

模型		平方和	自由度	均方	F	显著性
1	回归	10844.829	1	10844.829	356.712	0.000[b]
	残差	2797.001	92	30.402		
	总计	13641.830	93			

a. 因变量：成就动机分数。

b. 预测变量：(常量)，智商分数。

[分析]回归方程所对应的 F 值为 356.712，对应的显著性水平小于 0.05，所建立的回归方程有效。

第 6 个表：回归系数(见表 9-3)。

表 9-3　回归系数[a]

模型		未标准化系数		标准化系数	t	显著性
		B	标准误差	Beta		
1	(常量)	−1.915	3.534		−0.542	0.589
	智商分数	0.668	0.035	0.892	18.887	0.000

a. 因变量：成就动机分数。

[分析]常量所对应的 t 值为 −0.542，显著性水平大于 0.05，接受原假设，即常量系数在回归方程中为 0。“智商分数”变量所对应的 t 值为 18.887，显著性水平小于 0.05，拒绝原假设。“智商分数”变量的系数在回归方程中不为 0。最后回归方程建立为：成就动机分数 $= -1.915 + 0.668 \times$ 智商分数。

从理论上说，当常数项不显著的时候，这个常数项就不应被纳入回归方程。但是，从下文的“PRE_1”来看，SPSS 还是把 −1.915 这个常数项纳入了回归方程。

第 7 个表：残差统计(见表 9-4)。

表 9-4　残差统计[a]

	最小值	最大值	平均值	标准偏差	个案数
预测值	44.150	86.890	63.960	10.799	94
标准预测值	−1.834	2.123	0.000	1.000	94
预测值的标准误差	0.569	1.341	0.780	0.197	94

续表

	最小值	最大值	平均值	标准偏差	个案数
调整后预测值	43.920	86.750	63.950	10.798	94
残差	−6.874	25.135	0.000	5.484	94
标准残差	−1.247	4.559	0.000	0.995	94
学生化残差	−1.267	4.600	0.001	1.004	94
剔除残差	−7.095	25.595	0.006	5.591	94
学生化剔除残差	−1.271	5.214	0.014	1.055	94
马氏距离	0.000	4.508	0.989	1.059	94
库克距离	0.000	0.193	0.010	0.024	94
居中杠杆值	0.000	0.048	0.011	0.011	94

a. 因变量：成就动机分数。

［分析］在预测值、残差、标准预测值和标准残差等特征值中，主要关注预测值及残差项这两行的最小值和最大值、均值、标准误(标准偏差)和样本容量(个案数)。

回到 SPSS 数据窗口，可以看到在数据窗口中多了四列新变量：“PRE_1”“RES_1”“LMCI_1”“UMCI_1”，这四列新变量就是回归方程的预测体现。“PRE_1”为基于自变量和回归方程而对因变量做出的预测值，“成就动机分数”与“PRE_1”预测值的残差值为“RES_1”。“LMCI_1”为预测值的最小值，“UMCI_1”为预测值的最大值(见图 9-8)。

若假定残差值“RES_1”的绝对值小于一个标准差(10.799)为预测成功，否则为预测失败，那么本例中的 94 个个案中有 89 个预测成功，预测成功率为 94.7%。

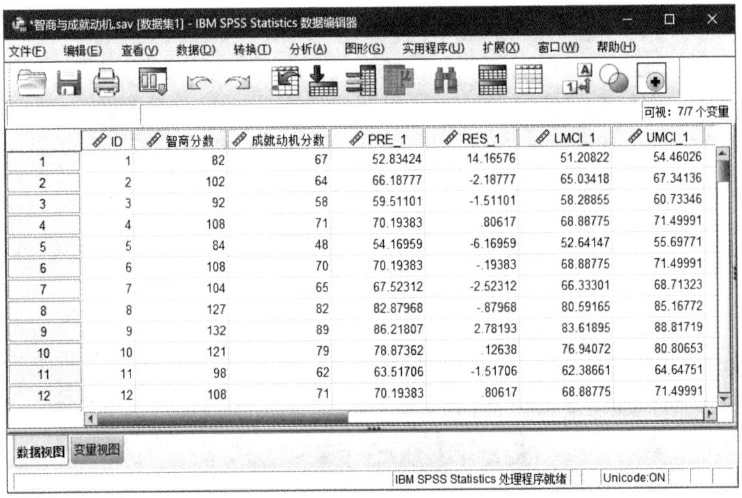

	ID	智商分数	成就动机分数	PRE_1	RES_1	LMCI_1	UMCI_1
1	1	82	67	52.83424	14.16576	51.20822	54.46026
2	2	102	64	66.18777	-2.18777	65.03418	67.34136
3	3	92	58	59.51101	-1.51101	58.28855	60.73346
4	4	108	71	70.19383	.80617	68.88775	71.49991
5	5	84	48	54.16959	-6.16959	52.64147	55.69771
6	6	108	70	70.19383	-.19383	68.88775	71.49991
7	7	104	65	67.52312	-2.52312	66.33301	68.71323
8	8	127	82	82.87968	-.87968	80.59165	85.16772
9	9	132	89	86.21807	2.78193	83.61895	88.81719
10	10	121	79	78.87362	.12638	76.94072	80.80653
11	11	98	62	63.51706	-1.51706	62.38661	64.64751
12	12	108	71	70.19383	.80617	68.88775	71.49991

图 9-8　“线性回归”产生的预测变量

9.2 多元线性回归分析

在心理与教育测量中，往往有多方面因素影响一个人的行为特征或心理特质。根据这些因素(自变量)对因变量做出预测分析，就是多元回归分析。

【例 9-2】某研究者为了调查工作满意度的影响因素，收集了某一行业内的多名员工的自我效能感、服从领导满意度、绩效评价得分、工作经验得分、同事人际敏感程度、工作技能水平、个人信心指数、劳动强度以及工作满意度等方面的数据，获得的数据文件为“员工心理变量与工作满意度的关系.sav”。试分析影响或预测工作满意度的回归方程。

多元线性回归方程的原假设 H_0：所建立的回归方程无效，回归方程中来自多个总体自变量的系数都为 0，即 $\beta_1=\beta_2=\cdots=\beta_k=0$。备择假设 H_1：所建立的回归方程有效，回归方程中来自多个总体自变量的系数不全为 0，即 β_1，β_2，…，β_k 不全为 0。

SPSS 操作过程如下。

第 1 步：打开分析数据。打开“员工心理变量与工作满意度的关系.sav”文件。

第 2 步：启动分析过程。点击【分析】→【回归】→【线性】菜单命令，打开对话框。

第 3 步：设置分析变量。设置因变量：将左边变量列表中的“工作满意度”选入“因变量”框中。设置自变量：将左边变量列表中的“自我效能感”“服从领导满意度”“工作经验得分”“绩效评价得分”“同事人际敏感程度”“工作技能水平”“劳动强度”“个人信心指数”变量，选入“自变量”框中。从“方法”框内下拉菜单中选择“输入”方法(见图 9-9)。

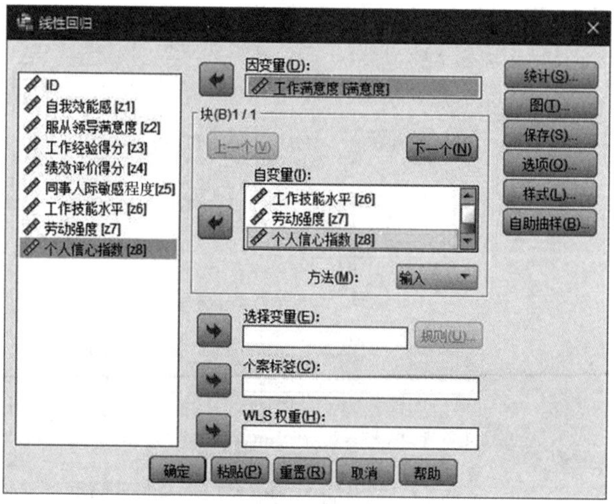

图 9-9 “线性回归”对话框

第 4 步：设置分析参数。单击【统计】按钮，打开“线性回归：统计”对话框，可以选择输出的统计量(见图 9-10)。

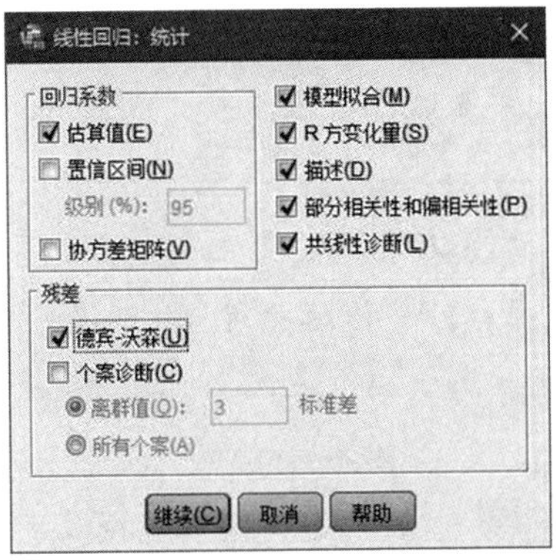

图 9-10　“线性回归：统计”对话框

在“回归系数”栏，选择“估算值”。

在对话框的右边，有五个复选框，本例中以上五个复选框都选择。

在“残差”栏，选择“德宾-沃森”。点击【继续】按钮，返回到上一级对话框。

第 5 步：设置图形输出。单击【图】按钮，在标准化残差中，选中“正态概率图”复选框。

第 6 步：设置保存选项。单击【保存】按钮，打开“线性回归：保存”对话框。本例中，在“预测值”框内选择“未标准化”。在“预测区间”框内选择“平均值”；置信区间默认保持为“95%”。点击【继续】按钮，返回到上一级对话框。

第 7 步：设置选项参数。单击【选项】按钮，打开“线性回归：选项”对话框，按照系统默认的选择。点击【继续】按钮，返回到上一级对话框。

第 8 步：在主对话框中点击【确定】按钮，提交执行。

第 9 步：结果分析。

第 1 个表(图)：描述统计(略)。

第 2 个表(图)：相关性(略)。

第 3 个表(图)：输入/除去的变量(略)。

第 4 个表(图)：模型摘要(见表 9-5)。

表 9-5　模型摘要[b]

模型	R	R 方	调整后 R 方	标准估算的误差	更改统计					德宾-沃森
					R 方变化量	F 变化量	自由度 1	自由度 2	显著性 F 变化量	
1	0.766[a]	0.587	0.480	7.068	0.587	5.504	8	31	0.000	2.642

a. 预测变量：(常量)，个人信心指数，同事人际敏感程度，工作经验得分，自我效能感，工作技能水平，劳动强度，绩效评价得分，服从领导满意度。

b. 因变量：工作满意度。

[分析]此表报告了模型的复相关系数 R 为 0.766，样本决定系数 R^2 为 0.587，调整后的 R^2 为 0.480，此回归模型的回归的解释百分比相对较高。

检验回归模型是否存在自相关现象，即检验误差项独立的假设：若误差项间是正相关，则其差异德宾-沃森(DW)值必小；若误差项间是负相关，则其差异 DW 值必大。

判别准则如图 9-11 所示，DW 值越接近 2，误差项间越无相关；DW 值越接近 0，误差项间的正相关越强；DW 值越接近 4，误差项间的负相关越强(Durbin & Watson，1951)。

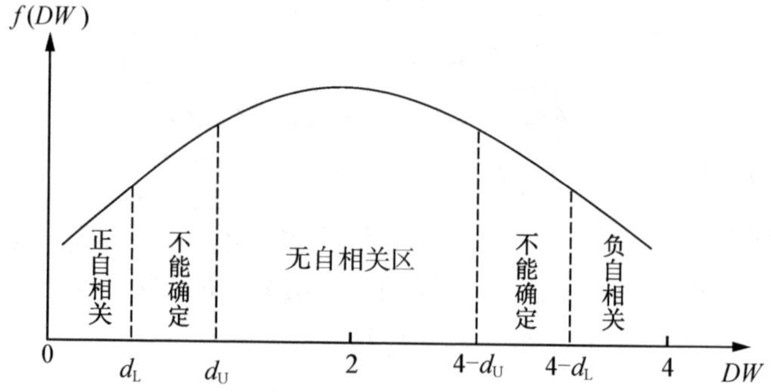

图 9-11　误差项间的相关判别标准

具体来看，根据给定 α、样本容量 n 和解释变量数 k'(包含常数项)，可查 DW 分布表，得到临界值 d_L 和 d_U。然后依据以上准则考察计算得到的 DW 值，判断模型的自相关状态。在本例中，DW 值为 2.264，接近 2，说明误差项之间不相关，即回归模型不存在序列自相关现象。

第 5 个表(图)：方差分析(ANOVA)(见表 9-6)。

表 9-6　ANOVA[a]

模型		平方和	自由度	均方	F	显著性
	回归	2199.872	8	274.984	5.504	0.000[b]
	残差	1548.752	31	49.960		
	总计	3748.624	39			

a. 因变量：工作满意度。

b. 预测变量：(常量)，个人信心指数，同事人际敏感程度，工作经验得分，自我效能感，工作技能水平，劳动强度，绩效评价得分，服从领导满意度。

[分析]回归方程所对应的 F 值为 5.504，对应的显著性水平小于 0.05，拒绝原假设。结论：所建立的回归方程有效。

第 6 个表(图)：回归系数(见表 9-7)。

表 9-7　回归系数[a]

模型	未标准化系数		标准化系数	t	显著性	相关性			共线性统计	
	B	标准误差	Beta			零阶	偏	部分	容差	VIF
1 常量	−38.870	47.345		−0.821	0.418					
自我效能感	0.408	0.289	0.202	1.412	0.168	0.366	0.246	0.163	0.649	1.540
服从领导满意度	0.248	0.324	0.147	0.764	0.451	0.189	0.136	0.088	0.362	2.759
工作经验得分	0.466	0.221	0.281	2.108	0.043	0.326	0.354	0.243	0.751	1.331
绩效评价得分	0.895	0.222	0.583	4.028	0.000	0.572	0.586	0.465	0.637	1.569
同事人际敏感程度	−0.377	0.270	−0.240	−1.397	0.172	0.150	−0.243	−0.161	0.452	2.214
工作技能水平	−0.113	0.223	−0.076	−0.507	0.616	0.203	−0.091	−0.059	0.599	1.670
劳动强度	−1.476	0.685	−0.302	−2.154	0.039	−0.437	−0.361	−0.249	0.676	1.479
个人信心指数	0.831	1.312	0.105	0.633	0.531	−0.195	0.113	0.073	0.489	2.046

a. 因变量：工作满意度。

[分析]自我效能感、服从领导满意度、同事人际敏感程度、工作技能水平、个人信心指数这几个变量的回归系数所对应的显著性水平大于 0.05，在回归方程中应该考虑删除这五个变量，然后再建立回归方程。

自变量的容差为 0～1，越接近 0，说明变量的共线性强；越接近 1，说明共线性弱。膨胀因子(又叫方差扩大因子)*VIF* 越大，特别是大于等于 10 时，说明解释变量 x 与方程中其他解释变量之间的多重共线性越强；*VIF* 越接近 1，表明解释变量 x 和其他解释变量之间的多重共线性越弱。容差和 *VIF* 互为倒数关系，容忍度越小，*VIF* 越大。

这里的八个自变量的容差为 0.36～0.76；*VIF* 都小于 3，相对接近 1，这些都说明这些变量之间的共线性相对较弱。

第 7 个表(图)：共线性诊断(见表 9-8)。

表 9-8　共线性诊断[a]

模型	维	特征值	条件指标	方差比例								
				常量	自我效能感	服从领导满意度	工作经验得分	绩效评价得分	同事人际敏感程度	工作技能水平	劳动强度	个人信心指数
1	1	8.936	1.000	0.00	0.00	0.00	0.00	0.00	0.00	0.00	0.00	0.00
	2	0.033	16.566	0.00	0.00	0.00	0.00	0.01	0.00	0.01	0.43	0.01
	3	0.012	26.784	0.00	0.01	0.02	0.00	0.00	0.00	0.00	0.17	0.34
	4	0.007	35.287	0.00	0.01	0.03	0.20	0.04	0.07	0.05	0.00	0.01
	5	0.005	41.818	0.00	0.01	0.06	0.07	0.06	0.00	0.35	0.12	0.04
	6	0.003	54.725	0.00	0.04	0.02	0.00	0.73	0.15	0.15	0.00	0.00
	7	0.002	65.621	0.00	0.27	0.03	0.46	0.07	0.23	0.11	0.21	0.19
	8	0.001	82.521	0.05	0.67	0.21	0.00	0.07	0.42	0.11	0.00	0.00
	9	0.000	144.874	0.94	0.00	0.64	0.26	0.02	0.11	0.23	0.06	0.40

a. 因变量：工作满意度。

[分析]多重共线性是指在线性回归模型中的解释变量之间，由于存在高度相关关系，使回归模型估计失真或难以估计准确。判断方法 1：特征值中前 3 个或前 4 个特征值几乎接近 0，说明可能存在明显的共线性。判断方法 2：方差比例内存在接近 1 的数(0.99)，说明可能存在明显的共线性。

在本例中，特征值中第 3、第 4 个特征值均大于 0，方差比例的数值都远远小于 1，说明不存在明显的共线性。结合前面的膨胀因子 *VIF* 都小于 5，这也说明变量之间不存在明显的共线性。

第 8 个表(图)：残差统计(见表 9-9)。

表 9-9　残差统计[a]

	最小值	最大值	平均值	标准偏差	个案数
预测值	66.430	101.760	83.980	7.510	40
标准预测值	−2.337	2.367	0.000	1.000	40
预测值的标准误差	1.889	4.597	3.290	0.653	40
调整后预测值	68.550	102.590	83.900	7.432	40
残差	−10.133	12.206	0.000	6.302	40
标准残差	−1.434	1.727	0.000	0.892	40
学生化残差	−1.630	1.982	0.006	1.023	40
剔除残差	−14.076	16.179	0.084	8.351	40
学生化剔除残差	−1.677	2.087	0.010	1.045	40
马氏距离	1.812	15.518	7.800	3.437	40
库克距离	0.000	0.153	0.038	0.046	40
居中杠杆值	0.046	0.398	0.200	0.088	40

a. 因变量：工作满意度。

[分析]主要关注预测值及残差项这两行的最小值和最大值、均值、标准误和样本容量。

第 9 个表(图)：标准化残差概率图(见图 9-12)。

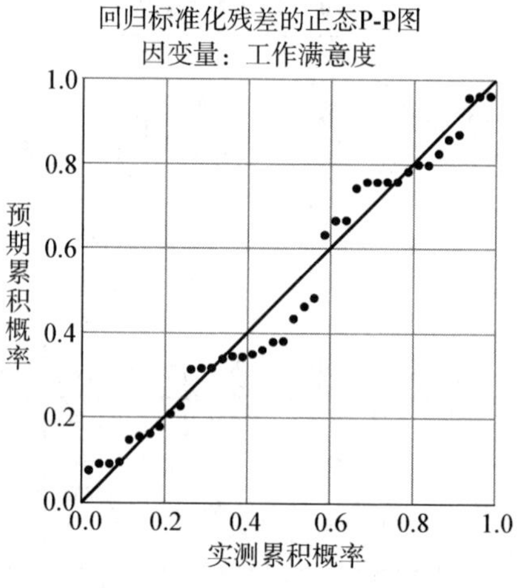

图 9-12　标准化残差概率图

[分析]由此图可知，所有的点都比较靠近对角线，结合前面第八个表中的标准化残差为 0.892，小于 2，因此可以认为残差是正态的。

由于自我效能感、服从领导满意度、同事人际敏感程度、工作技能水平、个人信心指数这几个变量的回归系数所对应的 Sig 值不显著，在回归分析中需要删除这几个变量，然后再建立回归方程。因此在 SPSS 中接着再次进行回归分析。

第 10 步：重复前面 SPSS 的操作步骤，从第 2 步至第 6 步。在第 3 步将自我效能感、服从领导满意度、同事人际敏感程度、工作技能水平、个人信心指数这几个变量从自变量移出，由于 SPSS 软件中还保存了刚才第 4 至第 6 步的操作内容，此时只需要再点击【确定】按钮，便可输出分析结果。其中模型摘要如表 9-10 所示、回归方程如表 9-11 所示、回归系数如表 9-12 所示。

表 9-10　模型摘要[b]

模型	R	R 方	调整后 R 方	标准估算的误差	更改统计					德宾-沃森
					R 方变化量	F 变化量	自由度 1	自由度 2	显著性 F 变化量	
1	0.706[a]	0.498	0.456	7.230	0.498	11.902	3	36	0.000	2.569

a. 预测变量：(常量)，劳动强度，工作经验得分，绩效评价得分。

b. 因变量：工作满意度。

表 9-11　ANOVA[a]

模型		平方和	自由度	均方	F	显著性
1	回归	1866.642	3	622.214	11.902	0.000[b]
	残差	1881.982	36	52.277		
	总计	3748.624	39			

a. 因变量：工作满意度。

b. 预测变量：(常量)，劳动强度，工作经验得分，绩效评价得分。

表 9-12　回归系数[a]

模型	未标准化系数		标准化系数	t	显著性	相关性			共线性统计	
	B	标准误差	Beta			零阶	偏	部分	容差	VIF
1 (常量)	−15.909	28.496		−0.558	0.580					
工作经验得分	0.516	0.201	0.311	2.564	0.015	0.326	0.393	0.303	0.948	1.055
绩效评价得分	0.805	0.191	0.524	4.211	0.000	0.572	0.574	0.497	0.901	1.110
劳动强度	−1.084	0.618	−0.222	−1.752	0.088	−0.437	−0.280	−0.207	0.869	1.151

a. 因变量：工作满意度。

[分析]变量劳动强度回归系数所对应的显著性水平大于 0.05，但低于 0.10，即低于被剔除的标准。当然，在回归方程中是否考虑纳入此变量，还需要根据该变量对因变量的实际意义和重要性来决定。

【知识拓展】

温忠麟(2016)在《心理与教育统计》中有如下论述：在多元回归分析中，“变量选择的目的是回归模型包含尽量多的自变量，以提高预测的精确度，同时又要尽量避免作用不显著的自变量进入方程，以减少计算量和计算误差，降低在建立回归方程后用于监控或预测的成本”。

SPSS 包括了五种方法：输入、步进、除去、后退、前进。如何选择合适的回归分析方法，在上一段所述的书里有详细讲述，包括向后剔除法(后退)、向前选择法(前进)、逐步回归法(步进)，以及人工选择自变量尝试等探索性回归分析。该书认为逐步回归方法(步进)是较好的一种选择方法。

至于具体的自变量的选择，可以根据加入或剔除一个自变量后的 R^2 变化量是否有明显的增大或减小来判断。这是在向后剔除法(后退)、向前选择法(前进)、逐步回归法(步进)中进行自变量选择的一个重要参考指标。

此外，可以根据研究实际问题、研究假设或某一理论假设，由研究者自己来选择自变量的顺序，进行层次回归分析。

对于**【例 9-2】**我们可以使用向后剔除法(后退)、向前选择法(前进)、逐步回归法(步进)再次进行多元回归分析。这里主要根据 R^2 变化量来分析。在 SPSS 中的主要分析结果如下：

①向后剔除法(后退)时 R^2 变化量(见表 9-13)。

表 9-13　模型摘要[f](一)

模型	R	R 方	调整后 R 方	标准估算的误差	更改统计					德宾-沃森
					R 方变化量	F 变化量	自由度 1	自由度 2	显著性 F 变化量	
1	0.766[a]	0.587	0.480	7.068	0.587	5.504	8	31	0.000	
2	0.764[b]	0.583	0.492	6.986	−0.003	0.257	1	31	0.616	
3	0.758[c]	0.574	0.497	6.954	−0.009	0.700	1	32	0.409	
4	0.752[d]	0.565	0.501	6.924	−0.009	0.712	1	33	0.405	
5	0.735[e]	0.540	0.488	7.015	−0.025	1.926	1	34	0.174	2.666

a. 预测变量：(常量)，个人信心指数，同事人际敏感程度，工作经验得分，自我效能感，工作技能水平，劳动强度，绩效评价得分，服从领导满意度。

b. 预测变量：(常量)，个人信心指数，同事人际敏感程度，工作经验得分，自我效能感，劳动强度，绩效评价得分，服从领导满意度。

c. 预测变量：(常量)，同事人际敏感程度，工作经验得分，自我效能感，劳动强度，绩效评价得分，服从领导满意度。

d. 预测变量：(常量)，同事人际敏感程度，工作经验得分，自我效能感，劳动强度，绩效评价得分。

e. 预测变量：(常量)，工作经验得分，自我效能感，劳动强度，绩效评价得分。

f. 因变量：工作满意度。

[分析]最后第 5 个回归模型中，有 4 个自变量(工作经验得分、自我效能感、劳动强度、绩效评价得分)进入模型，比"输入"方法多了一个自变量——自我效能感，R^2 变化量为 0.540－0.498＝0.042。

②向前选择法(前进)时 R^2 变化量(见表 9-14)。

表 9-14　模型摘要[c](二)

模型	R	R 方	调整后 R 方	标准估算的误差	更改统计					德宾-沃森
					R 方变化量	F 变化量	自由度 1	自由度 2	显著性 F 变化量	
1	0.572[a]	0.327	0.309	8.147	0.327	18.472	1	38	0.000	
2	0.675[b]	0.455	0.426	7.430	0.128	8.695	1	37	0.006	2.513

a. 预测变量：(常量)，绩效评价得分。

b. 预测变量：(常量)，绩效评价得分，工作经验得分。

c. 因变量：工作满意度。

③逐步回归法(步进)时 R^2 变化量(见表 9-15)。

表 9-15　模型摘要[c](三)

模型	R	R 方	调整后 R 方	标准估算的误差	更改统计					德宾-沃森
					R 方变化量	F 变化量	自由度 1	自由度 2	显著性 F 变化量	
1	0.572[a]	0.327	0.309	8.147	0.327	18.472	1	38	0.000	
2	0.675[b]	0.455	0.426	7.430	0.128	8.695	1	37	0.006	2.513

a. 预测变量：(常量)，绩效评价得分。

b. 预测变量：(常量)，绩效评价得分，工作经验得分。

c. 因变量：工作满意度。

[分析]向前选择法(前进)和逐步回归法(步进)的回归分析的结果基本一样。在模型摘要的第二个回归模型中，有 2 个自变量(绩效评价得分、工作经验得分)进入模型，比"输入"方法少了一个自变量——劳动强度，R^2 变化量为 0.498－0.455＝0.043。也就是说，如果把劳动强度增加到回归模型中，R^2 变化量增加为 0.043。

综合以上信息，通过后退、前进、步进三种回归分析方法的分析，绩效评价得分、工作经验得分是确定需要进入回归方程的；而自我效能感、劳动强度这两个自变量则需要研究者根据研究实际问题(研究假设或某一理论假设)来确定是否要将这两个变量或其中一个变量纳入回归方程。

9.3 虚拟变量回归

9.3.1 虚拟变量回归的性质

在心理与教育测量中，影响因变量的因素，除了这些可以直接获得实际观测数据的定量变量之外，还包括一些本质上为定性因素(或称属性因素)的变量，如性别、民族、城乡、职业、季节、文化程度等因素，以及是否拥有计算机、是否是师范生、是否是学生干部、是否通过了英语四级等一些二分变量。

为了在模型中反映定性因素，可以将定性因素转化为虚拟变量去表现。虚拟变量(或称属性变量、类型变量、定性变量、二元型变量等)，是人工构造的取值为 0 和 1 的作为属性代表的变量，一般用字母 D(或 DUM，英文 dummy 的缩写)表示。虚拟变量使研究者可以将那些无法定量化的变量引入回归模型中。虚拟变量应用于模型中，对其回归系数的估计与检验方法和定量变量(等距变量)相同。

下面给出几个例子，可以引入虚拟变量。

例 A：研究学历和收入之间的关系，样本中既有女性又有男性，你打算研究性别是否会导致差别。

例 B：研究家庭收入和教育支出的关系，样本中既包括农村家庭又包括城镇家庭，你打算研究两者的差别。

例 C：研究教育科研投入的决定因素，在你的观测期中，某一年政府开始实行一项教育政策。你想检验该教育政策是否会对教育科研投入产生影响。

上述各例都可以用两种方法来解决，第一种方法是按分类变量进行分类回归分析，然后看各个回归方程参数是否不同。第二种方法是用全部观测值做回归，将定性因素的影响用虚拟变量引入模型。当只有一个分类变量，且该变量只有两个水平时，第一种、第二种方法都是可行的；如果有多个分类变量、每个变量又有多个水平，此时使用虚拟变量回归方法较为方便。

虚拟变量的设置规则包括两个方面。

第一，“0”和“1”选取原则。虚拟变量取“1”或“0”的原则，应从分析问题的目的出发予以界定。从理论上讲，虚拟变量取“0”值通常代表比较的基础类型，而虚拟变量取“1”值通常代表被比较的类型。“0”代表基期(比较的基础，参照物)，“1”代表报告期(被比较的效应)。例如，比较收入时考察性别的作用。当研究男性收入是否高于女性时，是将女性作为比较的基础(参照物)的，故男性为“1”，女性为“0”。

第二，属性(状态、水平)的因素与设置虚拟变量数量的关系。定性因素的属性既可能为两种状态，也可能为多种状态。例如，性别(男、女两种)，季节(4 种状态)，地理位置(东、中、西部)，年级，职业，职称等。虚拟变量数量的设置规则：①若定性因素具有 $m(m\geqslant 2)$个相互排斥的属性(或几个水平)，当回归模型有截距项时，只能引入 $m-1$ 个虚拟变量；②当回归模型无截距项时，则可引入 m 个虚拟变量；否则，就会陷入“虚拟变量陷阱”。例如，研究居民教育消费支出 Y_i 和居民可支配收入 X_i 之间的数量关系。回归模型的设定为：$Y_i=\alpha_0+\beta_1 X_i+u_i$。现在要考虑城镇居民和农村居民之间的差异。为了对“城镇居民”“农村居民”进行区分，分析各自在教育消费支出上的差异，设 $D_{1,1}=1$ 为城镇，$D_{1,0}=0$ 为农村，则模型为 $Y_i=\alpha_0+\beta_1 X_i+\alpha_1 D_1+u_i$。(模型有截距，“居民属性”定性变量只有两个相互排斥的属性状态 $m=2$，故只设定一个虚拟变量。)

9.3.2　虚拟变量回归的案例一

【例 9-3】研究大学生的英语阅读能力、是否有朗读英语习惯对英语综合能力的影响。在进行了相应的测试和调查之后，获得数据文件“英语阅读测验、综合测验的成绩.sav”。试以“朗读习惯”为虚拟自变量，“阅读成绩”为常规自变量，“综合成绩”为因变量，建立回归方程。

解析：先将“综合成绩”设为因变量 Y，“阅读成绩”设为自变量 X_1，“朗读习惯”设为自变量 X_2，建立虚拟变量回归模型，得：

$$Y_i=\beta_0+\beta_1 X_{1i}+\beta_2 X_{2i}+\varepsilon_i\text{；其中 } X_{2i}=\begin{cases}1,\text{有朗读英语的习惯}\\0,\text{无朗读英语的习惯。}\end{cases}$$

SPSS 操作过程如下。

第 1 步：打开分析数据。打开“英语阅读测验、综合测验的成绩.sav”数据文件。

第 2 步：设置虚拟变量的数据。对作为虚拟变量的“朗读习惯”进行值标签设置，将“无朗读英语的习惯”的情况设置为 0，将“有朗读英语的习惯”的情况设置为 1。在本例的数据文件中，该变量的数据已经按照此设置进行编码和录入。

第 3 步：启动分析过程。点击【分析】→【回归】→【线性】菜单命令，打开对话框。

第 4 步：设置分析变量。设置因变量，将“综合成绩”选入“因变量”框中。设置自变量，将“阅读成绩”和“朗读习惯”选入“自变量”框中。在“方法”框内，本例选择输入(见图 9-13)。

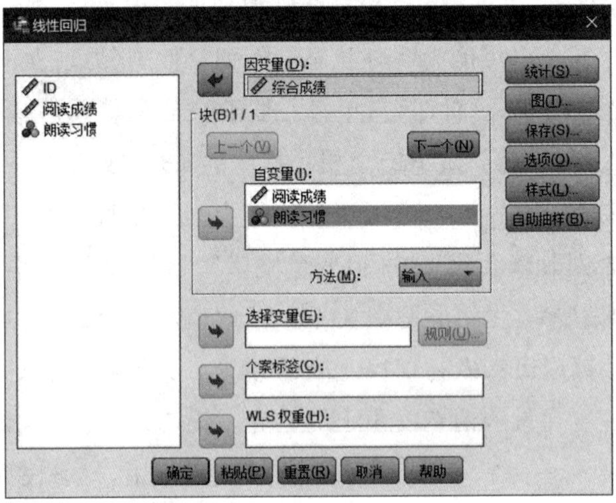

图 9-13 “线性回归”对话框

第 5 步：在主对话框中点击【确定】按钮，提交执行。随后 SPSS 输出结果。

第 6 步：结果分析。

第 1 个表：输入/除去的变量(略)。

第 2 个表：模型摘要(见表 9-16)。

表 9-16 模型摘要

模型	R	R 平方	调整后 R 平方	标准偏差错误
1	0.950[a]	0.903	0.899	5.810

a. 预测变量：(常量)，朗读习惯，阅读成绩。

[分析]此表报告了模型的复相关系数 R 为 0.950，决定系数 R^2 为 0.903。R^2 值接近 1，说明回归方程对数据的拟合程度很好。

第 3 个表：方差分析(ANOVA)(见表 9-17)。

表 9-17 ANOVA[a]

模型		平方和	自由度	均方	F	显著性
1	回归	15770.985	2	7885.492	233.591	0.000[b]
	残差	1687.883	50	33.758		
	总计	17458.868	52			

a. 因变量：综合成绩。

b. 预测变量：(常量)，朗读习惯，阅读成绩。

[分析]回归方程所对应的 F 值为 233.591，对应的显著性水平小于 0.05，所建立的回归方程显著。

第 4 个表：回归系数(见表 9-18)。

表 9-18　回归系数[a]

模型	未标准化系数		标准化系数	t	显著性
	B	标准误差	Beta		
（常量）	−45.822	4.733		−9.681	0.000
阅读成绩	1.245	0.058	0.972	21.611	0.000
朗读习惯	6.904	1.648	0.189	4.190	0.000

a. 因变量：综合成绩。

[分析]由表中的显著性可知，本例的回归模型的截距项常量、自变量"阅读成绩"、虚拟变量"朗读习惯"系数的显著性水平都小于 0.05，说明这些常量和变量系数都在回归方程中有效。

最后建立的回归方程为：综合成绩＝－45.822＋ 1.245 * 阅读成绩＋6.904 * 朗读习惯。

自变量"阅读成绩"的系数是 1.245，这说明阅读成绩每提高 1 分，综合成绩就提高 1.245 分。虚拟变量"朗读习惯"的系数是 6.904，这说明当大学生有朗读英语的习惯时，综合成绩就提高 6.904 分。

9.3.3　虚拟变量回归的案例二

【例 9-4】根据某大学教师的教学科研工作的档案信息"大学教师年均教学科研工作量.sav"，请分析大学教师的年均教学科研工作量是否受到教龄、性别、学历的影响。

解析：性别和学历是两个不同的标准。按性别标准，大学教师可以分为男、女两类，应该引入一个虚拟变量；按学历标准，大学教师可以分为大学本科学历、硕士学历、博士学历三类，应该引入两个虚拟变量。因此，总计引入三个虚拟变量。

$$D_2=\begin{cases}1，男\\0，女\end{cases}；\ D_3=\begin{cases}1，硕士\\0，其他\end{cases}；\ D_4=\begin{cases}1，博士\\0，其他\end{cases}$$

假设 Y 代表年均教学科研工作量，X 代表教学工作年龄(教龄)，建立模型。

$$Y_i=B_0+B_1X_i+B_2D_{2i}+B_3D_{3i}+B_4D_{4i}+u_i$$

在本例中，基准类是本科女教师，B_0 为截距，即刚参加工作的本科学历女教师的年均教学科研工作量；B_1 为教龄对年均教学科研工作量的影响；B_2 是性别差异系数；B_3 和 B_4 为学历差异系数，B_3 代表硕士学历与本科学历的年均教学科研工作量差异，B_4 代表博士学历与本科学历的年均教学科研工作量差异。

在对多个分类标准引入虚拟变量时，应该注意每一个标准下引入虚拟变量的个数是这个标准下的类别数目减 1，所以在本例中只引入三个虚拟变量而不是五个。

SPSS 操作过程如下。

第 1 步：打开分析数据。打开“大学教师年均教学科研工作量.sav”文件。

第 2 步：对“性别”变量设置虚拟变量。在该数据文件的“性别”变量中，1 代表女，2 代表男，现在需要修改为：0 代表女，1 代表男。通过重编码的方法进行修改，点击【转换】→【重新编码为不同变量】菜单命令，选择“性别”进入右边的框中，并在输出变量框中输入“*D*2 性别”，点击【变化量】按钮(见图 9-14)。

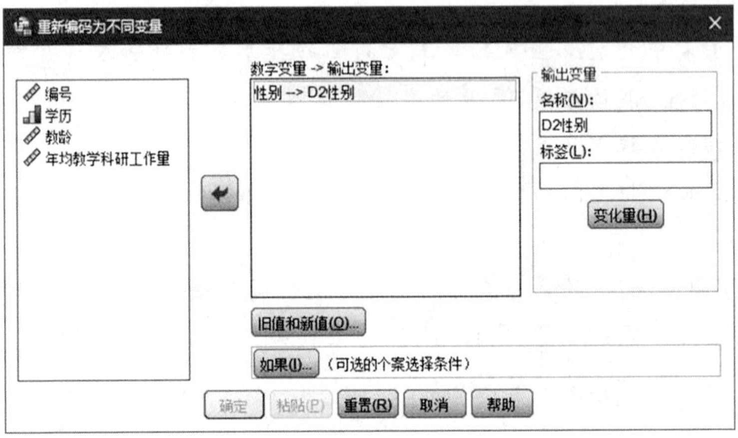

图 9-14 “重新编码为不同变量”对话框(一)

点击【旧值和新值】按钮，弹出对话框：在“旧值”框内，选择第一个选项“值”，在所对应的输入框中输入“1”，在“新值”框内输入 0，点击【添加】按钮；再在第一个选项“值”所对应的输入框中输入“2”，并在“新值”框内输入 1，点击【添加】按钮。完成以上设置后，点击【继续】按钮回到主对话框，再点击【确定】按钮。此时在数据窗口，就会产生一列新的变量“*D*2 性别”。

第 3 步：对“学历”变量设置虚拟变量。“学历”变量分为三个水平，1 代表本科，2 代表硕士，3 代表博士，需要引入两个虚拟变量。第一虚拟变量设置为：1 代表硕士，0 代表其他学历。然后点击【转换】→【重新编码为不同变量】菜单命令，由于第 2 步的设置仍然保留在对话框中，此时点击【重置】按钮进行清除。然后再选择“学历”进入右边的框中，并在输出变量框中输入“*D*3 学历”，点击【变化量】按钮(见图 9-15)。

点击【旧值和新值】按钮，弹出对话框：在“旧值”框内，选择第一个选项“值”，在所对应的输入框中输入“2”，在“新值”框内输入 1，点击【添加】按钮；再在左边“旧值”框内选择“所有其他值”，并在“新值”框内输入 0，点击【添加】按钮(见图 9-16)。

完成以上设置后，点击【继续】按钮回到主对话框，再点击【确定】按钮。此时在数据窗口会产生一列新的变量“*D*3 学历”。

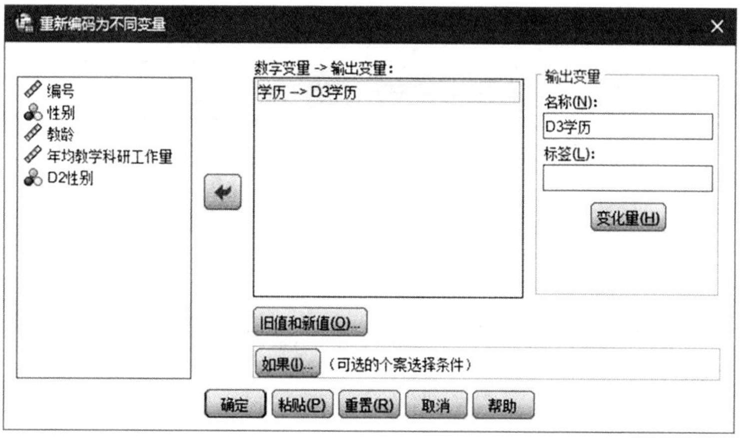

图 9-15　“重新编码为不同变量”对话框(二)

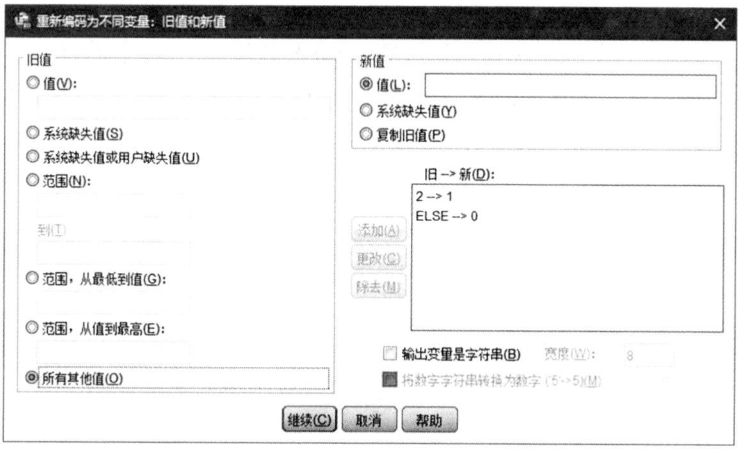

图 9-16　“重新编码为不同变量：旧值和新值”子对话框

继续对学历的第二个虚拟变量进行设置，1 代表博士，0 代表其他学历信息。然后点击【转换】→【重新编码为不同变量】菜单命令，由于前面步骤的设置仍然保留在对话框中，此时点击【重置】按钮进行清除。然后再选择“学历”进入右边的框中，并在输出变量框中输入“*D*4 学历”，点击【变化量】按钮，将虚拟变量的名称确定。然后再点击【旧值和新值】按钮，弹出对话框：在“旧值”框内，选择第一个选项“值”，在所对应的输入框中输入“3”，在“新值”框内输入 1，点击【添加】按钮；再在左边“旧值”框内选择“所有其他值”，并在“新值”框内输入 0，再点击【添加】按钮。完成以上设置后，点击【继续】按钮回到主对话框，再点击【确定】按钮。此时在数据窗口会产生一列新的变量“*D*4 学历”。

第 4 步：启动分析过程。点击【分析】→【回归】→【线性】菜单命令，打开如图 9-17 所示的对话框。

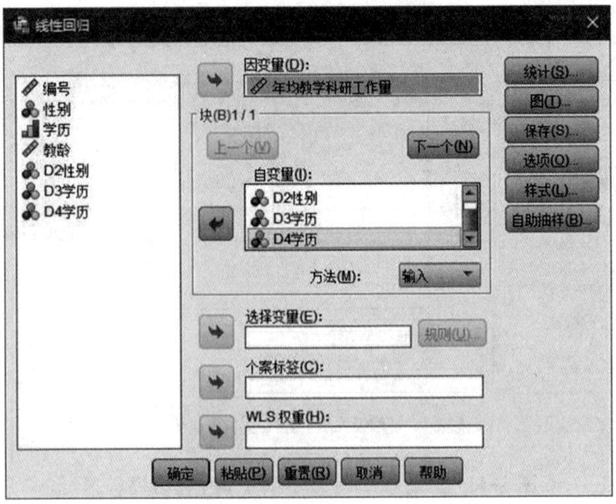

图 9-17 "线性回归"对话框

第 5 步：设置分析变量。设置因变量：将左边变量列表中的"年均教学科研工作量"，选入"因变量"框中。设置自变量：将左边变量列表中的"教龄""$D2$ 性别""$D3$ 学历""$D4$ 学历"，选入"自变量"框中。从"方法"框内下拉式菜单选择分析方法，本例选择输入。

第 6 步：在主对话框中点击【确定】按钮，提交执行。SPSS 输出结果。

第 7 步：结果分析。

第 1 个表：输入/除去的变量(略)。

第 2 至第 4 个表分别为：模型摘要(见表 9-19)、方差分析(ANOVA)(见表 9-20)、回归系数(见表 9-21)。

表 9-19 模型摘要

模型	R	R 方	调整后 R 方	标准估算的错误
1	0.896[a]	0.802	0.800	226.173

a. 预测变量：(常量)，$D4$ 学历，$D2$ 性别，教龄，$D3$ 学历。

[分析]此表报告了模型的复相关系数 R 为 0.896，决定系数 R^2 为 0.802，本例中的 R^2 值比较接近 1，说明回归方程对数据的拟合程度很好。

表 9-20 ANOVA[a]

模型		平方和	自由度	均方	F	显著性
1	回归	97182478.420	4	24295619.605	474.948	0.000[b]
	残差	23991368.679	469	51154.304		
	总计	121173847.099	473			

a. 因变量：年均教学科研工作量。

b. 预测变量：(常量)，$D4$ 学历，$D2$ 性别，教龄，$D3$ 学历。

[分析]回归方程所对应的 F 值为 474.948，对应的显著性水平小于 0.05，所

建立的回归方程显著。

表 9-21　回归系数[a]

模型		未标准化系数		标准化系数	t	显著性
		B	标准误差	Beta		
1	（常量）	1458.156	30.205		48.275	0.000
	教龄	38.580	1.530	0.663	25.216	0.000
	$D2$ 性别	279.117	23.675	0.275	11.790	0.000
	$D3$ 学历	131.288	33.247	0.130	3.949	0.000
	$D4$ 学历	275.493	43.502	0.253	6.333	0.000

a. 因变量：年均教学科研工作量。

[分析]由表中的显著性可知，本例的回归模型的截距项常量、自变量"教龄"，以及虚拟变量"$D2$ 性别""$D3$ 学历""$D4$ 学历"的显著性水平都小于 0.05，说明常量和变量系数都在回归方程中有效。最后建立的回归方程为：年均教学科研工作量＝1458.156＋38.580＊教龄＋279.117＊$D2$ 性别＋131.288＊$D3$ 学历＋275.493＊$D4$ 学历。

自变量"教龄"的系数为 38.580，这说明教龄每增加 1 年，其年均教学科研工作量增加 38.580。虚拟变量"$D2$ 性别"的系数为 279.117，这说明当教龄相同时，且教师属于男性时，教学科研工作量增加 279.117(相对于女性)；虚拟变量"$D3$ 学历"的系数为 131.288，这说明当教龄相同、教师学位为硕士时，教学科研工作量增加 131.288(相对于本科学位)；虚拟变量"$D4$ 学历"的系数为 275.493，这说明当教师学位为博士时，教学科研工作量增加 275.493(相对于本科学位)。

【思考题】

本例中也可以使 0 代表男、1 代表女，如果其他设置保持不变，请以同样的步骤进行虚拟自变量回归，分析性别变量的不同设置方法，对结果是否有影响?

9.4　回归分析的报告参考样例

这里以本书中的多元线性回归分析案例来说明回归分析的报告。以下报告内容仅作为参考。

回归分析需要写在毕业论文、研究论文的内容包括以下几个方面。

①在回归方程(以最终确定的回归方程，以下同)中被移除的变量：工作技能水平、工作经验得分、个人信心指数、同事人际敏感程度、自我效能感。被纳入的变量：工作经验得分、绩效评价得分、劳动强度。根据自变量在实际工作中的意义，劳动强度是影响工作满意度的一个重要方面，因此在最终方程中将劳动强度纳入。

②回归方程的决定系数 R^2。本章【**例 9-2**】中最后回归方程模型的 R^2 为 0.498。

③回归方程的方差分析表(见表 9-22)。根据论文篇幅的要求，可以报告方差分析表的全部表格内容，也可以只用文字简要地报告回归方程的 F 值及其显著性。

表 9-22　回归方程的方差分析表

模型	平方和	自由度	均方	F	显著性
回归	1866.642	3	622.214	11.902	0.000
残差	1881.982	36	52.277		
总计	3748.624	39			

[分析]回归方程所对应的 F 值为 11.902，对应的显著性水平小于 0.05，拒绝原假设。结论：所建立的回归方程有效。

④回归方程的系数(见表 9-23)。

表 9-23　回归方程的系数

模型	未标准化系数 B	t	p
(常量)	−15.909	−0.558	0.580
工作经验得分	0.516	2.564	0.015
绩效评价得分	0.805	4.211	0.000
劳动强度	−1.084	−1.752	0.088

也就是说，建立的回归方程为：工作满意度＝－15.909＋0.516 * 工作经验得分＋0.805 * 绩效评价得分－1.084 * 劳动强度。工作经验得分、绩效评价得分越高的员工，其工作满意度越高；而劳动强度越高的员工，其工作满意度越低。

⑤共线性诊断。最后纳入回归模型的工作经验得分、绩效评价得分、劳动强度这三个变量的容差在 0.869～0.949，*VIF* 值都接近 1，因此三个变量之间的共线性很弱。共线性诊断可以根据论文篇幅的要求，报告共线性诊断的全部表格内容，也可以用文字简要表达。

本章参考文献

Durbin，J. & Watson，G. S. (1951). Testing for serial correlation in least squares regression. Ⅱ. Biometrika，37(3)，409-428.

温忠麟. (2016). 心理与教育统计(第二版). 广州：广东高等教育出版社.

【练习题】

1. 某省 1980 年至 2003 年统计年鉴的统计数据文件为“教育科研投入.sav”。试将人均国内生产总值与教育科研投入的关系拟合一个回归方程。

2. 在警觉实验中，为了考察肌肉动作反应速度 x_1、警觉信息的可识别度 x_2 和个人感受性 x_3 对警觉反应速度 y 的影响，一共做了 55 次试验，所得的数据文件为“警觉反应实验. sav”。试对以上数据进行回归分析：建立线性回归模型；对回归模型进行检验；若回归模型通过检验，试求：当 $x_1=80$，$x_2=35$，$x_3=200$ 时，警觉反应速度 y 的点预测与 95％的区间预测。

3. 某研究者测得 30 名大学生的学习态度、每周学习时间和学习倦怠指数，数据文件为“学习倦怠调查分析. sav”。试用多元回归的方法确定以学习态度、每周学习时间为自变量，以学习倦怠指数为因变量的回归方程。

4. 某大学的附属医院对 56 名大学生进行测试，包括肺活量和其他锻炼测试的数据，目的是在锻炼测试数据基础上求出拟合回归方程，从而对人体肺活量做适应性预测。数据文件为“大学生锻炼测试的数据. sav”。其中，x_1 为年龄(岁)，x_2 为体重(kg)，x_3 为跑 2km 路程所用的时间(min)，x_4 为静止时脉搏的跳动次数，x_5 为跑步时脉搏的跳动次数，x_6 为跑步时脉搏跳动的最大次数，y 为每千克体重每分钟氧气吸入率(％)。试用后退法建立多元线性回归方程。

5. 某研究机构调查 32 所中学的七年级学生的平均言语测验得分(Y)与家庭社会经济状况综合指标(x_1)、教师言语测验得分(x_2)及母亲文化教育水平(x_3)的关系，数据文件为“初中学生言语测验得分. sav”。试对七年级学生的言语测验得分建立回归方程。

6. 某研究者对高校教师的教学工作与科研工作进行调查分析，数据文件为“教师教学研究调查. sav”。请：①分析教师的科研得分(因变量)对教学得分(自变量)的回归关系；②考虑教师性别对教学科研工作量的影响，试按性别分别求科研得分对教学得分的回归模型；(提示：使用【数据】→【拆分文件】菜单命令)③将性别、学历作为虚拟自变量，分析科研得分(因变量)对性别、学历、教师的教学得分的回归关系。

第 10 章　信度和效度分析

在心理与教育研究中，人们经常需要借助心理量表来了解被试的某一心理特性。例如，常用的症状自评量表(SCL-90)，可以评定被试在 10 个方面的心理症状的表现形式与强度。在完成一份量表的编制工作后，或者在准备将一份已有的量表进行实际应用前，需要对量表的信度进行考核。如果通过量表设置的测验项目无法稳定地获得这一特征，则表示该量表的可靠性差，即信度低。研究者有时需要了解量表中各个测验项目之间的一致性，这需要将量表的测验项目按原编号的奇、偶数分半后进行分半信度计算等。

10.1　信度分析方法及计算方法

信度分析方法包括以下几种方法。①重测信度法：用同样的问卷对同一批被试在间隔一定的时间之后进行重复测试的方法，也可称作测试—再测方法。得到两次测试数据之后，计算两次测试结果的相关系数。②复本信度法(等同信度法、平行信度法)：让被试一次性填写两份复本(平行)问卷，计算两个复本得到的测试结果的相关系数。③分半信度法：将问卷的项目分成两半(分半的方法有奇偶分半、难度分半等方法)，分别计分，测算出两半项目的分数之间的相关系数，再据此确定整个问卷的信度系数。分半信度属于内部一致性系数，测量的是两半测验间的一致性。这种方法常被用于人格、能力、气质、态度测验的信度分析，不适用于测量事实型问卷、调查型问卷。④克隆巴赫 α 系数：目前最常用的内部一致性系数。⑤评分者信度：评价不同评分者给同一批被试打分的一致性程度。如果有两个评分者，可计算这两个评分者给一组被试评分的积差相关或等级相关；如果有三个或更多评分者，可以计算肯德尔和谐系数。

在 SPSS 中专门用来进行测验信度分析的模块为【刻度】下的【可靠性分析】，主要功能是分析测验信度，计算分半信度、克隆巴赫 α 系数的值。

计算重测信度和复本信度，只需将样本的两次(份)测验数据合并到同一数据文件之后，利用【相关】下的【双变量】菜单，求其相关系数即可。

评分者信度使用肯德尔和谐系数来分析，本书第 5 章已经讲述了该系数的计算方法。

【特别提示】在检验计算分半信度、克隆巴赫 α 系数时，需要预先对反向计分的题目进行反向计分。例如，艾森克量表的反向计分，以及 16PF 量表中不同规则的计分都需要预先按照测验手册的要求对原始得分进行计分后，再进行检验计算克隆巴赫 α 系数。

10.2　重测信度、复本信度的评价标准

对于测验中重测信度、复本信度的评价，有学者(DeVellis，1991)认为：0.60～0.65(最好不要)；0.65～0.70(最小可接受值)；0.70～0.80(相当好)；0.80～0.90(非常好)。在实践应用中，通常认为测验信度系数的优秀标准为：标准化能力与学绩测验的信度系数应在 0.9 以上；性格、态度等人格测验的信度系数应在 0.8 以上；教师自编学绩测验的信度系数应在 0.7 以上。

10.3　克隆巴赫 α 系数

在一份测验中，题目之间的克隆巴赫 α 系数的评价标准如表 10-1 所示。

表 10-1　克隆巴赫 α 系数的评价标准

克隆巴赫 α 系数	层面(可信度)
克隆巴赫 α 系数<0.5	不理想，舍弃不用
0.5≤克隆巴赫 α 系数<0.6	可以接受，增列题项或修改语句
0.6≤克隆巴赫 α 系数<0.7	尚佳
0.7≤克隆巴赫 α 系数<0.8	佳(信度高)
0.8≤克隆巴赫 α 系数<0.9	理想(甚佳，信度很高)
0.9≤克隆巴赫 α 系数	非常理想(信度非常好)

由此，一份测验的量表或问卷(仅是单维测验时)，克隆巴赫 α 系数最好在 0.80 以上，0.70～0.80 是可以接受的范围；分量表最好在 0.70 以上，0.60～0.70 是可以接受的范围。若总量表的克隆巴赫 α 系数在 0.70 以下，或者分量表的克隆巴赫 α 系数在 0.60 以下，则应考虑重新修订量表或增删题项。

【例 10-1】某研究者为了研究中学生的自律性发展情况，编制了自律性量表，共 22 个问题，并随机调查并获取了 108 名中学生的测验数据，见“自律性量表.sav”文件。请分析该量表的克隆巴赫 α 系数。

SPSS 操作过程如下。

第 1 步：打开分析数据。打开“自律性量表.sav”文件。

第 2 步：启动分析过程。点击【分析】→【刻度】→【可靠性分析】菜单命令，打开如图 10-1 所示的对话框。

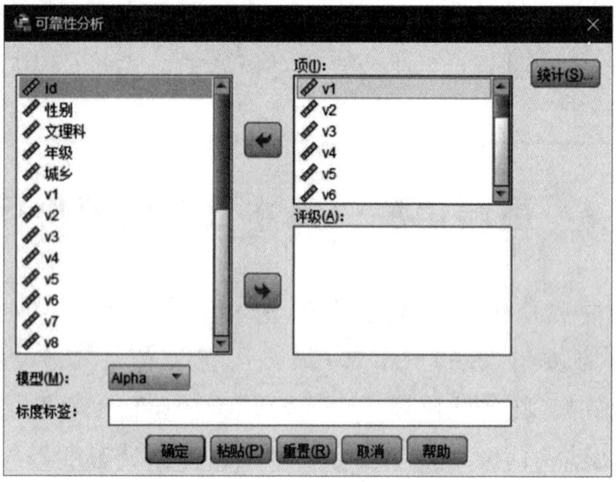

图 10-1 “可靠性分析”对话框

第 3 步：设置分析变量。将左边变量列表中的 v_1，v_2，v_3，…，v_{21}，v_{22} 共 22 个变量选入“项”框中。

第 4 步：选择分析模型。在模型的下拉菜单中，有五个选项。

①Alpha：计算克隆巴赫 α 系数。

②折半：计算测验的分半信度。

③格特曼：真实可靠性的格特曼低界。

④平行：并行模型假定下的极大似然可靠性估计。

⑤严格平行：严格平行模型假定下的极大似然可靠性估计。

本例选用第一个“Alpha”选项，即计算克隆巴赫 α 系数。

第 5 步：统计参数设置。点击【统计】按钮，弹出“可靠性分析：统计”对话框(见图 10-2)。

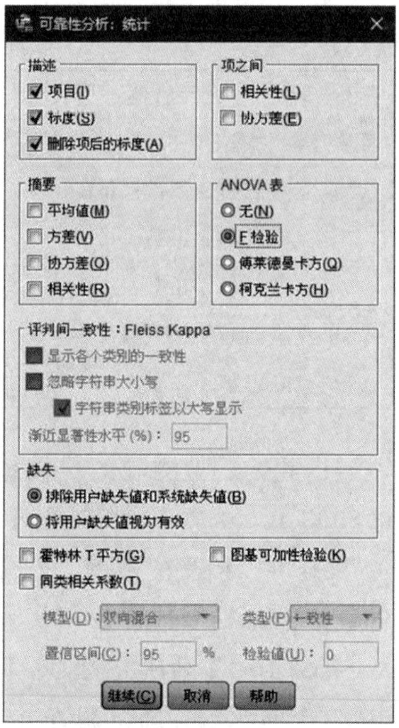

图 10-2 “可靠性分析：统计”对话框

在“描述”框中，有“项目”“标度”“删除项后的标度”三个复选框。在本例中，这三个复选框都选择。

在“ANOVA 表”框内，有“无”“*F* 检验”“傅莱德曼卡方”“柯克兰卡方”四个单选项，其意义分别是：不做方差分析、做重复标度的方差分析、计算傅莱德曼卡方和肯德尔和谐系数(适用于等级资料)、计算柯克兰值

(适用于所有项目均为二分变量的情况)。本例选“F 检验”。

在完成各选项的选择之后，点击【继续】按钮回到上一级对话框。

第 6 步：在主对话框中点击【确定】按钮，提交执行。

第 7 步：结果分析。

第 1 个表：个案处理摘要(略)。

第 2 个表：可靠性统计(见表 10-2)。

表 10-2　可靠性统计

克隆巴赫 Alpha	项数
0.822	22

[分析]整个量表的克隆巴赫 α 系数为 0.822，说明量表的同质性相对较高，根据克隆巴赫 α 系数的评价表，属于理想层次。

第 3 个表：项统计(略)。

第 4 个表：项总计统计(见表 10-3)。

表 10-3　项总计统计

	删除项后的标度平均值	删除项后的标度方差	修正后的项与总计相关性	删除项后的克隆巴赫 Alpha
v_1	38.62	49.733	0.541	0.807
v_2	38.26	49.446	0.609	0.804
v_3	38.68	50.913	0.485	0.810
v_4	38.30	49.519	0.607	0.804
v_5	38.56	55.071	0.117	0.824
v_6	38.56	49.968	0.523	0.808
v_7	39.29	54.076	0.200	0.822
v_8	39.07	51.938	0.332	0.817
v_9	39.50	57.150	−0.141	0.867
v_{10}	39.33	52.991	0.336	0.817
v_{11}	38.62	49.733	0.541	0.807
v_{12}	38.26	49.446	0.609	0.804
v_{13}	39.33	52.991	0.336	0.817
v_{14}	38.62	49.733	0.541	0.807
v_{15}	38.26	49.446	0.609	0.804
v_{16}	38.60	51.550	0.383	0.815
v_{17}	38.30	49.519	0.607	0.804
v_{18}	39.44	52.828	0.440	0.814
v_{19}	39.04	51.363	0.399	0.814
v_{20}	38.59	51.963	0.319	0.818
v_{21}	39.45	52.400	0.408	0.814
v_{22}	39.31	53.694	0.224	0.821

[分析]此表主要是考察项目与量表得分的关系，第 2 列为删除项后的标度平均值，意思为：将某一项目从量表中剔除后量表的平均得分；第 3 列为删除项后的标度方差，意思为：将某一项目从量表中剔除后量表的方差；第 4 列为修正后的项与总计相关性，意思为：每个项目得分与剩余各项目得分之间的相关系数；第 5 列为删除项后的克隆巴赫 Alpha，意思为：将某一项目从量表中剔除后，再次计算得到的克隆巴赫 α 值。

在本例中，在第 4 列“修正后的项与总计相关性”中，v_9 最小，为 -0.141，表明该项目与其他各项目是反向相关的关系。凡是反向相关的项目，往往是需要删除的；相关系数小于 0.30 的项目，则根据实际情况也是考虑删除的。

在第 5 列“删除项后的克隆巴赫 Alpha”中，v_9 最大，为 0.867，表明该项目从量表中剔除后克隆巴赫 α 值会变大，说明此项目该删。

结合第 4、第 5 列的信息，可以考虑删除 v_9，然后再进行信度分析。

第 5 个表：标度统计(见表 10-4)。

表 10-4　标度统计

平均值	方差	标准偏差	项数
40.67	56.168	7.495	22

[分析]此表主要报告测验总分的描述统计量：平均值、方差、标准偏差和项数。

第 6 个表：方差分析(ANOVA)(见表 10-5)。

表 10-5　ANOVA

		平方和	自由度	均方	F	显著性
人员间		273.182	107	2.553		
人员内	项间	454.214	21	21.629	47.552	0.000
	残差	1022.059	2247	0.455		
	总计	1476.273	2268	0.651		
总计		1749.455	2375	0.737		

总平均值=1.85。

[分析]根据被试之间的平方和、项目之间的平方和进行方差分析，结果表明，$F=47.552$，$p<0.001$，即该量表的重复标度效果良好。

【知识拓展】

一、α 系数与测验信度

在过去的研究中，许多研究者常用 α 系数估计测验信度，认为 α 系数高，则测验信度高。近年来，最新研究的观点一致认为，α 系数被看作测验的信度是有条件的；如果不满足条件，α 系数可能会高估或低估测验信度(温忠麟，叶宝娟，2011；Green & Yang，2009)。

温忠麟和叶宝娟(2011)通过公式推导得到了测验信度、内部一致性信度和同质性信度的公式关系，提出用合成信度(也称内部一致性信度、内部一致性系数)能更准确地估计测验信度，并提出使用验证性因子分析法能计算出内部一致性信度和同质性信度。测验信度大于内部一致性信度，内部一致性信度大于同质性信度。SPSS 软件中尚未有验证性因子分析法，有兴趣的读者可以进一步参阅有关研究论文，以了解内部一致性信度和同质性信度的计算。

因此，在 SPSS 中计算出的 α 系数，不能等同于内部一致性信度(内部一致性系数)，也不能等同于同质性信度(同质性系数)，更不能等同于测验信度(温忠麟，叶宝娟，2011)。这里引用温忠麟(2016)报告 α 系数的说明："通常的测验都可以假设测验题目的误差之间不相关……如果 α 系数高到可以接受，测验信度就可以接受。所以，还是可以将 α 系数作为信度来报告的，但要说明测验的 α 系数是多少，而不要将 α 系数说成是测验内部一致性系数或者同质性系数。除非有特别的需要，否则报告 α 系数比报告分半信度要好，没有必要两样都报告。"

温忠麟和叶宝娟(2011)认为，无论测验是否是单维的(只要合成总分有测量意义)，如果 α 系数高到可以接受(根据表 10-1 中克隆巴赫 α 系数的评价标准，那么 α 系数应该大于等于 0.6 才可以被接受)，则测验信度可以被接受，并且在报告 α 系数时说明测验信度不低于 α 系数。总之，对于通常的单维测验，如果 α 系数高到可以接受，其信度就有保证，测验就可以被接受。从这个角度说，α 系数还有参考价值，但要说明误差之间不相关是合理的，此时的测验信度不低于 α 系数。但是，如果 α 系数过低，应当使用内部一致性信度(合成信度)。

二、内部一致性与同质性

这里再进一步论述内部一致性与同质性的含义，这里引用温忠麟、叶宝娟(2011)研究的概述：内部一致性可以定义为题目之间的相关性，如果同一维度内部的题目之间相关性高(可以理解为测量同一特质的题目之间相关系数的最小值高)，则内部一致性高。同质性可以定义为所有题目都测量了相同的特质，如果所有题目之间的相关性都高(可以理解为所有题目之间相关系数的最小值高)，则同质性高。在因子分析中可知，相关性高的题目将共享公共因子，所以衡量内部一致性和同质性，可以从因子分析入手。对于单维测验来说，内部一致性与同质性是同一个系数、同一个意思；但在一般情况下，许多心理量表或心理测验都是多维的，因此两者是不同的概念。

对以上内容有兴趣的读者可进一步参阅本章末列出的参考文献。

10.4 分半信度

分半信度，在 SPSS 中被称为折半信度。

【例 10-2】例子内容和数据同**【例 10-1】**。本例请分析量表的分半信度。

SPSS 操作过程如下。

第 1 步：打开分析数据。打开“自律性量表.sav”文件。

第 2 步：启动分析过程。点击【分析】→【刻度】→【可靠性分析】菜单命令，打开对话框。

第 3 步：设置分析变量。将左边变量列表中 v_1，v_2，v_3，…，v_{21}，v_{22} 共 22 个变量选入“项”框中(见图 10-3)。

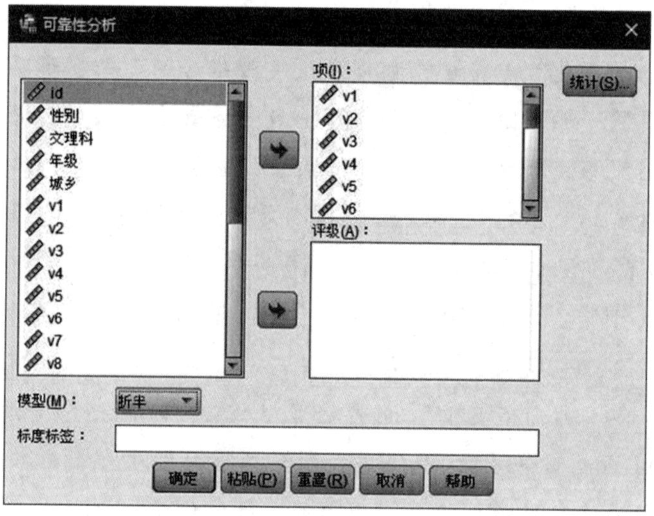

图 10-3 “可靠性分析”对话框

第 4 步：选择分析模型。在模型的下拉菜单中，选用第二个“折半”选项：计算分半信度。

第 5 步：统计参数设置。点击【统计】按钮，弹出“可靠性分析：统计”对话框，在本例中选择“项目”“标度”“删除项后的标度”三个复选框。点击【继续】按钮，返回到上一级对话框。

第 6 步：在主对话框中点击【确定】按钮，提交执行。

第 7 步：结果分析。

第 1 个表：个案处理摘要(略)。

第 2 个表：可靠性统计(见表 10-6)。

表 10-6　可靠性统计

克隆巴赫 α	第一部分	值	0.601
		项数	11[a]
	第二部分	值	0.770
		项数	11[b]
	总项数		22
形态之间的相关性			0.729
斯皮尔曼-布朗系数	等长		0.843
	不等长		0.843
格特曼折半系数			0.842

a. v_1，v_2，v_3，v_4，v_5，v_6，v_7，v_8，v_9，v_{10}，v_{11}。

b. v_{12}，v_{13}，v_{14}，v_{15}，v_{16}，v_{17}，v_{18}，v_{19}，v_{20}，v_{21}，v_{22}。

[分析]第 1 行是前半部分(前 11 题)的克隆巴赫 α 值 0.601；第 3 行是后半部分(后 11 题)的克隆巴赫 α 值 0.770。

第 7、第 8 行是斯皮尔曼-布朗系数，分等长、不等长两种情况，本例中应该为等长，那么分半信度为 0.843。

注意到表格下面对 a，b 的注释，说明此次分析是把测验进行了前后分半。

第 3 个表：项统计(略)。

第 4 个表：项总计统计(略)。

第 5 个表：标度统计(略)。

【思考题】

在**【例 10-2】**中，分半法是将测验分为前后两半，然后求分半信度；而在实际测量中需要求奇偶分半信度，怎么来求奇偶分半信度?

参考提示：在变量选择时，先选择顺序为奇数的项目，再选择顺序为偶数的项目(见图 10-4)。

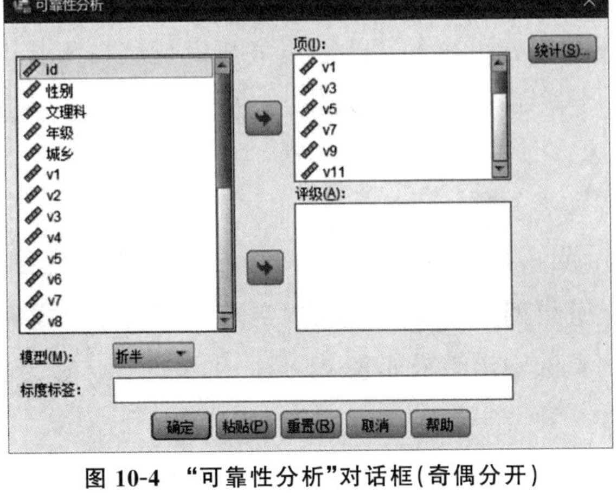

图 10-4　“可靠性分析”对话框(奇偶分开)

10.5 测验效度在 SPSS 中的计算

在心理与教育测量中，测验效度的一般分类为内容效度、结构效度和效标关联效度(实证效度)。这里仅对效标关联效度进行实例演示分析。效标关联效度的计算方法主要有以下几种。

①相关系数法，求取测验分数与效标分数之间的相关程度，即效度系数。

②区分法，根据被试在效标上的表现进行分组，然后再对两组被试在该测验中的成绩进行 T 检验。

③命中率法(或标准参照测验的决策效度计算)，测验有效性的指标之一就是做出正确决定的比率，即决策的命中率，其计算方法如表 10-7 所示。

表 10-7　预测源与效标测验的分类

预测源	不合格	合格
合格	(A)失误	(B)命中
不合格	(C)命中	(D)失误

总命中率公式为：$总命中率=\dfrac{命中}{命中+失误}=\dfrac{B+C}{A+B+C+D}$。

正命中率公式为：$正命中率=\dfrac{B}{A+B}$。

【例 10-3】某一班级的英语期末考试成绩已知。几个月后，该班的英语四级成绩出来了。现欲根据英语四级成绩来分析此期末考试的测验效度情况。数据文件为“英语期末考试和英语四级成绩.sav”，要求分别使用三种方法求期末考试的测验效度(相关系数法、区分法、命中率法)。

分析思路：英语四级成绩是期末考试的效标。①相关系数法。计算期末考试成绩与英语四级成绩的相关系数，再平方即得到效度。②区分法。这里将“四级是否通过”这个变量作为分组变量，然后再对两组被试在测验中的成绩进行 T 检验。③命中率法。计算期末考试成绩是否合格，与英语四级是否通过的决策效度、分类一致性效度。

SPSS 操作过程如下。

①相关系数法：点击【分析】→【相关】→【双变量】菜单命令，把左边变量列表中的“期末考试”和“英语四级”选入右边的“变量”框中。点击【确定】按钮，提交执行。SPSS 在输出窗口的输出结果如表 10-8 所示。

表 10-8 相关性

		期末考试	英语四级
期末考试	皮尔逊相关性	1	0.616**
	显著性(双尾)		0.000
	个案数	50	50
英语四级	皮尔逊相关性	0.616**	1
	显著性(双尾)	0.000	
	个案数	50	50

**. 在 0.01 级别(双尾)，相关性显著。

此相关系数 0.616 即效度系数，此效度系数平方即得到效度为 0.379。

②区分法：使用独立样本 T 检验，"四级是否通过"作为分组变量，检验两组期末考试成绩的均值差异。

点击【分析】→【比较平均值】→【独立样本 T 检验】菜单命令，弹出对话框。在该对话框中，从左边的变量列表中选择变量，将"期末考试"选入"检验变量"框中，将"四级是否通过"变量选入"分组变量"框中；此时，在分组变量"四级是否通过"后面就出现了"??"，需要用户进一步定义。此时，点击【定义组】按钮，弹出如图 10-5 所示的对话框。

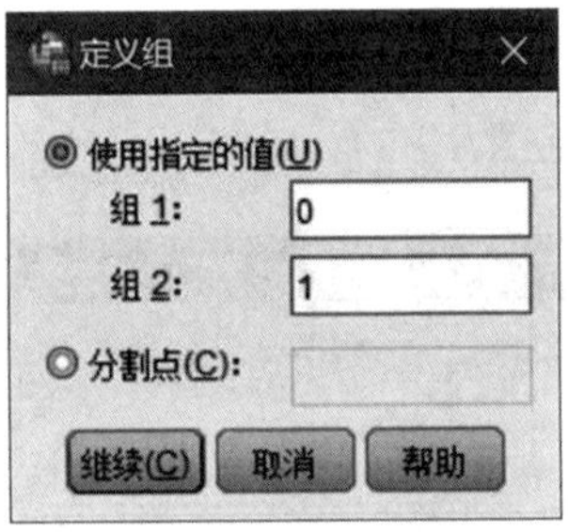

图 10-5 "定义组"对话框

在"使用指定的值"栏目下，需要在"组 1""组 2"中输入对应的组别编码。在本例中，两个组别的编码分别为 0，1，则输入 0，1。点击【继续】按钮回到上一级对话框。在主对话框中点击【确定】按钮，提交执行。

第 1 个表：描述统计(见表 10-9)。

表 10-9 描述统计

	四级是否通过	个案数	平均值	标准偏差	标准误差平均值
期末考试	0	19	59.26	9.237	2.119
	1	31	78.26	11.156	2.004

[分析]通过组的期末考试成绩的平均数为 78.26，高于未通过组的平均数。

第 2 个表：独立样本 T 检验(见表 10-10)。

表 10-10　独立样本 T 检验

		莱文方差等同性检验		平均值等同性 T 检验						
		F	显著性	t	自由度	显著性（双尾）	平均值差值	标准误差差值	差值 95%置信区间 下限	差值 95%置信区间 上限
期末考试	假定等方差	0.020	0.888	−6.222	48.000	0.000	−18.995	3.053	−25.133	−12.857
	不假定等方差			−6.513	43.644	0.000	−18.995	2.916	−24.874	−13.116

[分析]①莱文方差等同性检验(Levene's 方差齐性检验)的 F 值为 0.020，显著性为 0.888，大于 0.05，接受原假设，结论：两个组别的方差齐性。因此，选择第 1 行的 T 检验的结果。

②t 值是−6.222，对应的显著性小于 0.05，拒绝原假设。结论：两个组别的期末考试分数有显著差异，也就是期末考试的效标效度显著。

这里需要进一步报告假设检验的效应量。根据本书第 6 章里的相关计算公式，科恩效应量的计算值为 1.81，大于 0.8，属于大效应量。

③命中率法：使用 SPSS 交叉表分析方法，求得预测源、效标变量的交叉表人数统计表格。SPSS 菜单命令：点击【分析】→【描述统计】→【交叉表】菜单命令，弹出交叉表分析对话框，选择“期末是否及格”进入“行”变量框中，选择“四级是否通过”进入“列”变量框中(见图 10-6)。

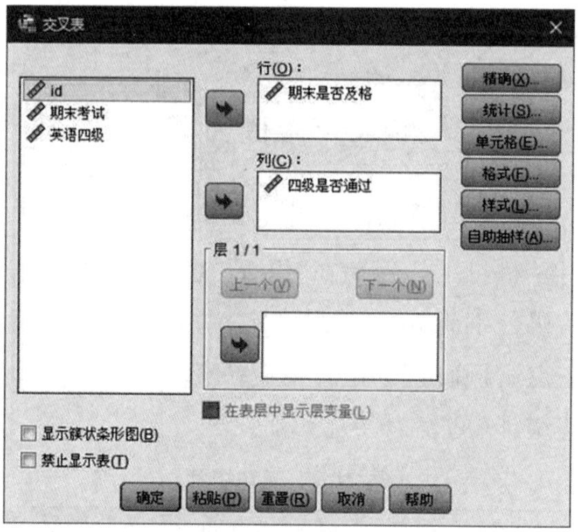

图 10-6　“交叉表”对话框

在主对话框中点击【确定】按钮，提交执行。SPSS 在输出窗口的输出结果如表 10-11 所示。

表 10-11　期末是否及格 * 四级是否通过交叉表

		四级是否通过		总计
		0	1	
期末是否及格	0	11	5	16
	1	8	26	34
总计		19	31	50

[分析]根据命中率公式计算：

总命中率为：(11＋26)/50 * 100％＝74％。

正命中率为：26/(8＋26) * 100％＝76.47％。

本章参考文献

温忠麟．(2016)．心理与教育统计(第二版)．广州：广东高等教育出版社．

温忠麟，陈虹熹，方杰，等．(2022)．新世纪 20 年国内测验信度研究．心理科学进展，30(8)，1682-1691．

温忠麟，叶宝娟．(2011)．测验信度估计：从 α 系数到内部一致性信度．心理学报，43(7)，821-829．

吴明隆．(2010)．问卷统计分析实务——SPSS 操作与应用．重庆：重庆大学出版社．

叶宝娟，温忠麟．(2012)．测验同质性系数及其区间估计．心理学报，44(12)，1687-1694．

杨强，叶宝娟，温忠麟．(2014)．用 SPSS 软件计算单维测验的合成信度．中国临床心理学杂志，22(3)，496-498．

Green，S. B.，& Yang，Y. (2009). Commentary on coefficient alpha：A cautionary tale. Psychometrika，74，121-135.

【练习题】

1. 采用家庭教育环境量表调查研究 50 名教师的家庭特征，测定结果按 10 个项目的实际得分整理为“家庭教育环境量表. sav”。请以此计算家庭教育环境量表的 α 系数。

2. 在“某次心理测验数据. sav”数据文件中，以 B 量表为效标量表(b_1～b_{76})、S 量表为预测量表(s_1～s_{21})，计算 S 量表的效标关联效度。

3. 编制大学生时间管理问卷。根据黄希庭教授的时间意识理论，将时间意识分为时间管理意识、时间管理计划、时间管理优先、时间管理的反馈调节、时间管理效能这几个维度，分别编制题目，并进行施测，得到数据文件“时间管理测验. sav”(见表 10-12)。请分析测验的克隆巴赫 α 系数，以及各个分量表的克隆巴

赫 α 系数。

表 10-12　时间管理测验

因素名称	题目	题目数量
因素 1(时间管理意识)	第 1～5 题	5
因素 2(时间管理计划)	第 6～13 题	8
因素 3(时间管理优先)	第 14～19 题	6
因素 4(时间管理的反馈调节)	第 20～23 题	4
因素 5(时间管理效能)	第 24～30 题	7
总体		30

第 11 章　非参数检验分析

前面几章讲解的均值比较分析（T 检验）、方差分析（F 检验），都对样本的总体分布有要求。例如，T 检验要求总体符合正态分布，F 检验要求误差呈正态分布且各组方差齐性等。这些方法用来检验总体参数，被统称为参数检验。

许多调查或实验所得的研究数据，其总体分布未知或无法确定，或者获取的样本量很少，此时做统计分析常常不是针对总体参数，而是针对总体的某些一般性假设，这些方法被统称为非参数检验。非参数统计方法简便，适用性强，但检验效率较低，应用时应加以谨慎考虑。对于各个样本，非参数检验与参数检验的使用情境如表 11-1 所示。

表 11-1　非参数检验与参数检验的使用情境

样本情况	非参数检验	参数检验
单样本	二项式检验 游程检验 K-S 检验	单样本平均数显著性检验
两独立样本	曼-惠特尼 U 检验 K-S 检验 莫斯极限反应检验 瓦尔德-沃尔福威茨游程检验	独立样本 T 检验
多个独立样本	克鲁斯卡尔-沃利斯 H 检验 中位数检验 约克海尔-塔帕斯特拉检验	单因素完全随机设计方差分析
两相关样本	威尔科克森检验 符号检验 麦克尼马尔检验 边际同质性检验	成对样本 T 检验 相关系数显著性检验
多个相关样本	傅莱德曼检验 柯克兰 Q 检验 肯德尔 W 检验	随机区组设计方差分析

资料来源：胡竹菁．(2019)．心理统计学(第二版)．北京：高等教育出版社．

非参数检验可以通过【分析】→【非参数检验】→【旧对话框】菜单中的子菜单来实现，包括子菜单【卡方】【二项】【游程】【单样本 K-S】【2 个独立样本】【K 个独立样本】【2 个相关样本】【*K* 个相关样本】。以下分别进行讲述。

11.1 卡方检验——分布拟合度检验

对数据分布的非参数卡方检验，也称拟合度卡方检验、吻合度检验、适合性检验。拟合度卡方检验是指将样本的理论数先通过一定的理论分布推算出来，然后用实际观察值与理论数相比较的一种卡方检验。拟合度卡方检验原假设 H_0：样本的实际观察值符合某一理论分布；备择假设 H_1：样本的实际观察值不符合某一理论分布。

这里分三种情况说明拟合度卡方检验的应用：①观测数据是否服从等次数分布/均匀分布；②观测数据是否服从某一理论分布；③观测数据是否服从指定次数分布。

11.1.1 观测数据是否服从等次数分布

【例 11-1】某学院设计了六门任选课程，调查了 300 人对这些任选课程的心理偏好程度，每个被试限选一门，变量“课程偏好”中 1，2，3，4，5，6 分别代表该被试偏好并选择了其中的一门课程。试问被试对这六门课程的偏好程度是否相同。

SPSS 操作过程如下。

第 1 步：打开分析数据。打开“课程偏好调查.sav”文件。

第 2 步：启动分析过程。点击【分析】→【非参数检验】→【旧对话框】→【卡方】菜单命令，打开“卡方检验”对话框。

第 3 步：设置分析变量。从左边的源变量框里选择一个变量进入右边的“检验变量列表”框中。在本例中选择“课程偏好”变量进入“检验变量列表”中(见图 11-1)。

在“期望范围”框内，按系统默认的方式选择“从数据中获取”。

在“期望值”框内，按系统默认的方式选择“所有类别相等”，也就是等次数分布/均匀分布；如果选择“值”，则表示需要用户自定义输入理论分布检验的期望值。

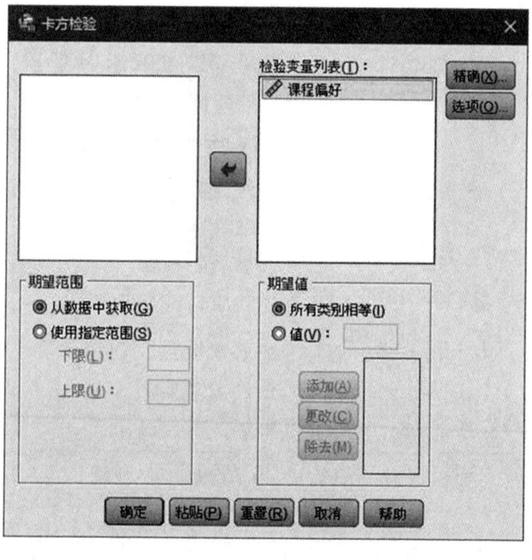

图 11-1 “卡方检验”对话框

第 4 步：选项选择。点击【选项】按钮，弹出“卡方检验：选项”对话框(见图 11-2)。

在“统计”框内，同时选择“描述”“四分位数”两个复选框。

在“缺失值”框内，按系统默认的方式选择“按检验排除个案”。

第 5 步：在主对话框内，点击【确定】按钮，提交执行。

第 6 步：结果分析。在结果窗口主要输出内容如下。

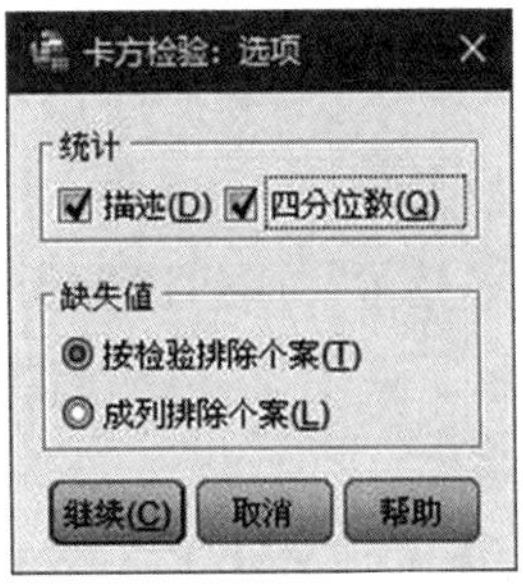

图 11-2　“卡方检验：选项”对话框

第 1 个表：描述统计(略)。

第 2 个表：课程偏好(见表 11-2)。

表 11-2　课程偏好

	实测个案数	期望个案数	残差
1	43	50.0	−7.0
2	49	50.0	−1.0
3	56	50.0	6.0
4	45	50.0	−5.0
5	66	50.0	16.0
6	41	50.0	−9.0
总计	300		

[分析]在此表中分别列出了在六门课程上的实测个案数、期望个案数、残差。

第 3 个表：检验统计(见表 11-3)。

表 11-3　检验统计

	课程偏好
卡方	8.960[a]
自由度	5
渐近显著性	0.111

a. 0 个单元格(0.0%)的期望频率低于 5。期望的最低单元格频率为 50.0。

[分析]结果显示：卡方值为 8.960，p 值为 0.111，大于 0.05，接受原假设，即同学们对六门课程的选择服从等次数分布/均匀分布，即同学们对六门课程的偏好程度是一样的。

11.1.2 观测数据是否服从正态分布

如果观察数据的变量是原始数据，而且是连续性数据，此时检验数据是否服从正态分布，应使用探索分析中的正态分布检验。如果需要分析的变量是类别变量数据，或类别变量数据的汇总形式，此时检验数据是否服从正态分布，应使用卡方检验。

【例 11-2】某小学三年级的英语成绩采用等级评分方法，分为五个等级，全校三年级的人数为 314 人，其成绩等级分布如表 11-4 所示。

表 11-4 英语考试成绩情况

英语考试成绩等级	人数
优秀	22
良好	94
中等	113
中下	69
差	16
总计	314

那么，此次学校教师给学生英语成绩的评定是否服从正态分布？

分析思路：此例是分析等级评定，属于类别数据，此时检验类别数据是否服从正态分布，需要进行卡方检验。期望的理论分布为正态分布，并需要根据正态分布来计算期望数。正态分布下的面积如图 11-3 所示，并根据此例中分的五个等级，将正态分布下的面积分为五个部分，如表 11-5 所示，可以求得相对应的正态分布面积比例 P。再由 P 乘以总人数 314，就得到了正态分布理论的期望数 11.6，74.7，141.4，74.7，11.6。

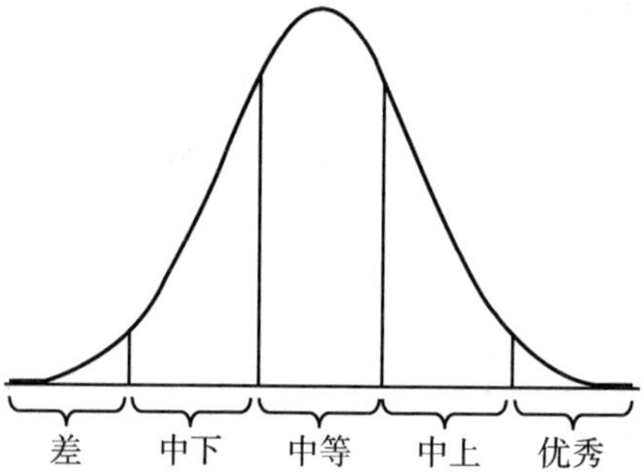

图 11-3 正态分布下按 Z 值进行等距分割

表 11-5　英语考试成绩等级分布在正态分布下的计算

等级分类	正态分布下的理论面积(期望数比例)	正态分布下的期望人数
−3～−1.8	0.037	11.6
−1.8～−0.6	0.238	74.7
−0.6～0.6	0.450	141.4
0.6～1.8	0.238	74.7
1.8～3	0.037	11.6
	1.000	

SPSS 操作过程如下。

第 1 步：打开分析数据。打开“小学三年级英语等级评定.sav”文件。

第 2 步：进行人数加权。点击【数据】→【个案加权】菜单命令，打开“个案加权”对话框。选择单选按钮【个案加权依据】，再将变量“人数”选入“频率变量”框中，点击【确定】按钮，完成变量“人数”加权。

第 3 步：启动分析过程。点击【分析】→【非参数检验】→【旧对话框】→【卡方】菜单命令，打开对话框。

第 4 步：设置分析变量。在本例中选择“成绩等级”变量进入“检验变量列表”框中(见图 11-4)。

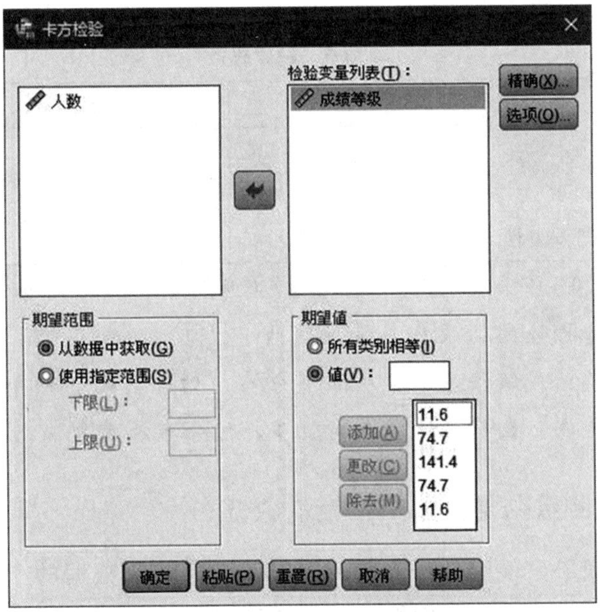

图 11-4　“卡方检验”对话框

在“期望范围”框内，按系统默认的方式选择“从数据中获取”。

在“期望值”框内，选择“值”，此时需要用户自定义输入理论分布检验的期望值。在本例中，正态分布理论的期望比例数分别是 11.6，74.7，141.4，74.7，11.6。因此依次输入、添加这五个期望比例数。

第 5 步：选项选择。点击【选项】按钮，弹出“卡方检验：选项”对话框。在“统计”框内，同时选择“描述”“四分位数”；在“缺失值”框内，按系统默认的方式选择“按检验排除个案”。

第 6 步：在主对话框中点击【确定】按钮，提交执行。

第 7 步：结果分析。在结果窗口主要输出内容如下。

第 1 个表：描述统计(略)。

第 2 个表：成绩等级(见表 11-6)。

表 11-6　成绩等级

	实测个案数	期望个案数	残差
优秀	22	11.6	10.4
良好	94	74.7	19.3
中等	113	141.4	−28.4
中下	69	74.7	−5.7
差	16	11.6	4.4
总计	314		

第 3 个表：检验统计(见表 11-7)。

表 11-7　检验统计

	成绩等级
卡方	22.119[a]
自由度	4
渐近显著性	0.000

a. 0 个单元格(0.0%)的期望频率低于 5。期望的最低单元格频率为 11.6。

[分析]在卡方检验的结果中，卡方值为 22.119，$p<0.05$，拒绝原假设，即学校教师给予的英语成绩评定不服从正态分布。结合前面的频率分析表，可以进一步解释，属于优秀、良好评价的人数较多，该分布属于负偏态分布。

11.1.3　观测数据是否服从指定次数分布

当已知某一现象出现的理论次数分布时，此时观测数据的卡方分析，可以根据此理论次数分布来检验观测数据是否服从指定的理论次数分布。

【例 11-3】根据一年中每周前来心理咨询的人数平均值统计情况(见表 11-8)，问在一周内前来心理咨询人数总体上是否服从 1∶1∶1∶1∶2∶1∶1?

表 11-8　心理咨询人数统计

星期	星期一	星期二	星期三	星期四	星期五	星期六	星期日
心理咨询的平均人数	11	12	16	12	19	14	13

SPSS 操作过程如下。

第 1 步：打开分析数据。打开“心理咨询人数汇总均值.sav”文件。

第 2 步：进行人数加权。点击【数据】→【个案加权】菜单命令，打开“个案加权”对话框。单击【个案加权依据】按钮，再将变量“心理咨询的人数”选入“频率变量”框中，单击【确定】按钮，完成变量“心理咨询的人数”加权。

第 3 步：启动分析过程。点击【分析】→【非参数检验】→【旧对话框】→【卡方】菜单命令，打开对话框。

第 4 步：设置分析变量。在本例中选“心理咨询所在的星期”变量进入“检验变量列表”框中(见图 11-5)。

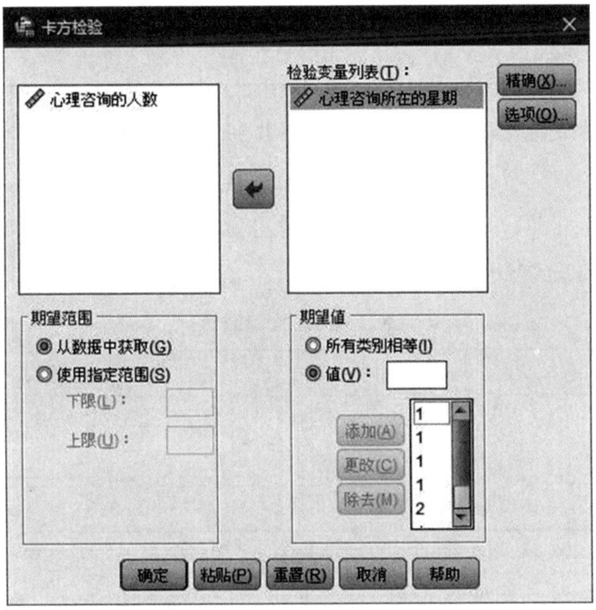

图 11-5　“卡方检验”对话框

在“期望范围”框内，按系统默认的方式选择“从数据中获取”。

在“期望值”框内，选择“值”，此时需要用户自定义输入理论分布检验的期望值。在本例中，已经指定了一周内的人数分布的理论分布比例为 1∶1∶1∶1∶2∶1∶1。因此依次输入、添加这些期望比例数字。

第 5 步：选项选择。点击【选项】按钮，弹出“卡方检验：选项”对话框。在“统计”框内，同时选择“描述”“四分位数”两个复选框；在“缺失值”框内，按系统默认的方式选择“按检验排除个案”；设置完成后，点击【继续】按钮回到上一级对话框。

第 6 步：在主对话框中点击【确定】按钮，提交执行。

第 7 步：结果分析。在结果窗口主要输出内容如下。

第 1 个表：描述统计(略)。

第 2 个表：心理咨询所在的星期(见表 11-9)。

表 11-9 心理咨询所在的星期

	实测个案数	期望个案数	残差
星期一	11	12.1	−1.1
星期二	12	12.1	−0.1
星期三	16	12.1	3.9
星期四	12	12.1	−0.1
星期五	19	24.3	−5.2
星期六	14	12.1	1.9
星期日	13	12.1	0.9
总计	97		

[分析]此表中的观察总数为 97，在星期一至星期日的期望数由 SPSS 操作指定的 1∶1∶1∶1∶2∶1∶1 来计算，星期五的期望数占总体的 2/8，即 97 * (2/8)≈24.3；其他天各占 1/8，即 97 * (1/8)≈12.1。

第 3 个表：检验统计(见表 11-10)。

表 11-10 检验统计

	心理咨询所在的星期
卡方	2.835[a]
自由度	6
渐近显著性	0.829

a. 0 个单元格(0.0%)的期望频率低于 5。期望的最低单元格频率为 12.1。

[分析]在卡方检验结果中，卡方值为 2.835，$p=0.829$，大于 0.05，接受原假设，即前来心理咨询的人数在一周内分布服从 1∶1∶1∶1∶2∶1∶1。可以进一步解释，星期五前来心理咨询的人数是其他日期的两倍。

11.2 二项式——二项分布检验

有些总体只能划分为两类，如心理疾病患病的诊断有与无、对某一意见决定的赞成与反对、对某一事物的喜欢与讨厌。在二分类总体中要么是对立分类中的这一类，要么是另一类，其频率分布被称为二项分布。调用【分析】→【非参数检验】→【旧对话框】→【二项】过程可对样本资料进行二项分布分析。

【例 11-4】调查某地某一时期内的儿童辍学情况(数据文件“儿童辍学情况.sav”)，其中男童 19 名(性别=1)，女童 49 名(性别=2)。问这个地方辍学儿童的男女性别比例，与通常辍学儿童的男女性别比例(男童占总体的比率约为 0.5)是否不同?

SPSS 操作过程如下。

第 1 步：打开分析数据。打开“儿童辍学情况.sav”文件。

第 2 步：启动分析过程。点击【分析】→【非参数检验】→【旧对话框】→【二项】菜单命令，打开对话框。

在对话框左侧的变量列表中选择“辍学儿童的性别”，点击向右按钮使之进入“检验变量列表”框中，在“检验比例”框中输入 0.50(见图 11-6)。

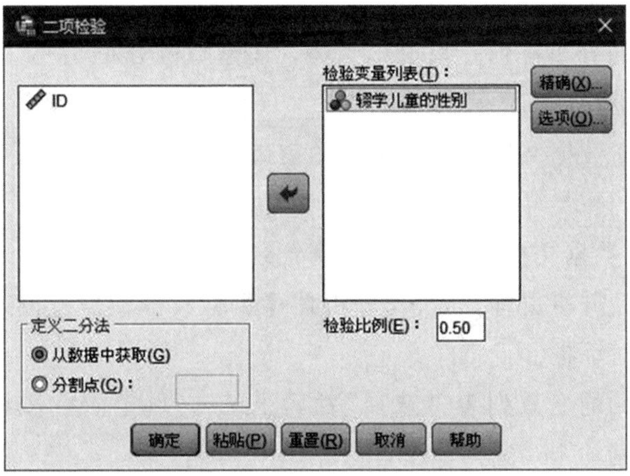

图 11-6　“二项检验”对话框

第 3 步：在主对话框中点击【确定】按钮，提交执行。

第 4 步：结果分析。在结果窗口主要输出内容如表 11-11 所示。

表 11-11　二项检验

		类别	个案数	观测到的比例	检验比例	精确显著性水平(双尾)
辍学儿童的性别	组 1	女	49	0.72	0.50	0.000
	组 2	男	19	0.28		
	总计		68	1.00		

[分析]在二项分布检验结果中，女童 49 名，男童 19 名，男童的观察比例为 0.28，检验概率为 0.50，二项分布检验的结果是 p 小于 0.05，拒绝原假设，即可认为男女童辍学比例的差异显著，该地女童辍学的比例明显偏高。

11.3 游程——随机性检验

在某一变量依时间或其他顺序排列的有序数列中，具有相同的事件或符号的连续部分被称为一个游程(Run)。在这个游程中事件或符号的个数，被称为游程的长度。

调用【分析】→【非参数检验】→【旧对话框】→【游程】过程，检验序列中事件发生过程的随机性，这被称为游程检验或连贯检验。

【例 11-5】为了对癫痫病人的发病规律进行观察，在半年内对某一病人出现的癫痫症状进行记录(每周记录一次)，调查时在该周内有发病情况记录为“1”，在该周内未有发病情况则记录为“0”，共 26 次记录。

1 0 0 1 0 0 0 0 1 0 0 1 0 0 0 0 1 1 0 0 1 0 0 0 0 1

问病人发病的分布排列是呈聚集趋势，还是随机分布？

SPSS 操作过程如下。

第 1 步：建立数据文件。在变量视图窗口，定义发病记录变量为“发病情况”。在数据视图窗口，按半年内的记录顺序输入数据，发病的记录为“1”，未发病的记录为“0”，详见数据文件“癫痫病人发病记录情况.sav”。

第 2 步：启动分析过程。点击【分析】→【非参数检验】→【旧对话框】→【游程】菜单命令，打开对话框。

在对话框左侧的变量列表中选择“发病记录”，点击向右按钮使之进入“检验变量列表”框内(见图 11-7)。

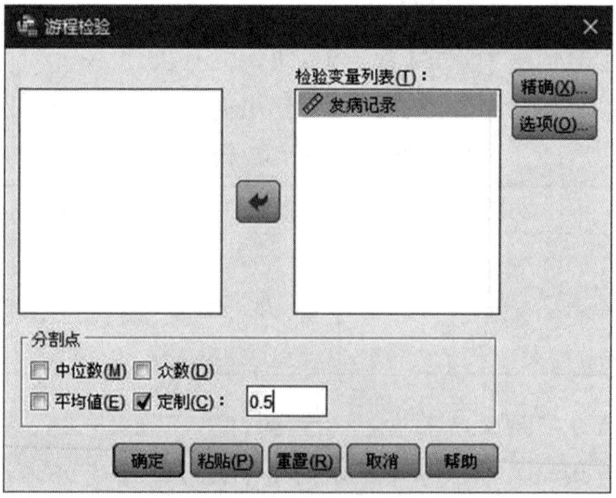

图 11-7 “游程检验”对话框

在“分割点”框中有四个选项：

①中位数，即游程数以中位数为临界割点；

②众数，即游程数以众数为临界割点；

③平均值，即游程数以平均值为临界割点；

④定制，即游程数由用户指定临界割点。

本例选择“定制”，在其方框中键入 0.5(根据需要游程的实际情况，本例是 0、1 二分记录值，因此临界割点值选用 0.5)。如果是连续数据，可以采用“平均值”或“中位数”作为分割点。

第 3 步：在主对话框中点击【确定】按钮，提交执行。

第 4 步：结果分析。在结果窗口，主要输出内容如表 11-12 所示。

表 11-12　游程检验

	发病记录
检验值[a]	0.5
总个案数	26
游程数	13
Z	0.200
渐近显著性(双尾)	0.841

a. 由用户指定。

[分析]游程检验结果，个案总数为 26，游程数为 13，用户指定的检验分割点为 0.5。检验的结果是渐近显著性(双尾)为 0.841，大于 0.05，接受原假设，即可认为病人发病情况的分布排列呈随机分布。

注意：①在游程检验里，数据的顺序不能变，否则结果就变了。②若用英文版 SPSS 做这个分析，相应菜单、对话框和输出结果里都会出现“Run(s)”这个单词。要将这里的“Run(s)”翻译成“游程”，不能翻译成“运行”；要将输出结果里的“Number of Runs”翻译成“游程数”，不能翻译成“运行次数”。

11.4　单样本 K-S 检验

单样本 K-S 检验，即单样本柯尔莫戈洛夫-斯米诺夫检验，它将一个变量的实际频率分布与正态分布、均匀分布、泊松分布、指数分布进行比较。调用【分析】→【非参数检验】→【旧对话框】→【单样本 K-S】过程可完成对变量分布的检验。探索性分析的报告中也包含了单样本柯尔莫戈洛夫-斯米诺夫检验。

【例 11-6】在某高校大学生体检时，抽取调查 200 人红细胞计数(万/立方毫米)的情况，详见数据文件“大学生红细胞含量 K-S 检验.sav”，问该调查资料的频率分布是否呈正态分布？

SPSS操作过程如下。

第1步：打开数据文件。打开"大学生红细胞含量K-S检验.sav"数据文件。

第2步：启动分析过程。点击【分析】→【非参数检验】→【旧对话框】→【单样本K-S】菜单命令，打开对话框。

在对话框左侧的变量列表中，将"红细胞水平"选入"检验变量列表"框内。在"检验分布"框中选择"正态"项(见图11-8)，表明将该分数分布与正态分布进行比较。

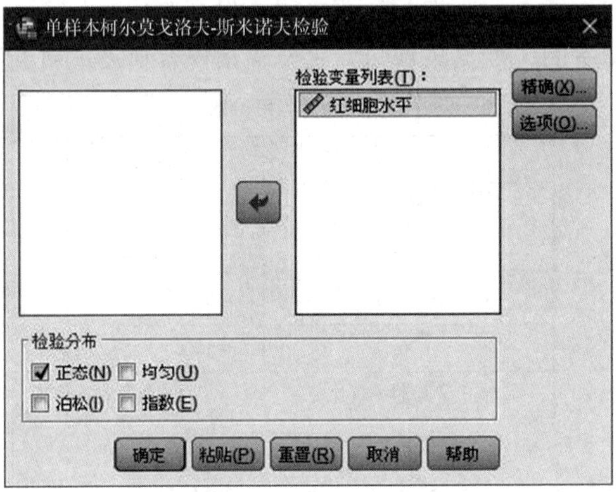

图11-8 "单样本柯尔莫戈洛夫-斯米诺夫检验"对话框

第3步：在主对话框中点击【确定】按钮，提交执行。

第4步：结果分析。在结果窗口主要输出内容如表11-13所示。

表11-13 单样本柯尔莫戈洛夫-斯米诺夫检验

		红细胞水平
个案数		200
正态参数[a,b]	平均值	506.560
	标准偏差	39.306
最极端差值	绝对	0.065
	正	0.065
	负	−0.064
检验统计		0.065
渐近显著性(双尾)		0.041[c]

a. 检验分布为正态分布。

b. 根据数据计算。

c. 里利氏显著性修正。

[分析]K-S正态性检验的结果显示，$Z=0.065$，渐近显著性(双尾)$p=0.041$，小于0.05，拒绝原假设，可认为大学生的红细胞计数不符合正态分布。

11.5　2 个独立样本的差异比较检验

调用【分析】→【非参数检验】→【旧对话框】→【2 个独立样本】过程，可对两个独立样本的均数、中位数、离散趋势、偏度等进行差异比较检验。

【例 11-7】 在做信号检测反应实验时，研究者选取了 15 人进行预先知识学习与练习，同时抽取 10 人作为对照组(未进行预先学习与练习)，然后 2 个组再进行正式信号检测测试，信号检测的准确性如下，详见数据文件"信号检测结果.sav"，问该实验数据的预先学习组、控制组之间是否有显著差异。

预先学习组	37	38	20	25	34	43	44	27	28	20	25	34	43	44	35
控制组	15	18	16	17	9	12	13	15	18	21					

由于以上 2 个组别都是小样本实验，而且信号反应结果的总体分布未知，因此本例中需要采用非参数检验的方法来比较两个组别是否有差异。

SPSS 操作过程如下。

第 1 步：打开数据文件。打开数据文件"信号检测结果.sav"。

第 2 步：启动分析过程。点击【分析】→【非参数检验】→【旧对话框】→【2 个独立样本】菜单命令，打开对话框。

在对话框左侧的变量列表中选择"反应正确次数"，点击向右按钮使之进入"检验变量列表"框内；在对话框左侧的变量列表中选择"实验组别"，点击向右按钮使之进入"分组变量"框(见图 11-9)，此时继续点击【定义组】按钮，弹出子对话框，在子对话框的组 1、组 2 中输入实验组别的代表符号 0，1。

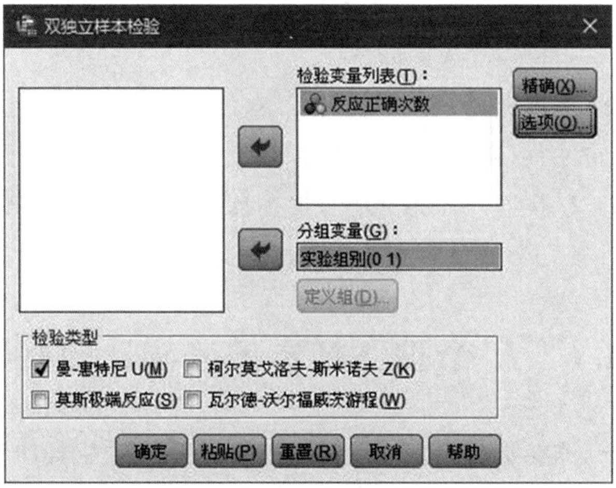

图 11-9　"2 个独立样本"对话框

在"检验类型"框中，有以下四个选项：

①曼-惠特尼 U：用于判别两个独立样本所属的总体是否有相同的分布；

②柯尔莫戈洛夫-斯米诺夫：判断两个样本是否来自具有相同分布的总体；

③莫斯极端反应：检验两个独立样本的观察值的分布范围是否有差异存在，以检验两个样本是否来自具有同一分布的总体；

④瓦尔德-沃尔福威茨游程：考察两个独立样本是否来自具有相同分布的总体。

在本例中，将选中"曼-惠特尼 U"进行分析。

第 3 步：在主对话框中点击【确定】按钮，提交执行。

第 4 步：结果分析。在结果窗口主要输出内容如表 11-14、表 11-15 所示。

表 11-14　秩

	实验组别	个案数	秩平均值	秩的总和
反应正确次数	控制组	10	5.70	57.00
	预先学习组	15	17.87	268.00
	总计	25		

表 11-15　检验统计[a]

	反应正确次数
曼-惠特尼 U	2.000
威尔科克森 W	57.000
Z	−4.055
渐近显著性(双尾)	0.000
精确显著性[2 *(单尾显著性)]	0.000[b]

a. 分组变量：实验组别

b. 未针对绑定值进行修正。

[分析]曼-惠特尼 U 检验的结果显示，控制组的秩平均值为 5.70，预先学习组的秩平均值为 17.87。两个组别中计算 U 最小的为 2.000，威尔科克森 W=57.000。检验统计量 $Z=-4.055$。精确显著性[2 *(单尾显著性)]小于 0.05，拒绝原假设。结论：预先学习组的准确性要显著高于控制组。

11.6　K 个独立样本的差异比较检验

调用【分析】→【非参数检验】→【旧对话框】→【K 个独立样本】过程，可对多个独立样本的分布进行中位数检验和克鲁斯卡尔-沃利斯 H 检验。

【例 11-8】为了解各个年级的研究生在图书馆中查阅研究文献资料的时间情况，某一研究者从硕士研究生(研一、研二、研三)中分别抽取 8 位研究生，记录每位研究生一周内在外文数据库检索文献的学习时间(小时)，详见数据文件“研究生检索文献的时间.sav”，问这三个年级的研究生检索文献的学习时间分布是否相同。

由于以上三个组别都是小样本实验，而且学习时间的总体分布暂时未知，因此本例中需要采用非参数检验的方法来分析。

SPSS 操作过程如下。

第 1 步：打开数据文件。打开数据文件“研究生检索文献的时间.sav”。

第 2 步：启动分析过程。点击【分析】→【非参数检验】→【旧对话框】→【*K* 个独立样本】菜单命令，打开对话框。

在对话框左侧的变量列表中选择“检索文献的时间”，点击向右按钮使之进入“检验变量列表”框内；在对话框左侧的变量列表中选择“年级”，点击向右按钮使之进入“分组变量”框内(见图 11-10)，此时继续点击【定义范围】按钮，弹出子对话框，在该子对话框内的“最小值”“最大值”中分别输入年级的代表符号 1，3(见图 11-11)。

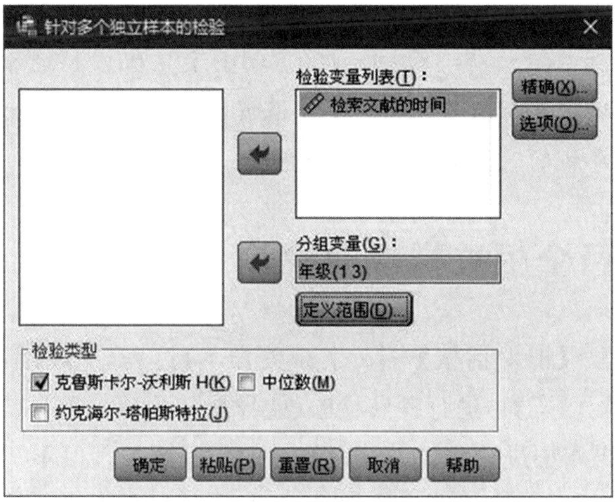

图 11-10 “*K* 个独立样本”对话框

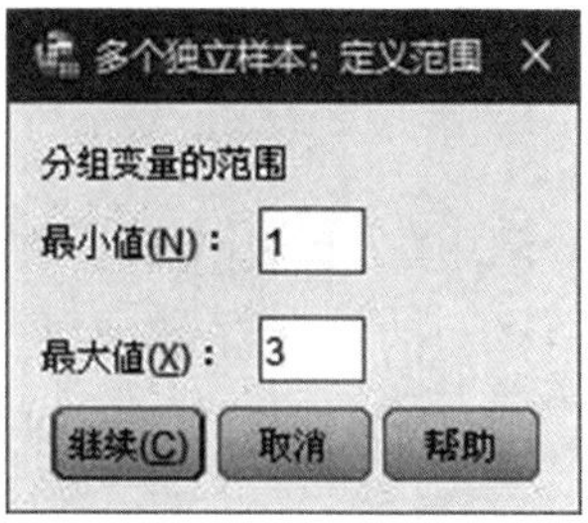

图 11-11 分组变量的范围子对话框

在“检验类型”框中，有以下三个复选项：

①克鲁斯卡尔-沃利斯 *H*，此为单向方差分析，检验多个样本在中位数上是否有差异；

②中位数，主要检验多个样本是否来自具有相同中位数的总体；

③约克海尔-塔帕斯特拉，用于检验多个独立样本来自的多个总体的分布是否存在显著差异；

本例选中“克鲁斯卡尔-沃利斯 *H*”进行分析。

第 3 步：在主对话框中点击【确定】按钮，提交执行。

第 4 步：结果分析。在结果窗口主要输出内容如表 11-16、表 11-17 所示。

表 11-16 秩

	年级	个案数	秩平均值
检索文献的时间	1	8	7.75
	2	8	11.50
	3	8	18.25
	总计	24	

表 11-17 检验统计[a,b]

	检索文献的时间
克鲁斯卡尔-沃利斯 H(K)	9.080
自由度	2
渐近显著性	0.011

a. 克鲁斯卡尔-沃利斯 H 检验。

b. 分组变量：年级。

[分析]结果显示，研究生检索文献时间的秩平均值分别为 7.75，11.50，18.25，卡方值为 9.080，自由度为 2(3－1＝2)，$p=0.011$，小于 0.05，拒绝原假设。结论：研究生三个年级的检索文献时间的差异显著。根据研究生三个年级的检索文献时间的具体情况可知，三年级的时间高于其他两个年级。

11.7 两个相关样本的检验

调用【分析】→【非参数检验】→【旧对话框】→【2 个相关样本】过程，可对两个相关样本的样本资料(如配对、配伍资料)进行秩和检验(差异比较检验)。

【例 11-9】在某一心理实验操作中进行测试并获得被试的作答成绩，但不知道被试实验操作成绩的总体分布情况。在实验测试中收集这些学生在训练前后的成绩(见表 11-18)。表格中的每一行分别表示一个学生训练前后的成绩。第 1 列表示训练前学生的具体成绩；第 2 列表示训练后学生的具体成绩。试问训练前后学生的成绩是否存在显著差异。

表 11-18 心理实验中的被试作答成绩

训练前成绩	训练后成绩
37	26
21	25
31	19
41	34
40	33

续表

训练前成绩	训练后成绩
39	28
36	26
32	18
38	32
42	35
36	25

由于不知道被试实验操作成绩的总体分布情况，因此需要使用非参数检验的方法来比较差异。

SPSS 操作过程如下。

第 1 步：建立数据文件。建立数据文件“11 名学生训练前后的成绩.sav”。

第 2 步：启动分析过程。点击【分析】→【非参数检验】→【旧对话框】→【2 个相关样本】菜单命令，打开对话框。

在左侧的变量列表中，同时选中两个变量“训练前成绩”“训练后成绩”，点击向右按钮使之进入“检验对”框内(见图 11-12)。

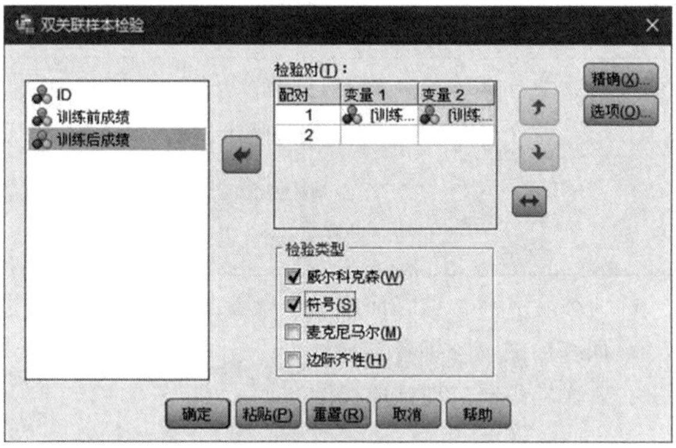

图 11-12　“双关联样本检验”对话框

在“检验类型”框中，有以下四个选项：

①威尔科克森：对两个变量进行配对符号秩和检验；

②符号：对两个变量进行配对符号检验；

③麦克尼马尔：以研究对象为自身对照，检验其前后的变化是否显著，该法适用于相关的二分变量数据，此检验不适合本例；

④边际齐性：使用似然边际估计检验。

本例选中“威尔科克森”和“符号”两项。

第 3 步：在主对话框中点击【确定】按钮，提交执行。

第 4 步：结果分析。在结果窗口主要输出内容如表 11-19 至表 11-22 所示。

表 11-19　秩

		个案数	秩平均值	秩之和
训练后成绩－训练前成绩	负秩	10[a]	6.50	65.00
	正秩	1[b]	1.00	1.00
	绑定值	0[c]		
	总计	11		

a. 训练后成绩＜训练前成绩。

b. 训练后成绩＞训练前成绩。

c. 训练后成绩＝训练前成绩。

表 11-20　检验统计[a]

	训练后成绩－训练前成绩
Z	－2.856[b]
渐近显著性（双尾）	0.004

a. 威尔科克森符号秩检验。

b. 基于正秩。

表 11-21　频率

		个案数
训练后成绩－训练前成绩	负差值[a]	10
	正差值[b]	1
	绑定值[c]	0
	总计	11

a. 训练后成绩＜训练前成绩。

b. 训练后成绩＞训练前成绩。

c. 训练后成绩＝训练前成绩。

表 11-22　检验统计[a]

	训练后成绩－训练前成绩
精确显著性（双尾）	0.012[b]

a. 符号检验。

b. 使用了二项分布。

[分析]威尔科克森检验（配对符号秩和检验）结果，其秩平均值分别为 6.50 和 1.00，$Z=-2.856$，$p=0.004$，小于 0.05。结论：训练前后的成绩有显著差异。

符号检验的结果，$p=0.012$，小于 0.05，出现小概率事件。结论：训练前后的成绩有显著差异。

以往的研究表明，威尔科克森检验比符号检验更为敏感，效率更高。

11.8　*K* 个相关样本的检验

调用【分析】→【非参数检验】→【旧对话框】→【*K* 个相关样本】过程，可对 *K* 个相关样本的样本资料(被试内重复测量、配伍资料)进行秩和检验(差异比较检验)。

【例 11-10】用某一催眠疗法治疗 8 名抑郁疾病患者，治疗前使用了抑郁量表进行测试。在治疗前、三个月后、半年后和一年后各测定患者在抑郁量表上的分数，以观察该催眠疗法对抑郁疾病的影响，测定结果详见数据文件“抑郁病人在抑郁量表上的测量分数.sav”，问这些患者在四个阶段的抑郁水平(抑郁分数)有无不同。

由于患者样本的人数较少，而且抑郁水平分数的总体分布未知，可选择多个相关样本的非参数检验。

SPSS 操作过程如下。

第 1 步：打开数据文件。打开数据文件“抑郁病人在抑郁量表上的测量分数.sav”。

第 2 步：启动分析过程。点击【分析】→【非参数检验】→【旧对话框】→【*K* 个相关样本】菜单命令，打开对话框。

在对话框左侧的变量列表中，同时选中四个变量“治疗前”“三个月后”“半年后”“一年后”，将它们选入“检验变量”框内(见图 11-13)。

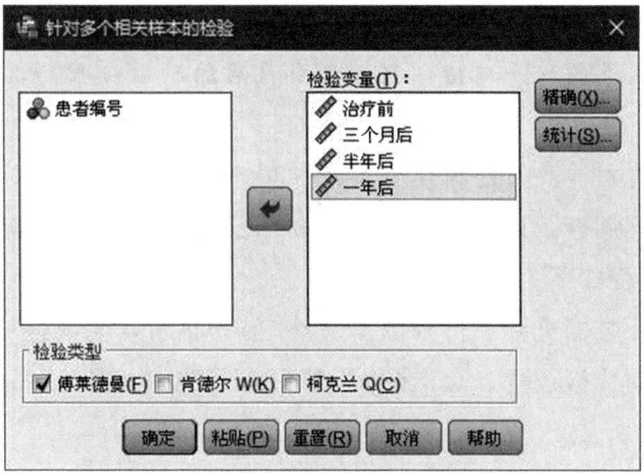

图 11-13　“针对多个相关样本的检验”对话框

在“检验类型”框中，有以下三个选项：

①傅莱德曼：双向方差分析，考察多个相关样本是否来自同一总体；

②肯德尔 *W*：肯德尔协同系数检验，通过计算肯德尔协同系数 *W*，以检验多个相关样本是否来自同一分布的总体。*W* 越接近 1，说明多个样本越表现一致。

③柯克兰 Q：作为两相关样本麦克尼马尔检验的多样本推广，特别适用于定性变量和二分字符变量，此选项不适合本例。

本例选中“傅莱德曼”。

第 3 步：在主对话框中点击【确定】按钮，提交执行。

第 4 步：结果分析。在结果窗口主要输出内容如表 11-23、表 11-24 所示。

表 11-23　秩

	秩平均值
治疗前	3.94
三个月后	1.13
半年后	2.25
一年后	2.69

表 11-24　检验统计[a]

个案数	8
卡方	19.709
自由度	3
渐近显著性	0

a. 傅莱德曼检验。

[分析]在傅莱德曼检验中，第 1 个表显示的是四个变量的秩平均值，分别 3.94，1.13，2.25 和 2.69。在第 2 个表中，卡方值为 19.709，自由度为 3，p 小于 0.05，出现小概率事件，可认为使用催眠疗法后，患者在各个阶段的抑郁水平有差异。由第 1 个表的秩平均值，可知三个月后的测验分数与其他组别的分数有显著差异。

【例 11-11】某大学教务处调查了大学生对 5 门公选课的满意度，共有 20 名大学生参与了满意度调查。试问大学生对这 5 门公选课的满意度是否有差异。

SPSS 操作过程如下。

第 1 步：打开数据文件。打开数据文件“公选课满意度调查.sav”。

第 2 步：启动分析过程。点击【分析】→【非参数检验】→【旧对话框】→【K 个相关样本】菜单命令。

在对话框左侧的变量列表中，同时选中五个变量“课程 1”“课程 2”“课程 3”“课程 4”“课程 5”，将它们选入“检验变量”框内。

在“检验类型”框中，本例选中“柯克兰 Q”。

第 3 步：在主对话框中点击【确定】按钮，提交执行。

第 4 步：结果分析。在结果窗口主要输出内容如表 11-25、表 11-26 所示。

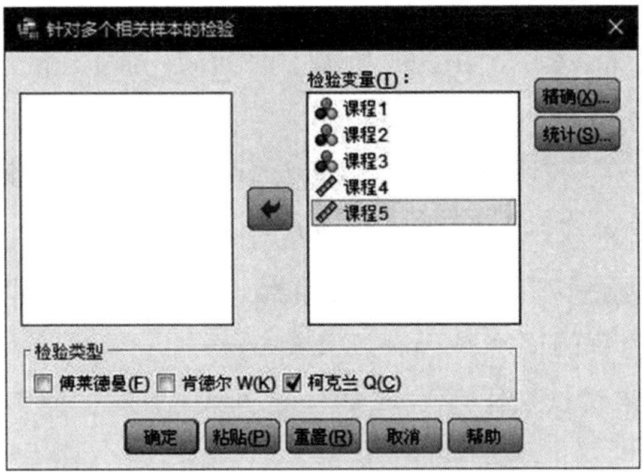

图 11-14　“针对多个相关样本的检验”对话框

表 11-25　频率

	值	
	0	1
课程 1	7	13
课程 2	12	8
课程 3	10	10
课程 4	10	10
课程 5	13	7

表 11-26　检验统计

	数值
个案数	20
柯克兰 Q	7.571[a]
自由度	4
渐近显著性	0.109

a. 1 被视为成功。

[分析]在柯克兰 Q 检验中，第 1 个表显示的是 5 个变量的频率。在第 2 个表中，柯克兰 Q 值为 7.571，自由度为 4，$p=0.109$，大于 0.05，接受原假设，可认为大学生对 5 门公选课的满意度相同。

【练习题】

1. 某一省份收集了在某一年重度精神分裂症的报告案例，从 1 月到 12 月的新报告的病例数依次为 53，47，34，61，48，62，74，42，57，28，65，74 例，问病例数有无月份差别。

2. 某一大学的一批教员对某一公共课课程所给出的成绩平均都是 10%的 A、

20%的 B、40%的 C、20%的 D 和 10%的 E。现有一新的教员两个学期以来对这门课程给出了 22 个 A、34 个 B、66 个 C、16 个 D 和 12 个 E，试检验新教员的评分情况是否与其他教员一样。

3. 某大学进行汉字打字速度比赛，男女学生得分见数据文件“打字比赛成绩.sav”，问男女学生比赛成绩的差别是否显著。

4. 抽查发现 100 名大学生存在色盲情况，其中 57 名为男性，43 名为女性，试问男女学生存在色盲的概率是否有显著差异。

5. 某一高中期末考试数学考试成绩分布见表 11-27，问该成绩是否服从正态分布。

表 11-27　考试成绩

分数	55～59	60～64	65～69	70～74	75～79	80～84	85～89	90～94	95～99
人次	13	22	36	80	61	43	32	12	6

6. 对 12 名大学生进行符号演绎能力测试，在符号演绎能力训练前进行一次测试，经过培训练习，再进行一次测试，两次测试得分见表 11-28。试问被试在培训练习前后的测验得分有无差异。

表 11-28　测试得分

前测成绩	13	20	24	10	27	17	21	8	15	11	6	22
后测成绩	18	20	26	14	25	25	21	12	14	17	20	19

7. 为了研究主试的态度对同一批目标被试的回答有何影响，研究者为三位主试分别设计了三种不同的态度情境：第一类情境表现出友好热情；第二类情境显得严肃拘谨；第三类情境显得俏皮俗套，共用三种主试的态度对 20 名被试进行心理实验，并在心理实验结束后，让这些被试评价对主试的满意度，评价分数为 1～10 分，具体数据见文件“主试态度对被试的影响.sav”。问主试的态度对被试所做的评价回答有无影响。

8. 某饮料公司为决定经营饮料的品种，对消费者进行了一次调查。随机抽取了 18 个消费者，请他们对酸奶、果汁和可口可乐的喜好进行评价，凡喜欢的记作 1，不喜欢的记作 0，具体数据见文件“被试对饮料的喜好评价.sav”。试分析被试对这三种饮料喜好的评价是否有差异。

第 12 章　多选变量分析

多重应答题，又称多重响应题或多选题，是心理与教育测验研究或问卷调查研究中十分常见的数据形式。多选题的优势是它可以广泛地搜集被试的态度信息，探索不同人群的态度组合，为进一步编制或修订量表提供依据。还有一种多重应答题的类型是排序题，它可以同时测查被访者对多个选项的态度倾向。多重应答题的数据在本质上属于分类数据，但由于各选项均是对同一个问题的回答，各选项之间存在一定的相关，将各选项单独进行分析并不恰当。对多重应答数据最常见的分析是使用 SPSS 中的“多重响应”命令，通过定义变量集的方式，对选项进行频率分析和交叉表分析。以下内容将讨论多选题和排序题的分类，以及如何在 SPSS 中实现它们的编码和分析过程。

12.1　多选变量的编码录入、定义设置

12.1.1　多选变量的编码录入

在心理与教育测验(问卷)中，多选题的类型大致可以分为一般的多选题、排序题等。排序题又分部分排序题、全部排序题两种。以下分别论述这三种题型的编码定义。

第一种题型：一般的多选题。被试作答时可以选择多个选项。一般的多选题在 SPSS 中的编码有两种方法：多重二分法、多重分类法。

①多重二分法。将多选题的每一个选项看作一个变量来定义。0 代表没有被选中，1 代表被选中。这样，多选题中有几个选项，就定义几个单选变量，而且这些单选变量的选项都只有两个，即 0 或 1。例如，大学生生活消费调查中有这样一个问题。

【例 12-1】你学习、生活中的费用来源于(　　)。(可多选)

A. 父母　　B. 学校的勤工助学　　C. 奖学金　　D. 兼职，如家教

E. 助学贷款　　F. 自己经营生意　　G. 其他________(请补充填写)

某一被调查者选择 A，C，E。

编码：把每一个选项定义为一个变量，共定义七个变量，对每一个变量的值均进行以下定义："0"表示未选，"1"表示选择。针对G选项，再另外定义一个变量，且将该变量定义为字符串型，如果被试作答时在G选项填写了有关内容，则在该变量中录入该被试填写的文字内容。

录入：被调查者选择了的选项录入1、没选的选项录入0，被调查者选A，C，E，则录入为：1，0，1，0，1，0，0。

②多重分类法。多项选择题中有几个选项，同样也定义几个单选变量，且每个变量的定义设置都相同。每个变量代表被调查者的一次选择，即记录的是被选中的选项的代码。

【例12-2】题目内容同**【例12-1】**。

编码：多选题中有几个选项，就定义几个单选变量，共定义七个变量，可以设置$X_1 \sim X_7$共七个变量，每个变量的选项值都为1～7，1代表被试选择了A，2代表选择了B，3代表选择了C，依此类推。被试选择了3个选项，则需要在前三个变量中录入这三个选项的信息。

录入：被试选择了A，C，E，在前三个变量录入选项信息，后面四个变量则默认缺失，即在七个变量中分别录入1，3，5，"."，"."，"."，"."。"."表示缺失。

第二种题型：部分排序题，对所有的选项只对部分选项进行排序。

【例12-3】你认为开展党员先进性教育活动最重要的三项是(　　)。

A. 提高党员素质　B. 加强基层组织　C. 坚持发扬党的优秀榜样作用

D. 激发创业热情　E. 服务人民群众　F. 促进各项工作

编码：定义六个变量"选项A""选项B""选项C""选项D""选项E""选项F"分别代表这六个选项。在编码时，可以将编码值直接体现为等距的排序权重：排序第一的选项，其编码为3；排序第二的选项，其编码为2；排序第三的选项，其编码为1；其他没有排序的选项，其编码为0。也可以根据具体情况，编码为不等间距的权重排序。例如，排序第一的选项，其编码为10；排序第二的选项，其编码为5；排序第三的选项，其编码为1；其他没有排序的选项，其编码为0。

录入：某被试在三个填空中分别选A，C，F，则该被试在对应的这三个变量选项A、选项C、选项F下分别录入3，2，1，其他选项则输入0。

第三种题型：全部排序题，对所有的选项按照重要性进行排序。

【例12-4】以下是在研究型教学中，教师应具备的素质，您认为其重要性依次排序为(最重要的排最前)：_____、_____、_____、_____、_____。

A. 树立正确的价值观，有事业心和责任感

B. 不断更新教育理念，有现代化的人才观和以人为本、促进主动发展的教

育观

C. 掌握一定的现代教育理念，对社会教育的目标任务、方法和手段有明确的认识

D. 具有较强的教育教学研究能力，善于发现问题和解决问题

E. 具有较强的创新创造意识

编码：以题目的 5 个选项分别对应 5 个变量：选项 A、选项 B、选项 C、选项 D、选项 E，每个变量的值都做同样的定义："1"表示该选项排序第一，"2"表示排序第二，"3"表示排序第三，"4"表示排序第四，"5"表示排序第五。

录入：以变量的排序值录入。假如某被试对这 5 个选项分别选择了 C，D，B，A，E，则该题的 5 个变量的值应该分别录入：选项 A 变量录入 4(代表选项 A 排在第四)，选项 B 变量录入 3，选项 C 变量录入 1，选项 D 变量录入 2，选项 E 变量录入 5。以上排序编码值是直接编码，尚未体现排序权重。因此，在分析时，还需要进行二次编码。

12.1.2　多选变量的定义

SPSS 中处理多选题的定义数据，有两个菜单命令模块：一个是定义模块：在菜单【分析】→【多重响应】→【定义变量集】中，在此定义的多选题变量集是临时的，如果你关闭 SPSS 后再打开，多选题变量集还得重新定义。另外一个定义模块在菜单【数据】→【定义多重响应集】中打开(也可以在【分析】→【表】→【多重响应集】中打开，打开的对话框窗口是一样的)，在此定义模块进行定义，则数据集会自动存储此定义，下次打开该数据集，还可以看到和使用该多选题变量的定义集。以上两种定义模块的对话窗的界面功能基本相似。

【例 12-5】择业中考虑的主要因素有哪些？(多选)。

A. 经济收入　　B. 专业对口　　C. 发展前途　　D. 地理区位

E. 个人爱好　　F. 风险大小　　G. 劳动强度　　H. 社会福利　　J. 其他

假如某同学选择了 ACDH。

上述多选题有 9 个选项，在 SPSS 中应根据该多选题有 9 个选择定义 9 个变量，运用 0～1 编码方法，对该同学的选择情况，在这 9 个变量上的编码为：1，0，1，1，0，0，0，1，0。假如调查了 678 名被试，获得了"大学生择业考虑的因素.sav"文件。

SPSS 操作过程如下。

第 1 步：打开分析数据。打开"大学生择业考虑的因素.sav"文件。

第 2 步：启动分析过程。点击【分析】→【多重响应】→【定义变量集】菜单命令，打开对话框。

第 3 步：设置分析变量。在“定义多重响应集”对话框中，将“V1_1”“V1_2”…“V1_9”选中，点击向右按钮将它们移动到“集合中的变量”框中(见图 12-1)。

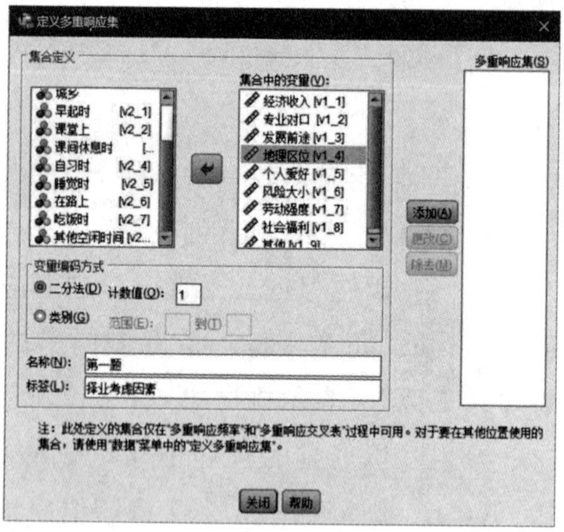

图 12-1 “定义多重响应集”对话框

在“变量编码方式”框里，有“二分法”“类别”两个选项，“二分法”对应的是分析数据按照前面的多重二分法编码录入的。“类别”对应的是分析数据按照前面的多重分类法编码录入的。在本例中选中“二分法”，并在“计数值”标签后填入“1”。因为前面编码录入时“1”代表选择了该选项。

在“名称”中填入多选题编号名称，在本例中为“第一题”；

在“标签”中填入多选题题干的主要内容或关键词(或其他合适的标签)，在本例中为“择业考虑因素”。

第 4 步：完成设置。在完成前面的信息设置后，点击【添加】按钮，则该多选题的定义就添加到了右边的“多重响应集”框内。然后点击下方【关闭】按钮，如果直接点击右上角的“×”关闭，则无法保存前面的设置(见图 12-2)。

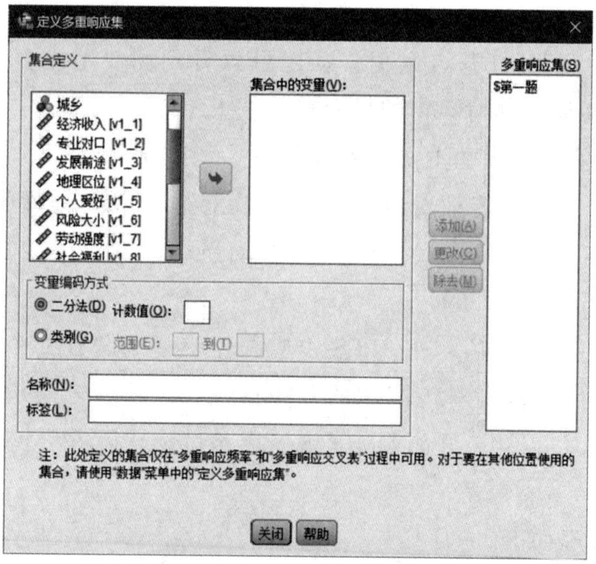

图 12-2 完成定义后的界面

注意：如果该数据问卷中还有其他多选题，可以继续添加。

12.2　多选变量的描述统计、交叉表分析

12.2.1　多选变量的频率分析

继续对【**例 12-5**】进行分析，在完成多选题的定义集之后，进行多选题的频率分析。

第 1 步：启动分析过程。点击【分析】→【多重响应】→【频率】菜单命令，打开对话框。

第 2 步：设置分析变量。在左边的"多重响应集"框里，将"＄第一题"变量集选到右边的"表"框内(见图 12-3)。

在"缺失值"框内有两个复选框，在本例中都不选择。

第 3 步：在主对话框中点击【确定】按钮，提交执行。SPSS 在输出窗口输出结果。

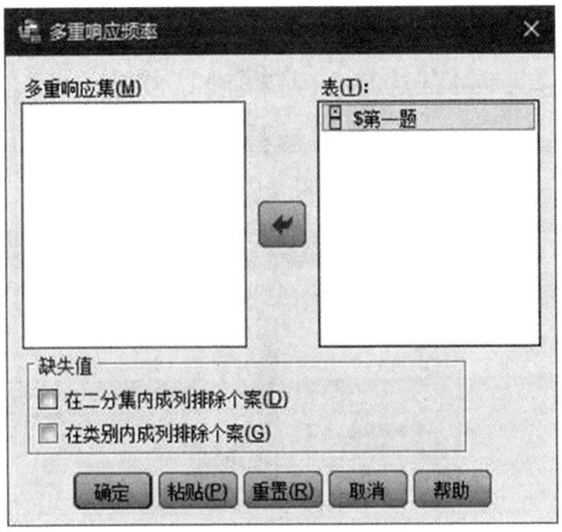

图 12-3　多重响应的频率分析

第 4 步：结果分析。

第 1 个表：个案摘要(略)。

第 2 个表：变量的频率统计(见表 12-1)。

表 12-1　变量的频率统计

		响应		个案数百分比
		个案数	百分比	
择业考虑因素[a]	经济收入	552	13.0%	81.4%
	专业对口	380	8.9%	56.0%
	发展前途	592	13.9%	87.3%
	地理区位	461	10.8%	68.0%
	个人爱好	413	9.7%	60.9%
	风险大小	354	8.3%	52.2%
	劳动强度	492	11.5%	72.6%
	社会福利	489	11.5%	72.1%
	其他	529	12.4%	78.0%
总计		4262	100.0%	628.6%

a. 使用了值"1"对二分组进行制表。

[分析]此表显示了被试在各个选项上的选择数量、某一选项的选择数占各选项的选择总数的百分比、某一选项的选择数占被试总数的百分比。

在本例中，被试选择较多的前三位为：发展前途(87.3%)、经济收入(81.4%)、其他(78.0%)，而风险大小是选择最少的。

12.2.2 多选变量的交叉表

继续对【例 12-5】进行分析，在完成多选题的定义集后，进行多重响应的交叉表分析。

第 1 步：启动分析过程。点击【分析】→【多重响应】→【交叉表】菜单命令(见图 12-4)。

第 2 步：设置分析变量。在左下角的“多重响应集”框里，将“$第一题”变量集选到右边的“行”框内；将左上角的变量列表中的“性别”变量选到右边的“列”框内。在性别变量选择后，性别后面出现“(??)”，进一步点击【定义范围】按钮，弹出子对话框(见图 12-5)。

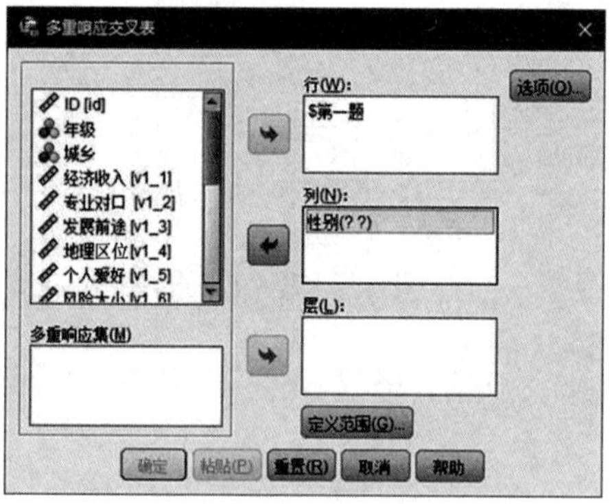

图 12-4 多重响应的交叉表

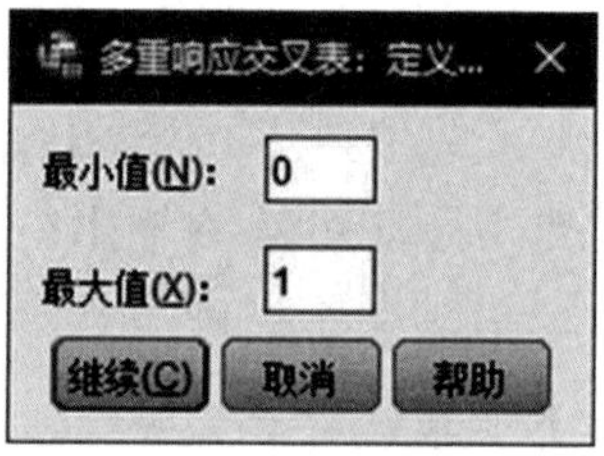

图 12-5 定义范围的子对话框

根据性别变量的编码情况输入 0 和 1。完成后点击【继续】按钮回到上一级对话框。

第 3 步：选择选项参数。在主对话框中，单击【选项】按钮，打开对话框(见图 12-6)。

在“单元格百分比”框内，有“行”“列”“总计”三个复选框。为了分析表格的简洁性，在本例中仅选择“行”。

在“百分比基于”框内，有两个选项：“个案”，计算百分比的方式是某一选项的选择数占被试总数；“响应”，计算百分比的方式是某一选项的选择数占该选项的选择总数。按照系统默认方式，选择“个案”。

在“缺失值”框内，两个复选框都不选。

第 4 步：在主对话框中点击【确定】按钮，提交执行。SPSS 在输出窗口输出结果。

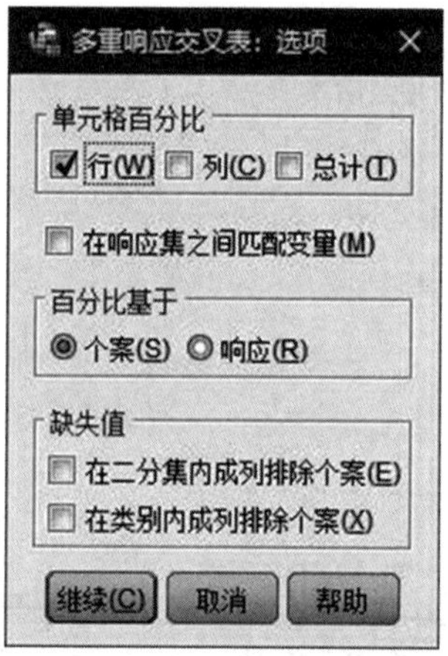

图 12-6 “多重响应交叉表：选项”对话框

第 5 步：结果分析。

第 1 个表：个案摘要(略)。

第 2 个表：$第一题 * 性别的交叉表(见表 12-2)。

表 12-2　交叉表

			性别		总计
			女	男	
择业考虑因素[a]	经济收入	计数	256	296	552
		占 $ 第一题的百分比	46.4%	53.6%	
	专业对口	计数	189	191	380
		占 $ 第一题的百分比	49.7%	50.3%	
	发展前途	计数	241	351	592
		占 $ 第一题的百分比	40.7%	59.3%	
	地理区位	计数	293	168	461
		占 $ 第一题的百分比	63.6%	36.4%	
	个人爱好	计数	197	216	413
		占 $ 第一题的百分比	47.7%	52.3%	
	风险大小	计数	163	191	354
		占 $ 第一题的百分比	46.0%	54.0%	
	劳动强度	计数	239	253	492
		占 $ 第一题的百分比	48.6%	51.4%	
	社会福利	计数	280	209	489
		占 $ 第一题的百分比	57.3%	42.7%	
	其他	计数	244	285	529
		占 $ 第一题的百分比	46.1%	53.9%	
总计		计数	319	359	678

百分比和总计基于响应者。

a. 使用了值 1 对二分组进行制表。

[分析]此表中女性在地理区位、社会福利方面选择的比例相对较高，而男性在发展前途、风险大小、经济收入方面选择的比例相对较高。

如果需要比较男女在各个选项上的选择比例，可以做比例差异性检验；以及性别变量(列变量)与择业因素(行变量)之间是否存在一定的关联，是否可以进行卡方检验？在第 13 章 13.4 节中，使用【分析】→【表】→【定制表】下的统计检验，可以实现以上多选变量的比例差异性检验、卡方检验。

12.3　排序题的分析

排序题又分为“全部排序题”和“选择重要程度前几位排序题”两种类型。“选择重要程度前几位排序题”简称为选择排序题。

12.3.1 全部排序题的分析

【例 12-6】下列是选择报考研究生时需要考虑的若干因素，请按照重要性程度从高到低进行排序(通过问卷调查获取了 58 名大学生的作答，数据文件为“报考研究生时考虑的若干因素.sav”)。

A. 地理区位　　B. 学校层次　　C. 导师知名度

D. 专业方向的前景　　E. 学校热门度

SPSS 操作过程如下。

第 1 步，进行编码与录入。此题属于全部排序题。编码时将题目中的 5 个选项定义为 5 个变量，如 t3_A，t3_B，…，t3_E，它们代表从 A、B 到 F 共 5 个备选选项。如果某个被试在题中括号内填写的结果为“C，E，A，B，D”，即他认为从重要到不重要的次序是：导师知名度、学校热门度、地理区位、学校层次、专业方向的前景。那么在编码处理时，在 SPSS 中，此时可以将各个选项的排序号，将 3，4，1，5，2 依次填入 t3_A，t3_B 到 t3_E 的 5 个变量中，如被试在选项 A 上排序为第三，因此在选项 A 所对应的 t3_A 变量中填入 3。

第 2 步，进行二次编码。根据各个次序的重要性(权重)对数据进行二次编码。二次编码可以分为两种情况：第一种是按照顺序的排名依次均匀递减给予权重，排序的次序 1，2，3，4，5 的重要性依次给予权重是 5，4，3，2，1；第二种是按照顺序的排名非均匀递减给予权重，如排序次序 1，2，3，4，5 的重要性依次是 10，7，5，2，0。在本例中选择第一种形式，均匀给予权重。二次编码，也就是重新编码，重新编码的内容详见第 3 章“3.2 重新编码”。选择【转换】→【重新编码为相同的变量】菜单命令，将 t3_A，t3_B 到 t3_E 的 5 个变量选入“变量”对话框内，点击【旧值和新值】按钮，将 1 填入旧值，将 5 填入新值，表示排名第一的选项具有 5 个单位的重要性，然后单击【添加】按钮，继续对余下的“2→4”“4→2”“5→1”进行编码，点击【继续】按钮，返回主对话框。在主对话框中，单击【确定】按钮，完成各个变量的权重转换过程。

第 3 步，对排序进行描述统计。点击【分析】→【描述统计】→【描述】菜单命令(见图 12-7)。

将以上 t3_A，t3_B 到 t3_E 的 5 个变量选到右边的分析“变量”框里，点击【确定】按钮。SPSS 输出结果如表 12-3 所示。

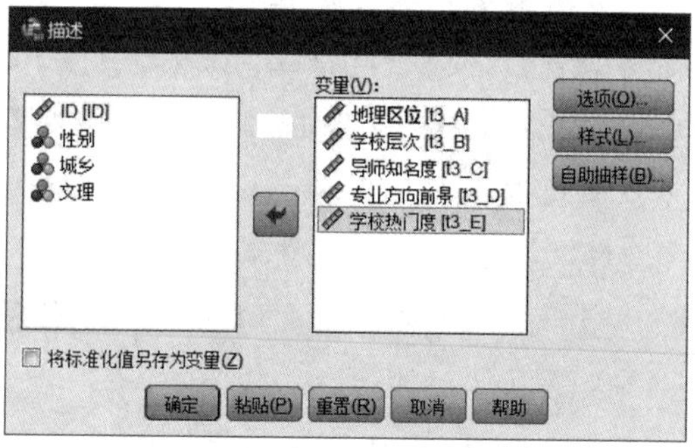

图 12-7　描述统计

表 12-3　描述统计

	N	最小值	最大值	平均数	标准偏差
地理区位	58	1	5	3.79	1.673
学校层次	58	1	5	3.29	1.351
导师知名度	58	1	5	2.53	1.379
专业方向前景	58	1	4	2.98	1.100
学校热门度	58	1	5	2.14	1.176
有效个案数(成列)	58				

[分析]结果显示，各选项的重要性排序为：地理区位、学校层次、专业方向前景、导师知名度、学校热门度。

12.3.2　选择排序题的分析

选择排序题型结合了多选题和排序题的优点，先从若干个备选选项中提取出若干个重要的选项，然后再进行排序。与多选题相比，它在选项中增加了顺序信息，因而内容会更丰富。

【例 12-7】你认为优秀教师应该具备哪些方面的品质，最重要的 3 个品质是什么？请选择三项并按重要性对它们进行排序。

A. 良好的交往与表达能力　　B. 为人师表的崇高品德

C. 精益求精的专业知识与教学能力　　D. 无私奉献的真诚爱心

E. 终身学习的上进意识　　F. 一丝不苟的敬业精神

G. 具有较好的科研能力　　H. 具有较好的心理素质

通过问卷调查获取了 52 名小学教师的作答，数据文件为“优秀教师最重要的品质.sav”。试按男女教师、城乡教师分类对优秀教师品质的排序情况进行分析。

SPSS 操作过程如下。

第 1 步，进行编码与录入。此题属于选择排序题。编码方式与**【例 12-6】**很相似。将题目中的 8 个选项定义为 8 个变量，如 t1_A，t1_B，t1_C，…，t1_H 代表从 A，B 到 H 共 8 个备选选项。如果某个被试的选择并排序的结果为 D，A，C，即依次选出的最重要的 3 个因素分别是：无私奉献的真诚爱心、良好的交往能力与表达能力、精益求精的专业知识与教学能力。由于未被选择的题项无法参加排序，因此对它们要进行一些处理：对于未被选中的选项，在它对应的变量里面填 0，如 t1_B，t1_E，t1_F，t1_G，t1_H，在被试个案所在的行上都需要填 0。被试在选项 A 上排序为第二，选项 A 所对应的 t1_A 变量填入 2，依此类推，t1_C 变量填入 3，t1_D 变量填入 1。

第 2 步，进行二次编码。根据各个次序的重要性(权重)对数据进行二次编码。

在这里按照顺序的排名非均匀递减给予权重，如排序次序 1，2，3 的重要性依次是 10，5，2。选择【转换】→【重新编码为相同的变量】，将 t1_A，t1_B，t1_C，…，t1_H 共 8 个变量选到“变量”对话框内，点击【旧值和新值】按钮，将 1 填入旧值，将 10 填入新值，表示排名第一的选项具有 10 个单位的重要性，然后单击【添加】按钮，继续对余下的“2→5”“3→2”进行编码，点击【继续】按钮，返回主对话框。在主对话框中，点击【确定】按钮，完成各个变量的权重转换过程。

第 3 步，对排序进行描述统计。点击【分析】→【比较平均值】→【平均值】菜单命令。在弹出的对话框中，将 t1_A，t1_B，t1_C，…，t1_H 共 8 个变量选到“因变量列表”框内，将“性别”和“城乡”选到“自变量列表”框内(见图 12-8)。

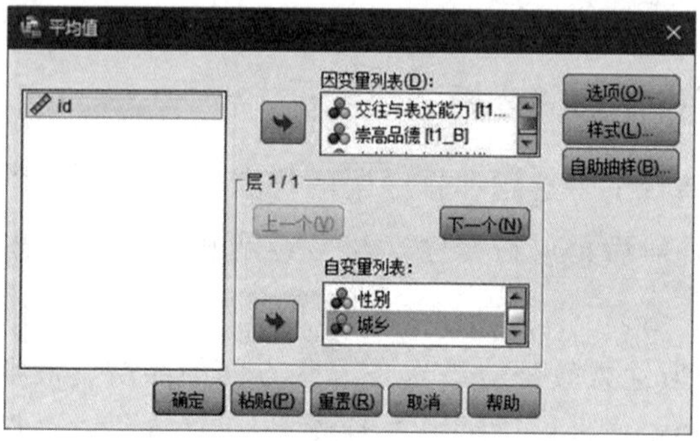

图 12-8 排序题的描述统计①

点击【选项】按钮，弹出子对话框，在右边“单元格统计”框中仅保留统计量“平均值”，将“个案数”和“标准差”选到左边的“统计”框内。

设置完成后，点击【继续】按钮回到上一级对话框。在主对话框中点击【确定】按钮，SPSS 在输出窗口输出结果。主要表格如下。

第 1 个表：个案处理摘要(略)。

第 2 个表：各个变量在性别分层后的平均值(见表 12-4)。

表 12-4 各变量在性别变量上分层后的平均值

性别	交往与表达能力	崇高品德	专业知识与教学能力	真诚爱心	上进意识	敬业精神	科研能力	心理素质
女	2.41	3.85	3.26	6.33	0.30	0.41	0.30	0.15
男	1.00	3.24	6.60	4.80	0.32	0.56	0.32	0.16
总计	1.73	3.56	4.87	5.60	0.31	0.48	0.31	0.15

[分析]对于优秀教师最重要的品质，女性教师认为“真诚爱心”排序第一，排序权重明显高于男性，在“交往与表达能力”方面排序权重方面也高于男性；而男

① 因变量列表中的内容与实际选项略有不同。

性教师认为“专业知识与教学能力”排序第一，排序权重明显高于女性；从总体上看，所有教师认为“真诚爱心”排序第一，“专业知识与教学能力”排序第二，“崇高品德”排序第三。

第 3 个表：各变量在城乡变量分层后的平均值(见表 12-5)。

表 12-5　各变量在城乡变量上分层后的平均值

城乡	交往与表达能力	崇高品德	专业知识与教学能力	真诚爱心	上进意识	敬业精神	科研能力	心理素质
城市	1.58	3.50	7.38	3.21	0.25	0.67	0.33	0.08
农村	1.86	3.61	2.71	7.64	0.36	0.32	0.29	0.21
总计	1.73	3.56	4.87	5.60	0.31	0.48	0.31	0.15

[分析]对于优秀教师最重要的品质，来自城市的教师认为“专业知识与教学能力”排序第一，排序权重明显高于来自农村的教师；来自农村的教师认为“真诚爱心”排序第一，排序权重明显高于来自城市的教师。

【练习题】

1. 您在教学工作中面临的第一压力来源有________；第二压力来源有________；第三压力来源有________。(每空限选一项)

A. 成绩排名、升学率　　B. 教学工作与任务　　C. 各项评比检查

D. 学生问题与管理　　E. 职称评定　　F. 家长的需求

G. 人际关系

下面是 15 个被试的填写情况，请录入 SPSS，并分析被试选择了哪些重要的选项(选项排序)。

S1：BEA　S2：BDG　S3：CEA　S4：ECA　S5：CED

S6：EAC　S7：ECG　S8：BAC　S9：ACB　S10：CGA

S11：CAE　S12：ECG　S13：CDA　S14：EAC　S15：CEE

2. 对手机调查问卷(问卷文档为“大学生手机使用情况调查问卷.doc”)中的多选题进行变量定义，包括值定义。

3. 对青少年进行环保问题的认识进行调查，其中多选题“常见的环境污染类型有哪些？请选择(多选题)____________。A. 污水 B. 废气 C. 垃圾 D. 噪声 E. 光污染 F. 重金属 ”。调查后数据汇总为“中学生环保意识调查问题.sav”，x_1—x_6 是该题目的六个选项变量(1——是，0——否)，试进行多重响应频率分析，按年龄组进行多重响应交叉表分析。

4. 某妇幼研究机构调查幼儿 6 个月的身心发展情况，其中有一个多选题为“6 个月后为宝宝添加以下哪些辅食，宝宝比较容易接受，请选择你的宝宝喜欢的辅

食。”调查汇总后的数据文件为“辅食.sav”，在该数据文件中 area(地区)：1——城市，2——乡村；sex(性别)：1——男，2——女；辅食添加种类：x_1(肉类、蛋)、x_2(豆类)、x_3(面食、米饭等主粮)、x_4(水果)、x_5(易碎的蔬菜)、x_6(米糊等专门辅食产品)。试对此数据集进行频率分析，以及分析城乡差别情况、性别差别情况。

第 13 章　SPSS 应用案例——问卷调查分析

在心理学与教育学研究中，常常使用问卷调查的方法辅助研究。问卷调查是以书面提出问题的方式搜集数据与资料的一种研究方法。研究者将所要研究的问题编制成问题表格，从而了解被试对某一现象或问题的看法和意见。

一般的调查问卷与心理量表(问卷)的区别：心理量表往往分为几个分量表，各个分量表的各个题目的原始分(或经过分数转换为导出分数)可以进行累加，得出分量表分数(或因子分数)。当然，有些不是同质的多维量表，分数不可以累加，如一些多维人格测验分数，只能分维度报告分数。判断各分量表分数能否累加，需要计算同质性系数(不是 α 系数)。而调查问卷各个题目测量的行为、态度、心理特质往往是不同的，题目之间没有内在逻辑，因而各个题目的选项分数之间不能累加。本章的问卷都是指调查问卷，而不是正式的心理量表(心理测验、心理问卷)。

13.1　问卷的审查、录入

13.1.1　问卷资料的审查

在问卷数据收集过程中，即使按照严格的程序与科学的方法进行，也难免会出现一些被试作答不全的情况。因此，需要对问卷收集后的数据资料进行审核，剔除无效的答卷，其数据审核要求详见本书第 1 章。

在剔除无效问卷后，至少需要保留多少比例的问卷数据资料？这里提供了一个参考比例：①如果有效回收率仅为 30%，那么所得的问卷资料只能用作参考；②如果有效回收率在 50%以上，那么所得的问卷资料可以作为提出建议的依据；③如果有效回收率在 70%以上，那么所得的问卷资料方可帮助得出研究结论。如果有效回收率不理想，可再进行补测。也可对有效回收率非常低的地区做小范围的跟踪调查，以了解其中的原因。

13.1.2 问卷资料的录入

问卷一般包括标题、前言(封面信)、指导语、问题、结束语五个部分。在问卷的问题部分包括被试的基本信息、具体问题。被试的基本信息一般为单选题的形式或填空题的形式。而具体问题的题型主要有单选题(包括是否判断式)、多选题、排序题、填空题、开放式题型等。多选题、排序题的编码录入可以参考本书第 12 章。本部分主要对单选题、填空题、开放式问题在 SPSS 中的编码录入进行说明。

(一)单选题

单选题是被试作答选择时只能选择一个选项的题型。

【例 13-1】目前学校是否开设了面向大学新生的心理健康教育课程？

A. 已开设　　B. 正在开创　　C. 未开设　　D. 曾经开设但已中断

编码：只定义一个变量，使用值代码 1，2，3，4 分别代表 A，B，C，D 四个选项。

录入：录入选项对应值，如被试选 B 则录入 2。

问卷中有些题目形式为一种判断形式的判断题，回答者根据自己的实际情况选择其一。此时判断题可被视作单选题，其编码定义与录入前面的例子是一样的。

【例 13-2】贵校是否开展了心理健康教育的讲座？　　　是□　否□

此题目定义一个变量，在变量视图窗口的值标签定义时：用 1，0 分别代表是、否这两个选项。录入时，被试作答时选择了是，则录入 1；选择了否，则录入 0。

如果单选题中的最后一个选项需要被试补充其他信息时，例如：

【例 13-3】谁对自己择业的影响最大？

A. 父母　　B. 往届优秀校友　　C. 班主任、辅导员、专业老师

D. 同届同学　　E. 典型、优秀的同龄人　　F. 其他________

针对“F. 其他________”，需要再另外定义一个变量，且将该变量定义为字符串型。如果调查问卷中被试在 F 选项填写了有关内容，则需要在该变量中录入被试填写的文字内容。

(二)填空题

这种题型要求被试自己填入数值。

【例 13-4】按照 100 分为最满意；60 分为基本满意，0 分为最不满意。你对我幼儿园的满意度评分为________。(请填写 0～100 的数字)

编码：定义一个变量。在变量视图窗口不需要定义值标签。

录入：录入被调查者实际填入的数值或信息。

如果一道填空题中有两个空，此时需要定义两个变量。

【例 13-5】贵幼儿园有________个班级，平均每个班有________个幼儿。

此题则需要定义两个变量，在两个变量中分别录入信息。

(三)开放式问题

在问卷调查的最后往往会设置几个开放式问题，被用于广泛收集被试调查的意见、看法、建议等。对于开放式问题，有两种情况：第一种情况，如果被试的答案相似且可以分为几个大类，则可以按照含义相似的答案进行编码，转换为封闭式选项进行分析，这种情况可以按照多选题的形式录入 SPSS 中，并按照多选题的形式进行分析；第二种情况，如果答案内容较为丰富、不容易被归类，应对这类问题直接做定性分析。

13.2　问卷案例分析：统计表的制作

问卷中的不同题型在 SPSS 中的编码定义不同，同样，在 SPSS 中的分析方法也有所不同，依据问卷题型决定统计分析方法。

多选题、排序题的数据分析方法在本书的第 12 章中已有介绍。本章以大学生创业问卷调查为问卷分析样例，主要说明问卷调查分析中的表格制作、单选题和多选题的卡方检验、对应分析等。问卷文本为“在校大学生创业问卷调查. doc”，该问卷共调查了 30 多所高校，每所高校调查 20～70 人；问卷调查后获得的数据文件为“大学生创业问卷调查. sav”。(注：本问卷的问卷文本和问卷数据仅作为教学样例参考使用。)

在本节内容中先讲述统计表的制作，在【分析】→【表】→【定制表】菜单下，可以实现多种功能的表格制作，可以产生一维、二维、三维表格，可以同时分析分类变量和等距变量。注意：在制作表格时，对于分类变量，在变量视图窗口的“测量”一列中将该变量定义为“名义”；对于等距变量，如成绩、费用、收入、评分等，则需要将该变量定义为“标度”。

【例 13-6】以高校层次、高校所在地为行变量，以第一题(V1 开设创业课程)、第二题(V2 参加创业项目)为列变量，进行统计表的制作，要求输出 V1 开设创业课程、V2 参加创业项目的频率及其比例。

SPSS 操作过程如下。

第 1 步：打开分析数据。打开“大学生创业问卷调查. sav”文件。

第 2 步：设置变量测量类型。在变量视图窗口的“测量”一列中将本例中的变量进行检查设置，本部分中的变量基本上都属于名义变量(见图 13-1)。

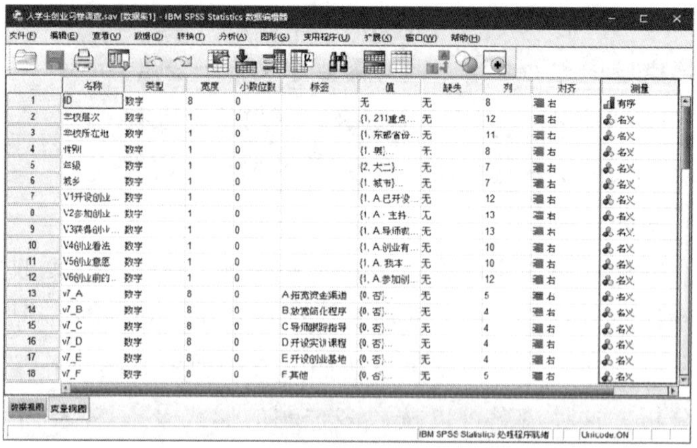

图 13-1　问卷录入数据的变量视图窗口示意图

第 3 步：启动分析过程。点击【分析】→【表】→【定制表】，打开如图 13-2 所示的对话框。此为预备对话框，一般点击【确定】按钮就可以，然后进入定制表的主对话框(见图 13-3)。

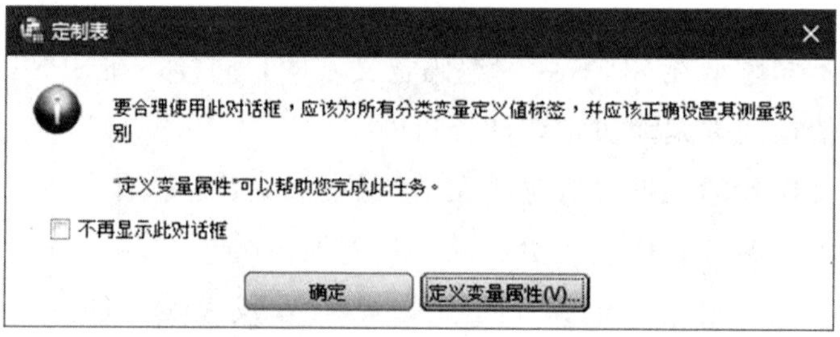

图 13-2　定制表的向导对话框

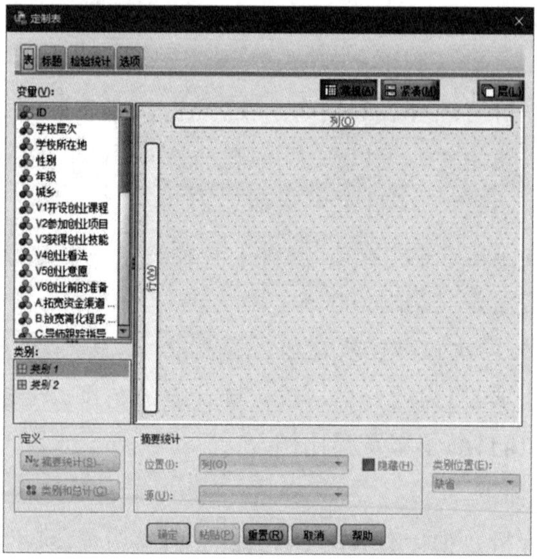

图 13-3　定制表的主对话框

此对话框有四个标签，分别是“表”“标题”“检验统计”“选项”，默认显示选择“表”。“表”标签用于设定表格的主题，左边的变量列表显示了数据中的所有变量，表格中间的灰白区域用于显示表格的制作内容和排列方式。

第 4 步：设置分析变量。此时可以将需要分析的变量拖到灰白区域，在本例中，将“学校层次”“学校所在地”作为行变量，拖到“行”位置，而将“V1 开设创业课程”“V2 参加创业项目”拖到“列”位置（见图 13-4）。

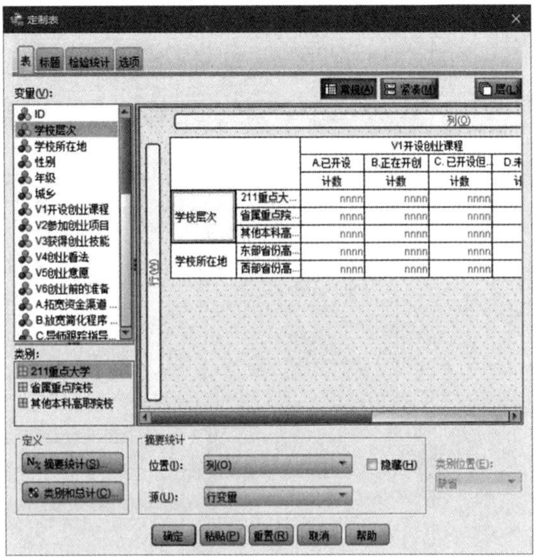

图 13-4　定制表的对话框（二维模式）

当“学校所在地”被拖到的位置不一样时，形成的表格也不一样。当“学校所在地”被拖到“学校层次”的下方位置时，形成如图 13-5 所示的二维表格的形式。

当“学校所在地”被拖到“学校层次”的左侧位置时，形成如图 13-6 所示的三维表格的形式。

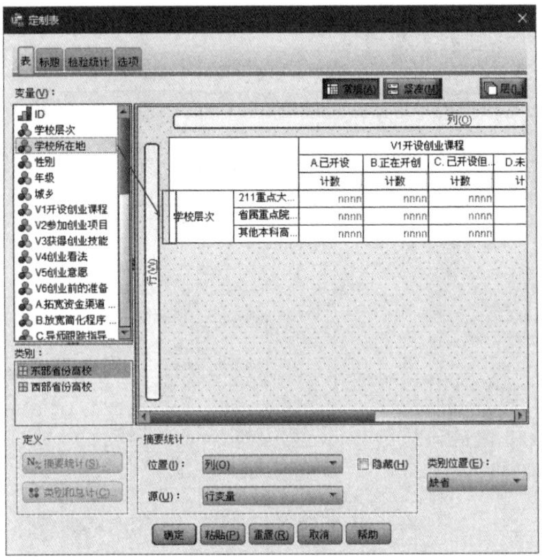

图 13-5　定制表的对话框（形成三维模式之前）

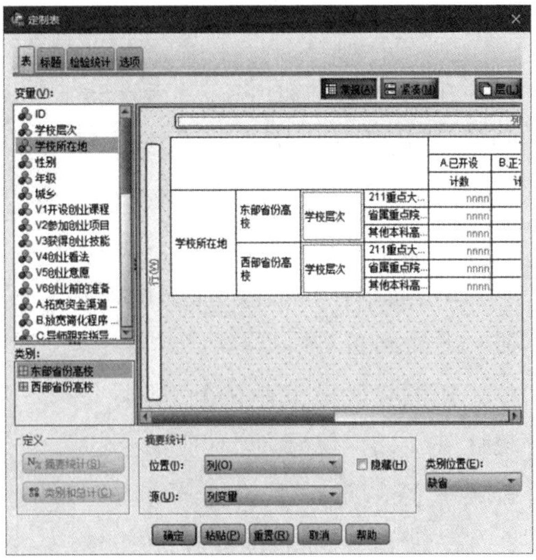

图 13-6　定制表的对话框（三维模式）

注意：①在以上例子中，行变量也可以放置在已有行变量的右侧，形成另一种形式的三维表格；也可以放置在已有行变量的上方，形成另一种形式的二维表格。

②列变量可以放置在已有列变量的右侧或左侧，也可以放置在已有列变量的

上方或下方。

第 5 步：对行变量进行设置。在中间区域中，选中“学校层次”(注意：在这里一定要选择最里层的变量“学校层次”，而不能选择“学校所在地”)，此时下方的“定义”框内的【摘要统计】【类别和总计】两个按钮变亮。点击【摘要统计】，弹出如图 13-7 所示的对话框。

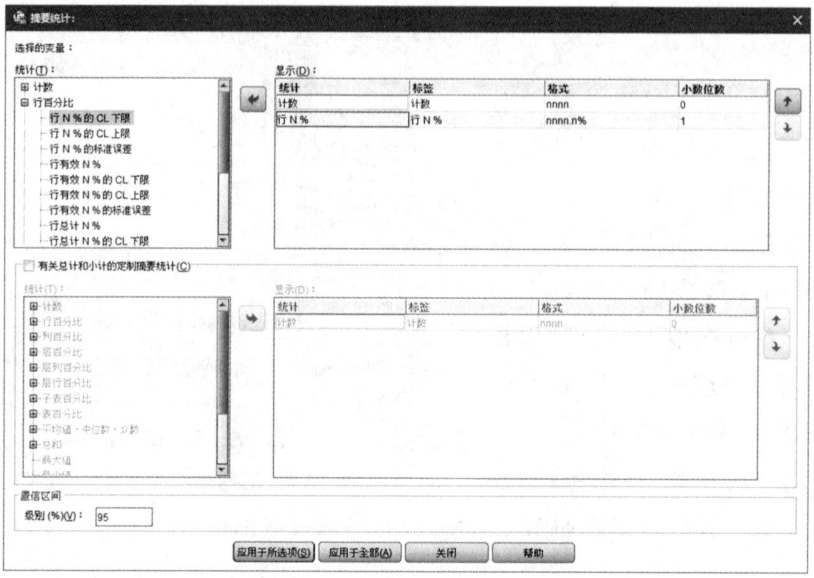

图 13-7　定制表：汇总统计的子对话框

在此子对话框中，点击左上侧的“统计”框中的“行百分比”，选中“行 N%”到右边的“显示”列表中。然后再点击最下方的【应用于全部】按钮，然后点击【关闭】按钮，返回到主对话框。

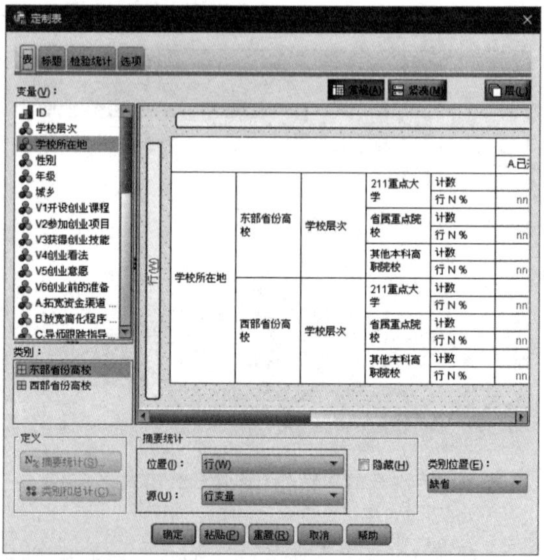

图 13-8　定制表的对话框：选择“行”

在主对话框中，在下方“摘要统计”框内的“位置”所对应的下拉按钮变亮，此时下拉选择“行”，在“源”所对应的下拉按钮中选择“行变量”(见图 13-8)。

第 6 步：压缩浏览。在主对话框点击【紧凑】按钮，则出现以下形式，在“紧凑”界面下，也可以调整变量之间的位置(见图 13-9、图 13-10)。

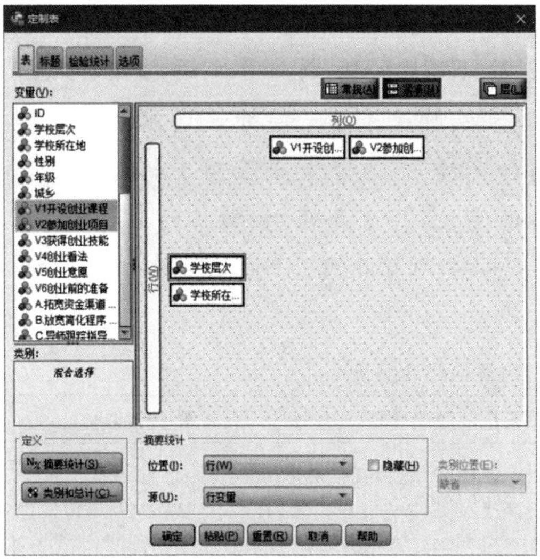

图 13-9　定制表的对话框：压缩视图(二维模式)

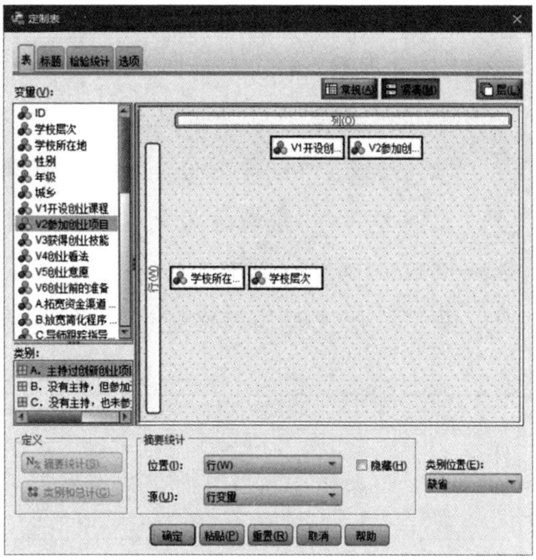

图 13-10　定制表的对话框：压缩视图(三维模式)

此外，如果点击主界面的【层】，则显示分层的界面，可以从左边的变量列表中选中有关变量拖入“层”，作为分层变量。在本例中不使用分层变量。

第 7 步：在主对话框中点击【确定】按钮，提交执行。

第 8 步：结果分析。

①二维形式时的表格统计情况(见表 13-1)。

表 13-1　二维形式时的表格统计情况

			V1 开设创业课程				V2 参加创业项目		
			A. 已开设……	B. 正在开创	C. 已开设……	D. 未开设……	A. 主持过……	B. 参加过……	C. 没有主持……
学校层次	211 重点大学	计数	92	24	125	55	51	65	180
		行数	31.1%	8.1%	42.2%	18.6%	17.2%	22.0%	60.8%
	省属重点院校	计数	80	20	182	55	26	75	236
		行数	23.7%	5.9%	54.0%	16.3%	7.7%	22.3%	70.0%
	其他本科高职院校	计数	199	46	231	13	109	123	257
		行数	40.7%	9.4%	47.2%	2.7%	22.3%	25.2%	52.6%
学校所在地	东部省份高校	计数	262	58	144	32	117	112	267
		行数	52.8%	11.7%	29.0%	6.5%	23.6%	22.6%	53.8%
	西部省份高校	计数	109	32	394	91	69	151	406
		行数	17.4%	5.1%	62.9%	14.5%	11.0%	24.1%	64.9%

[分析]在二维表格中，从学校层次上看，在开设创业教育课程的数量、比例方面，“其他本科高职院校”>“211 重点大学”>“省属重点院校”。在参加创业项

目的大学生数量、比例方面，“其他本科高职院校”＞“211 重点大学”＞“省属重点院校”。这表明“其他本科高职院校”开设创业课程、参加创业项目的人数、比例都多于“211 重点大学”“省属重点院校”。从学校所在地看，在开设创业课程的数量、比例方面，“东部省份高校”＞“西部省份高校”。在参加创业项目的大学生数量、比例方面，“东部省份高校”＞“西部省份高校”。这表明“东部省份高校”开创创业课程、参加创业项目的人数、比例都多于“西部省份高校”。

②三维形式时的表格统计情况(见表 13-2)。

表 13-2　三维形式时的表格统计情况

					V1 开设创业课程				V2 参加创业项目		
					A. 已开设……	B. 正在开创	C. 已开设……	D. 未开设……	A. 主持过……	B. 参加过……	C. 没有主持……
学校所在地	东部省份高校	学校层次	211 重点大学	计数	48	10	11	8	24	11	42
				行数	62.3%	13.0%	14.3%	10.4%	31.2%	14.3%	54.5%
			省属重点院校	计数	64	11	61	19	10	33	112
				行数	41.3%	7.1%	39.4%	12.3%	6.5%	21.3%	72.3%
			其他本科高职院校	计数	150	37	72	5	83	68	113
				行数	56.8%	14.0%	27.3%	1.9%	31.4%	25.8%	42.8%
	西部省份高校	学校层次	211 重点大学	计数	44	14	114	47	27	54	138
				行数	20.1%	6.4%	52.1%	21.5%	12.3%	24.7%	63.0%
			省属重点院校	计数	16	9	121	36	16	42	124
				行数	8.8%	4.9%	66.5%	19.8%	8.8%	23.1%	68.1%
			其他本科高职院校	计数	49	9	159	8	26	55	144
				行数	21.8%	4.0%	70.7%	3.6%	11.6%	24.4%	64.0%

注：此表格的列标签进行了省略和编辑。

[分析]三维表格能细化比较各个地区、层次的大学之间的情况。西部省份高校中的“211 重点大学”开设创业课程、参加创业项目的人数、比例都低于东部省份高校；而且西部省份高校中的“其他本科高职院校”“省属重点院校”也是如此。

13.3　单选题的描述统计、卡方检验

13.3.1　单选题的频率分析

问卷分析中的单选题，其选项多数是名义变量，少数是等距变量。如果单选题的选项是等距变量，那么在编码与录入时需要按照等距变量的方式录入，在变量视图窗口中该变量的“测量”一列需要选择“标度”，此时将按照等距变量进行分析，可以计算平均分，也可以结合被试变量信息进行均值比较、方差分析、回归分析等。

如果单选题的选项是名义变量，那么分析形式主要分为四种：一是进行频率分析；二是进行卡方检验(单变量)；三是结合被试信息变量，进行交叉表分析及卡方检验、分层卡方检验、列比例比较检验；四是结合被试信息变量，进行对应分析。这四种形式的分析层次是依次深入的。在本例中所有的单选题都是名义变量。

这里以问卷数据中的第 4 题“V4 创业看法”为例进行频率分析。

【例 13-7】对问卷数据中的第 4 题“V4 创业看法”进行频率分析。

点击【分析】→【描述统计】→【频率】菜单命令，打开频率分析的对话框。从左边的“源变量”框里选择“V4 创业看法”变量进入“变量”框。点击【图表】按钮，将弹出图表的对话框，选择“饼图”；设置完成后，点击【继续】按钮回到主对话框。在主对话框中点击【确定】按钮，提交执行。得到的频率分析的结果如表 13-3 和图 13-11 所示。

表 13-3　V4 创业看法

		频率	百分比	有效百分比	累积百分比
有效	A. 创业有很大风险，需谨慎	129	11.5%	11.5%	11.5%
	B. 创业需要很多条件与机会，较难	374	33.3%	33.3%	44.8%
	C. 大学生创业往往很盲目，应多学知识，多积累	215	19.2%	19.2%	64.0%
	D. 在学校和社会的资助支持下，可以尝试	141	12.6%	12.6%	76.6%
	E. 大学生年轻有活力，应大胆尝试	263	23.4%	23.4%	100.0%
	总计	1122	100.0%	100.0%	

[分析]由表 13-3 可知，选择 B 选项被试的比例最大，说明有较大比例的大学生对创业的认识比较谨慎、客观。当然也有一定比例的大学生比较乐观，选择了 E，认为大学生应该大胆尝试。但大学生的选择之间的差异是否显著，需要进行等次数卡方检验，即检验是否服从均匀分布。

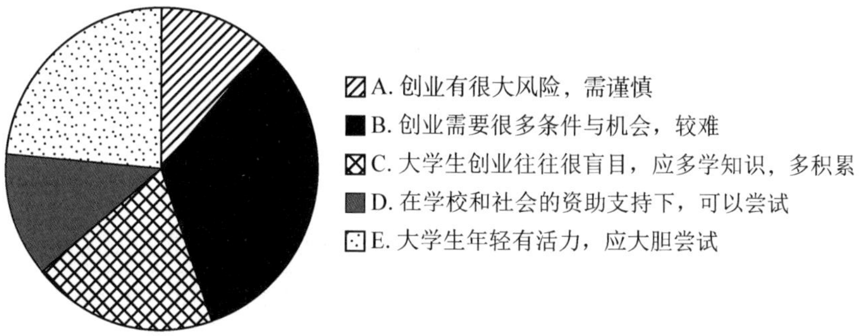

图 13-11　V4 创业看法饼图

补充：此图还可以进行编辑美化。在 SPSS 的结果输出中选中该图形，然后双击该图形，打开图表编辑器窗口，此时可以对图形进行多种编辑。

在图表编辑器窗口，选中图形，单击右键，弹出对话框。然后点击【显示数据标签】，打开属性窗口，将“百分比”从“标签”下的“不显示”列表选入“显示”列表中，同时将“显示”列表中的“计数”删除。点击【应用】按钮，再点击【关闭】按钮，返回主对话框。接着再次单击右键，点击【分解分区】，得到如图 13-12 所示的美化饼图。

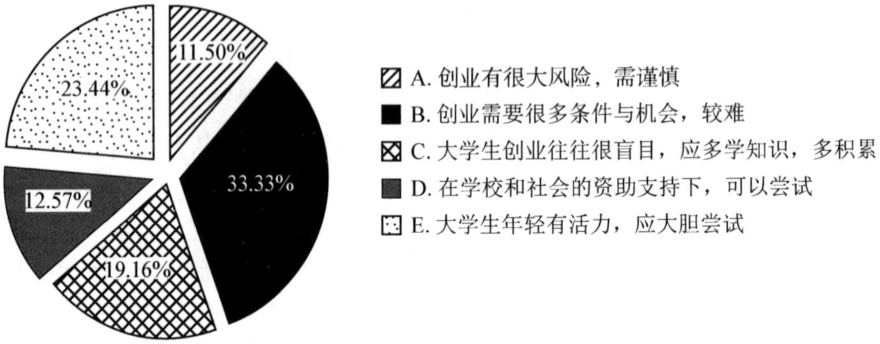

图 13-12 V4 创业看法饼图(美化)

13.3.2 单选题的卡方检验分析

【例 13-8】根据对问卷数据中的第 4 题“V4 创业看法”的回答，分析全体被试在创业看法态度上的选择是否均匀(呈均匀分布)。

解答提示：针对调查问卷中的态度调查的项目，可使用卡方检验的方法检验被试在各个选项上的态度是否一致(呈均匀分布)。

SPSS 操作过程如下。

点击【分析】→【非参数检验】→【旧对话框】→【卡方】菜单命令，打开“卡方检验”对话框。从左边的“源变量”框里，将“V4 创业看法”选到右边的“检验变量列表”框里。在“期望范围”框内，按系统默认的方式选择“从数据中获取”；在“期望值”框内，按系统默认的方式选择“所有类别相等”，也就是等次数分布或均匀分布。在主对话框中点击【确定】按钮，提交执行，输出结果。

第一、第二个表格分别为实测个案数与期望个案数(见表 13-4)、检验统计表(见表 13-5)。

表 13-4 V4 创业看法

	实测个案数	期望个案数	残差
A. 创业有很大风险，需谨慎	129	224.4	−95.4
B. 创业需要很多条件与机会，较难	374	224.4	149.6

续表

	实测个案数	期望个案数	残差
C. 大学生创业往往很盲目，应多学知识，多积累	215	224.4	−9.4
D. 在学校和社会的资助支持下，可以尝试	141	224.4	−83.4
E. 大学生年轻有活力，应大胆尝试	263	224.4	38.6
总计	1122		

表 13-5　检验统计

	V4 创业看法
卡方	178.321[a]
自由度	4
渐近显著性	0.000

a. 0 个单元格(0) 的期望频率低于 5。期望的最低单元格频率为 224.4。

[分析]在卡方检验结果中，卡方值为 178.321，显著性水平小于 0.05，拒绝原假设，认为大学生对创业看法的选择不服从等次数分布和均匀分布。也就是说，大学生对创业看法的选择有较大差异。从表 13-4 中的实测个案数可以知道，选择 B 选项的人数最多，说明这是大多数人的看法；选择 A 选项的人数最少，说明被试群体中认识到创业风险的人数很少。

13.3.3　单选题的交叉表分析及卡方检验

【例 13-9】根据对问卷数据中的第 4 题“V4 创业看法”的回答，请分别分析男女性别、各个年级在创业看法上是否态度一致。

点击【分析】→【描述统计】→【交叉表】菜单命令，弹出交叉表分析的主对话框。将“性别”“年级”选到“行”变量框中，将“V4 创业看法”选到“列”变量框中(见图 13-13)。

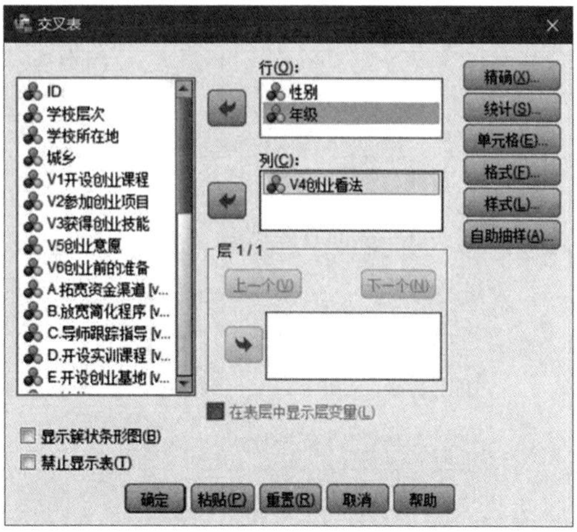

图 13-13　交叉表分析

在主对话框中，点击【统计】按钮，弹出“交叉表：统计”对话框。本例选中“卡方”，表示将进行卡方检验分析。其他复选框都不选。设置完成后，点击【继续】按钮回到上一级对话框。

在主对话框中，点击【单元格】按钮，弹出“交叉表：单元格显示”对话框。在本例中，在“计数”栏内选中“实测”。在“百分比”栏内选中“行”。其他复选框均不选。设置完成后，点击【继续】按钮回到上一级对话框。

主对话框中点击【确定】按钮，提交执行。

第 1 个表：个案处理摘要(略)。

第 2 个表：性别 * V4 创业看法的交叉表(略)。

第 3 个表：性别 * V4 创业看法的卡方检验(见表 13-6)。

表 13-6　卡方检验

	值	自由度	渐进显著性(双侧)
皮尔逊卡方	6.498[a]	4	0.165
似然比	6.508	4	0.164
线性关联	0.010	1	0.920
有效个案数	1122		

a. 0 个单元格(0) 的期望计数小于 5。最小期望计数为 57.95。

[分析]在此卡方检验表中，皮尔逊卡方检验的卡方值为 6.498，渐进显著性值为 0.165，大于 0.05，应接受原假设，即认为性别与“V4 创业看法”变量之间是相互独立的，两变量之间不存在关联。

第 4、第 5 个表：年级 * V4 创业看法的交叉表(见表 13-7)、卡方检验(见表 13-8)。

表 13-7　交叉表

			V4 创业看法					总计
			A. 创业有很大风险，需谨慎	B. 创业需要很多条件与机会，较难	C. 大学生创业往往很盲目，应多学知识，多积累	D. 在学校和社会的资助支持下，可以尝试	E. 大学生年轻有活力，应大胆尝试	
年级	大二	计数	11	50	52	90	167	370
		占年级的百分比	3.0%	13.5%	14.1%	24.3%	45.1%	100.0%
	大三	计数	24	117	129	43	81	394
		占年级的百分比	6.1%	29.7%	32.7%	10.9%	20.6%	100.0%
	大四	计数	94	207	34	8	15	358
		占年级的百分比	26.3%	57.8%	9.5%	2.2%	4.2%	100.0%
总计		计数	129	374	215	141	263	1122
		占年级的百分比	11.5%	33.3%	19.2%	12.6%	23.4%	100.0%

表 13-8 卡方检验

	值	自由度	渐进显著性(双侧)
皮尔逊卡方	475.462[a]	8	0.000
似然比	488.987	8	0.000
线性关联	371.469	1	0.000
有效个案数	1122		

a. 0 个单元格(0) 的期望计数小于 5。最小期望计数为 41.16。

[分析]皮尔逊卡方检验的卡方值为 475.462，显著性水平小于 0.05，应拒绝原假设，结论认为年级与"V4 创业看法"变量之间是不独立的，两变量之间存在关联。换句话说，各个年级大学生之间在创业上的看法存在差异。

计算卡方检验的效应量克莱姆 V 系数 $\sqrt{\frac{\chi^2}{N\times(\mathrm{d}f_{\text{更小值}})}}=\sqrt{\frac{\chi^2}{N\times(L-1)}}=\sqrt{\frac{475.462}{1122\times 2}}\approx 0.460$(在"交叉表：统计"对话框中选中"Phi 和克莱姆 V"，即可得到克莱姆 V 系数)。根据对克莱姆 V 系数效应量大小的评定表(Cohen，1992)，本例中克莱姆 V 系数为大效应量。

结合前面的交叉表的计数人数，认为大二的学生选择 D，E 选项的人数比例较大，大三的学生选择 B，C 选项的人数比例较大，大四的学生选择 A 选项的人数比例较大。由此可以粗略得出，随着年级的增长，大学生的创业态度变得越来越保守。当然如果要确切地分析，则需要对这两个变量进行对应分析。

13.3.4 单选题的分层交叉表分析及卡方检验

【例 13-10】根据对问卷数据中的第 4 题"V4 创业看法"的回答，以城乡为分层变量，请分别分析城市(或农村)的男女性别、各个年级在创业看法上是否态度一致。

SPSS 操作过程如下。

这里的分层交叉表分析的操作步骤，与前面**【例 13-9】**的交叉表分析步骤基本一样，不同之处就是在交叉表分析的基础上，增加了以下步骤：将"城乡"变量选入"分层变量"框中(见图 13-14)。

最后，在主对话框中点击**【确定】**按钮，提交执行。

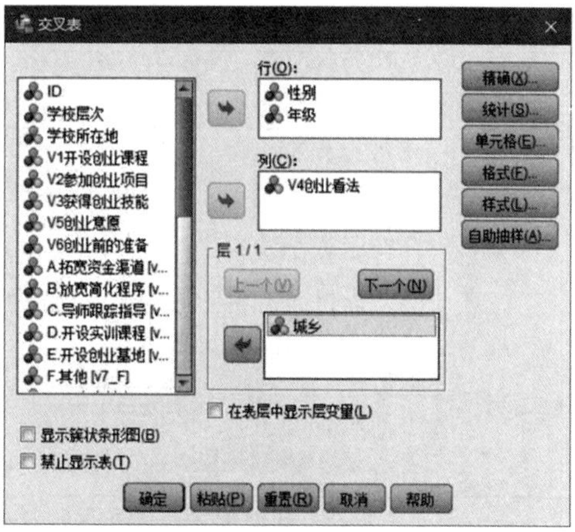

图 13-14 分层交叉表分析

第 1 个表：个案处理摘要(略)。

第 2、第 3 个表：性别 * V4 创业看法 * 城乡的交叉表(见表 13-9)、卡方检验(见表 13-10)。

表 13-9　交叉表

				V4 创业看法					总计
				A	B	C	D	E	
城市	性别	男	计数	11	24	95	35	77	242
			占性别的百分比	4.5%	9.9%	39.3%	14.5%	31.8%	100.0%
		女	计数	31	64	76	72	110	353
			占性别的百分比	8.8%	18.1%	21.5%	20.4%	31.2%	100.0%
	总计		计数	42	88	171	107	187	595
			占性别的百分比	7.1%	14.8%	28.7%	18.0%	31.4%	100.0%
农村	性别	男	计数	41	145	15	20	41	262
			占性别的百分比	15.6%	55.3%	5.7%	7.6%	15.6%	100.0%
		女	计数	46	141	29	14	35	265
			占性别的百分比	17.4%	53.2%	10.9%	5.3%	13.2%	100.0%
	总计		计数	87	286	44	34	76	527
			占性别的百分比	16.5%	54.3%	8.3%	6.5%	14.4%	100.0%
总计	性别	男	计数	52	169	110	55	118	504
			占性别的百分比	10.3%	33.5%	21.8%	10.9%	23.4%	100.0%
		女	计数	77	205	105	86	145	618
			占性别的百分比	12.5%	33.2%	17.0%	13.9%	23.5%	100.0%
	总计		计数	129	374	215	141	263	1122
			占性别的百分比	11.5%	33.3%	19.2%	12.6%	23.4%	100.0%

表 13-10　卡方检验

城乡		值	自由度	渐近显著性(双侧)
城市	皮尔逊卡方	28.727[b]	4	0.000
	似然比	28.990	4	0.000
	线性关联	1.306	1	0.253
	有效个案数	595		
农村	皮尔逊卡方	6.313[c]	4	0.177
	似然比	6.398	4	0.171
	线性关联	0.606	1	0.436
	有效个案数	527		
总计	皮尔逊卡方	6.498[a]	4	0.165
	似然比	6.508	4	0.164
	线性关联	0.010	1	0.920
	有效个案数	1122		

a. 0 个单元格(0) 的期望计数小于 5。最小期望计数为 57.95。

b. 0 个单元格(0) 的期望计数小于 5。最小期望计数为 17.08。

c. 0 个单元格(0) 的期望计数小于 5。最小期望计数为 16.90。

［分析］当城乡变量为城市时，皮尔逊卡方检验的卡方值为 28.727，显著性水平小于 0.05，应拒绝原假设，认为在来自城市的大学生中，男女在各个创业看法上的选择存在显著差异。计算效应量克莱姆 V 系数 $\sqrt{\dfrac{\chi^2}{N\times(\mathrm{d}f_{\text{更小值}})}}=\sqrt{\dfrac{28.727}{595\times 1}}\approx$ 0.220(在“交叉表：统计”对话框中选中“Phi 和克莱姆 V”，即可得到克莱姆 V 系数)。本例中克莱姆 V 系数为小效应量。

当城乡变量为农村时，皮尔逊卡方检验的卡方值为 6.313，显著性水平为 0.177，大于 0.05，应接受原假设，认为在来自农村的大学生中，男女在各个创业看法上的选择无差异。

第 4、第 5 个表：年级 * V4 创业看法 * 城乡的交叉表、卡方检验(略)。

13.4　单选题的列比较检验、对应分析

13.4.1　不同层次被试在单选题的选择比例上的比较(列比较检验)

如果在交叉表的基础上，进一步比较被试在各个选项上的具体差异，需要对被试在各个选项上的选择人数比例进行比较检验。这里以不同性别、年级在第 6 题上的选择差异分析为例。

SPSS 操作过程如下。

第 1 步：启动分析过程。点击【分析】→【表】→【定制表】菜单命令，打开预备对话框，点击【确定】按钮，然后进入定制表的主对话框。在主对话框中，将需要的分析变量拖到灰白区域。在本例中，将“性别”“年级”拖到“列”位置，而将“V6 创业前的准备”拖到“行”位置(见图 13-15)。

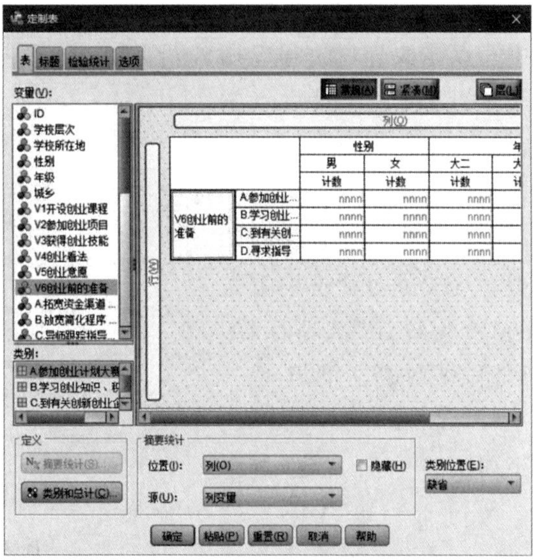

图 13-15　定制表的主对话框

第 2 步：对行变量进行设置。在中间区域中，选中“性别”，在主对话框下方“摘要统计”框内的“位置”所对应的下拉菜单中选择“列”；在“源”所对应的下拉菜单中选择“列变量”。

此时，下方的“定义”框内的【摘要统计】和【类别和总计】两个按钮变亮，点击【摘要统计】菜单命令，弹出如图 13-16 所示的对话框。

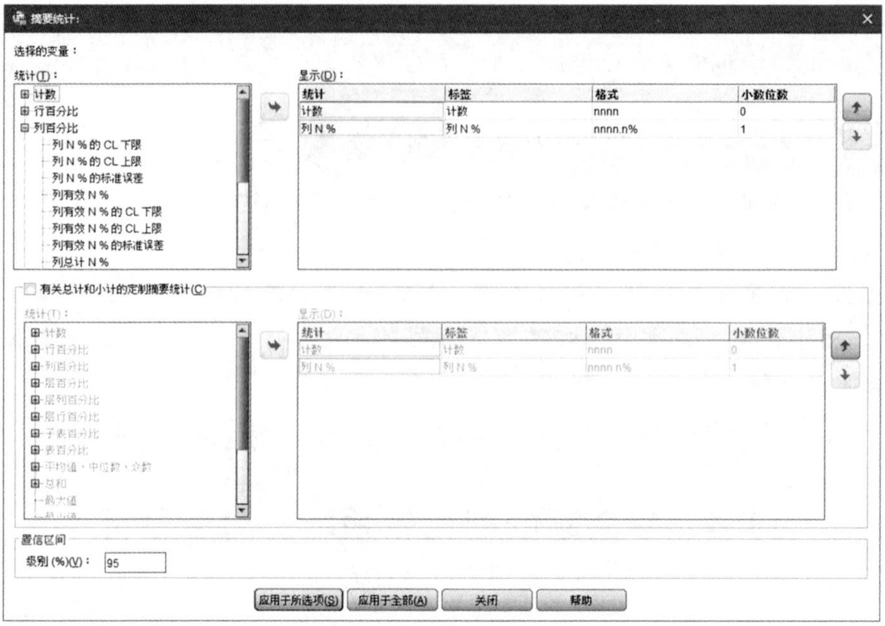

图 13-16　定制表：摘要统计的子对话框

在这个子对话框中，在左上方的“统计”框中点击“列百分比”，选中“列百分比”里的“列 $N\%$”，选到右边的“显示”列表中。点击最下方的【应用于全部】按钮，然后点击【关闭】按钮，返回到主对话框。

第 3 步：设置检验选项。点击主对话框中上方的“检验统计”选项标签，如图 13-17 所示的界面。

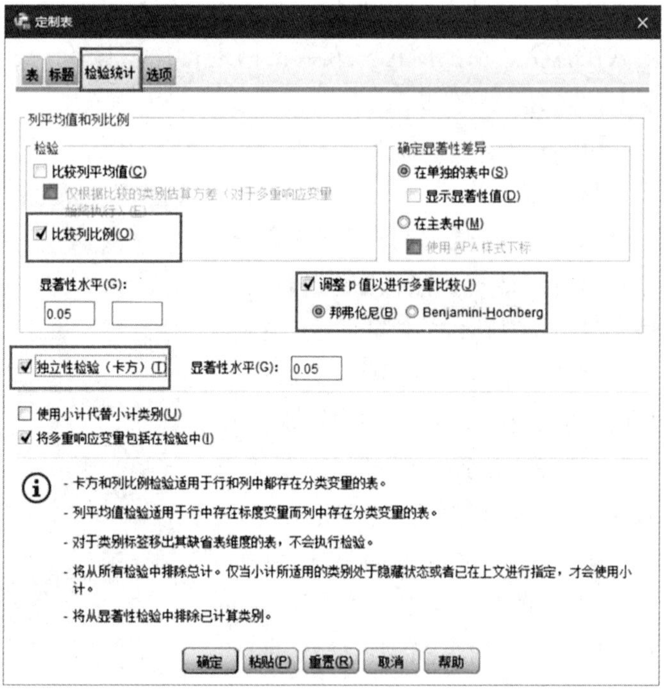

图 13-17　定制表的“检验统计”界面

在此界面，选择“比较列比例”，并选择“调整 p 值以进行多重比较”。在对话框的中间部分，选中复选框“独立性检验(卡方)”，做卡方检验。

第 4 步：在主对话框中点击【确定】按钮，提交执行。

第 5 步：结果分析(见表 13-11、表 13-12)。

表 13-11　结果分析

		性别				年级					
		男		女		大二		大三		大四	
		计数	列 N%	计数	列 N%	计数	列 N%	计数	列 N%	计数	列 N%
V6 创业前的准备	A. 参加创业计划大赛	100	19.8%	84	13.6%	57	15.4%	78	19.8%	49	13.7%
	B. 学习创业知识、积累经验	99	19.6%	313	50.6%	133	35.9%	134	34.0%	145	40.5%
	C. 到有关创新创业企业实习	294	58.3%	101	16.3%	146	39.5%	128	32.5%	121	33.8%
	D. 寻求指导	11	2.2%	120	19.4%	34	9.2%	54	13.7%	43	12.0%

[分析]该结果显示了性别、年级变量在“V6 创业前的准备”各个选项上的选择人数、比例。

表 13-12　皮尔逊卡方检验

		性别	年级
V6 创业前的准备	卡方	288.943	13.160
	自由度	3	6
	显著性	0.000*	0.041*

注：结果基于每个最内部子表的非空行和列。

*. 卡方统计在 0.05 级别上显著。

[分析]“V6 创业前的准备”变量与性别变量之间关联的卡方检验值为 288.943，对应的显著性水平小于 0.05，拒绝原假设，即该多选变量与性别变量存在关联，也就是多选变量的各个选项在性别变量上存在差异。具体是哪些选项有差异，需要查看下一个表格“列比例的比较”(见表 13-13)。

同理，根据卡方检验的结果，“V6 创业前的准备”变量与年级变量之间也存在关联。

表 13-13　列比例的比较[a]

		性别		年级		
		男	女	大二	大三	大四
		(A)	(B)	(A)	(B)	(C)
V6 创业前的准备	A. 参加创业计划大赛	B				
	B. 学习创业知识、积累经验		A			
	C. 到有关创新创业企业实习	B				
	D. 寻求指导		A			

注：结果基于双侧检验。对于每个显著对，列比例较小的类别的键出现在列比例较大的类别之中。

大写字母(A、B、C)的显著性水平：0.05。

a. 通过使用 Bonferroni 校正法，检验将针对每个最内部子表的一行中的所有成对比较进行调整。

［分析］由结果表格的第三列的结果可知，在 A 选项、C 选项上，男性的选择比例要显著大于女性的选择比例。由表格的第四列可知，在多选变量的 B 选项、D 选项上，女性的选择比例要显著大于男性的选择比例。

由表格的第五至第七列可知，在“V6 创业前的准备”变量的各个选项上，各个年级的选择比例都没有显著差异。

13.4.2 单选题的对应分析

在前面已经对第 4 题“V4 创业看法”变量，结合性别、年级变量进行了交叉表分析和卡方检验。这里进一步对年级变量与“V4 创业看法”变量进行对应分析。

对应分析以两变量的交叉列联表为研究对象，利用降维的方法，通过图形直观地揭示变量不同类别之间的联系，特别适用于多分类变量的研究。对应分析的基本思想是：将一个列联表的行和列中各元素的比例结构以点的形式在较低维的空间中表示出来。首先编制两个变量的交叉列联表，将交叉列联表中的每个数据单元看成两个变量在相应类别上的对应点；然后将变量及变量之间的联系同时反映在一张二维或三维的散点图上，即对应分布图，这使得联系密切的类别点较集中，联系疏远的类别点较分散；最后，通过观察对应分布图，就能直接把握变量之间的类别联系。

对应分析与一般的交叉表卡方检验的区别是：当两个分类变量的分类值较多时，交叉表卡方检验通常较难直观地揭示出变量之间的联系以及变量各分类之间的联系，而对应分析正是一种能解决多分类问题、基于图形分析的、直观有效的分析方法。

这里以“年级”和“V4 创业看法”为变量进行对应分析，SPSS 操作过程如下。

第 1 步：启动分析过程。点击【分析】→【降维】→【对应分析】，打开对话框。

第 2 步：设置分析变量。将“年级”变量选到“行”框中，将“V4 创业看法”变量选到“列”框中（见图 13-18），并分别单击【定义范围】按钮（该按钮用于指定行列变量的分类值范围），弹出子对话框（见图 13-19）。在“最小值”框后输入分类最小值，在“最大值”框后输入分类最大值，并单击【更新】按钮，于是各分类值会依次显示在窗口下方的框中。

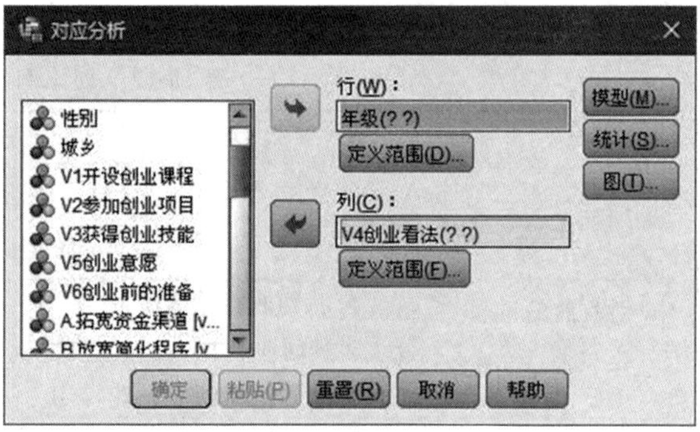

图 13-18 对应分析的主对话框

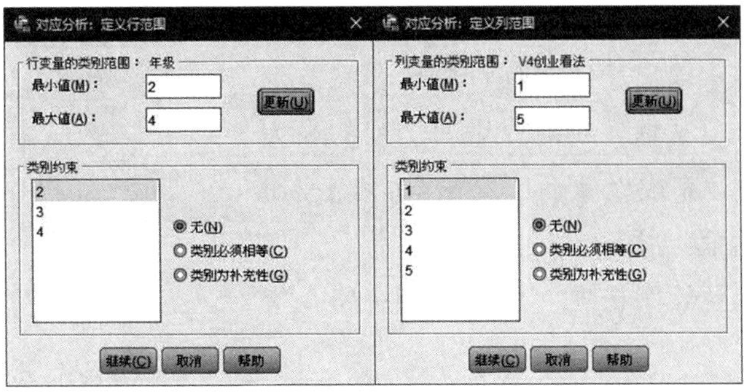

图 13-19　对行变量、列变量进行定义的子对话框

在定义范围的子对话框中，“类别约束”框中有三个单选选项：①“无”，表示不再对分类值重新分组；②“类别必须相等”，表示指定将哪些分类值合并为一类，也就是等同于其他类别；③“类别为补充性”，表示指定某些分类值不参与分析。在本例中，都按系统默认选择“无”。

第 3 步：设置分析模型。单击【模型】按钮，弹出子对话框，进行模型参数设置(见图 13-20)。

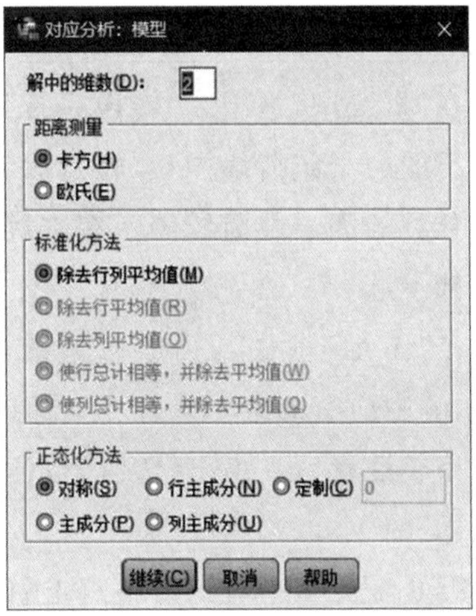

图 13-20　对应分析：模型的子对话框

在“解中的维数”后的文本框内，输入行列变量分类最终提取的因子个数，可根据累计方差贡献率给定，或系统默认指定为 2，以便将各分类点表示在二维平面上。

在“距离测量”框中，指定分类点间距离的定义方式，对于分类变量通常选卡方。

在“标准化方法”框中，指定数据标准化的方式，一般按系统默认方式。

在最下方的“正态化方法”框中，指定行变量、列变量的正态化方法。当希望重点分析行变量、列变量各类别之间的联系时，选择“对称”；当希望重点分析行变量的各类别之间的差异时，选择“行主成分”；当希望重点分析列变量的各类别之间的差异时，选择“列主成分”；当希望同时分析行变量、列变量各类别之间的差异时，选择“主成分”，这里的选择将影响到分类点的坐标值。完成设置后，点击【继续】按钮回到上一级对话框。

第 4 步：设置统计输出选项。单击【统计】按钮，弹出子对话框，指定输出哪些统计量。

其中，“对应表”表示输出行变量、列变量的交叉列联表；“行点概述”表示输出行变量分类的因子载荷以及方差贡献率等；“列点概述”表示输出列变量分类的因子载荷以及方差贡献率等；“对应表的排列”表示按照变量在维度 1(默认)的上值进行排序；“行概要”表示输出频率的行百分比；“列概要”表示输出频率的列百分比。在本例中，选择前四个复选框，将对应表的排列的最大排列维数改为 2。完成设置后，点击【继续】按钮回到上一级对话框(见图 13-21)。

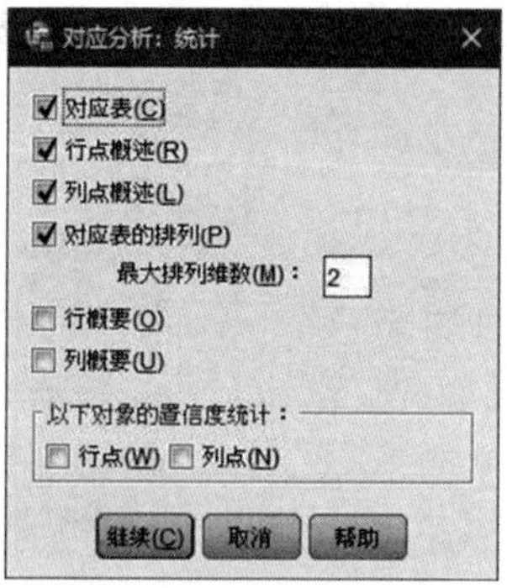

图 13-21　对应分析：统计的子对话框

第 5 步：设置绘图选项。点击【图】按钮，指定输出哪些图形。

在“散点图”框中，“双标图”为行列变量的对应分布图，包括行和列的变量的载荷图；“行点”为行变量各类别在第一因子和第二因子上的载荷图。“列点”为列变量各类别在第一因子和第二因子上的载荷图；在“散点图的 ID 标签宽度”后的文本框，指定散点图中数据点标签的长度，默认为 20。

在“折线图”框中，“转换后行类别”为行变量各分类的因子载荷线图；“转换后列类别”为列变量各分类的因子载荷线图。在本例中，这两个复选框都不选。

在“图维”框中，一般按系统默认方式选择“显示解中所有的维”。

完成设置后，点击【继续】按钮回到上一级对话框(见图 13-22)。

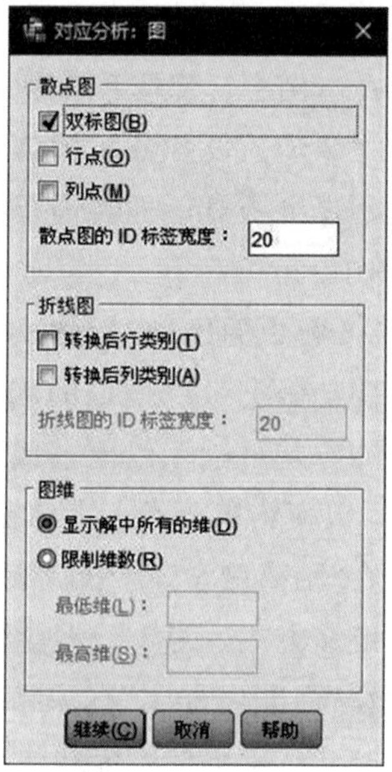

图 13-22　对应分析：绘图的子对话框

第 6 步：在主对话框中点击【确定】按钮，提交执行。

第 7 步：结果分析。

第 1 个表(图)：年级与 V4 创业看法的对应表(略)。

第 2 个表(图)：对应分析检验的摘要(见表 13-14)。

表 13-14　摘要

维	奇异值	惯量	卡方	显著性	惯量的比例		置信度奇异值	
					占	累积	标准差	相关性
								2
1	0.597	0.356			0.841	0.841	0.022	0.248
2	0.259	0.067			0.159	1.000	0.030	
总计		0.424	475.462	0.000[a]	1.000	1.000		

a. 自由度。

[分析]第一列数据为对应分析的维度数，本例中只产生了两个维度；第三列“惯量”，是对应分析时数据矩阵的特征值，第二列数据则为第三列的平方根。因此，第六列数据为惯量比例中的“解释”的各特征值所占特征值总和的百分比，即方差贡献率。第七列是各特征根的累计方差贡献率。

第四列是对交叉列联表做卡方检验的卡方观测值 475.462。第五列是相应的显著性水平。由于 $p<0.05$，因此拒绝原假设，认为行变量和列变量有显著的相关关系。这里所得的卡方值与前面进行交叉表分析所得的卡方值是一样的。

第 3 个表：行点总览(见表 13-15)。

表 13-15　行点总览[a]

年级	数量	维得分		惯量	贡献				
					点对维的惯量		维对点的惯量		
		1	2		1	2	1	2	总计
大二	0.330	0.872	−0.443	0.167	0.420	0.250	0.899	0.101	1.000
大三	0.351	0.120	0.688	0.046	0.008	0.640	0.065	0.935	1.000
大四	0.319	−1.034	−0.299	0.211	0.571	0.110	0.965	0.035	1.000
活动总计	1.000			0.424	1.000	1.000			

a. 对称正态化。

[分析]表中的第二列“数量”是行变量各类别的百分比；“维得分”是各变量在各公共因子上的得分。第三、第四列是行变量各类别在第 1、第 2 个因子上的因子载荷，它们将成为分布图中的数据点的坐标；第五列“惯量”是各特征根；第六、第七列是行变量各分类对第 1、第 2 个维度差异的影响程度；大四、大二对第 1 个维度的影响最大；大三对第 2 个维度的影响最大。

第八至第十列是第 1、第 2 个维度对行变量各分类差异的解释比例程度。第 1 个维度对大二学生解释了 89.9%的差异，对大四学生解释了 96.5%的差异，第 2 个维度解释了大三学生 93.5%的差异。

第 4 个表(图)：列点总览(见表 13-16)。

表 13-16　列点总览[a]

V4 创业看法	数量	维得分		惯量	贡献				
					点对维的惯量		维对点的惯量		
		1	2		1	2	1	2	总计
A. 创业有很大风险，需谨慎	0.115	−1.100	−0.492	0.090	0.233	0.107	0.920	0.080	1.000
B. 创业需要很多条件与机会，较难	0.333	−0.700	−0.037	0.098	0.274	0.002	0.999	0.001	1.000
C. 大学生创业往往很盲目，应多学知识，多积累	0.192	0.200	0.995	0.054	0.013	0.732	0.085	0.915	1.000

续表

V4 创业看法	数量	维得分		惯量	贡献				
					点对维的惯量		维对点的惯量		
		1	2		1	2	1	2	总计
D. 有学校和社会的资助支持下，可以尝试	0.126	0.896	−0.347	0.064	0.169	0.058	0.939	0.061	1.000
E. 大学生年轻有活力，应大胆尝试	0.234	0.891	−0.334	0.118	0.312	0.101	0.942	0.058	1.000
活动总计	1.000			0.424	1.000	1.000			

a. 对称正态化。

[分析]这里是对列变量"V4 创业看法"的分析，与前一个表格对行变量"年级"的分析方法与步骤保持一致即可。

第 5 个表(图)：双标图，也称对应分析图(见图 13-23)。

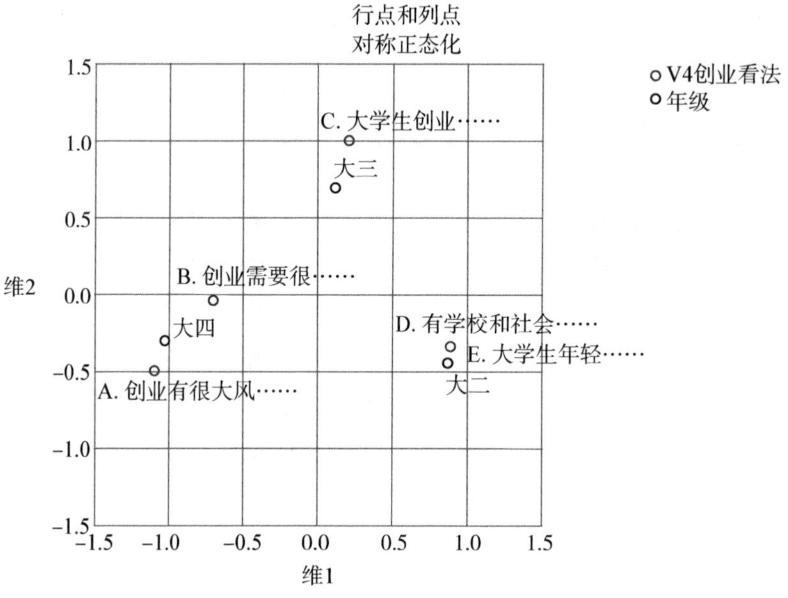

图 13-23 "V4 创业看法"的对应分析图

[分析]此图是对应分析的主要依据之一。判断两个变量的分类值之间的位置关系，主要根据以下原则：落在图形原点出发的相同方向、大致在相同区域的不同变量的分类点之间彼此有联系。点与点之间的距离越近，关联的倾向性就越明显。

在年级与"V4 创业看法"变量的对应分布图中，年级变量的大二分类点与"V4 创业看法"的 D，E 选项的分类点距离很近，说明大二学生倾向于这两种观点，认为应该勇于尝试。

年级变量的大四分类点，与"V4 创业看法"A 选项的分类点距离很近，说明大四学生偏向于认为创业是有风险的；而且大四分类点与"V4 创业看法"B 选项的分类点距离相对较近，说明大四学生也认为创业需要条件和机会，难度大。

年级变量的大三分类点与“V4 创业看法”C 选项的分类点距离很近，说明大三学生倾向于认为大学生创业很盲目，而应该多积累学习。

由此，最后总结出以下大学生对创业看法的组合(见表 13-17)。

表 13-17　大学生对创业看法的对应分析结果

年级	大学生对创业的看法
大四	A. 创业有很大风险，需谨慎 B. 创业需要很多条件与机会，较难
大三	C. 大学生创业往往很盲目，应多学知识，多积累
大二	D. 在学校和社会的资助支持下，可以尝试 E. 大学生年轻有活力，应大胆尝试

第 6、第 7 个表：按维数 1、维数 2 建立的关系对应表(略)，实际上是对应分布图进一步用表格来表达的。

总之，对应分析能在交叉表分析的基础上进一步细化分析，其优点表现在：

①进行对应分析的两个分类变量，其变量划分的类别越多，这种方法的优势越明显。

②揭示行变量类别间与列变量类别间的联系，能将这种联系直观地表现在二维图形中(对应图)。

③可以将名义变量或顺序变量转变为等距变量。当然，对应分析一般是交叉表分析的卡方检验显著时效果更明显；如果交叉表分析的卡方检验不显著，对应分析也往往无意义。对应分析不是每一次分析都能进行有效解释，对应图的解释有时会比较困难。

13.5　多选题的卡方检验、分层卡方检验

13.5.1　多选题的卡方检验分析

前一章已经讲述了多选题的频率分析、交叉表分析，这里进一步讲述多选题在【定制表】菜单命令下进行卡方检验、列比例的比较检验。

这里以大学生创业调查问卷中的第 7 题多选题为例，说明一个多选题与一个分类变量(包括被试信息变量)之间进行交叉表分析和卡方检验、列比例的比较检验。

SPSS 操作过程如下。

第 1 步：定义多选变量集。点击【分析】→【表】→【多重响应集】菜单命令，打开多选变量的定义对话框(见图 13-24)。

图 13-24 "定义多重响应集"对话框

在此对话框中，把第 7 题的几个选项变量 V7_A，V7_B，…，V7_F 选中，点击向右的三角形按钮，将它们移到"集合中的变量"框中。

在"变量编码"框里，本例选中"二分法"，并在"计数值"标签后填入"1"。因为编码录入时"1"代表选择了该选项。在"集合名称"内填入"第 7 题"；在"集合标签"内填入"希望的创业支持"；在前面的信息完成设置后，点击【添加】按钮，则多选应集就显示添加到了右边的"多重响应集合"框内。

在本问卷的数据中，还有第 8 题、第 9 题都是多选变量，可以继续添加第 8 题、第 9 题的定义。完成以上设置后，在主对话框点击【确定】按钮，完成多选变量的定义。

第 2 步：启动定制表分析。点击【分析】→【表】→【定制表】菜单命令，打开预备对话框，点击【确定】按钮就可以，然后进入定制表的主对话框。

此时可以将需要的分析变量拖入灰白区域，在本例中，先将"希望的创业支持[$ 第 7 题]"变量拖入"行"位置；再将"性别""年级"作为列变量("性别""年级"两个变量是并列放置)，分别拖入"列"位置(见图 13-25)。注意：定义的多选变量集，其定义的多选变量名称在所有变量的最后面。

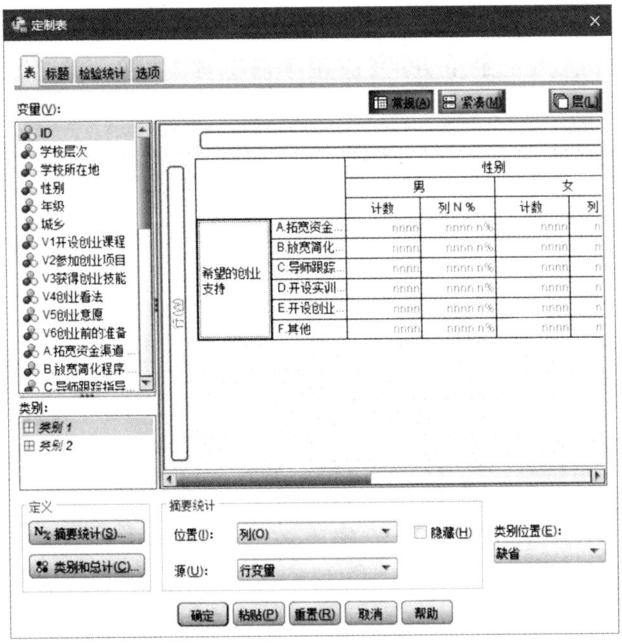

图 13-25　“定制表”对话框

第 3 步：分析变量的设置。在灰白区框中，选中“希望的创业支持[＄第 7 题]”变量，在主对话框中的“摘要统计”框内的“位置”所对应的下拉按钮，默认选择“列”，在“源”所对应的下拉按钮，默认选择“行变量”。

此时左下方的“定义”框内的【摘要统计】【类别和总计】两个按钮变亮，点击【摘要统计】按钮，弹出如图 13-26 所示的对话框。

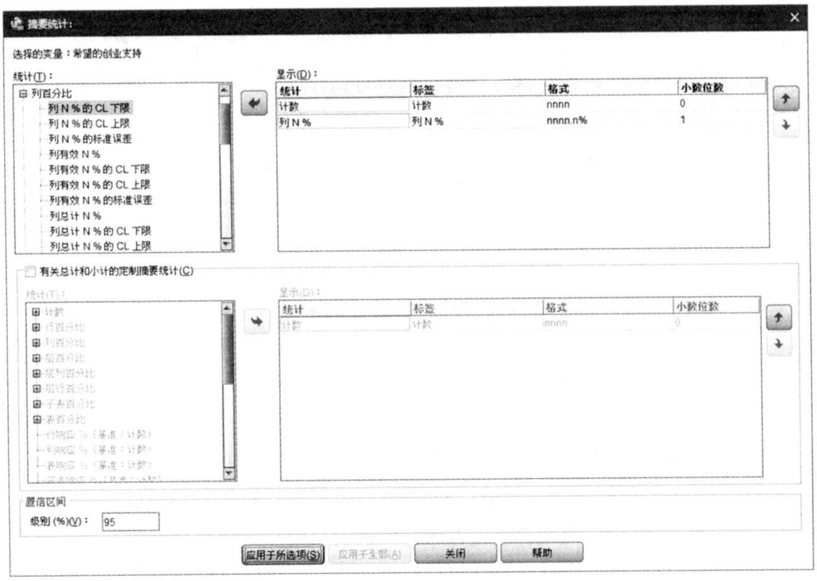

图 13-26　“摘要统计”对话框

在此对话框中，在左上角的"统计"框中单击"列百分比"，选择"列 *N*%"到右边的"显示"列表中。点击最下方的【应用于所选项】按钮，然后点击【关闭】按钮，返回到主对话框(见图 13-27)。

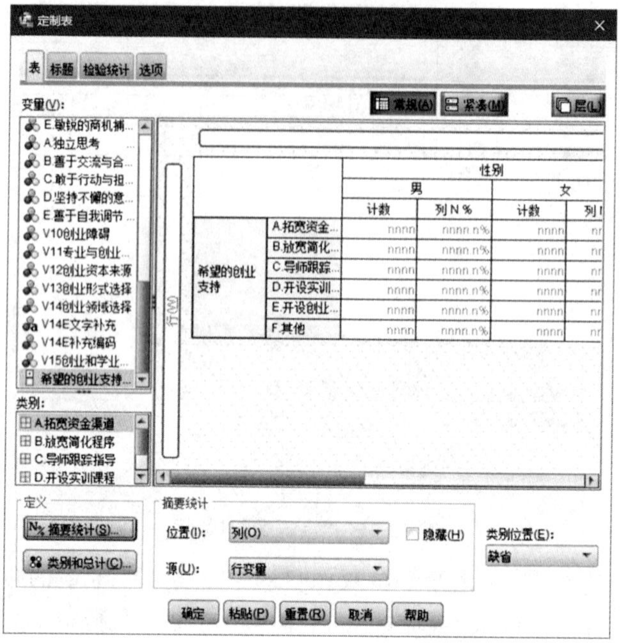

图 13-27 "定制表"对话框

第 4 步：设置检验选项。点击主对话框中最上方的"检验统计"选项，显示如图 13-28 所示的界面。

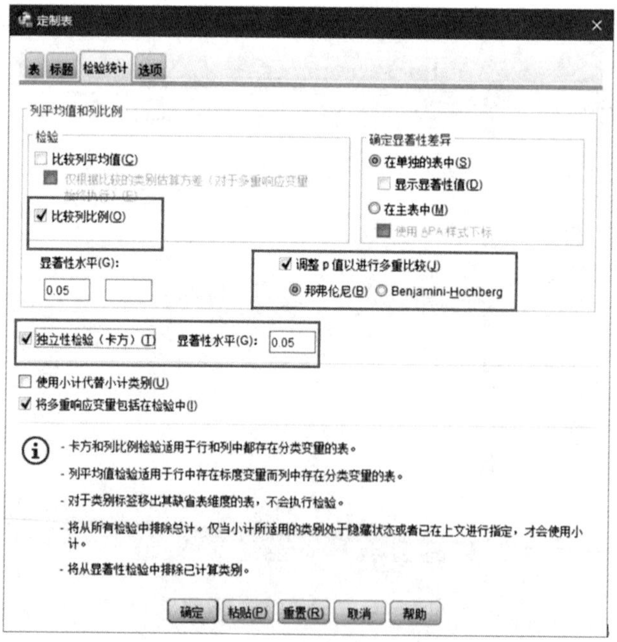

图 13-28 定制表的统计检验界面

在此界面，选择“比较列比例”，并同时选择“调整 p 值以进行多重比较”。在对话框的中间部分，同时选中复选框“独立性检验(卡方)”。

第 5 步：在主对话框中点击【确定】按钮，提交执行。

第 6 步：结果分析。

第 1 个表：“希望的创业支持[＄第 7 题]”多选变量与性别、年级的交叉表(见表 13-18)。

表 13-18　交叉表

		性别				年级					
		男		女		大二		大三		大四	
		计数	列数	计数	列数	计数	列数	计数	列数	计数	列数
希望的创业支持	A. 拓宽资金渠道	376	77.8%	288	48.7%	243	67.1%	250	66.3%	171	51.0%
	B. 放宽简化程序	349	72.3%	228	38.6%	211	58.3%	223	59.2%	143	42.7%
	C. 导师跟踪指导	299	61.9%	492	83.2%	272	75.1%	290	76.9%	229	68.4%
	D. 开设实训课程	245	50.7%	501	84.8%	257	71.0%	270	71.6%	219	65.4%
	E. 开设创业基地	301	62.3%	364	61.6%	223	61.6%	237	62.9%	205	61.2%
	F. 其他	11	2.3%	12	2.0%	5	1.4%	14	3.7%	4	1.2%

第 2 个表：“希望的创业支持[＄第 7 题]”多选变量与性别、年级的卡方检验(见表 13-19)。

表 13-19　卡方检验

		性别	年级
希望的创业支持	卡方	424.488	66.246
	自由度	6	12
	显著性	0.000*	0.000*

结果基于每个最内部子表的非空行和列。

*. 卡方统计在 0.05 级别显著。

[分析]“希望的创业支持[＄第 7 题]”多选变量与性别变量之间关联的卡方检验值为 424.488，对应的显著性水平小于 0.05，拒绝原假设，即该多选变量与性别变量存在关联，也就是多选变量的各个选项在性别变量之间存在差异。具体是哪些选项有差异，需要查看第三个表格，即列比例的比较。

同理，根据卡方检验的结果，“希望的创业支持[＄第 7 题]”多选变量与年级变量之间也存在关联。

第 3 个表：“希望的创业支持[＄第 7 题]”在性别、年级变量上的列比例的比较(见表 13-20)。

表 13-20 列比例的比较[a]

		性别		年级	
		男	女	大二	大三
		(A)	(B)	(A)	(B)
希望的创业支持	A. 拓宽资金渠道	B		C	C
	B. 放宽简化程序	B		C	C
	C. 导师跟踪指导		A		C
	D. 开设实训课程		A		
	E. 开设创业基地				
	F. 其他				

结果基于双侧检验。对于每个显著对，列比例较小的类别的键出现在列比例较大的类别之中。
大写字母(A、B、C)的显著性水平：0.05。

a. 通过使用 Bonferroni 校正法，检验将针对每个最内部子表的一行中的所有成对比较进行调整。

[分析]由这个表格可知，在 A 选项、B 选项上，男性的选择比例显著大于女性；在 C 选项、D 选项上，女性的选择比例显著大于男性。在 A 选项、B 选项上，大二、大三学生的选择比例显著大于大四学生。在 C 选项上，大三学生的选择比例显著大于大二和大四学生。

以上是对第 7 题进行的分析。第 8、第 9 题同样可以进行多选题的卡方检验。

13.5.2 多选题的分层卡方检验分析

这里对多选题“需要的创业能力[＄第 8 题]”“需要的心理品质[＄第 9 题]”进行分层卡方检验。

多选题的分层卡方检验的 SPSS 操作过程，与前面的多选题的卡方检验的操作过程基本一样，唯一的不同是在第 2 步中，先将“需要的创业能力[＄第 8 题]”“需要的心理品质[＄第 9 题]”拖入“行”位置；再将“性别”“年级”作为列变量，拖入“列”位置(“年级”作为第一层，“性别”作为第二层)(见图 13-29、图 13-30)。

图 13-29　定制表的对话框(紧凑视图)

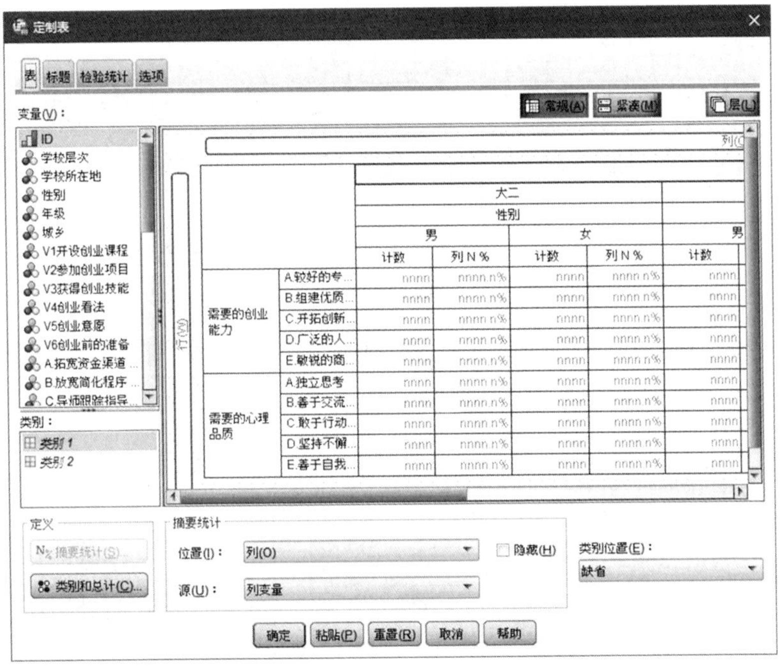

图 13-30　定制表的对话框(常规视图)

在定制表中的主对话框中点击【确定】按钮，提交执行。

具体结果分析如下。

第 1 个表：以年级分层，“需要的创业能力[＄第 8 题]”“需要的心理品质[＄第 9 题]”多选变量与性别的交叉表(见表 13-21)。

表 13-21 交叉表

		年级											
		大二				大三				大四			
		性别				性别				性别			
		男		女		男		女		男		女	
		计数	列数	计数	列数	计数	列数	计数	列数	计数	列数	计数	列数
需要的创业能力	A. 较好的专业知识	116	73.0%	134	64.7%	132	75.4%	166	78.3%	116	71.6%	141	75.0%
	B. 组建优质的创业团队	124	78.0%	158	76.3%	144	82.3%	168	79.2%	131	80.9%	139	73.9%
	C. 开拓创新的精神	40	25.2%	45	21.7%	49	28.0%	48	22.6%	39	24.1%	54	28.7%
	D. 广泛的人际关系	52	32.7%	59	28.5%	44	25.1%	50	23.6%	38	23.5%	49	26.1%
	E. 敏锐的商机捕捉力	87	54.7%	113	54.6%	105	60.0%	126	59.4%	97	59.9%	112	59.6%
需要的心理品质	A. 独立思考	19	12.8%	42	22.3%	37	23.1%	41	20.4%	29	19.7%	36	20.9%
	B. 善于交流与合作	117	79.1%	167	88.8%	123	76.9%	169	84.1%	122	83.0%	144	83.7%
	C. 敢于行动与担当	94	63.5%	100	53.2%	100	62.5%	132	65.7%	71	48.3%	107	62.2%
	D. 坚持不懈的意志	74	50.0%	74	39.4%	67	41.9%	94	46.8%	47	32.0%	77	44.8%
	E. 善于自我调节	39	26.4%	40	21.3%	37	23.1%	54	26.9%	25	17.0%	37	21.5%

第 2 个表：以年级分层，“需要的创业能力[＄第 8 题]”“需要的心理品质[＄第 9 题]”多选变量的卡方检验(见表 13-22)。

表 13-22 卡方检验

		年级		
		大二	大三	大四
需要的创业能力	卡方	4.289	2.619	4.167
	自由度	5	5	5
	显著性	0.509	0.758	0.526

续表

		年级		
		大二	大三	大四
需要的心理品质	卡方	19.686	5.296	12.807
	自由度	5	5	5
	显著性	0.001*	0.381	0.025*

结果基于每个最内部子表的非空行和列。

*. 卡方统计在 0.05 水平上显著。

[分析]根据年级分层变量的三个年级，“需要的创业能力[$ 第 8 题]”多选变量与性别变量之间关联的卡方检验值分别为 4.289、2.619、4.167，对应的显著性分别为 0.509、0.758、0.526，都大于 0.05，接受原假设，即在三个年级上，“需要的创业能力[$ 第 8 题]”多选变量与性别变量不存在关联。

根据年级分层变量的三个年级，在大三年级时，“需要的心理品质[$ 第 9 题]”多选变量与性别变量之间关联的卡方检验值为 5.296，对应的显著性为 0.381，大于 0.05，接受原假设，“需要的心理品质[$ 第 9 题]”多选变量与性别变量不存在关联。在大二、大四年级时，“需要的心理品质[$ 第 9 题]”多选变量与性别变量之间关联的卡方检验值分别为 19.686、12.807，对应的显著性分别为 0.001、0.025，小于 0.05，拒绝原假设，“需要的心理品质[$ 第 9 题]”多选变量与性别变量存在关联，也就是多选变量的各个选项在性别变量之间存在差异。具体是哪些选项有差异，需要查看第三个表，即列比例的比较。

第 3 个表：以年级分层，“需要的创业能力[$ 第 8 题]”“需要的心理品质[$ 第 9 题]”多选变量与性别的列比例的比较(见表 13-23)。

表 13-23　列比例的比较[a]

		年级					
		大二		大三		大四	
		性别		性别		性别	
		男	女	男	女	男	女
		(A)	(B)	(A)	(B)	(A)	(B)
需要的创业能力	A. 较好的专业知识						
	B. 组建优质的创业团队						
	C. 开拓创新的精神						
	D. 广泛的人际关系						
	E. 敏锐的商机捕捉力						

续表

		年级					
		大二		大三		大四	
		性别		性别		性别	
		男	女	男	女	男	女
		(A)	(B)	(A)	(B)	(A)	(B)
需要的心理品质	A. 独立思考		A				
	B. 善于交流与合作		A				
	C. 敢于行动与担当						A
	D. 坚持不懈的意志						A
	E. 善于自我调节						

结果基于双侧检验。对于每个显著对，列比例较小的类别的键出现在列比例较大的类别之中。

大写字母(A、B、C)的显著性水平：0.05。

a. 通过使用 Bonferroni 校正法，检验将针对每个最内部子表的一行中的所有成对比较进行调整。

[分析]根据第 2 个表的卡方检验，以年级分层，“需要的创业能力[$ 第 8 题]”多选变量与性别变量不存在关联。这里“需要的创业能力[$ 第 8 题]”进行列比例比较时，也没有比例差异。

根据第 2 个表的卡方检验，以年级分层，在大二、大四年级时，“需要的心理品质[$ 第 9 题]”多选变量与性别变量之间存在关联，也就是多选变量的各个选项在性别变量之间存在差异，然后再看对应分析。

对于大二年级，多选变量的 A 选项、B 选项上，女性的选择比例显著大于男性。对于大四年级，多选变量的 C 选项、D 选项上，女性的选择比例显著大于男性。

13.6 单选题、多选题中的“其他______”选项分析

在问卷的单选题、多选题中常出现“其他______”选项，如在本例问卷文本中第 7 题的 F 选项、第 14 题的 E 选项。“其他______”选项主要是为了收集更多的被试作答信息。在“大学生创业问卷调查.sav”数据文件中，第 14 题的 E 选项按照“其他______”选项的录入方法录入，被试在“其他______”选项上的文字作答也被录入另外一个单独的变量中。

对“其他______”选项的分析，需要定量与定性分析相结合。这里简要说明对第 14 题的 E 选项“其他______”选项的定量分析的思路。

SPSS 操作过程如下。

第 1 步：进行频率分析。对第 14 题“V14 创业领域选择”变量进行频率分析，

由结果可知有 83 人选择了 E 选项。

第 2 步：进行排序。从菜单中选择【数据】→【个案排序】，弹出观察值排序对话框(见图 13-31)。

在此对话框中，选中“V14 创业领域选择”变量到“排序依据”框内，并选中【降序】按钮；然后，再选中“V14E 文字补充”变量到“排序依据”框内，并选中【降序】按钮；最后，在主对话框中点击【确定】按钮。在数据窗口中，被试补充填写的文字都集中显示在“V14 创业领域选择”“V14E 文字补充”所在的数据列(见图 13-32)中。

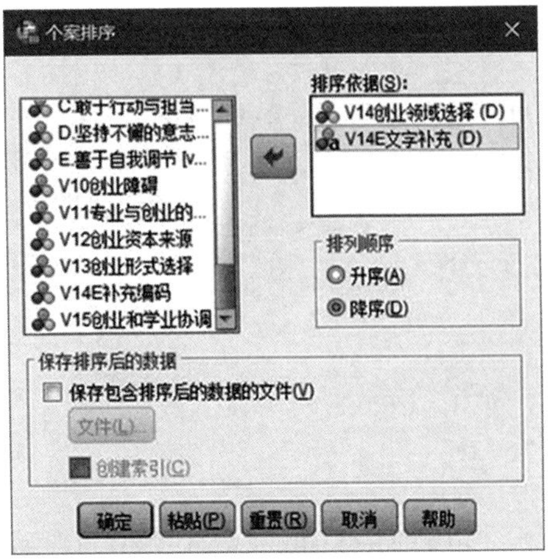

图 13-31　个案排序的对话框

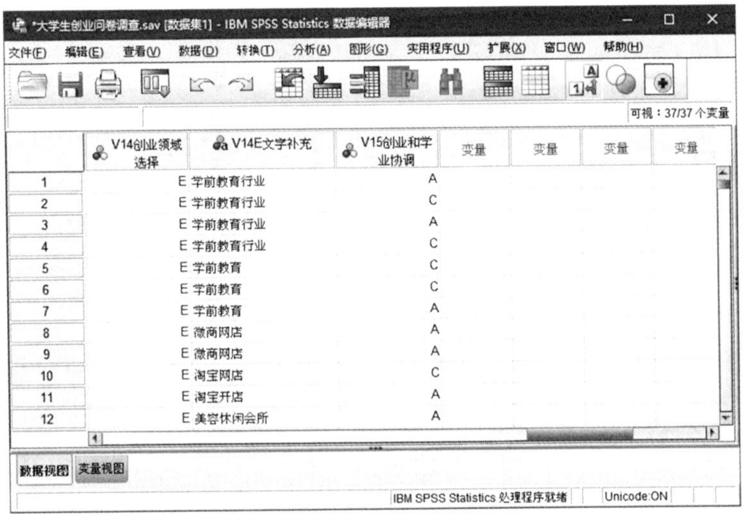

图 13-32　排序后的结果示意图

第 3 步：归类整理。逐一分析整理这些补充文字的内容，将被试补充填写的内容进行归类。整理归类有两种方式：第一种方式是，如果被试填写的内容相对容易归类，则可以进行编码，在“V14E 文字补充”旁边再插入一个变量“V14E 补充编码”，根据补充内容，分为几大类，然后再进行频率分析；第二种方式是，如果被试填写的内容难以归类，则选择一些典型内容，写在问卷报告中。

以本问卷的数据为例，可以进行归类编码，具体见“V14E 补充编码”变量。

第 4 步：进行频率分析。如果补充文字的内容能按第一种方式进行归类，则可以进一步进行频率分析。在本例中，可以对“V14E 补充编码”变量进行频率分析。其结果如表 13-24 所示。

表 13-24　V14E 补充编码

		频率	百分比	有效百分比	累积百分比
有效	学前教育行业	17	1.5%	33.3%	33.3%
	开设网店经营	5	0.4%	9.8%	43.1%
	娱乐休闲行业	12	1.1%	23.5%	66.7%
	教育辅导行业	9	0.8%	17.6%	84.3%
	物流快递行业	8	0.7%	15.7%	100.0%
	总计	51	4.5%	100.0%	
缺失	系统	1071	95.5%		
总计		1122	100.0%		

由表 13-24 可知，大学生对学前教育行业、娱乐休闲行业的创业关注度相对较高。此外，有许多被试选择了第 14 题的 E 选项，但没有补充文字内容。

此外，如果“V14E 补充编码”的被试数量较多的话，还可以结合被试变量进行分析。在本例中，较少有被试补充内容，则没有必要结合被试信息变量进行分析。

【练习题】

1. 以大学生创业问卷调查的问卷文本和数据为例，①请分析问卷中第 3、第 6、第 11、第 12、第 13、第 14、第 15 题，这 7 个单选题的频率分析、卡方检验分析，及这些单选题与学校层次、性别、年级的交叉表分析和卡方检验；②请分别对学校层次、年级与第 5 题“V5 创业意愿”进行对应分析；③请分析学校层次、学校所在地与第 8 题、第 9 题多选变量的卡方分析、列比较检验。

2. 表 13-25 是某省 10 个高校 9 种心理问题的发生率，请用对应分析法对高校与心理问题类型(每 1 万人出现的平均人数)的关联进行分析。

表 13-25　心理问题的发生率

高校	偏执性	焦虑症	抑郁症	神经衰弱	冲动性	强迫症	反社会性	依赖性	恐惧症
1	1.0	51.0	12.8	35.3	1.0	10.8	1.0	4.0	2.0
2	0.7	2.0	17.9	21.2	3.3	6.6	1.3	0.7	5.3
3	1.9	5.5	7.3	39.3	6.4	20.1	0.9	2.8	8.3
4	2.2	45.3	48.6	38.7	5.5	16.4	0.0	0.0	5.5
5	2.3	3.3	14.6	29.3	5.6	8.9	1.9	7.6	3.3
6	5.2	22.8	26.2	47.1	13.4	26.6	5.9	3.4	4.6
7	4.5	16.4	53.9	25.7	5.9	10.6	1.9	0.3	3.9
8	2.4	28.6	27.4	25.1	9.6	11.3	1.2	0.1	3.6
9	0.1	2.4	5.9	25.1	4.8	19.1	1.2	4.8	4.7
10	1.7	8.4	35.1	29.6	6.8	17.4	2.3	1.7	3.2

（解答提示：采用对应分析法。每 1 万人出现的平均人数，需要对此变量进行加权。在变量视窗中需要录入 3 个变量 A，B，C。A 表示“高校”，B 表示“心理问题类型”，C 表示“人数”，对 A 变量和 B 变量输入对应的标签和值，C 变量输入对应的平均人数。）

3. 某心理咨询公司创立时需要为公司进行命名，决定对备选名称方案进行名称测试，采用问卷调查的方式对被试进行名称联想调查，让被试选择由该名称最能联想到哪一类型的企业或公司(问卷题目如下：“新慧”作为一个公司名称，你认为最可能联想到该名称属于哪类企业？只能选择一个。A. 饮料企业；B. 食品企业；C. 日用企业；D. 家具企业；E. 心理咨询企业；F. 教育咨询企业；G. 药品企业；H. 环保企业)。调查数据汇总后见表 13-26，请用对应分析法对备选名称与公司类型的关联进行分析，并进一步确定该心理咨询公司使用哪个名称最为合适。

表 13-26　调查数据汇总

备选名称	公司/企业类型							
	饮料企业	食品企业	日用企业	家具企业	心理咨询企业	教育咨询企业	药品企业	环保企业
新慧	56	114	61	115	40	17	26	8
心泉	448	116	74	101	35	34	18	10
心苑	27	57	42	47	308	152	70	42
希望	20	89	77	42	43	119	371	35
心林	56	94	53	131	141	45	19	278
美心	26	611	43	49	48	26	14	15

（解答提示：采用对应分析法。）

4. 使用“大学生手机使用情况调查问卷. doc”，以大学生为被试进行问卷调查，然后将得到的数据录入“大学生手机问卷数据录入模板. sav”文件，按照本章中单选题和多选题的分析方法，对该问卷进行分析。

5. 某一心理健康调查人员对几百例焦虑强迫症患者的治愈情况进行调查，获得数据文件“强迫症治疗方法的调查. sav”，请分析焦虑强迫症治疗方法的治疗效果是否有差异，以及哪些方法之间有差异。

第 14 章 SPSS 应用案例——测验的质量分析

在心理学与教育学、社会学研究中，常常需要对测验进行质量分析，以便对测验的整体质量进行评价。测验由一道道题目(item，又称项目、试题)组成，题目是测验的基石。因此，要对测验进行质量分析，就必须对题目进行质量分析。

测验的质量分析主要包括以下三个方面。

第一，题目的质量分析，包括题目的难度分析、区分度分析、单选题的选项分析、多级计分题目的分数分布分析。

第二，测验分数的整体分布分析，包括测验分数的峰度、偏度、分数分布图、分数分段统计，以及分析被试群体的优秀率、及格率、低分段率。

第三，测验的信度分析、效度分析，包括对整个测验的题目进行 α 信度分析，这样可以甄别(删除)内部一致性较差的题目。

14.1 题目的难度、区分度分析

14.1.1 题目的难度分析

题目的难度，就是题目的难易程度，它是衡量题目与被试知识和能力水平之间适合程度的指标。在经典测量理论(classical test theory，CTT)中，难度的操作定义是全体被试的得分率，记为 P。因此，难度也称得分率、通过率。其计算公式为：$P=\overline{X}_i/M_i$，其中 $\overline{X}_i$ 为全体学生在题目 i 上得分的平均分，M_i 为题目 i 的满分值。难度 P 的取值范围为[0，1]。一个题目，如果大多数人都能答对，则该题目的难度就低(题目较容易)，如 P 为 0.96；如果大多数人都不能答对，如 P 为 0.08，则该题目的难度就高(题目较难)。在心理学和教育学的研究报告和论文中，最好不要用“难度大”“难度小”这样的表述，因为人们日常说的“难度大”是指题目很难，而 CTT 里的难度 P 值越大表示题目越容易，所以会引发歧义。

在心理与教育测量中的智力测验、能力倾向测验、学绩测验、教育成就测验等最佳行为测验，都需要计算难度。在 SPSS 中，难度可以通过两种方法计算得到，一种是平均值方法，另一种是高低分组(又叫极端分组)方法。这里先介绍平均值方法，高低分组方法在接下来的“区分度分析”中介绍。

【例 14-1】 计算一份高中数学测验中的题目难度，数据文件为“高中数学测验.sav”，其题目满分值文件为“试卷样例_满分.xls”。

在 SPSS 中，用平均值方法计算难度的步骤如下。

第 1 步：打开分析数据。打开“高中数学测验.sav”文件。

第 2 步：启动分析过程。点击【分析】→【描述统计】→【描述】菜单命令，打开对话框(见图 14-1)。

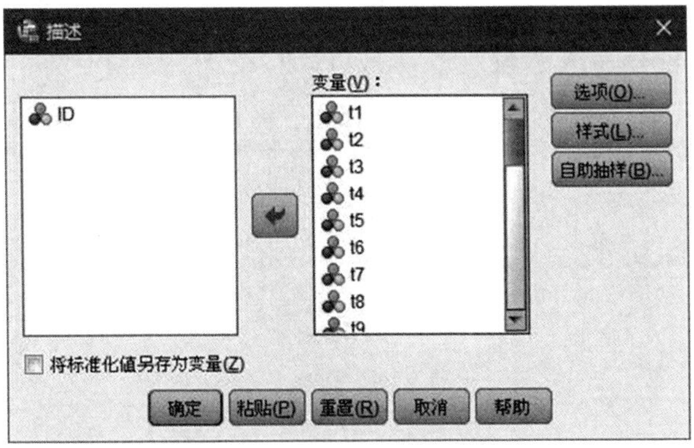

图 14-1　描述统计对话框

将题目 t_1，t_2，…，t_{33} 这 33 个变量，以及总分都选到右边的变量列表中，点击【确定】按钮，即在 SPSS 中就可以得到这些题目得分的平均值。

将此 SPSS 的结果表格复制到 Excel 中，同时将试卷满分值也复制到 Excel 中，再将“平均数”一列除以该题目的满分值，即可得到题目难度。最后的结果如表 14-1 所示(仅摘取部分结果)。

表 14-1　频率分析的结果

	N	最小值	最大值	平均数	标准偏差	试题满分值	试题难度
t_1	1089	0	1	0.77	0.423	1	0.77
t_2	1089	0	1	0.74	0.438	1	0.74
t_3	1089	0	1	0.61	0.489	1	0.61
t_4	1089	0	1	0.90	0.306	1	0.90
t_5	1089	0	1	0.92	0.270	1	0.92
t_6	1089	0	1	0.58	0.493	1	0.58
…	…	…	…	…	…	…	…
t_{32}	1089	0	8	2.71	2.308	8	0.34
t_{33}	1089	0	8	4.31	3.229	9	0.48
总分	1089	13	99	61.94	19.815	100	0.62

表 14-1 的最后一行“总分”所对应的题目难度 P 为 0.62，就是整个测验的平均难度，也就是说，整个测验的难度适中。需要注意的是，整个测验的难度由全体被试的平均分除以试卷总分得到，而不是直接计算各题目难度的平均值。

如何评价题目的难度等级？一般来说，应该从测验整体来评价，评价整个测验的题目难度分布是否合适，而不是单纯看某一题目的难度。①如果是常模参照测验，一般要求题目难度适中，整个试卷的平均难度为 0.5 左右，大多数题目的难度为 0.3～0.8，少量的题目可超出这一范围。②如果是标准参照测验，则需要以该学科或该测验对应的考试大纲的要求来评价，此时整个测验的题目难度分布较容易或者较难，都是可以接受的。表 14-2 是难度等级的参考标准。

表 14-2　难度等级的参考标准

难度等级	难度范围
容易	0.80 以上
较易	0.65～0.80
中等	0.40～0.65
较难	0.30～0.40
难	0.30 以下

14.1.2　区分度分析

区分度，是指题目对被试特质差异进行区分的能力。若所有考生在某个题目上均答对或均答错，则此题目不能区分不同特质水平的被试，即此题目无区分能力。区分度是题目质量高低的重要指标。

可以用鉴别指数 D 来计算区分度，其方法是计算高、低分组的通过率之差：$D=P_H-P_L$。其中，P_H 是高分组在该题目上的得分率，P_L 是低分组在该题目上的得分率。在心理学和教育学中，一般把得分最高的 27%的被试归入高分组，把得分最低的 27%的被试归入低分组。

【例 14-2】这里继续以**【例 14-1】**的数据文件为例，计算题目的鉴别指数 D。

SPSS 操作过程如下。

第 1 步：找出高低分组的 27%、73%的分界点。点击【分析】→【描述统计】→【频率】菜单命令，弹出频率分析的对话框。从左边选择“总分”变量进入“变量”框内。点击【统计】按钮，打开对话框，选中“百分位数”，分别输入 27、73，并点击【添加】按钮（见图 14-2）（这里以 27%、73%为分界点，则高低分组的人数会相等；如果以 27%、73%为分界点，则高低分组的人数会不等。）

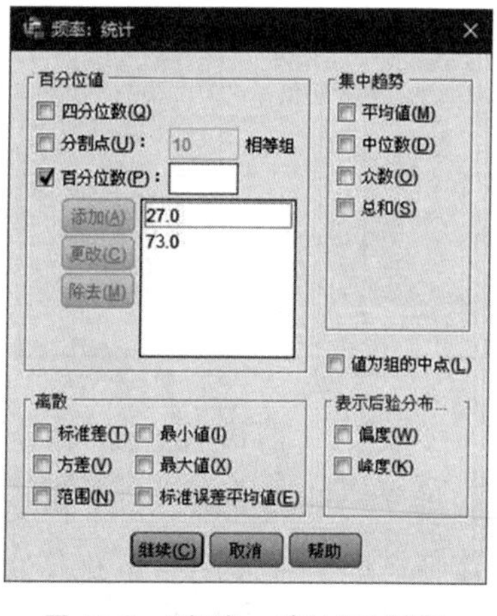

图 14-2　“频率：统计”对话框

点击【继续】回到主对话框，再点击【确定】，得到 27%、73%对应的测验分数分别为 50、75。

第 2 步：对被试总分进行高低分组，并进行重编码。点击菜单命令【转换】→【重新编码为不同变量】，选择“总分”进入右边的框中，并在输出变量的“名称”框中输入“成绩高低分组”，点击【变化量】按钮(见图 14-3)。

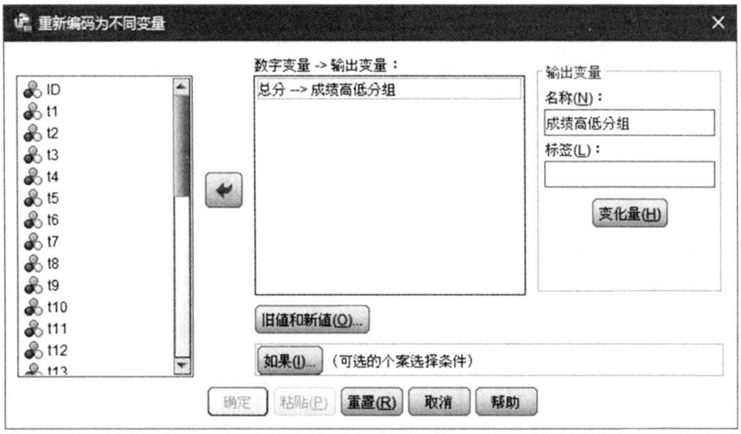

图 14-3　“重新编码为不同变量”对话框

点击【旧值和新值】按钮，弹出对话框：在“旧值”框内，选择单选按钮【范围】，并在范围区间输入两个数字，上面一个数字输入“0”，下面一个数字输入“50”。在“新值”框内，输入 1，点击【添加】按钮，就可以把这个旧值区间以及对应新的编码值添加到“旧→新”栏中。再在范围区间输入两个数字，上面一个数字输入“75”，下面一个数字输入“100”。在“新值”框内输入 2，点击【添加】按钮(见图 14-4)。

图 14-4　“重新编码为不同变量：旧值和新值”对话框

点击【继续】按钮回到主对话框，再点击【确定】按钮。在数据集中就生成了一列新的变量“成绩高低分组”。点击【变量视图】按钮，对变量“成绩高低分组”进行值标签定义，把 1 定义为低分组，把 2 定义为高分组。

第 3 步：计算分组的平均值。按【分析】→【比较平均值】→【平均值】的顺序，打开“平均值”对话框。将 t_1，t_2，…，t_{33} 这 33 个变量都选到右边的因变量列表中，选中“成绩高低分组”变量进入“自变量列表”框内。单击【选项】按钮，打开子对话框，将“个案”“标准差”选到左边，右边的“单元格统计”框里仅留下“平均值”（见图 14-5）。

点击【继续】按钮回到主对话框，再点击【确定】按钮，输出 SPSS 结果，即得到高低分组后的各组平均值（见表 14-3）。

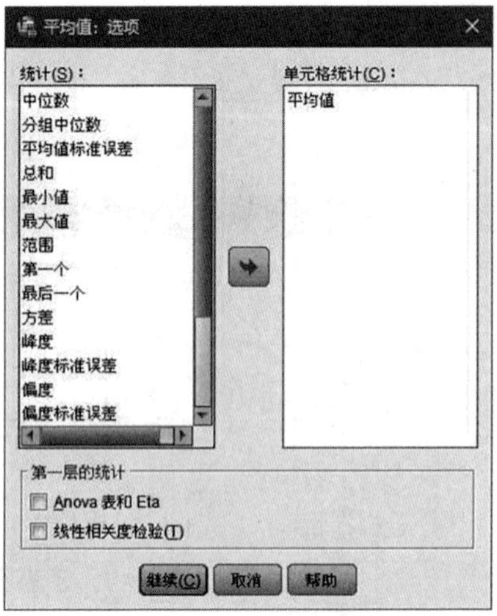

图 14-5 “平均值：选项”对话框

表 14-3 报告

平均值

成绩高低分组	t_1	t_2	t_3	t_4	t_5	t_6	t_7	t_8	t_9	…	t_{32}	t_{33}
低分组	0.54	0.43	0.44	0.69	0.74	0.45	0.60	…	2.61	1.65	1.93	1.58
高分组	0.92	0.96	0.72	1.00	1.00	0.73	0.88	…	5.89	7.00	3.75	7.10
总计	0.73	0.70	0.58	0.85	0.87	0.59	0.74	…	4.25	4.32	2.84	4.34

第 4 步：导出结果，在 Excel 中进行计算。将结果中的平均值表格复制并粘贴到 Excel 中，并将试卷满分值也复制并粘贴到 Excel 中。同时，新建四行栏目，包括低分组的得分率 P_L、高分组的得分率 P_H、区分度、难度。（在 Excel 中使用下标不太方便，故在不影响理解的前提下可以不用下标。）

在“低分组 P_L”的一行中，将题目 t_1 的低分组的“平均数”除以该题目的满分值，即可得到该题的 P_L，其余题目的 P_L 的计算方法依此类推。Excel 有自动填充功能，因此可以选中 t_1 对应的 P_L 这个单元格，将光标移到该单元格的右下角，当光标变成黑十字后，按下鼠标左键并向右拖动，用这种方式快速算出其他题目的 P_L。

在“高分组 P_H”的一行中计算高分组的 P_H。将题目 t_1 的高分组的“平均数”除以该题目的满分值，即可得到该题的 P_H，其余题目的 P_H 的计算方法依此类推。

接下来，每个题目的区分度 D（鉴别指数）由 $D=P_H-P_L$ 计算得出。

用高低分组法计算题目的难度值，计算公式为 $P=(P_H+P_L)/2$。

在 Excel 中操作以后，得到各题目的区分度、难度结果如表 14-4 所示（仅摘取部分结果）。

表 14-4　高低分组法的区分难度的计算

成绩高低分组	t_1	t_2	t_3	t_4	t_5	t_6	t_7	t_8	t_9	…	t_{32}	t_{33}
低分组	0.54	0.43	0.44	0.69	0.74	0.45	0.60	0.05	0.41	…	1.93	1.58
高分组	0.92	0.96	0.72	1.00	1.00	0.73	0.88	0.89	0.95	…	3.75	7.10
满分值	1.00	1.00	1.00	1.00	1.00	1.00	1.00	1.00	1.00	…	8.00	9.00
低分组 P_L	0.54	0.43	0.44	0.69	0.74	0.45	0.60	0.05	0.41	…	0.24	0.18
高分组 P_H	0.92	0.96	0.72	1.00	1.00	0.73	0.88	0.89	0.95	…	0.47	0.79
区分度	0.38	0.53	0.28	0.31	0.26	0.28	0.28	0.84	0.54	…	0.23	0.61
难度	0.73	0.70	0.58	0.85	0.87	0.59	0.74	0.47	0.68	…	0.36	0.48

注：虚线以下为在 Excel 中输入的数据或计算出来的数据。

在计算了各个题目的区分度后，可以对题目质量进行评价。题目区分度(用鉴别指数 D 计算)的评价参考标准如表 14-5 所示。注意，这个标准不能用于评价用题总相关法算出来的区分度。

表 14-5　题目区分度(用鉴别指数 D 计算)的评价参考标准

鉴别指数 D	题目评价
0.40 以上	非常优良
0.30～0.40	良好，如能修改更好
0.20～0.30	尚可，但需要修改
0.20 以下	劣，淘汰

此外，区分度还有其他几种计算方法，包括点二列相关系数、二列相关系数、Phi 相关系数、积差相关系数这几种方法。其中点二列相关系数、积差相关系数在 SPSS 里可以通过计算皮尔逊积差相关系数来实现。Phi 相关系数可以利用【分析】→【描述统计】→【交叉表】菜单命令计算 Phi 相关。二列相关系数的计算需要多个步骤：①根据一道多级计分题目的得分确定分界线，根据该多级计分题的得分分界线进行重新编码，分为两组，菜单命令可参考【转换】→【重新编码为相同的变量】；②在 SPSS 中计算超过分界线那一组在总分上的平均分、标准差、人数，以及总体被试在总分上的平均分、标准差、人数，菜单命令可参考【分析】→【比较平均值】→【平均值】，可同时得到分组和总体的平均分、标准差、人数；③根据人数计算超过分界线的那一组人数的比例，并根据正态分布表查询与该比例对应的纵高 y；④根据公式计算出二列相关系数。

从已有文献看，有研究者用高低分组得分 T 检验的方法来做区分度分析。但这种方法的效果并不好，原因在于：当样本量较大时，即使高分组和低分组的得分率相差只有 0.1(即鉴别指数为 0.1)，T 检验的结果也是显著的，但鉴别指数只有 0.1 的题显然是应该被淘汰的(见表 14-5)。因此不宜用这种做法。

14.2 单选题的选项分析

如果要对题目进行更为详细深入的分析，不仅要判断被试是否答对，而且还要深入挖掘被试在各道题目上的作答信息。例如，对填空题可以进一步记录作答错误的被试有哪些错误，由此归纳总结出典型错误，以及各种错误的频次；对单选题、多选题，可以具体记录被试具体的作答选项，分析被试选各个选项的比例。由此，就能为命题人提供参考或反馈信息。

以下阐述在 SPSS 中怎样对单选题做选项分析。

【例 14-3】这里以对某一次生物测验中的单选题分析为例，其单选题的标准答案文件为“生物测验的单选题答案. xls”，该测验共有 20 道单选题。

第 1 步：重新整理输入数据。在 SPSS 中需要另外建立数据集，输入每个被试在各个单选题的选项。此时输入的不是得分，而是输入被试在单选题作答的选项字母信息。若被试选 A 则输入 1，选 B 则输入 2，选 C 则输入 3，选 D 则输入 4。注意：即使被试没有作答，也需要输入信息，如使用数字 99 代表被试未作答。整理输入后的文件为“生物测验的单选题选项分析. sav”。

第 2 步：根据被试总分进行高低分组。分组方法与**【例 14-2】**区分度中高低分组的方法一样；并在变量视图窗口对变量“成绩高低分组”进行值标签定义，1 定义为低分组，2 定义为高分组。

第 3 步：交叉表分析。点击【分析】→【描述统计】→【交叉表】菜单命令，弹出“交叉表”对话框。把“高低分组”变量选入“行”框中。把 V_1，V_2，…，V_{20} 这 20 个变量选入“列”框中(见图 14-6)。

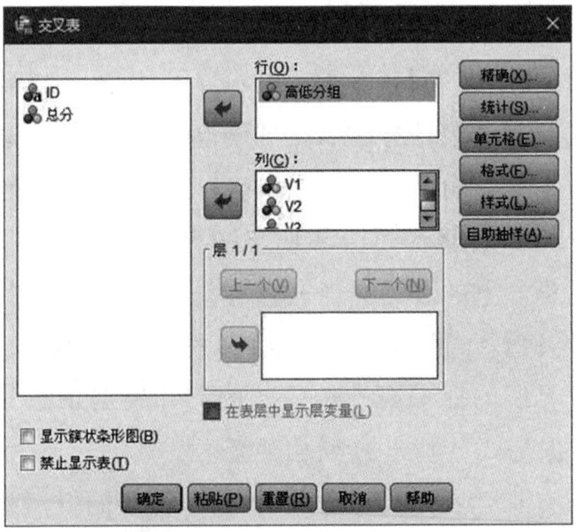

图 14-6 “交叉表”对话框

点击【单元格】按钮，弹出“交叉表：单元格显示”对话框。在“计数”栏内选中“实测”。在“百分比”栏内选中“行”。其他复选框在本例中均不选。设置完成后，点击【继续】按钮回到主对话框。在主对话框中，点击【确定】按钮，提交执行，得出分析结果。

第 4 步：结果分析。在 SPSS 输出窗口，第一个大表格为摘要情况(略)。接下来是每道题目的选项分析。这里以第一道题目的选项分析表格为例进行说明(见表 14-6)。

表 14-6　高低分组 * V_1 交叉表

			V_1					总计
			A	B	C	D	未答	
高低分组	低分组	计数	86	65	126	48	5	330
		占高低分组的百分比	26.1%	19.7%	38.2%	14.5%	1.5%	100.0%
	高分组	计数	41	13	251	19	0	324
		占高低分组的百分比	12.7%	4.0%	77.5%	5.9%	0.0%	100.0%
总计		计数	127	78	377	67	5	654
		占高低分组的百分比	19.4%	11.9%	57.6%	10.2%	0.8%	100.0%

在表 14-6 中，第一行数据列出了低分组在各选项上的人数和未答人数，总计 330 人，下面是低分组在各选项上选答的人数比例。接下来各行数据依此类推。

如何对各个选项上的数据进行判断？我们可以参考戴海琦教授(2022)主编的《心理测量学(第三版)》(高等教育出版社)的第四章，里面专门讲述了选项分析的过程、选项分析的标准与原则。

具体可参考以下几个标准。

①正确选项(答案所在的选项)：高分组的选择人数多于低分组，且两者的选答率之差应该超过 20%(即区分度大于 0.20)。

②错误选项：高分组的选择人数少于低分组；各个错误选项之间答错的人数比例以比较接近为好。

③每个选项的选择率不能低于 2%，否则说明该选项没有干扰作用。

④未答人数：题目的未答比例不要超过 3%。

依据以上标准，可以对这 20 道题目的分析结果进行评价和分析。具体结果如表 14-7 所示(这里仅摘取部分数据结果)。

表 14-7　单选题的选项分析结果

		A	B	C	D	未答	答案	评价
V_1	低分组	86	65	126	48	5	C	区分度为 0.393，区分度良好，各个选项情况良好
		26.1%	19.7%	38.2%	14.5%	1.5%		
	高分组	41	13	251	19	0		
		12.7%	4.0%	77.5%	5.9%	0		

续表

		A	B	C	D	未答	答案	评价
V_2	低分组	119	44	126	38	3	A	区分度为 0.42，区分度优秀，但在 D 选项上，低分组被试的选择率低于 2%，说明选项 D 未起到干扰作用
		36.1%	13.3%	47.9%	1.8%	0.9%		
	高分组	253	25	42	4	0		
		78.1%	7.7%	13.0%	1.2%	0		
V_4	低分组	52	50	177	43	8	C	区分度为 0.02，区分度差；在正确选项上，高分组被试与低分组被试的选择率没有差异
		15.8%	15.2%	53.6%	13.0%	2.4%		
	高分组	74	44	180	26	0		
		22.8%	13.6%	55.6%	8.0%	0		
V_{14}	低分组	83	76	66	100	5	D	区分度为－0.053；高分组与低分组在各个选项上的选择率都差不多，可能是题目内容或答案不正确、有问题
		25.2%	23.0%	20.0%	30.3%	1.5%		
	高分组	101	71	71	81	0		
		31.2%	21.9%	21.9%	25.0%	0		
V_{15}	低分组	76	37	173	38	6	C	区分度为 0.161，区分度低于 0.2，淘汰；选项 B 为错误选项，高分组的选择率高于低分组，需进一步分析。
		23.0%	11.2%	52.4%	11.5%	1.8%		
	高分组	12	67	222	23	0		
		3.7%	20.7%	68.5%	7.1%	0		

注：表中的区分度由高分组在正确选项上的选择率减去低分组在正确选项上的选择率而得来。

14.3 多级计分题的得分情况

对于题目满分大于 3 分甚至 20 分左右的大题如何细化分析？这里可以对大题的一些描述统计进一步分析，包括统计在该题上的零分人数、满分人数、各个得分的人数，并显示分数直方图。

【例 14-4】这里再以**【例 14-1】**的数据文件“高中数学测验.sav”，分析测验中的多级计分题 V_{26} 至 V_{33} 题的得分情况。

SPSS 操作过程如下。

第 1 步：启动分析命令。点击【分析】→【描述统计】→【频率】菜单命令，弹出频率对话框(见图 14-7)。将“t_{26}”“t_{27}”…“t_{33}”7 个变量选入“变量”框中。

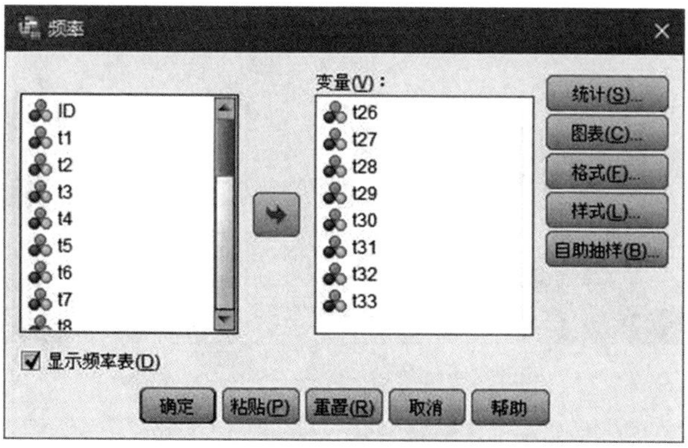

图 14-7　“频率”对话框

第 2 步：分析设置。单击【统计】按钮，打开子对话框；选择“标准差”“平均值”“众数”“偏度”“峰度”。设置完成后，点击【继续】按钮回到上一级对话框。

单击【图表】按钮，选择“直方图”，并选中复选框“在直方图中显示正态曲线”项，点击【继续】按钮回到上一级对话框。在主对话框中点击【确定】按钮，提交执行，得出分析结果。

第 3 步：结果分析。在输出的表格里，先是各道题目具体描述统计信息，然后是各道题目在各个得分等级上的统计情况。

由于输出结果较多，这里对数据表格进行整理，并只简要分析 t_{26}，t_{27}，t_{32}，t_{33} 这四道题目的情况(见表 14-8)。

表 14-8　统计

		t_{26}	t_{27}	t_{32}	t_{33}
个案数	有效	1089	1089	1089	1089
	缺失	0	0	0	0
平均值		2.29	1.90	2.71	4.31
众数		3	3	0	8
标准偏差		0.982	1.291	2.308	3.230
偏度		−1.214	−0.549	0.004	0.045
偏度标准误差		0.074	0.074	0.074	0.074
峰度		0.283	−1.463	−1.605	−1.720
峰度标准误差		0.148	0.148	0.148	0.148

表 14-8 显示的是多级计分题基本描述统计。在众数方面，题目 t_{32} 的众数为 0，说明有许多被试完全做错或未作答此题；在偏度方面，题目 t_{26}，t_{27} 为负偏态，说明题目相对较容易；在峰度方面，题目 t_{27}，t_{32}，t_{33} 为负值，说明在题目得分分布中，中间得分的被试反而很少。

四道题目得分分布的直方图如图 14-8 所示，从直方图里可以很直观地看出很多信息。

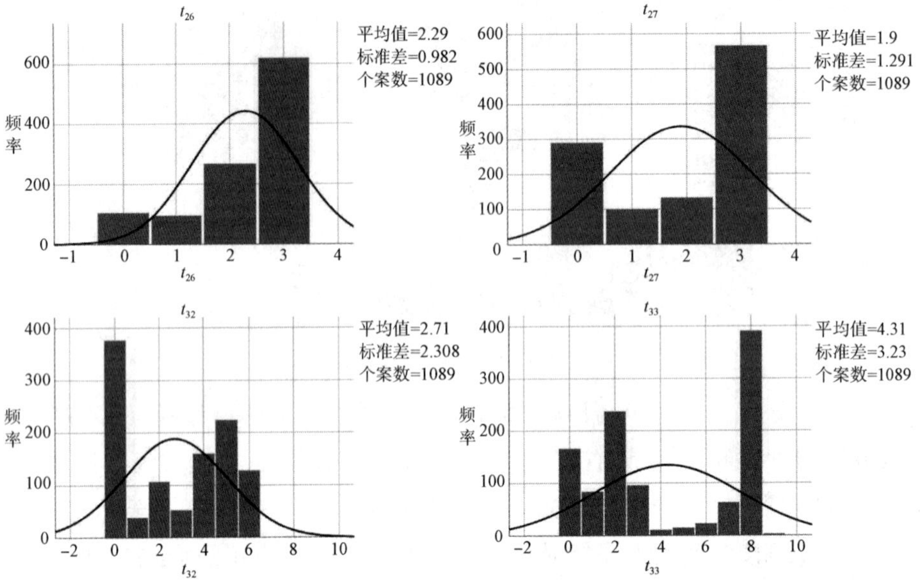

图 14-8　四道题目得分分布的直方图

题目 t_{32}，得分为 0 分的被试比例较高，而得满分的人数为 0，说明此题目的难度太高(很难)，需要思考为什么没有被试得满分。其原因有可能是题目内容超纲。

题目 t_{33}，得分为 8 分的被试比例较高，而得中间得分(4～7 分)被试的人数很少。其原因可能是在制定评分标准时没有赋分均匀；也有可能该题目考查关键知识点，只要被试掌握了就能得到高分。

以上分析仅仅是一种参考。对于多级计分题目的细化分析，需要根据学科课程的特点、题目考查内容等实际情况来具体分析。

14.4　测验分数描述分析

分析整份测验的成绩情况时，可以从以下几个方面进行。

①成绩分数的分布形态分析。在第 4 章的“4.1 频数分析”中，在统计量中报告了峰度、偏度，并绘制了带正态曲线的直方图。

②成绩分数的正态分布检验。可参照第 4 章的“4.3 探索分析”对成绩分数进行正态分布检验；也可以通过图形观察分数是否服从正态分布(操作方法参照第 4 章的“4.4 P-P 图”)。

这里使用 SPSS 报告以下最常用的内容：①成绩的基本描述统计信息：平均分、标准差、分数分布偏度、及格人数、及格率、优秀人数、优秀率、最低分、最高分、满分率、低分段率；②分数分段统计表、分数分段条形图。

14.4.1　测验分数整体情况的描述统计

【例 14-5】这里再以**【例 14-1】**的数据文件“高中数学测验.sav”，分析成绩的基本描述统计信息。

SPSS 操作过程如下。

第 1 步：启动分析命令。点击【分析】→【描述统计】→【频率】菜单命令，弹出对话框，选择“总分”变量进入右边的“变量”框中。

第 2 步：分析设置。点击【统计】按钮，打开子对话框；选择“四分位数”“平均值”“标准差”“众数”“偏度”。点击【继续】按钮回到上一级对话框。

单击【图表】按钮，选择“直方图”，并选中复选框“在直方图中显示正态曲线”项，点击【继续】按钮回到上一级对话框。

单击【格式】按钮，选择“按值的升序排序”，点击【继续】按钮回到上一级对话框。

（备注：如果前面选择了输出四分位数或直方图，那么在这里无论是选择“按值的升序排序”还是“按值的降序排序”，结果都按升序来排。）

在主对话框中点击【确定】按钮，提交执行，输出结果。

第 3 步：结果分析。

第 1 个表：统计资料(见表 14-9)，报告了成绩的平均分、众数、标准差、偏度，以及第 25、第 50、第 75 百分位数所对应的分数。

表 14-9　统计资料

总分

个案数	有效	1089
	缺失	0
平均值		61.94
众数		64
标准偏差		19.815
偏度		−0.248
偏度标准误差		0.074
百分位数	25	49.00
	50	63.00
	75	77.00

第 2 个表：分数频率表(见表 14-10)。若将这个表格复制到 Excel 中，修改单元格设置，可以保留两位小数。这里人为地设置一个评价标准：85 分以上为优

秀，60 分以上为及格，40 分以下为低分段。那么，根据此表可知：最低分为 13 分，最高分为 99 分；优秀率为 14.23%，优秀人数为 1089×14.23%≈155 人；及格率为 57.02%，及格人数为 1089×57.02%≈621 人；满分人数为 0，低分段人数为 1089×14.78%≈161 人。

表 14-10　分数频率表

		频率	百分比	有效百分比	累积百分比
有效	13	1	0.1	0.1	0.09
	…	…	…	…	…
	39	7	0.6	0.6	14.78
	40	10	0.9	0.9	15.70
	41	17	1.6	1.6	17.26
	…	…	…	…	…
	59	26	2.4	2.4	42.98
	60	20	1.8	1.8	44.81
	61	22	2.0	2.0	46.83
	…	…	…	…	…
	84	22	2.0	2.0	85.77
	85	7	0.6	0.6	86.41
	86	13	1.2	1.2	87.60
	…	…	…	…	…
	99	6	0.6	0.6	100.0
	总计	1089	100.0	100.0	

14.4.2　测验分数的分段统计

【例 14-6】这里再用**【例 14-1】**的数据文件“高中数学测验.sav”，分析成绩的分数分段统计情况(每 10 分为一段)，包括分段统计图和分段统计表。

SPSS 操作过程如下。

第 1 步：根据分数范围分段。根据分数范围，每 10 分一段，如 90－100，80－89，70－79，…，30－39，0－29。也可以用其他分段方式，其统计分析方法相同。

第 2 步：对成绩总分进行重编码。点击【转换】→【重新编码为不同变量】菜单命令，选择“总分”进入右边的框中，并在输出变量的“名称”框中输入“成绩分段”，点击【变化量】按钮(见图 14-9)。

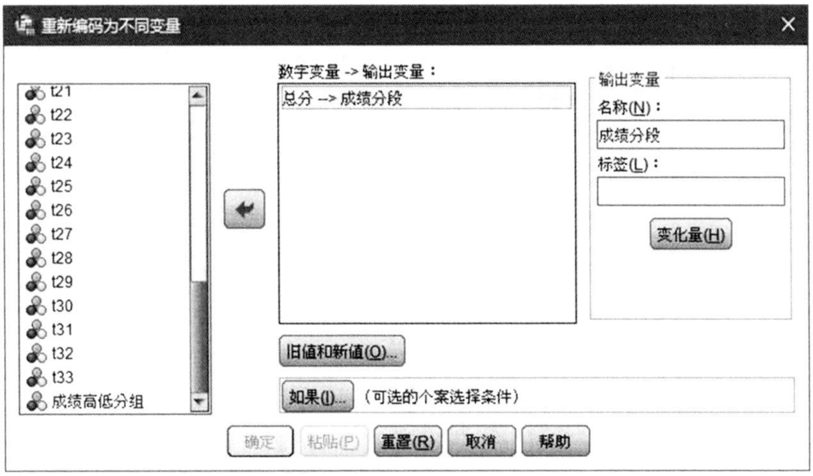

图 14-9　“重新编码为不同变量”对话框

点击【旧值和新值】按钮，弹出对话框。在“旧值”框内，选择“范围”，并在范围区间输入两个数字，上面一个数字输入“90”，下面一个数字输入“100”。在“新值”框内输入 1，点击【添加】按钮，就把这个区间以及新的编码值加入“旧→新”栏中。再在范围区间输入两个数字，上面一个数字输入“80”，下面一个数字输入“89”。在“新值”框内输入 2，点击【添加】按钮。其余阶段依此类推(见图 14-10)。

图 14-10　“重新编码为不同变量：旧值和新值”子对话框

点击【继续】按钮回到主对话框，在主对话框中再点击【确定】按钮。在数据集的最后一列中就生成了一列新的变量“成绩分段”。

第 3 步：定义值标签。点击【变量视图】，对变量“成绩分段”进行值标签定义，1 定义为“90－100”，2 定义为“80－89”，…，7 定义为“30－39”，8 定义为“0－29”(见图 14-11)。

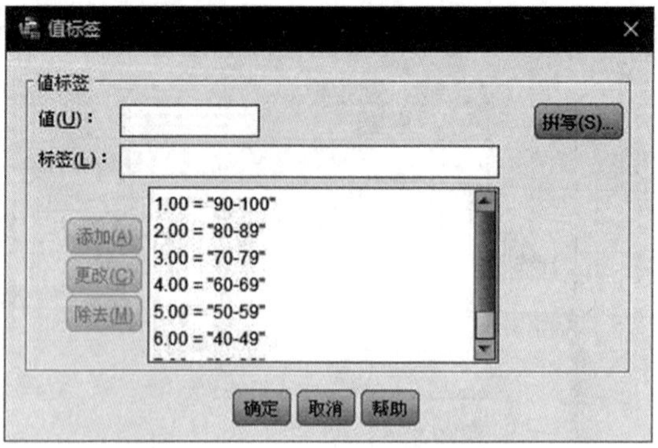

图 14-11　对值标签进行定义

第 4 步：进行频率分析。点击【分析】→【描述统计】→【频率】菜单命令，打开“频率”对话框。在此对话框的左边的源变量框里选择“成绩分段”变量进入“变量”框中。点击【图表】按钮，选择“条形图”，点击【继续】按钮回到主对话框，再点击【确定】按钮。

第 5 步：结果分析。得到成绩分段的统计表，以及统计条形图。

第 1 个表(图)：成绩分段的统计表(见表 14-11)。

表 14-11　统计表

		频率	百分比	有效百分比	累积百分比
有效	90－100	97	8.9	8.9	8.9
	80－89	145	13.3	13.3	22.2
	70－79	153	14.0	14.0	36.3
	60－69	226	20.8	20.8	57.0
	50－59	178	16.3	16.3	73.4
	40－49	129	11.8	11.8	85.2
	30－39	91	8.4	8.4	93.6
	0－29	70	6.4	6.4	100.0
总计		1089	100.0	100.0	

表 14-11 的排列方式是列向(纵向、竖向)的，如果需要转为横向，则可以将此表复制到 Excel 中，并使用转置功能。

第 2 个表(图)：成绩分段后的条形图(见图 14-12)。由图可知各个分数段的人数比例，以及成绩分布呈正态分布。

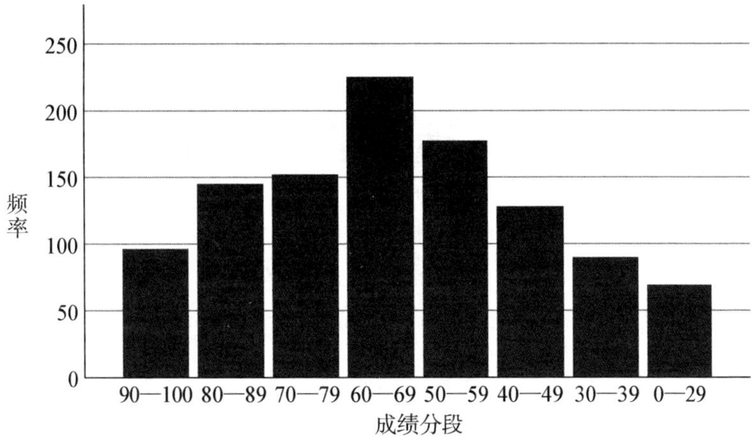

图 14-12　成绩分段后的条形图

本章参考文献

戴海琦. (2022). 心理测量学(第三版). 北京：高等教育出版社.

【练习题】

1. 请对某一高考化学试卷进行题目分析，数据文件为“高考化学试卷数据. sav”，其满分文件为“高考化学试卷满分. xls”。①分析题目的难度、区分度(鉴别指数 D)，并对区分度做出评价，计算测验难度并对其进行评价；②分析测验分数的分布情况；③分数分段分析；④计算全班同学的平均分、标准差、及格人数、及格率、优秀人数、优秀率、最低分、最高分、满分率、低分率；⑤计算各个学生分数的 Z 分数，并转换为转换分数 $T=500+100Z$；⑥对最后 5 道题($v_{27}\sim v_{31}$)进行多级计分题的分析。

2. 请对某一英语测验试卷进行题目分析，包括分析题目的难度、区分度(鉴别指数 D)，以及整个测验的分数描述统计、分数分段分析，并对最后一道题进行多级计分题的分析。数据文件为“英语试卷. sav”，其满分文件为“英语试卷满分. xls”。

3. 请对地理试卷的单选题进行选项分析。共 18 道单选题，数据文件为“地理单选题选项分析数据. sav”，其标准答案文件为“地理单选题答案. xls”。

第15章　探索性因子分析及案例应用

英国心理学家斯皮尔曼最先发现，学生的各科成绩之间存在一定的相关性，某一科成绩好的学生，往往其他各科成绩也比较好。于是他推测，是否存在某些潜在的共性因子，或某些一般智力因子影响着学习成绩，并由此发展出了因子分析方法。

在研究实际问题时，研究者往往希望尽可能地多收集与研究主题相关的变量，以期能对问题有比较全面性的、完整性的掌握和认识。虽然它们能够较为整体而精确地描述研究主题，但将这些资料实际用在分析预测时，由于变量太多，未必能真正达到研究者预期的效果。此时，通过因子分析就能实现：以最少的信息遗失，把众多的观测变量浓缩为少数几个因子(factor，又称因素)，并据此进行预测。

15.1　因子分析的基本思想与概念

15.1.1　因子分析的基本思想与条件

因子分析是处理多变量数据的一种统计方法，它可以揭示多变量之间的关系，其基本思想是：通过对变量的相关系数矩阵内部结构的研究，找出能够控制所有变量的少数几个随机变量，去描述多个随机变量之间的相关关系；然后根据相关性的大小把变量分组，使同组内的变量之间的相关性较高，不同组变量之间的相关性较低。

第一，因子分析以变量之间的共变关系为分析的依据，因子分析的变量必须是连续变量(等距变量)，符合线性关系的假设。顺序型与类别型的数据不能用因子分析简化结构。

第二，抽样过程必须随机，并具有一定的规模。一般样本量不低于200，原则上是越大越好，因此有些研究者建议在200以上。此外，一般还要求样本量与变量数之间的比例不得低于5∶1，达到10∶1更好。在有些自然科学研究中，当变量数量不多(往往在10个左右)，样本也较难获取时，样本量低于100也认为可以进行因子分析。

第三，变量之间要具有适当程度的相关。对于一群相关太高或太低的变量，不太适合进行因子分析。相关程度太高，多重共线性明显，区分效度不够，获得的因子的结构价值也不太高。可以通过相关系数矩阵、巴特利特球形度检验、KMO 检验以及检查共同性指数(共同度系数)，来确定是否适合做因子分析。

①相关系数矩阵。如果在原始变量的相关系数矩阵中，有相当部分的相关系数呈现中等程度相关(0.4～0.7)，说明各变量之间都呈较强的线性关系，可以从中萃取共同因子，适合进行因子分析。还有一种情况是在原始变量的相关系数矩阵中，一个局部内的变量呈现中等程度相关，而不同局部之间的变量的相关程度则相对较低，如表 15-1 所示，也可以从中萃取共同因子，进行因子分析，这种情况在心理与教育量表进行因子分析时较为常见。

表 15-1　变量的相关系数矩阵

	a_1	a_2	a_3	a_4	a_5	a_6	a_7	a_8	a_9	a_{10}	a_{11}	a_{12}	a_{13}	a_{14}	a_{15}	a_{16}	a_{17}	a_{18}	a_{19}
a_1	1.000	0.453	0.302	0.423	0.488	0.058	0.176	0.181	0.212	0.210	0.212	0.057	0.154	0.109	0.054	0.101	0.024	0.019	0.065
a_2	0.453	1.000	0.417	0.405	0.485	0.143	0.243	0.145	0.252	0.167	0.185	0.124	0.213	0.204	0.140	0.183	0.090	0.200	0.156
a_3	0.302	0.417	1.000	0.323	0.426	0.141	0.257	0.149	0.204	0.173	0.237	0.145	0.248	0.222	0.188	0.107	0.142	0.153	0.126
a_4	0.423	0.405	0.323	1.000	0.485	0.246	0.249	0.211	0.272	0.238	0.245	0.153	0.162	0.275	0.229	0.239	0.116	0.221	0.146
a_5	0.488	0.485	0.426	0.485	1.000	0.203	0.216	0.220	0.251	0.237	0.288	0.135	0.194	0.169	0.183	0.175	0.117	0.162	0.139
a_6	0.058	0.143	0.141	0.246	0.203	1.000	0.555	0.523	0.414	0.338	0.366	0.476	0.394	0.085	0.128	0.128	0.088	0.194	0.085
a_7	0.176	0.243	0.257	0.249	0.216	0.555	1.000	0.626	0.454	0.415	0.433	0.445	0.471	0.123	0.159	0.164	0.086	0.207	0.110
a_8	0.181	0.145	0.149	0.211	0.220	0.523	0.626	1.000	0.554	0.420	0.491	0.447	0.410	0.055	0.062	0.071	0.000	0.146	0.015
a_9	0.212	0.252	0.204	0.272	0.251	0.414	0.454	0.554	1.000	0.535	0.420	0.347	0.438	0.130	0.171	0.216	0.082	0.207	0.123
a_{10}	0.210	0.167	0.173	0.238	0.237	0.338	0.415	0.420	0.535	1.000	0.407	0.294	0.341	0.116	0.166	0.190	0.147	0.176	0.138
a_{11}	0.212	0.185	0.237	0.245	0.288	0.366	0.433	0.491	0.420	0.407	1.000	0.402	0.450	0.152	0.187	0.186	0.149	0.199	0.195
a_{12}	0.057	0.124	0.145	0.153	0.135	0.476	0.445	0.447	0.347	0.294	0.402	1.000	0.440	0.135	0.131	0.168	0.051	0.166	0.069
a_{13}	0.154	0.213	0.248	0.162	0.194	0.394	0.471	0.410	0.438	0.341	0.450	0.440	1.000	0.165	0.185	0.186	0.131	0.230	0.112
a_{14}	0.109	0.204	0.222	0.275	0.169	0.085	0.123	0.055	0.130	0.116	0.152	0.135	0.165	1.000	0.448	0.436	0.369	0.354	0.443
a_{15}	0.054	0.140	0.188	0.229	0.183	0.128	0.159	0.062	0.171	0.166	0.187	0.131	0.185	0.448	1.000	0.457	0.408	0.437	0.450
a_{16}	0.101	0.183	0.107	0.239	0.175	0.128	0.164	0.071	0.216	0.190	0.186	0.168	0.186	0.436	0.457	1.000	0.424	0.353	0.380
a_{17}	0.024	0.090	0.142	0.116	0.117	0.088	0.086	0.000	0.082	0.147	0.149	0.051	0.131	0.369	0.408	0.424	1.000	0.342	0.466
a_{18}	0.019	0.200	0.153	0.221	0.162	0.194	0.207	0.146	0.207	0.176	0.199	0.166	0.230	0.354	0.437	0.353	0.342	1.000	0.416
a_{19}	0.065	0.156	0.126	0.146	0.139	0.085	0.110	0.015	0.123	0.138	0.195	0.069	0.112	0.443	0.450	0.380	0.466	0.416	1.000

注：以上表格中有底色的数据表示相关系数大于 0.4。

②巴特利特球形度检验可以用来检验样本内各变量之间的相关系数是否不同且大于 0。若巴特利特球形度检验结果显著，表示相关系数可以用于因子分析抽取因子。

③使用偏相关矩阵来判断。反映偏相关矩阵的系数被称为取样适切性量数

(Kaiser Meyer Olkin，KMO)，代表与该变量有关的所有相关系数与净相关系数的比例。当 KMO 值越大时，表示变量间的共同因子越多，越适合进行因子分析。根据相关学者(Kaiser，1974)的观点，如果 KMO 的值小于 0.5 时，不宜进行因子分析。一般来说，KMO 在 0.9 以上，非常适合做因子分析；在 0.8～0.9，很适合做因子分析；在 0.7～0.8，适合做因子分析；在 0.6～0.7，尚可做因子分析；在 0.5～0.6，表示做因子分析的效果很差；在 0.5 以下应该放弃做因子分析。

④检查共同性指数。它指某一变量与其他所有变量的复相关系数的平方，这个数值表示该变量的方差量被共同因子解释的比例，也称方差贡献率。方差贡献率的比例要求在 50%以上，有些文献要求在 60%以上。一般来说，变量越多，方差贡献率相对越低。其计算方式为在一变量上各因子负荷量平方值的总和，变量的共同性越高，因子分析的结果就越理想。

15.1.2 因子分析的几个概念

(一)探索性因子分析与验证性因子分析

因子分析按照潜在因子之间是否有联系，可以分为探索性因子分析与验证性因子分析。在没有任何前提的预设下，研究者用探索性因子分析来观察变量因子的结构、明确因子的内容以及变量的分类。通过共变关系的分解，找出最低限度的主要成分，以进一步探讨这些主成分或共同因子与个别变量之间的关系。找出观察变量与其对应因子之间的强度，即所谓因子负荷值，以说明因子与所属的观察变量的关系。然后为因子取一个合适的名字。例如，利用大学生择业心理问卷，通过大量访谈、文献调查，收集了大量的题目，并进行调查，获取实测数据。以探索性因子分析来分析大学生的择业心理，探查有几个因子维度、各个因子上有哪些题目。也就是说，择业心理问卷的心理维度以及对应题目都还没有确定。在本书中将详细讲述探索性因子分析的应用例子。

验证性因子分析要求研究者对研究对象潜在变量的内容与性质，在测量之初就必须有非常明确的说明，或有具体的理论基础，并决定相对应的观测变量的组成模式。进行因子分析的目的是检验这一先前提出的因子结构的适合性，这种方法也可以被应用于理论框架的检验，如编制独立人格问卷。根据独立人格理论，独立人格分为独立性、自主性、创造性、效能感几个因子，根据这几个因子分别编制题目并进行施测。施测后，分析测量数据是否符合原来的理论设想。

验证性因子分析一般是通过结构方程(路径分析)建模检验分析，可以进行验证性因子分析及结构方程建模的软件有 LISREL，AMOS，EQS，MPLUS 等，在 SPSS 中无法进行验证性因子分析。

(二)因子旋转方法

因子旋转的目的在于厘清因子与原始变量间的关系，以确立因子间最简单的结构，达到简化的目的，使潜在因子具有更鲜明的实际意义，更好地解释因子分析的结果。所谓最简单的结构，就是使每一个变量仅在一个公共因子上有较大的载荷，而在其他公共因子上有较小的载荷。

因子旋转可分为正交旋转和斜交旋转。正交旋转是指旋转过程中因子之间的轴线夹角为 90°，即因子之间的相关设定为 0，如最大方差法、四方最大法、均等方差法。斜交旋转这种方法允许因子与因子之间具有一定的相关性，在旋转过程中同时对因子的关联情形进行估计，如直接斜交法、四方最小法等。

正交旋转的前提是各因子间相互独立，它能够最大限度地对各因子进行区分，但也容易扭曲潜在特质在现实生活中的真实关系，造成偏差。在实际工作中，如果相关系数矩阵中大部分相关系数相对较小(小于 0.3)，则使用正交旋转的效果较好；如果相关系数大于 0.4 的情况在整个相关系数矩阵中的比例较高，则使用斜交旋转的效果较好。

本章将讲述两个案例：第一个案例主要针对多变量(指标)体系进行综合评价的问题；第二个案例是教育与心理测量中常见的心理量表编制问题(或教育与心理问卷编制)，部分不适合的变量将被删除。

15.2　案例一：多个变量的探索性因子分析

【例 15-1】为了了解新入职大学毕业生的职业价值认同感，调查了 220 名大学毕业生(毕业后工作两年内)关于价值观的 9 项分测验结果，涉及合作性、对收入分配的看法、职位出发点、工作投入程度、对发展机会的看法、对社会地位的看法、权力距离、对职位升迁的态度以及领导风格的偏好①。数据文件为“大学毕业生的工作价值观调查. sav”。试通过因子分析，将这些分测验数据归纳为几个指标。

SPSS 操作过程如下。

第 1 步：打开分析数据。打开“大学毕业生的工作价值观调查. sav”文件。

第 2 步：启动分析过程。点击【分析】→【降维】→【因子】菜单命令，打开因子分析的对话框。

第 3 步：设置分析变量。将需要分析的变量全部选入右边的“变量”框中，包括“合作性”“分配”“职位出发点”“工作投入”“发展机会”“社会地位”“权力距离”

① 在实际操作中，这 9 项分测验结果会选择性简写。

“职位升迁”“领导风格”(见图 15-1)。

第 4 步：设置描述按钮。点击【描述】按钮，弹出“因子分析：描述”对话框(见图 15-2)。

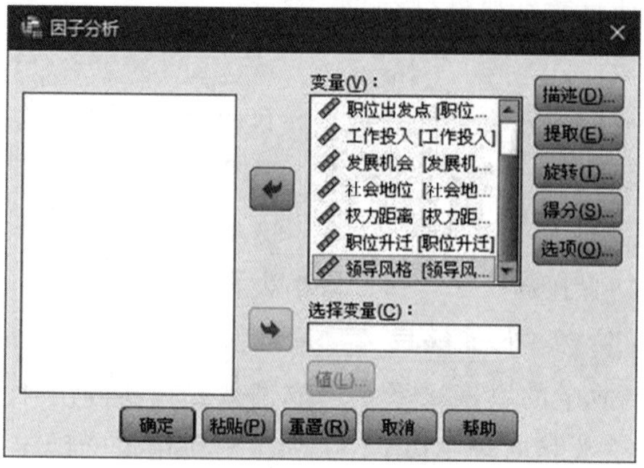

图 15-1　因子分析窗口

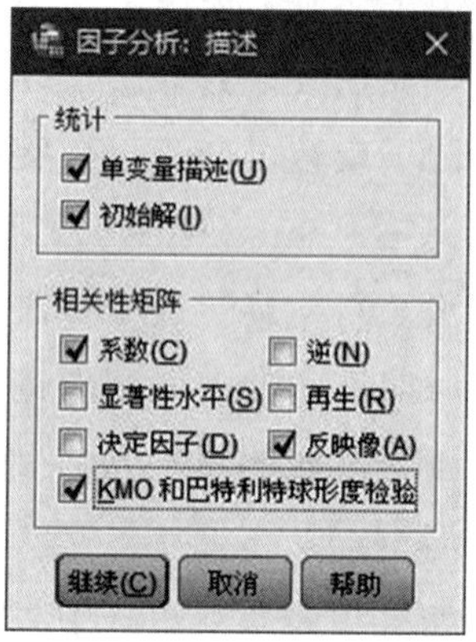

图 15-2　“因子分析：描述”对话框

在“统计”栏内选择“单变量描述”“初始解”这两个复选框。在“相关性矩阵”栏内选择“系数”，要求计算相关系数矩阵；选择“反映像”，要求计算反映像相关矩阵(包括取样适切性量数，MSA)；选择“KMO 和巴特利特球形度检验”，要求对相关系数矩阵进行统计检验，以确定是否适合进行因子分析。点击【继续】按钮回到上一级对话框。

第 5 步：设置因子提取。点击【提取】按钮，弹出“因子分析：提取”对话框(见图 15-3)。

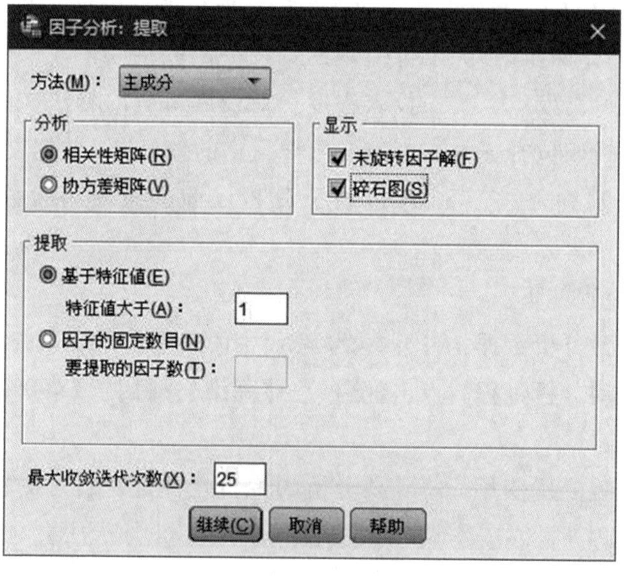

图 15-3　“因子分析：提取”对话框

在“方法”栏内，因子提取的方法有主成分法、未加权最小平方法、广义最小平方法、最大似然法、主轴因式分解法、Alpha 因式分解法、映像因式分解法。在本例中，选择主成分法。

主成分法。该方法假设变量是因子的纯线性组合。第一成分有最大的方差，后续的成分可解释的方差逐个递减。一般使用主成分法获取初始的因子分析结果。

未加权最小平方法。该方法使观测的和再生的相关阵之差的平方和最小，不计对角元素。

广义最小平方法。该方法使观测的和再生的相关阵之差的平方和最小。

最大似然法。该方法不要求多元正态分布。给出参数估计，如果样本来自多元正态总体，它们与原始变量的相关阵就极为相似。原始分析变量用变量单值倒数加权，使用迭代算法。

主轴因式分解法。使用多元相关的平方作为对公因子方差的初始估计。初始估计公因子方差时多元相关系数的平方置于对角线上。这些因子载荷用于估计新公因子方差，替换对角线上的前一次的公因子方差估计。这样的迭代持续到本次到下一次迭代结果公因子方差的变化满足提取因子的收敛判据为止。

Alpha 因式分解法，提取 α 系数大于 0 的公因子。

映像因式分解法，是由古特曼(Guttman)提出的因子提取方法，是根据映像学原理提取公因子的方法。它把一个变量看作其他各变量的多元回归，而不是假设因子的函数。

若变量数较少，用主成分法的效果更好。随着变量数的增加，各种方法的差异越来越小。

在“分析”框中，有“相关性矩阵”“协方差矩阵”两个选项，在本例中选择“相关性矩阵”。

在“显示”框中，有“未旋转因子解”“碎石图”，在本例中选择这两个选项。

在提取方法中，有两种方法：“基于特征值”，系统默认的是特征值大于 1；“因子的固定数目”，由用户输入自定义的数量，此数值要小于变量的数量。在本例中选择“基于特征值”。

完成以上设置，点击【继续】按钮回到上一级对话框。

第 6 步：设置因子旋转。点击【旋转】按钮，弹出“因子分析：旋转”对话框(见图 15-4)。

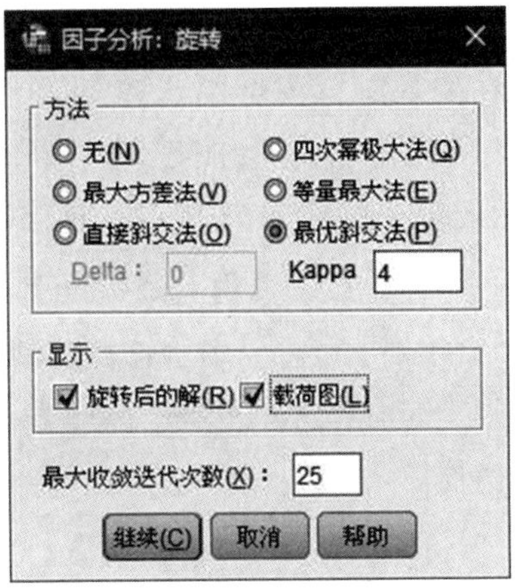

图 15-4　“因子分析：旋转”对话框

在“方法”框中，有六种选择。

①“无”，不进行因子旋转。

②“四次幂极大法”：属于正交旋转方法。使各变量(行)上因子负荷平方的方差达到最大，即拉开行上的负荷差异，易产生综合因子，大部分变量在该因子上都有较高负荷。

③“最大方差法”：属于正交旋转方法。它使各因子(列)与该因子有关的负荷平方的方差最大，即拉开列上各变量的负荷差异，较常用。

④“等量最大法”：属于正交旋转方法，是最大方差法与四次幂极大法的结合，使得一个因子上有高载荷的变量数和需要解释的变量的因子数最少。

⑤“直接斜交法”：直接斜交旋转法，指定此项可以在下面的“Delta”矩形框中键入 δ 值，该值应该在 0～1。0 值产生最高相关因子。

⑥“最优斜交法”：斜交旋转方法。允许因子彼此相关。它比直接斜交旋转法更快，因此适用于大数据集的因子分析。指定此项可以在下面的“Kappa”矩形框中键入值，默认为 4。

旋转的目的是获得简单结构，以解释因子。在本例中，根据这些变量的相关系数矩阵，有一半左右的相关系数大于 0.4，所以选“最优斜交法”。

在“显示”框中有“旋转后的解”“载荷图”这两个选项，本例中都选择。

点击【继续】按钮回到上一级对话框。

第 7 步：设置因子得分。点击【得分】按钮，弹出“因子分析：因子得分”对话框(见图 15-5)。

点击选中复选框“保存为变量”，将因子得分作为新变量保存在工作数据集中。程序运行结束后，数据窗中会显示出新变量。每次分析中产生多少个因子，就生成多少个新变量，因子序号占倒数第三个字符的位置。倒数第二个字符为“_”。在变量窗口中会给出对因子得分的命名和变量标签(本例中生成了两个新变量“FAC1_1”和“FAC2_1”)，表明用以计算因子得分的方法。

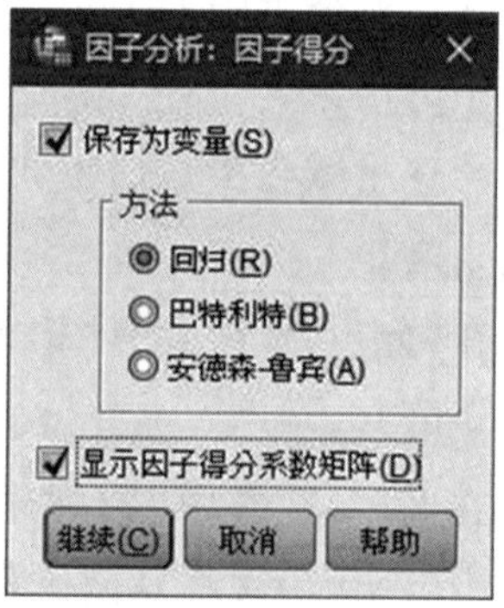

图 15-5 “因子分析：因子得分”对话框

在“方法”框内系统提供了 3 种估计因子得分系数的方法：“回归”“巴特利特”“安德森-鲁宾”。本例选择“回归”。

同时，选中“显示因子得分系数矩阵”复选框，点击【继续】回到上一级对话框。

第 8 步：选项按钮设置。点击【选项】按钮，弹出“因子分析：选项”对话框。在本例中，此按钮不做操作。

第 9 步：在主对话框中点击【确定】按钮，提交执行。

第 10 步：SPSS 结果分析。

第 1 个表(图)：描述统计(略)。

第 2 个表(图)：相关性矩阵(见表 15-2)。

表 15-2　相关性矩阵

	合作性	分配	职位出发点	工作投入	发展机会	社会地位	权力距离	职位升迁	领导风格
合作性	1.000	0.483	0.091	0.776	0.152	0.081	0.377	0.102	0.539
分配	0.483	1.000	0.118	0.485	0.318	0.271	0.445	0.123	0.730
职位出发点	0.091	0.118	1.000	0.119	0.353	0.525	−0.055	0.566	0.149
工作投入	0.776	0.485	0.119	1.000	0.228	0.153	0.580	0.091	0.608
发展机会	0.152	0.318	0.353	0.228	1.000	0.701	0.187	0.341	0.593
社会地位	0.081	0.271	0.525	0.153	0.701	1.000	−0.070	0.503	0.236
权力距离	0.377	0.445	−0.055	0.580	0.187	−0.070	1.000	−0.046	0.669
职位升迁	0.102	0.123	0.566	0.091	0.341	0.503	−0.046	1.000	0.165
领导风格	0.539	0.730	0.149	0.608	0.593	0.236	0.669	0.165	1.000

[分析]此表中的部分相关系数大于 0.4，怎么能较为明显地看出、统计出这些大于 0.4 的系数比例呢？可以在 SPSS 中，将此表按右键复制，打开 Excel 软件(以 Office 2007 以上版本为例)，粘贴到 Excel 中；选中所有的数据，点击 Excel 的“开始”选项卡，并点击【条件格式】→【突出显示单元格规则】→【介于】菜单命令，弹出一个对话框，在对话框的左边输入栏输入 0.4，在右边输入栏输入 0.999。点击【确定】按钮，即可得到如表 15-3 所示的结果。

表 15-3　相关性矩阵

	合作性	分配	职位出发点	工作投入	发展机会	社会地位	权力距离	职位升迁	领导风格
合作性	1.000	0.483	0.091	0.776	0.152	0.081	0.377	0.102	0.539
分配	0.483	1.000	0.118	0.485	0.318	0.271	0.445	0.123	0.730
职位出发点	0.091	0.118	1.000	0.119	0.353	0.525	−0.055	0.566	0.149
工作投入	0.776	0.485	0.119	1.000	0.228	0.153	0.580	0.091	0.608
发展机会	0.152	0.318	0.353	0.228	1.000	0.701	0.187	0.341	0.593
社会地位	0.081	0.271	0.525	0.153	0.701	1.000	−0.070	0.503	0.236
权力距离	0.377	0.445	−0.055	0.580	0.187	−0.070	1.000	−0.046	0.669
职位升迁	0.102	0.123	0.566	0.091	0.341	0.503	−0.046	1.000	0.165
领导风格	0.539	0.730	0.149	0.608	0.593	0.236	0.669	0.165	1.000

由此表中带灰色背景的相关系数可以看出，有较大比例的相关系数大于 0.4，

可以考虑使用斜交旋转法。

第 3 个表(图)：KMO 与巴特利特球形度检验(见表 15-4)。

表 15-4 KMO 和巴特利特球形度检验

KMO 取样适切性量数		0.619
巴特利特球形度检验	近似卡方	1192.012
	自由度	36
	显著性	0.000

[分析]KMO 取样适切性量数是用于比较观测相关系数值与偏相关系数值的一个指标，其值越接近 1，表明对这些变量进行因子分析的效果越好。KMO 值为 0.619，大于 0.6，意味着尚可以进行因子分析。

经巴特利特球形度检验表明：Bartlett 值为 1192.012，p 值小于 0.05，即相关矩阵不是一个单位矩阵，故可以进行因子分析。

第 4 个表(图)：反映像矩阵(见表 15-5)。

表 15-5 反映像矩阵

		合作性	分配	职位出发点	工作投入	发展机会	社会地位	权力距离	职位升迁	领导风格
反映像协方差矩阵	合作性	0.343	−0.028	0.006	−0.212	0.027	0.020	0.106	−0.030	−0.038
	分配	−0.028	0.342	0.032	0.026	0.126	−0.136	0.042	0.048	−0.142
	职位出发点	0.006	0.032	0.596	−0.018	0.019	−0.100	0.031	−0.237	−0.019
	工作投入	−0.212	0.026	−0.018	0.280	0.028	−0.058	−0.127	0.032	−0.020
	发展机会	0.027	0.126	0.019	0.028	0.214	−0.174	0.053	0.037	−0.122
	社会地位	0.020	−0.136	−0.100	−0.058	−0.174	0.271	0.015	−0.107	0.088
	权力距离	0.106	0.042	0.031	−0.127	0.053	0.015	0.396	0.021	−0.109
	职位升迁	−0.030	0.048	−0.237	0.032	0.037	−0.107	0.021	0.605	−0.036
	领导风格	−0.038	−0.142	−0.019	−0.020	−0.122	0.088	−0.109	−0.036	0.133
反映像相关性矩阵	合作性	0.685[a]	−0.083	0.013	−0.683	0.101	0.065	0.287	−0.066	−0.178
	分配	−0.083	0.609[a]	0.070	0.085	0.467	−0.446	0.113	0.105	−0.665
	职位出发点	0.013	0.070	0.769[a]	−0.045	0.053	−0.248	0.063	−0.395	−0.066
	工作投入	−0.683	0.085	−0.045	0.703[a]	0.115	−0.210	−0.382	0.077	−0.101
	发展机会	0.101	0.467	0.053	0.115	0.492[a]	−0.724	0.183	0.102	−0.725
	社会地位	0.065	−0.446	−0.248	−0.210	−0.724	0.514[a]	0.047	−0.264	0.462
	权力距离	0.287	0.113	0.063	−0.382	0.183	0.047	0.696[a]	0.043	−0.477
	职位升迁	−0.066	0.105	−0.395	0.077	0.102	−0.264	0.043	0.732[a]	−0.129
	领导风格	−0.178	−0.665	−0.066	−0.101	−0.725	0.462	−0.477	−0.129	0.588[a]

a. 取样适切性量数(MSA)。

[分析]其中图中对角线中有底色的数据为各个题目的取样适切性量数。当某一题目的取样适切性量数小于 0.5 时，则认为该题目不适合进入因子模型。在本例中，“发展机会”变量的取样适切性量数为 0.492，仅仅比 0.5 小一些，并且在后面的因子旋转矩阵中的因子载荷大于 0.4，且与其他变量能一起解释第二个潜在因子，因此，将“发展机会”变量纳入因子模型中尚可接受。

第 5 个表(图)：公因子方差(见表 15-6)(共同成分)。

表 15-6　公因子方差

	初始	提取
合作性	1.000	0.597
分配	1.000	0.600
职位出发点	1.000	0.599
工作投入	1.000	0.719
发展机会	1.000	0.626
社会地位	1.000	0.763
权力距离	1.000	0.630
职位升迁	1.000	0.579
领导风格	1.000	0.821

提取方法：主成分分析法。

[分析]公因子方差也称共同成分，提取也称萃取。

此表的第 2 列是因子分析初始解下的变量共通性，它的意义为：对原始 9 个变量如果采用主成分分析法萃取出所有的特征值(9 个)，那么原始变量的所有方差都可被解释，因此变量的共通性均为 1。

事实上，因子分析的目标必须使得因子个数小于原始变量的个数，所以不可能萃取全部的特征值。依所设定的萃取条件(此例设置为特征值大于 1)来萃取特征值时，变量的绝大部分信息往往可以被萃取出的因子所解释，这些信息可被称为共同成分(也可被称为公因子方差)，但都小于 1。整体而言，本次因子萃取的效果大致上可以接受，都远远大于 0.16。

第 6 个表(图)：总方差解释(方差贡献率)(见表 15-7)。

表 15-7　总方差解释

成分	初始特征值			提取载荷平方和			旋转载荷平方和[a]
	总计	方差百分比	累积百分比	总计	方差百分比	累积百分比	总计
1	3.738	41.528%	41.528%	3.738	41.528%	41.528%	3.496
2	2.196	24.403%	65.931%	2.196	24.403%	65.931%	2.760
3	0.921	10.236%	76.167%				
4	0.625	6.948%	83.115%				

续表

成分	初始特征值			提取载荷平方和			旋转载荷平方和[a]
	总计	方差百分比	累积百分比	总计	方差百分比	累积百分比	总计
5	0.540	6.000%	89.115%				
6	0.435	4.830%	93.945%				
7	0.317	3.519%	97.463%				
8	0.157	1.748%	99.211%				
9	0.071	0.789%	100.000%				

提取方法：主成分分析法。

a. 如果各成分相关时，则无法添加载荷平方和以获取总方差。

[分析]因子解释原始变量的总方差贡献率的情况(方差贡献率)，该表中第一列是因子编号，之后每三列成一组，每组中各字段的意义依次是特征值、方差百分比(方差贡献率)和累积百分比(累计方差贡献率)。

第一组数据项(第二至第四列)描述了初始因子解的概况。第 1 个因子的特征值为 3.738，解释原始 9 个变量之总方差的 41.528%；第 2 个因子的特征值为 2.196，解释原始 9 个变量之总方差的 24.403%，累计方差贡献率为 65.931%。其余数据的意义类似。在初始解中由于萃取 9 个因子，因此原始变量的总方差全部 100%都会被解释，第四列也可说明这点。

第二组数据项(第五至第七列)描述了提取因子解的概况。可以看出，由于设定了特征值大于 1 才萃取成因子，本例将萃取出两个因子，这两个因子共解释了原始变量的总方差的 65.931%。整体而言，原始变量的信息遗失量相对较少，因此此次的因子分析效果尚可。

第三组数据项(第八列)描述了最后因子解(旋转后)的特征值。

第 7 个表(图)：碎石图(见图 15-6)。

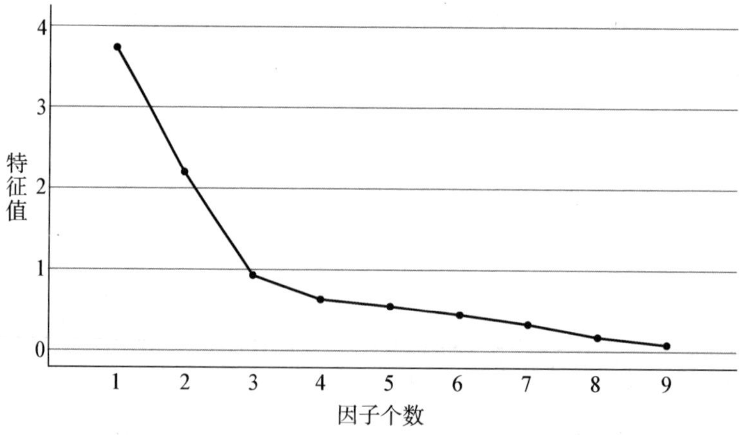

图 15-6　碎石图

[分析]横坐标为因子个数，纵坐标为特征值。很清楚可以看到，第 1 个因子的特征值很高，对解释原始变量的贡献最大；第 3 个之后的因子特征值都较小，对解释原始变量的贡献很小。

第 8 个表(图)：旋转前的因子成分矩阵(见表 15-8)。

表 15-8　旋转前的因子成分矩阵[a]

	成分	
	1	2
合作性	0.685	−0.358
分配	0.750	−0.193
职位出发点	0.384	0.672
工作投入	0.764	−0.367
发展机会	0.649	0.453
社会地位	0.508	0.711
权力距离	0.611	−0.506
职位升迁	0.381	0.659
领导风格	0.882	−0.209

提取方法：主成分分析法。

a. 提取了 2 个成分。

[分析]成分就是因子的含义，以下表格都是此含义；此表为旋转前的因子成分矩阵，反映了原始变量与这些因子之间的相关程度。

第 9 个表(图)：旋转后的因子成分矩阵(见表 15-9)。

表 15-9　旋转后的因子成分矩阵[a]

	成分	
	1	2
合作性	0.784	−0.059
分配	0.736	0.123
职位出发点	−0.104	0.792
工作投入	0.856	−0.036
发展机会	0.250	0.693
社会地位	−0.026	0.879
权力距离	0.817	−0.229
职位升迁	−0.098	0.779
领导风格	0.854	0.162

提取方法：主成分分析法。

旋转方法：凯撒正态化最优斜交法。

a. 旋转在 3 次迭代后已收敛。

[分析]此表为旋转后的因子成分矩阵，通过矩阵旋转进一步简化数据结构，可以较为简洁地反映原始变量与这些因子之间的归属关系。

第一个因子替代了“合作性”“分配”“工作投入”“权力距离”“领导风格”五个变量的作用，可以归纳为工作人际关系的认同评价，此因子被命名为“工作关系认同”。

第二个因子替代了“职位出发点”“发展机会”“社会地位”“职位升迁”四个变量的作用，归纳为工作上升通道、职业发展的认同评价，此因子被命名为“职业发展认同”。通过以上变量提取因子，从而使变量之间的关系更为简化。

因子载荷提取的标准可参考如下：因子载荷大于 0.71，则表明非常理想；大于 0.63，则表示很好；大于 0.55，则表示尚可；大于 0.45，则表示普通；大于 0.32，则表示不好；小于 0.32，则必须舍弃。

因此，因子载荷提取的分界点为(0.45＋0.32)/2＝0.385。所以很多研究者默认 0.40 为因子载荷提取的分界点。

第 10 个表(图)：旋转后的结构矩阵(见表 15-10)。

表 15-10　结构矩阵

	成分	
	1	2
合作性	0.770	0.129
分配	0.765	0.300
职位出发点	0.086	0.767
工作投入	0.847	0.170
发展机会	0.416	0.753
社会地位	0.184	0.873
权力距离	0.762	−0.034
职位升迁	0.089	0.755
领导风格	0.892	0.367

提取方法：主成分分析法。
旋转方法：凯撒正态化最优斜交法。

[分析]此表是在斜交旋转时才会出现的结构矩阵，此表与前一旋转矩阵的含义基本相同。

第 11 个表(图)：成分相关性矩阵(见表 15-11)。

表 15-11　成分相关性矩阵

成分	1	2
1	1.000	0.240
2	0.240	1.000

提取方法：主成分分析法。
旋转方法：凯撒正态化最优斜交法。

[分析]此表显示的是因子之间的相关性。如果因子之间的相关性较低(低于 0.3)，说明因子分析的因子提取效果较好。如果因子之间的相关性中等或偏高，

则说明因子之间还存在相关。如果没有进行旋转，或进行的是正交旋转，则可能需要进行斜交旋转。

第 12 个表(图)：因子载荷图(见图 15-7)。

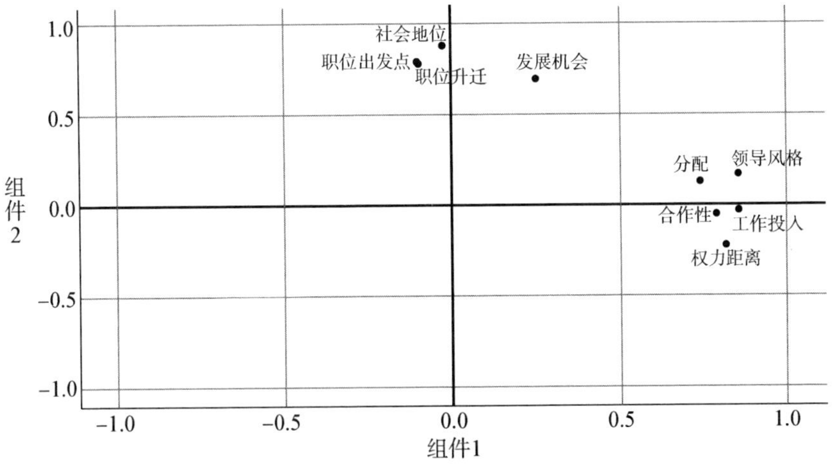

图 15-7　因子载荷图

[分析]从此图中可以看出，各个变量都较好地归属到了两个因子维度上，说明旋转的效果较好。

第 13 个表(图)：因子得分系数矩阵(见表 15-12)。

表 15-12　因子得分系数矩阵

	成分	
	1	2
合作性	0.233	−0.019
分配	0.219	0.051
职位出发点	−0.027	0.306
工作投入	0.254	−0.010
发展机会	0.078	0.269
社会地位	−0.004	0.340
权力距离	0.241	−0.085
职位升迁	−0.025	0.301
领导风格	0.254	0.067

提取方法：主成分分析法。
旋转方法：凯撒正态化最优斜交法。
组件得分。

[分析]由此表的每个因子在各个变量上的系数乘以对应各个变量的标准化转换数值(Z 变量，可以在描述统计中的描述菜单命令得到)，就可以得到该因子的得分函数。

第一个因子得分函数为：FAC1_1＝Z 合作性 * 0.233＋Z 分配 * 0.219＋Z 职位出发点 *（－0.027）＋Z 工作投入 * 0.254＋Z 发展机会 * 0.078＋Z 社会地位 *（－0.004）＋Z 权力距离 * 0.241＋Z 职位升迁 *（－0.025）＋Z 领导风格 * 0.254。

各个被试在各个因子上的得分，保存在数据集中 FAC1_1、FAC2_1 变量中。

此时，计算各个被试在职业认同感的综合得分并根据得分排序，则需要根据因子的特征值乘以因子得分，从而得到综合加权分数。

E＝第一特征值 * FAC1_1＋第二特征值 * FAC2_1

如果是三个或三个以上的因子，也是依此类推。在本例中，第 i 个被试的综合加权分数可以计算为：

E_i＝3.738 * 第 i 个被试的 FAC1_1＋ 2.196 * 第 i 个被试的 FAC2_1

根据以上综合加权分数，就可以对被试的职业认同感的综合分数进行排名，进行人力资源调配安排以及职业认同教育培训安排。

【拓展思考】

因子分析可以对许多评价变量(指标体系)进行简化指标分类，并实现个案的综合排序。例如，通过因子分析实现对多个国家的科技综合实力排名、城市的教育文化发展水平排名、大学综合实力排名、期刊综合影响力排名、个人心理特质的综合表现排名，等等。

15.3 案例二：心理量表的探索性因子分析

【例 15-2】时间观念是青年学生价值观的重要组成部分。在查阅以往文献资料和讨论之后，某研究小组编制了 33 道关于时间观点的题目，并对 430 名大学生进行了测试，收集到的有效问卷为 396 份，数据文件为“时间管理测验问卷数据.sav”。试对此测验进行探索性因子分析，初步探索该测验中存在哪些潜在因子及题目与潜在因子之间的关系。

SPSS 操作过程如下。

第 1 步：打开分析数据。打开“时间管理测验问卷数据.sav”数据文件。

第 2 步：启动分析过程。点击【分析】→【降维】→【因子】菜单命令，打开因子分析的对话框。

第 3 步：设置分析变量。将需要分析的变量 v_1，v_2，v_3，…，v_{32}，v_{33} 这 33 个变量选入右边的“变量”框中(见图 15-8)。

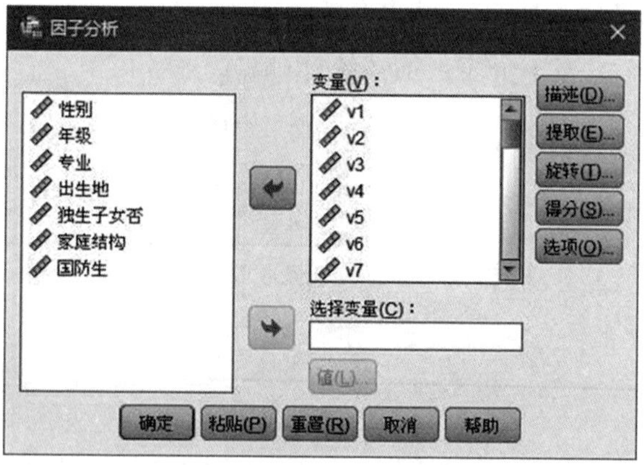

图 15-8 因子分析的主对话框

第 4 步：设置描述按钮。点击【描述】按钮，弹出“因子分析：描述”对话框。在“统计”框中选择“单变量描述”“初始解”这两个复选框。在“相关性矩阵”栏内选择“系数”要求计算相关系数矩阵，选择“反映像”要求计算反映像相关矩阵(包括取样适切性量数，MSA)，选择“KMO 和巴特利特球形度检验”，要求对相关系数矩阵进行统计检验，以确定是否适合进行因子分析。点击【继续】按钮回到上一级对话框。

第 5 步：设置因子提取。点击【提取】按钮，弹出“因子分析：提取”对话框。在“方法”中，因子提取的方法有主成分法、未加权最小平方法、广义最小平方法、最大似然法、主轴因式分解法、Alpha 因式分解法、映像因式分解法。在本例中，选择主成分法。在“分析”框内选择“相关性矩阵”；在“显示”框内选择“未旋转因子解”和“碎石图”。在“提取”框内选择“基于特征值”。完成以上设置，点击【继续】按钮回到上一级对话框。

第 6 步：设置因子旋转。点击【旋转】按钮，弹出“因子分析：旋转”对话框，选择“最大方差法”；在“显示”框内选择“旋转后的解”，点击【继续】按钮回到上一级对话框。

第 7 步：设置因子得分。点击【得分】按钮，弹出“因子分析：因子得分”对话框。点击选中复选框“保存为变量”，将因子得分作为新变量保存在工作数据集中。程序运行结束后，在数据窗中显示出新变量。在“方法”框内，本例选择“回归”。同时，选中“显示因子得分系数矩阵”复选框。点击【继续】按钮回到上一级对话框。

第 8 步：选项按钮设置。点击【选项】按钮，弹出“因子分析：选项”对话框。在本例中，选中“禁止显示小系数”，并在下面的“绝对值如下”中输入“0.40”。

第 9 步：在主对话框中点击【确定】按钮，提交执行。

第 10 步：结果分析。

第 1 个表：描述统计(略)。

[分析]各个变量的标准差大部分都在 0.8～1.3，只有 v_{13} 的标准差为 0.52，v_{24} 为 0.50，v_{26} 为 0.63，这三个变量可能要被删除。标准差低于或在 0.5 附近，这是变量删除的一个参考依据。

第 2 个表：相关系数矩阵(略)。

[分析]由于相关系数矩阵太大，无法直接展示。这里将相关系数矩阵在 Excel 中进行处理后，展示部分内容，如表 15-13、表 15-14 所示。

表 15-13 变量的相关系数矩阵(一)

	v_1	v_2	v_3	v_4	v_5	v_6	v_7	v_8	v_9	v_{10}	v_{11}	v_{12}	v_{13}	v_{14}	v_{15}	v_{16}	v_{17}	v_{18}	v_{19}	v_{20}
v_1	1	0.463	0.302	0.322	0.358	0.057	0.176	0.181	0.211	0.209	0.211	0.057	−0.019	0.154	0.109	0.054	0.100	0.024	0.019	0.065
v_2	0.463	1	0.417	0.403	0.529	0.143	0.243	0.145	0.250	0.166	0.185	0.124	−0.035	0.211	0.202	0.139	0.180	0.088	0.200	0.156
v_3	0.302	0.417	1	0.321	0.500	0.141	0.257	0.148	0.202	0.173	0.237	0.145	0.006	0.247	0.219	0.186	0.105	0.138	0.152	0.126
v_4	0.322	0.403	0.321	1	0.426	0.241	0.249	0.213	0.277	0.231	0.241	0.150	0.029	0.168	0.281	0.235	0.247	0.127	0.223	0.145
v_5	0.358	0.529	0.500	0.426	1	0.248	0.302	0.252	0.278	0.274	0.290	0.177	−0.002	0.301	0.193	0.183	0.152	0.135	0.238	0.174
v_6	0.057	0.143	0.141	0.241	0.248	1	0.554	0.520	0.406	0.341	0.368	0.476	−0.066	0.386	0.078	0.121	0.118	0.077	0.191	0.085
v_7	0.176	0.243	0.257	0.249	0.302	0.554	1	0.625	0.451	0.414	0.432	0.445	−0.016	0.469	0.122	0.158	0.162	0.084	0.206	0.110
v_8	0.181	0.145	0.148	0.213	0.252	0.520	0.625	1	0.554	0.416	0.488	0.446	−0.015	0.412	0.060	0.066	0.076	0.007	0.148	0.015
v_9	0.211	0.250	0.202	0.277	0.278	0.406	0.451	0.554	1	0.523	0.413	0.342	−0.019	0.443	0.140	0.179	0.227	0.097	0.209	0.122
v_{10}	0.209	0.166	0.173	0.231	0.274	0.341	0.414	0.416	0.523	1	0.409	0.295	−0.063	0.331	0.106	0.157	0.176	0.132	0.173	0.138
v_{11}	0.211	0.185	0.237	0.241	0.290	0.368	0.432	0.488	0.413	0.409	1	0.402	0.004	0.443	0.146	0.181	0.178	0.139	0.197	0.195
v_{12}	0.057	0.124	0.145	0.150	0.177	0.476	0.445	0.446	0.342	0.295	0.402	1	0.006	0.436	0.131	0.128	0.162	0.046	0.165	0.069
v_{13}	−0.019	−0.035	0.006	0.029	−0.002	−0.066	−0.016	−0.015	−0.019	−0.063	0.004	0.006	1	0.075	−0.004	0.094	0.015	0.068	0.010	−0.036
v_{14}	0.154	0.211	0.247	0.168	0.301	0.386	0.469	0.412	0.443	0.331	0.443	0.436	0.075	1	0.174	0.192	0.197	0.144	0.232	0.110
v_{15}	0.109	0.202	0.219	0.281	0.193	0.078	0.122	0.060	0.140	0.106	0.146	0.131	−0.004	0.174	1	0.454	0.445	0.381	0.356	0.439
v_{16}	0.054	0.139	0.186	0.235	0.183	0.121	0.158	0.066	0.179	0.157	0.181	0.128	0.094	0.192	0.454	1	0.465	0.417	0.438	0.447
v_{17}	0.100	0.180	0.105	0.247	0.152	0.118	0.162	0.076	0.227	0.176	0.178	0.162	0.015	0.197	0.445	0.465	1	0.438	0.354	0.375
v_{18}	0.024	0.088	0.138	0.127	0.135	0.077	0.084	0.007	0.097	0.132	0.139	0.046	0.068	0.144	0.381	0.417	0.438	1	0.343	0.458
v_{19}	0.019	0.200	0.152	0.223	0.238	0.191	0.206	0.148	0.209	0.173	0.197	0.165	0.010	0.232	0.356	0.438	0.354	0.343	1	0.415
v_{20}	0.065	0.156	0.126	0.145	0.174	0.085	0.11	0.015	0.122	0.138	0.195	0.069	−0.036	0.110	0.439	0.447	0.375	0.458	0.415	1.000

注：以上表格中有底色的数据表示为相关系数大于 0.4。

表 15-14　变量的相关系数矩阵(二)

	v_{21}	v_{22}	v_{23}	v_{24}	v_{25}	v_{26}	v_{27}	v_{28}	v_{29}	v_{30}	v_{31}	v_{32}	v_{33}
v_{21}	1	0.543	0.431	−0.026	0.314	−0.127	0.102	0.142	0.108	0.054	0.122	0.000	0.089
v_{22}	0.543	1	0.397	−0.074	0.406	−0.030	0.051	0.165	0.152	0.045	0.140	−0.075	0.023
v_{23}	0.431	0.397	1	−0.046	0.452	−0.047	0.158	0.238	0.201	0.054	0.280	0.101	0.155
v_{24}	−0.026	−0.074	−0.046	1	−0.070	−0.082	−0.027	−0.069	−0.110	−0.023	0.007	0.002	−0.045
v_{25}	0.314	0.406	0.452	−0.070	1	0.023	0.151	0.188	0.177	0.035	0.174	0.006	0.172
v_{26}	−0.127	−0.030	−0.047	−0.082	0.023	1	−0.012	−0.028	0.032	−0.051	−0.047	−0.014	0.012
v_{27}	0.102	0.051	0.158	−0.027	0.151	−0.012	1	0.462	0.594	0.480	0.337	0.291	0.561
v_{28}	0.142	0.165	0.238	−0.069	0.188	−0.028	0.462	1	0.600	0.403	0.42	0.288	0.451
v_{29}	0.108	0.152	0.201	−0.110	0.177	0.032	0.594	0.600	1	0.437	0.434	0.271	0.563
v_{30}	0.054	0.045	0.054	−0.023	0.035	−0.051	0.480	0.403	0.437	1	0.361	0.349	0.483
v_{31}	0.122	0.140	0.280	0.007	0.174	−0.047	0.337	0.420	0.434	0.361	1	0.274	0.504
v_{32}	0.000	−0.075	0.101	0.002	0.006	−0.014	0.291	0.288	0.271	0.349	0.274	1	0.425
v_{33}	0.089	0.023	0.155	−0.045	0.172	0.012	0.561	0.451	0.563	0.483	0.504	0.425	1

注：以上表格中有底色的数据表示相关系数大于 0.4。

总之，在相关系数矩阵中，局部变量与局部变量之间出现了中等程度的相关，从整体上看，适合进行因子分析。

第 3 个表：KMO 与巴特利特球形度检验(见表 15-15)。

表 15-15　KMO 与巴特利特球形度检验

KMO 取样适切性量数		0.875
巴特利特球形度检验	近似卡方	4435.233
	自由度	528
	显著性	0.000

[分析]经巴特利特球形度检验表明：巴特利特球形度值为 4435.233，p 值小于 0.05，即相关矩阵不是一个单位矩阵，故可以进行因子分析。

KMO 取样适切性量数，是用于比较观测相关系数值与偏相关系数值的一个指标，其值越接近 1，表明对这些变量进行因子分析的效果越好。KMO＝0.875，大于 0.8，意味着很适合进行因子分析。

第 4 个表：反映像相关性矩阵(略)。

[分析]反映像包括反映像协方差矩阵、反映像相关矩阵。由于反映像矩阵太大，无法直接展示。这里将反映像相关矩阵在 Excel 中进行处理后，展示部分内容，如表 15-16、表 15-17 所示。

表 15-16　反映像相关性矩阵(一)

	v_1	v_2	v_3	v_4	v_5	v_6	v_7	v_8	v_9	v_{10}	v_{11}	v_{12}	v_{13}	v_{14}	v_{15}	v_{16}	v_{17}	v_{18}	v_{19}	v_{20}
v_1	0.831[a]	−0.316	−0.085	−0.116	−0.027	0.106	0.042	−0.087	−0.009	−0.086	−0.063	0.081	−0.004	−0.040	−0.027	0.026	−0.034	0.014	0.149	−0.021
v_2	−0.316	0.848[a]	−0.131	−0.100	−0.291	0.018	−0.082	0.079	−0.079	0.059	0.070	−0.019	0.045	0.002	0.012	0.072	−0.018	0.063	−0.092	−0.040
v_3	−0.085	−0.131	0.811[a]	−0.102	−0.324	0.056	−1.134	0.090	−0.004	0.036	−0.060	−0.017	0.034	−0.030	−0.108	−0.053	0.107	−0.075	0.050	0.011
v_4	−0.116	−0.100	−0.102	0.895[a]	−0.141	−0.111	0.006	−0.015	−0.065	−0.036	−0.039	0.039	−0.065	0.108	−0.126	−0.022	−0.091	0.077	−0.050	0.053
v_5	−0.027	−0.291	−0.324	−0.141	0.869[a]	−0.041	0.065	−0.075	0.034	−0.081	−0.039	0.030	−0.041	−0.092	0.024	0.003	0.025	−0.022	−0.050	−0.023
v_6	0.106	0.018	0.056	−0.111	−0.041	0.915[a]	−0.221	−0.142	−0.050	−0.023	−0.011	−0.220	0.087	−0.054	0.042	0.016	0.054	−0.054	0.001	−0.006
v_7	0.042	−0.082	−0.134	0.006	0.065	−0.221	0.895[a]	−0.367	0.034	−0.117	−0.014	−0.067	−0.037	−0.150	0.036	−0.011	−0.013	0.021	0.000	−0.011
v_8	−0.087	0.079	0.090	−0.015	−0.075	−0.142	−0.367	0.859[a]	−0.291	−0.019	−0.199	−0.103	0.023	0.014	−0.032	0.025	0.064	0.030	−0.013	0.089
v_9	−0.009	−0.079	−0.004	−0.065	0.034	−0.050	0.034	−0.291	0.901[a]	−0.308	−0.021	0.011	−0.006	−0.153	0.034	−0.035	−0.074	0.039	−0.010	−0.014
v_{10}	−0.086	0.059	0.036	−0.036	−0.081	−0.023	−0.117	−0.019	−0.308	0.906[a]	−0.132	−0.043	0.078	0.013	0.019	−0.016	−0.025	−0.056	−0.015	−0.011
v_{11}	−0.063	0.070	−0.060	−0.039	−0.039	−0.011	−0.014	−0.199	−0.021	−0.132	0.913[a]	−0.117	0.008	−0.178	0.057	−0.007	0.005	−0.004	0.004	−0.126
v_{12}	0.081	−0.019	−0.017	0.039	0.030	−0.220	−0.067	−0.103	0.011	−0.043	−0.117	0.909[a]	−0.016	−0.203	−0.053	0.004	−0.067	0.064	0.016	0.002
v_{13}	−0.004	0.045	−0.034	−0.065	−0.041	0.087	−0.037	0.023	−0.006	0.078	0.008	−0.016	0.361[a]	−0.097	0.032	−0.100	0.012	−0.071	0.019	0.071
v_{14}	−0.040	0.002	−0.030	0.108	−0.092	−0.054	−0.150	0.014	−0.153	0.013	−0.178	−0.203	−0.097	0.901[a]	−0.052	−0.013	−0.020	−0.012	−0.076	0.076
v_{15}	−0.027	0.012	−0.108	−0.126	0.024	0.042	0.036	−0.032	0.034	0.019	0.057	−0.0.53	0.032	−0.052	0.898[a]	−0.171	−0.1.52	−0.079	−0.081	−0.186
v_{16}	0.026	0.072	−0.053	−0.022	0.008	0.016	−0.011	0.025	−0.035	−0.016	−0.007	0.004	−0.100	−0.013	−0.171	0.901[a]	−0.174	−0.103	−0.173	−0.168
v_{17}	−0.034	−0.018	0.107	−0.091	0.025	0.054	−0.013	0.064	−0.074	−0.025	0.005	−0.067	0.012	−0.020	−0.152	−0.174	0.894[a]	−0.229	−0.051	−0.041
v_{18}	0.014	0.063	−0.075	0.077	−0.022	−0.054	0.021	0.030	0.039	−0.056	−0.004	0.064	−0.071	−0.012	−0.079	−0.103	−0.229	0.855[a]	−0.092	−0.216
v_{19}	0.149	−0.092	−0.050	−0.050	−0.050	0.001	0.000	−0.013	−0.010	−0.015	0.004	0.016	0.019	−0.076	−0.081	−0.173	−0.051	−0.092	0.913[a]	−0.186
v_{20}	−0.021	−0.040	0.011	0.053	−0.023	−0.006	−0.011	0.089	−0.014	−0.011	−0.126	0.002	0.071	0.076	−0.186	−0.168	−0.041	−0.216	−0.186	0.863[a]

a. 取样适切性量数(MSA)。

表 15-17　反映像相关性矩阵(二)

	v_{20}	v_{21}	v_{22}	v_{23}	v_{24}	v_{25}	v_{26}	v_{27}	v_{28}	v_{29}	v_{30}	v_{31}	v_{32}	v_{33}
v_{20}	0.863[a]	0.007	0.064	−0.154	0.041	−0.030	0.017	0.075	0.063	−0.028	−0.031	0.033	0.015	0.006
v_{21}	0.007	0.864[a]	−0.359	−0.227	−0.018	0.003	0.110	0.002	−0.015	0.053	−0.042	0.038	0.017	−0.036
v_{22}	0.064	−0.359	0.871[a]	−0.083	0.076	−0.177	−0.037	0.066	−0.003	−0.058	−0.048	−0.035	0.077	0.109
v_{23}	−0.154	−0.227	−0.083	0.871[a]	0.045	−0.245	0.016	−0.075	−0.053	0.043	0.117	−0.163	−0.093	0.045
v_{24}	0.041	−0.018	0.076	0.045	0.431[a]	0.017	0.055	−0.059	0.027	0.118	0.016	−0.075	−0.020	0.020
v_{25}	−0.030	0.003	−0.177	−0.245	0.017	0.906[a]	−0.030	−0.012	−0.013	0.022	0.067	−0.034	0.083	−0.101
v_{26}	0.017	0.110	−0.037	0.016	0.055	−0.030	0.519[a]	0.008	0.037	−0.055	0.064	0.036	0.005	−0.011
v_{27}	0.075	0.002	0.066	−0.075	−0.059	−0.012	0.008	0.859[a]	−0.104	−0.299	−0.235	0.054	0.008	−0.230
v_{28}	0.063	−0.015	−0.003	−0.053	0.027	−0.013	0.037	−0.104	0.898[a]	−0.336	−0.070	−0.120	−0.096	−0.024
v_{29}	−0.028	0.053	−0.058	0.043	0.118	0.022	−0.055	−0.299	−0.336	0.881[a]	−0.063	−0.084	0.032	−0.192
v_{30}	−0.031	−0.042	−0.048	0.117	0.016	0.067	0.064	−0.235	−0.070	−0.063	0.837[a]	−0.100	−0.138	−0.128
v_{31}	0.033	0.038	−0.035	−0.163	−0.075	−0.034	0.036	0.054	−0.120	−0.084	−0.100	0.849[a]	−0.046	−0.299
v_{32}	0.015	0.017	0.077	−0.093	−0.020	0.083	0.005	0.008	−0.096	0.032	−0.138	−0.046	0.862[a]	−0.217
v_{33}	0.006	−0.036	0.109	0.045	0.020	−0.101	−0.011	−0.230	−0.024	−0.192	−0.128	−0.299	−0.217	0.852[a]

a. 取样适切性量数(MSA)。

[分析]其中图中对角线中有底色的数据为各个题目的取样适切性量数(MSA)。v_{13}、v_{24} 题目的取样适切性量数(MSA)小于 0.5，故需要删除这两个题目。

第 5 个表：公因子方差(共同成分表)(略)。

第 6 个表：总方差解释(方差贡献率)(见表 15-18)。

表 15-18　总方差解释

成分	初始特征值			提取载荷平方和			旋转载荷平方和		
	总计	方差百分比	累积	总计	方差百分比	累积	总计	方差百分比	累积
1	7.458	22.601%	22.601%	7.458	22.601%	22.601%	4.223	12.797%	12.797%
2	3.157	9.567%	32.168%	3.157	9.567%	32.168%	3.673	11.131%	23.928%
3	2.482	7.522%	39.689%	2.482	7.522%	39.689%	3.313	10.040%	33.968%
4	1.826	5.534%	45.223%	1.826	5.534%	45.223%	2.708	8.205%	42.173%
5	1.266	3.835%	49.058%	1.266	3.835%	49.058%	2.209	6.693%	48.865%
6	1.170	3.546%	52.604%	1.170	3.546%	52.604%	1.218	3.692%	52.558%
7	1.124	3.407%	56.012%	1.124	3.407%	56.012%	1.140	3.454%	56.012%
8	0.958	2.904%	58.915%						
9	0.893	2.707%	61.622%						

续表

成分	初始特征值			提取载荷平方和			旋转载荷平方和		
	总计	方差百分比	累积	总计	方差百分比	累积	总计	方差百分比	累积
10	0.881	2.669%	64.292%						
11	0.832	2.521%	66.813%						
12	0.775	2.350%	69.163%						
13	0.733	2.220%	71.383%						
14	0.692	2.097%	73.480%						
15	0.671	2.034%	75.514%						
16	0.657	1.991%	77.505%						
17	0.617	1.870%	79.375%						
18	0.596	1.807%	81.182%						
19	0.540	1.637%	82.819%						
20	0.537	1.627%	84.446%						
21	0.521	1.580%	86.026%						
22	0.503	1.525%	87.551%						
23	0.489	1.481%	89.031%						
24	0.462	1.400%	90.432%						
25	0.434	1.316%	91.747%						
26	0.422	1.280%	93.027%						
27	0.400	1.211%	94.238%						
28	0.391	1.185%	95.424%						
29	0.362	1.096%	96.519%						
30	0.347	1.050%	97.570%						
31	0.288	0.873%	98.443%						
32	0.274	0.831%	99.274%						
33	0.240	0.726%	100.000%						

提取方法：主成分分析法。

[分析]因子解释原始变量之总方差贡献率的情况(方差贡献率)，该表中第一列是因子编号，之后每三列成一组。

第一组数据项(第二至第四列)描述了初始因子解的概况。第 1 个因子的特征值为 7.458，解释总方差的 22.601%，第 2 个因子的特征值为 3.157，解释总方差的 9.567%，累计方差贡献率为 32.168%。其余数据的意义类似。

第二组数据项(第五至第七列)描述了提取因子解的概况。可以看出，由于设定了特征值大于 1 才萃取成因子，本例将萃取出 7 个因子，这 7 个因子共解释了原始变量总方差的 56.012%。整体而言，此次的因子分析效果尚可。

第三组数据项(第八至第十列)描述了最后因子解(旋转后)的概况。

第 7 个表(图)：碎石图(略)。

第 8 个表：因子成分矩阵(旋转前的因子负荷矩阵)(略)。

第 9 个表：旋转后的因子成分矩阵(因子负荷矩阵)(见表 15-19)。

表 15-19　旋转后的因子成分矩阵[a](一)

	成分						
	1	2	3	4	5	6	7
v_1				0.662			
v_2				0.766			
v_3				0.670			
v_4				0.586			
v_5				0.704			
v_6	0.683						
v_7	0.727						
v_8	0.784						
v_9	0.688						
v_{10}	0.630						
v_{11}	0.639						
v_{12}	0.646						
v_{13}							0.879
v_{14}	0.660						
v_{15}			0.656				
v_{16}			0.713				
v_{17}			0.641				
v_{18}			0.728				
v_{19}			0.642				
v_{20}			0.729				
v_{21}					0.656		
v_{22}					0.717		
v_{23}					0.611		
v_{24}						−0.595	
v_{25}					0.536		

续表

	成分						
	1	2	3	4	5	6	7
v_{26}						0.728	
v_{27}		0.717					
v_{28}		0.683					
v_{29}		0.727					
v_{30}		0.712					
v_{31}		0.652					
v_{32}		0.557					
v_{33}		0.787					

提取方法：主成分分析法。

旋转方法：凯撒正态化最大方差法。

a. 旋转在 7 次迭代后已收敛。

[分析]此表为旋转后成分矩阵表，通过矩阵旋转后进一步简化数据结构，可以较为简洁地反映原始变量与这些因子之间的归属关系。

由此表可知，第一个因子替代了 v_6，v_7，…，v_{12}，v_{14} 一共 8 个变量的作用，这些变量可以被归纳为时间管理计划方面，此因子可以被命名为“管理计划”。

第 2 个因子替代了 v_{27}，v_{28}，…，v_{33} 一共 7 个变量的作用，这些变量可以被归纳为时间管理效能方面，此因子可以被命名为“管理效能”。

第 3 个因子替代了 v_{15}，v_{16}，…，v_{20} 一共 6 个变量的作用，这些变量可以被归纳为时间管理优先方面，此因子可以被命名为“管理优先”。

第 4 个因子替代了 v_1，v_2，…，v_5 一共 5 个变量的作用，这些变量可以被归纳为时间管理意识方面，此因子可以命名为“管理意识”。

第 5 个因子替代了 v_{21}，v_{22}，v_{23}，v_{25} 一共 4 个变量的作用，这些变量可以被归纳为时间管理的反馈调节方面，此因子可以被命名为“时间管理的反馈调节”。

第 6 个因子替代了 v_{24}，v_{26} 一共 2 个变量的作用，第七个因子替代了 v_{13} 变量的作用。根据变量筛选的原则，一个因子只对应两个或两个以下的变量时，需要删除该变量和该因子。因此需要删除这些变量和对应的第六、第七个因子。

在删除 v_{13}，v_{24}，v_{26} 后，并在“因子分析：选项”子窗口中，选中“按系数大小排序”，再进行一次因子分析，得到第二次因子分析的因子载荷矩阵(旋转后的)(见表 15-20)。

表 15-20 旋转后的因子成分矩阵[a]（二）

	成分				
	1	2	3	4	5
v_8	0.791				
v_7	0.725				
v_9	0.689				
v_6	0.684				
v_{14}	0.653				
v_{12}	0.649				
v_{11}	0.632				
v_{10}	0.625				
v_{33}		0.791			
v_{29}		0.735			
v_{27}		0.721			
v_{30}		0.706			
v_{28}		0.687			
v_{31}		0.649			
v_{32}		0.548			
v_{20}			0.732		
v_{18}			0.724		
v_{16}			0.719		
v_{15}			0.654		
v_{17}			0.639		
v_{19}			0.631		
v_2				0.762	
v_5				0.703	
v_1				0.678	
v_3				0.669	
v_4				0.565	
v_{22}					0.738
v_{21}					0.652
v_{23}					0.634
v_{25}					0.571

提取方法：主成分分析法。

旋转方法：凯撒正态化最大方差法。

a. 旋转在 6 次迭代后已收敛。

15.4 探索性因子分析的经验准则和报告样例

探索性因子分析作为多元统计分析的一种方法，在实践应用中的难度、复杂度相对较大。下面论述因子分析的一些实践经验准则。

15.4.1 因子数目确定准则

在众多的观测变量中提取多少个公共因子，即确定因子数目(公因子数)的准则涉及很多方面，如包括已有变量数理、因子贡献率、因子载荷等方面，可以参考以下一个或多个准则。

①特征值准则：特征值≥1。

②碎石图检验：特征值中大的陡急坡度与缓慢坡度间的明显转折点。

③累计方差贡献率(建议大于80%，在实践应用中如果观测变量的数量大于20%，40%～60%也认为可适合进行因子分析)。

④因子数边界准则：$m \leqslant \frac{(2n+1)-\sqrt{8n+1}}{2}$，$m$ 为因子提取数，n 为变量数。

15.4.2 筛选观测变量准则

筛选观测变量是一个复杂的问题，它涉及理论构想、编制量表前开放式问卷题目的归纳整理和题目分析等。模型中包含无关的变量或者剔除了相关的变量可能会极大地影响分析的结果。如果出现以下情况，则该观测变量最好不要被选入因子分析的模型。

①变量的标准差小(标准差在0.5以下)，表现为变量中被试的反应趋同。

②某一变量的取样适切性量数小于0.5。

③多极变量，即一个变量在几个因子上的负荷绝对值都较大，且都大于0.4。

④因子负荷值(如果因子旋转了，则使用旋转后的)的绝对值小于0.4。

⑤共同度(公因子方差)小于0.16。

⑥如果一个因子的观测变量为一个或两个，那么该因子及其变量都要删除。

此外，值得注意的是，一定要结合该变量(或题目)的意义进行变量删减：①有些变量(或题目)的因子载荷相对都不高，但是内容和意义可能很重要，此时考虑不删除；②有些在两个因子上的负荷都较大的变量(或题目)，如果内容和意义很重要，此时也考虑不删除。一般来说，如果数据集需要删除变量(或题目)，则在变量(或题目)删除后需要再进行一次因子分析，实际操作时建议每次只删除一个变量(或题目)。

最后需要说明的一点是，因子分析是相对主观的研究探索过程。在许多公开发表出版的资料中，因子分析模型都用少数因子提供了合理解释。在实际应用中，进行因子分析有时并没有产生如此明确、合理的结果。此时，如何补充完善设计甚至重新设计，常常是研究设计工作面临的考验。

15.4.3　探索性因子分析的报告样例

这里以【例 15-2】中对时间管理测验的测量数据进行探索性因子分析为报告样例，在报告样例中需要报告原始变量的因子分析适宜性检验(KMO，球形度检验)、提取因子的方法、矩阵旋转的方法、确定因子的方法(特征值大于 1 或指定抽取多少个)、方差贡献率、筛选观测变量(题项)的标准及删除的观测变量，以及最后的因子载荷矩阵。

可选报告部分：碎石图、因子载荷图第一次分析的因子载荷矩阵、旋转后的因子载荷矩阵、第二次分析旋转后的因子载荷矩阵、被试在各个因子上的得分，以及根据因子得分进行的综合排名，根据篇幅要求与研究的具体要求，作为可选内容进行报告。

具体报告样例如下。

在 SPSS 统计软件中对时间管理测验的数据进行探索性因子分析，共 396 个被试样本，33 道题目，采取主成分分析法，因子抽取确定的方式为特征值大于 1，采用正交旋转方法(最大方差法)初步进行因子分析，结果显示如下：KMO 取样适切性量数为 0.875，表示很适合进行因子分析；巴特利特球形度值为 4435.233，p 值小于 0.05，即相关矩阵不是一个单位矩阵，故可以进行因子分析。

第一次因子分析共抽取了 7 个因子，方差贡献率为 56.012%。由于本测验的观测变量数目大于 20 个，方差贡献率高于 40%，因此认为此批测验数据适合进行因子分析。

观测变量分析情况，v_{13} 的标准差为 0.52，v_{24} 的标准差为 0.50，v_{26} 的标准差为 0.63，表明被试反应趋同，标准差很小，可考虑删除。v_{13}，v_{24} 的取样适切性量数分别为 0.361，0.431，小于 0.5 时，则需要考虑删除该题目。在第一次探索性因子分析时，第六个因子只包含了 v_{24}，v_{26}，第七个因子只包含了 v_{13}；从因子载荷矩阵的角度看，v_{13}，v_{24}，v_{26} 变量需要删除。综合以上信息，认为 v_{13}，v_{24}，v_{26} 变量需要删除。

在删除 v_{13}，v_{24}，v_{26} 变量后，再进行第二次因子分析，其结果如下：KMO 取样适切性量数为 0.883，表示很适合进行因子分析；巴特利特球形度值为 4341.931，p 值小于 0.05，即相关矩阵不是一个单位矩阵，故可以进行因子分析。第二次因子分析共抽取了 5 个因子，进行斜交旋转后的因子载荷如表 15-21

所示(经过整理)。

表 15-21 对时间管理测验的探索性因子分析结果

	1	2	3	4	5
v_8	0.791				
v_7	0.725				
v_9	0.689				
v_6	0.684				
v_{14}	0.653				
v_{12}	0.649				
v_{11}	0.632				
v_{10}	0.625				
v_{33}		0.791			
v_{29}		0.735			
v_{27}		0.721			
v_{30}		0.706			
v_{28}		0.687			
v_{31}		0.649			
v_{32}		0.548			
v_{20}			0.732		
v_{18}			0.724		
v_{16}			0.719		
v_{15}			0.654		
v_{17}			0.639		
v_{19}			0.631		
v_2				0.762	
v_5				0.703	
v_1				0.678	
v_3				0.669	
v_4				0.565	
v_{22}					0.738
v_{21}					0.652
v_{23}					0.634
v_{25}					0.571
特征根	7.456	3.153	2.467	1.781	1.233
方差贡献率	24.852	10.511	8.223	5.937	4.108
累计方差贡献率	24.852	35.363	43.587	49.523	53.632

由探索性因子分析的结果可知，第一个因子替代了 v_6，v_7，…，v_{12}，v_{14} 一共 8 个变量的作用，这些变量可以被归纳为时间管理计划方面，此因子可以被命名为“管理计划”。其他几个因子进一步根据具体研究问题与意义来命名和解释。

本章参考文献

Comrey, A. L., & Lee, H. B. (1992). A First Course in Factor Analysis (2nd Edition). Hillsdale, NJ: Lawrence Erlbaum.

【练习题】

1. 对多所大学或研究机构的 300 名研究生的健康状况抽样调查(数据文件“研究生健康状况抽样调查. sav”)。调查问卷设计了以下 7 个问题，每个问题的回答从好到差按 4 个等级计分(分别赋值 1，2，3，4)。变量分别为 x_1(对自己健康状况的满意程度)、x_2(是否需要调养身体)、x_3(身体有不适或不舒服的感觉)、x_4(是否有生病的感觉)、x_5(是否有紧张的情绪或压力感)、x_6(晚间休息是否感到不能很快入睡)、x_7(吃饭是否有时觉得胃口不好)。试进行因子分析。

2. 2009 年中国 28 所大学的大学生男生(19～22 岁)的调查数据，数据为平均值(数据文件“大学生身体运动能力调查. sav”)。形态指标身高(x_1，cm)、坐高(x_2，cm)、体重(x_3，kg)、胸围(x_4，cm)、肩宽(x_5，cm)与骨盆宽(x_6，cm)，功能指标是脉搏(y_1)、收缩压(y_2)、收缩压(y_3)、舒张压—变音(y_4)、舒张压—消音(y_5)、肺活量(y_6)，运动指标是 z_1(50 米跑，s)、z_2(立定跳远，cm)、z_3(引体向上，次)、z_4(立体前屈，cm)、z_5(100 米跑，s)。试对形态指标、功能指标及运动指标分别进行因子分析。

3. 对 236 名小学生近期行为的问卷调查结果为数据文件“小学生行为问卷. sav”。调查问卷六个问题由学生家长进行选择(1——没有、2——偶尔有一点、3——较少、4——较多、5——很多或十分严重)。问题为 x_1(做事有头无尾)、x_2(注意力不能持久集中)、x_3(做困难的事易灰心)、x_4(害羞)、x_5(常常担心、忧虑：怕独处、怕生病、怕死)、x_6(幼稚、缠人、过分依赖、事事要人关注)。试进行因子分析。

4. 为分析大学生手机使用的依赖情况，从大学生学习方面的影响、人际交往的影响、手机依赖程度的影响等方面，编写了包含 22 道题目的手机使用依赖量表(大学生手机依赖量表. xls)，并测试了 121 名大学生，数据文件“手机依赖量表调查数据. sav”。请使用探索性因子分析该手机使用依赖量表的因子测量结构。(提示：需要进行因子旋转才能获得较好的因子解释。)

第 16 章　基本统计图表的制作

统计图表可以将资料所包含的数据的变化规律、趋势、分布状态和对比关系等形象直观地表现出来，使得读者易于阅读、比较。

在前面的章节中，有些菜单命令的对话框中已经有了统计图的制作输出功能。例如，①第 4 章提到了饼图、条形图、直方图等，也提到了箱图，用于分析数据的分布，以及 P-P 概率图，用于检验数据分布形态。②第 9 章提到了散点图的制作。

以上饼图、条形图、直方图等的生成在这里就不再进行讲解了。SPSS 还单独有【图形】菜单命令，它提供了多种绘制图表的功能，主要包括 3 个子菜单。

【图表构建器】菜单命令相当于图表向导，它对 SPSS 的绘图功能做了粗略的介绍，初学者可以大致了解 SPSS 的绘图能力。

【图形画板模板选择器】菜单命令主要涵盖 SPSS 各种复杂的交互性图表。

【旧对话框】菜单命令主要包括 SPSS 常用的传统的统计图表。

本章进一步讲解【旧对话框】菜单命令下的条形图、线图，以及【分析】菜单命令下的 ROC 曲线。

16.1　条形图

条形图，又称柱形图，是利用相同宽度的条形的长短或高低来表现统计数据大小或变动的统计图。在 SPSS 中，可以绘制三种条形图：简单条形图、簇状条形图(复式条形图)、堆积条形图。

①简单条形图：也称单式条形图，各个条形相互独立。

②簇状条形图：也称复式条形图、分组条形图，每组的相邻两个或多个条形左右连接，以方便进行组间比较。

③堆积条形图：也称分段条形图，同一组的条形图上下连接，可以进行组与组之间的比较。

16.1.1　簇状条形图

【例 16-1】以“大学生创业问卷调查. sav”文件为例，分析“V6 创业前的准备”

变量在性别变量上的簇状条形图。

绘制条形图的具体操作步骤如下。

第 1 步：打开分析数据。打开“大学生创业问卷调查.sav”文件。

第 2 步：启动分析过程。打开【图形】→【旧对话框】→【条形图】菜单命令，SPSS 将弹出“条形图”向导对话框(见图 16-1)。

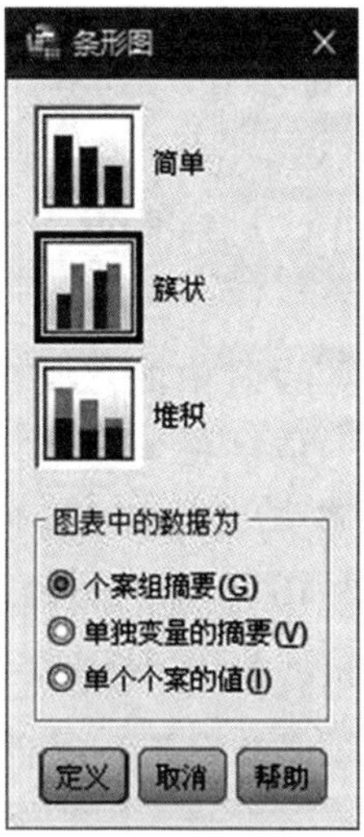

图 16-1　“条形图”向导对话框

在此向导对话框中，用户可以选择条形图的类型，并定义条形图中数据的表达方式。

SPSS 将条形图大致分为 3 种类型：简单条形图、簇状条形图(复式条形图)、堆积条形图(分段条形图)。在“图表中的数据为”栏中表达类型有以下几种。①“个案组摘要”：用分类值作图，条形图中的每一个条形代表观测量的一个分类；②“单独变量的摘要”：用变量值作图，条形图中的每一个条形代表一个变量；③“单个个案的值”：用单元值作图，条形图中的每一个条形代表一个观察值。

通过以上 3 个条形图类型和 3 个数据的表达方式的不同搭配，SPSS 可以生成 9 种不同的条形图。本例中条形图类型选择第二个选项：“簇状”；数据的表达方式选择第一个选项：“个案组摘要”。

在此向导界面点击【定义】按钮，进入簇状条形图定义的主对话框“定义簇状条形图：个案组摘要”(见图 16-2)。

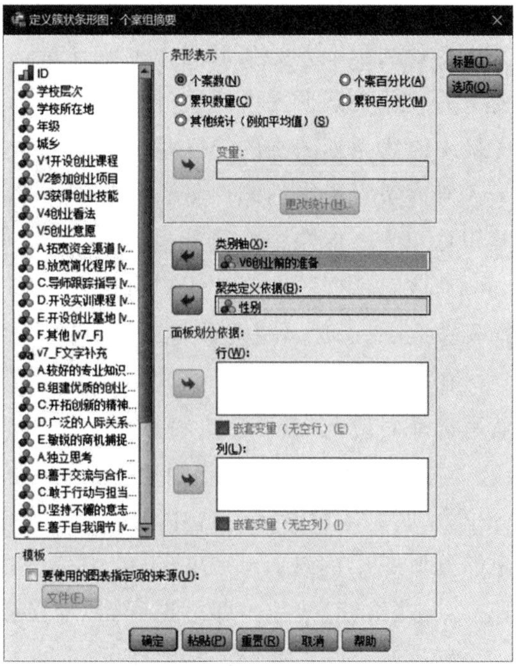

图 16-2　“定义簇状条形图：个案组摘要”对话框

第 3 步：设置分析选项。在“条形表示”框中，用户可以选择以下条形图中的条形所代表的统计量。①个案数：按照分组变量分组后，各组的观测量个数；②个案百分比：按照分组变量分组后，各组的观测量个数占总观测量个数的百分比；③累积数量：观测量数的累积数量；④累积百分比：观测量数的累积百分比；⑤其他统计：用户可以自行定义条形图中的统计量。在本例中，选择第一个选项“个案数”。

如果选中“其他统计”，则下面的“变量”列表框被激活，用户需要通过单击按钮从左边原变量中选择一个分析变量进入“变量”列表框中，然后点击【更改统计】按钮，SPSS 将弹出“统计”对话框(见图 16-3)。

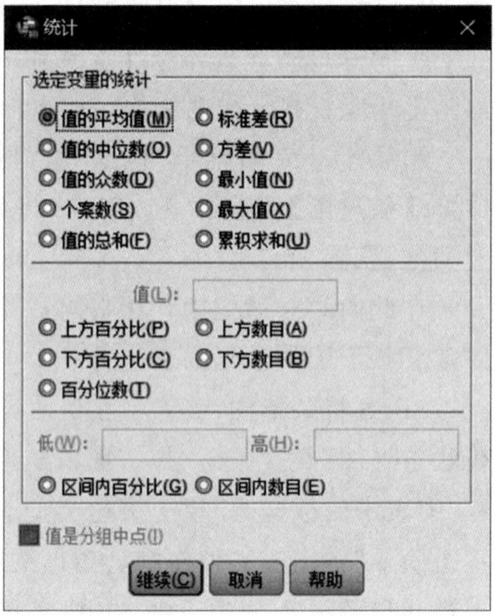

图 16-3 “统计”对话框

在该对话框中，用户可以选择需要计算的描述统计量作为条形图中的统计量。对话框中的描述统计量包括：①值的平均值：按照分组变量分组后，以分析变量的均值为条形图中的统计量；②值的中位数：按照分组变量分组后，以分析变量的中位数为条形图中的统计量；③值的众数：按照分组变量分组后，以分析变量的众数为条形图中的统计量；④个案数：按照分组变量分组后，以分析变量的样本个数为条形图中的统计量；⑤值的总和：按照分组变量分组后，以分析变量数据的总和为条形图中的统计量；⑥标准差：按照分组变量分组后，以分析变量的标准差为条形图中的统计量；⑦方差：按照分组变量分组后，以分析变量的方差为条形图中的统计量；⑧最小值：按照分组变量分组后，以分析变量的最小值为条形图中的统计量；⑨最大值：按照分组变量分组后，以分析变量的最大值为条形图中的统计量；⑩累积求和：按照分组变量分组后，以分析变量的累积总和为条形图中的统计量。

在该对话框的中部，用户可以在“值”文本框中输入数值或者百分数，然后选择相关选项，SPSS 将对数值或百分数上侧或下侧的观测量按照大小进行筛选。

在该对话框的下部，用户可以在“低”和“高”文本框中输入数值或者百分数，然后选择对应选项，SPSS 将按照大小对观测量在限定范围内进行筛选。

对话框底部的“值是分组中点”复选框只有在用户选择“值的中位数”或者“百分位数”时，才被激活。选中该选项，则表明数据分布为频率分布表的格式，输出的条形图中的统计量为分组的中值。在本例中，不选择变量，则以上都不选择，点击【继续】按钮，即可返回到“定义簇状条形图：个案组摘要”对话框。

第 4 步：设置变量。指定作图变量。在“类别轴”框中，需要通过单击向右按钮从左边原变量中选择一个变量作为分类变量(也称分组变量)。条形图中每个条形的长度分别代表对应各组的统计量的值。在本例中选择“V6 创业前的准备”。

在“聚类定义依据”框中，需要通过单击向右按钮从左边原变量中选择一个变量作为聚类变量(也称分层变量)。在本例中选择“性别”。

第 5 步：设置标题。点击【标题】按钮，打开“标题”对话框(见图 16-4)。

在该对话框中，用户可以定义图的标题、子标题和脚注。在本例中，都不进行输入，按系统默认的标题。点击【继续】按钮，即可返回到主对话框。

第 6 步：选项设置。点击【选项】按钮，打开“选项”对话框(见图 16-5)。

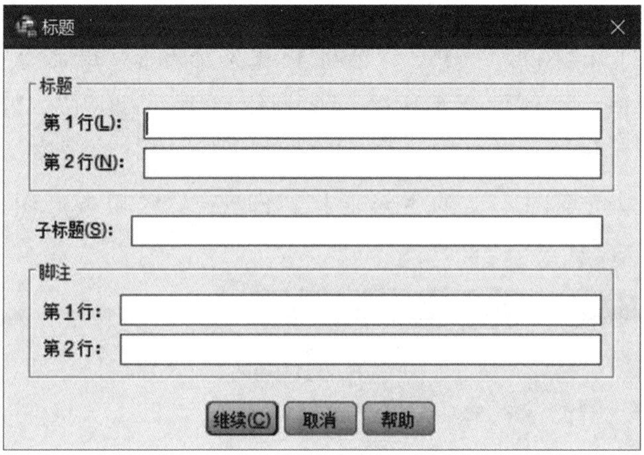

图 16-4　“标题”对话框

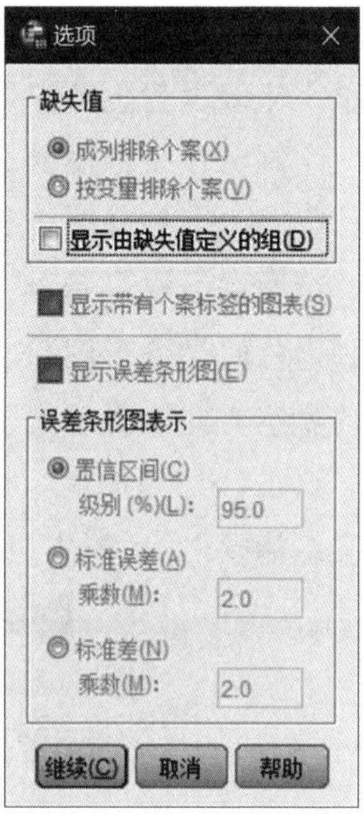

图 16-5　“选项”对话框

在此对话框中，可以指定缺失值的处理方式和误差条形图的设定形式。在本例中都不选择。

第 7 步：在主对话框中点击【确定】按钮，提交执行，输出结果(见图 16-6)。

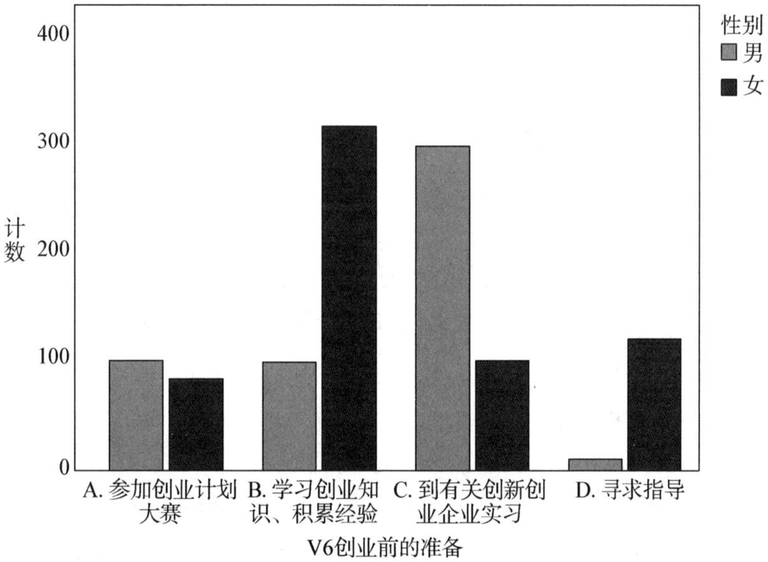

图 16-6　复式条形图的结果

[分析]由图可知，对于B选项，女性选择的人数最多，且多于男性；而对于C选项，男性选择的人数最多，且多于女性。

16.1.2 堆积条形图

【例 16-2】以“大学生创业问卷调查.sav”文件为例，分析“V6 创业前的准备”变量在年级变量上的分段条形图。

绘制分段条形图的具体操作步骤如下。

第 1 步：打开分析数据。打开“大学生创业问卷调查.sav”文件。

第 2 步：启动分析过程。打开【图形】→【旧对话框】→【条形图】菜单命令，SPSS将弹出“条形图”向导对话框。本例中条形图类型选择第三个：“堆积”。数据的表达方式选择第一个选项：“个案组摘要”。

点击【定义】按钮，进入堆积条形图定义的主对话框，即“定义堆积条形图：个案组摘要”对话框中(见图 16-7)。

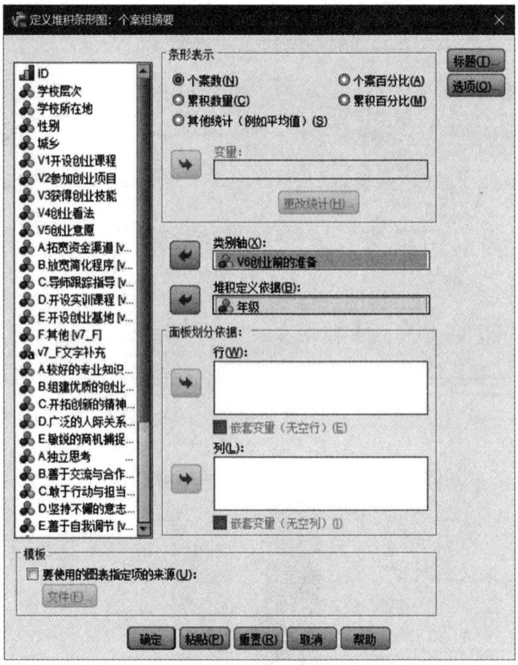

图 16-7 “定义堆积条形图：个案组摘要”对话框

第 3 步：设置分析选项。在“条形表示”框中，选择第一个选项“个案数”。

第 4 步：设置变量。指定作图变量。在“类别轴”框中，需要通过单击向右按钮从左边原变量中选择一个变量作为分类变量(也称分组变量)。条形图中的每个条形的长度分别代表对应各组的统计量的值。在本例中，选择“V6 创业前的准备”。

在“堆积定义依据”框中，需要通过单击向右按钮从左边原变量中选择一个变量作为堆积变量。在本例中，选择“年级”。

第 5 步：在主对话框中点击【确定】按钮，提交执行，输出结果(见图 16-8)。

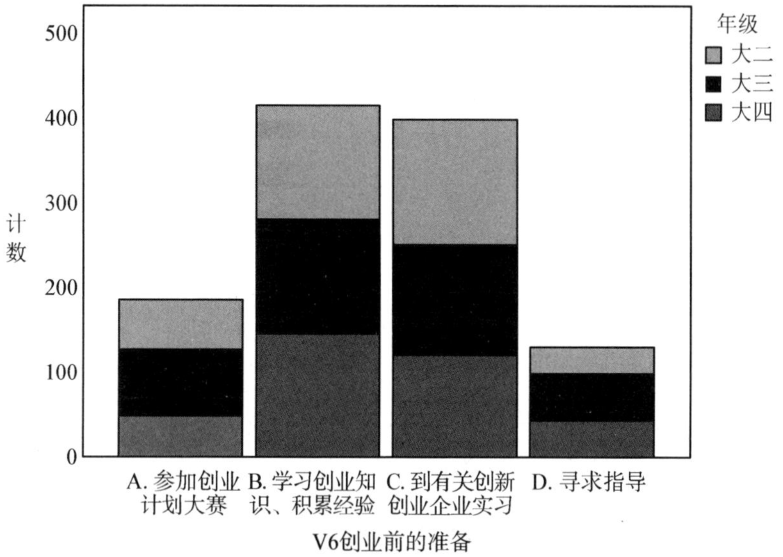

图 16-8　堆积条形图的结果

[分析]由图可知，各个年级在 B、C 选项上的选择人数较多。

16.2　折线图

折线图，又称线图，它是利用点的高低变化来表明数据升降情况的一种统计图。通过将不同阶段的数据点连接，可以更清晰地表明数据的变化趋势。线图主要用于时间序列分析、数据分配情况比较和两变量依存关系的分析等。折线图可分为简单折线图、多线折线图、垂线折线图。本节主要介绍前两种折线图。

16.2.1　简单折线图

【例 16-3】 以某大学心理咨询中心的案例记录数据为例，分析大学生恋爱问题咨询的案例人数随年份发展变化的图形。

绘制简单折线图的具体操作步骤如下。

第 1 步：打开分析数据。打开“恋爱问题咨询人数.sav”文件。

第 2 步：启动分析过程。打开【图形】→【旧对话框】→【折线图】菜单命令，SPSS 将弹出“折线图”对话框(见图 16-9)。

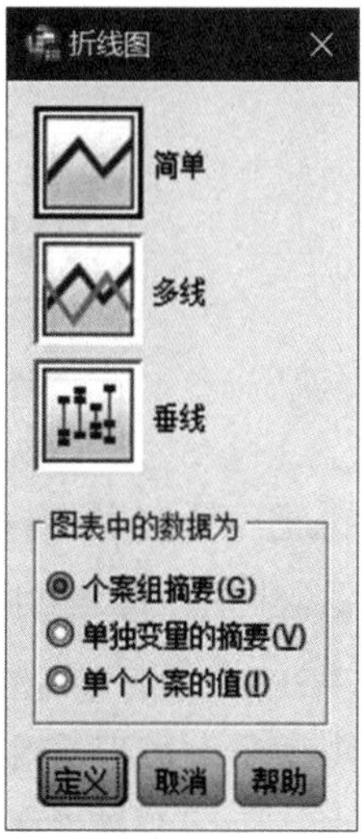

图 16-9　“折线图”对话框

在该对话框中，用户可以选择线图的类型，分为 3 种类型：①简单：简单折线图，一个图形中只有一条水平走向的折线；②多线：多线折线图，一个图形中有多条水平走向的折线；③垂线：垂线折线图，一个图形中有多组水平走向的数据，但在水平方向上不予以连接，而只是在垂直方向上将同一时间点的数据予以连接。

在“图表中的数据为”栏中，用户可以选择以下折线图中的数据表达类型：①个案组摘要：用分类值作图，线图中的每一条线代表观测量的一个分类；②单独变量的摘要：用变量值作图，线图中的每一条线代表一个变量；③单个个案的值：用单元值作图，线图中的每一条线代表一个观察值。

通过以上 3 个线图类型和 3 个数据类型的不同搭配，可以生成 9 种不同类型的线图。在本例中，以选择“简单”和“个案组摘要”为例，阐述折线图的绘制步骤。

第 3 步：线图定义。点击【定义】按钮，进入正式的定义对话框，即“定义简单折线图：个案组摘要”对话框中(见图 16-10)。

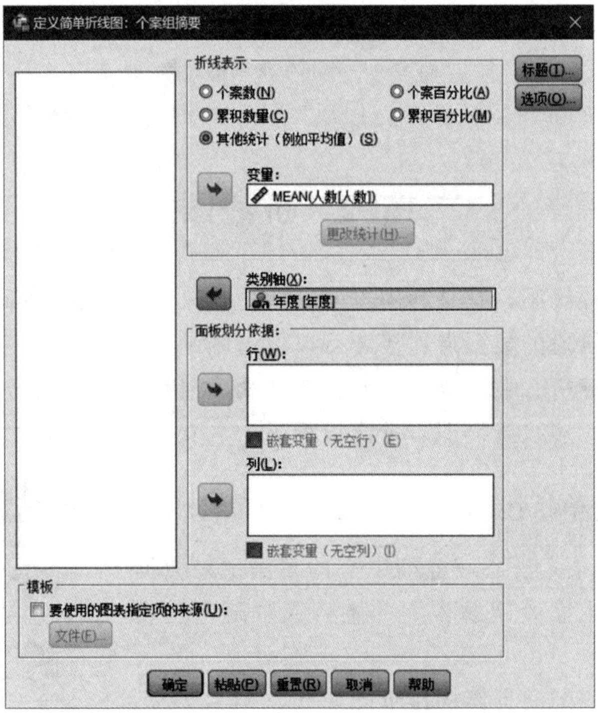

图 16-10 “定义简单折线图：个案组摘要”对话框

在此对话框中，从左边原变量中选择需要绘制折线图的变量进入右边的“折线表示”框中。在本例中，选择“人数”变量。在“折线表示”框中，选择“其他统计”，然后再选择“人数”变量，单击向右按钮选入“其他统计”下面的变量框中。此绘图变量的数值将在线图的纵轴上表示。

将“年度”变量选入右边的“类别轴”框中，作为线图的横轴。

在此对话框的其他部分，以及单击【标题】按钮所弹出的“标题”对话框，单击【选项】按钮所弹出的“选项”对话框，都与“定义简单条形图：个案组摘要”对话框完全相同，此处不再赘述。

第 4 步：在主对话框中点击【确定】按钮，提交执行，输出结果(见图 16-11)。

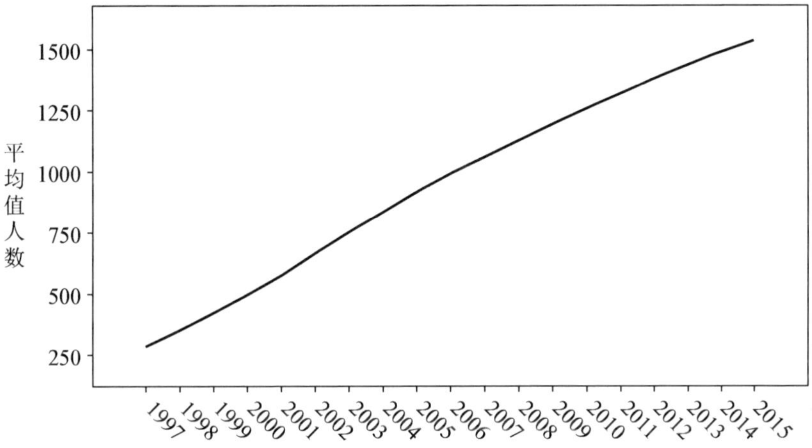

图 16-11　简单折线图的结果

16.2.2　多线折线图

【例 16-4】 103 名被试参加教育实验，分三个小组并分别接受三种实验处理方案中的一种处理，并在实验过程中分五次测试了成绩，请以实验阶段为横轴、以成绩分数为纵轴，三种实验方案分三条线绘制。

绘制多线折线图的具体操作步骤如下。

第 1 步：打开分析数据。打开“教育实验的测验成绩.sav”文件。

第 2 步：启动分析过程。打开【图形】→【旧对话框】→【折线图】菜单命令，SPSS 将弹出“折线图”对话框(见图 16-12)。

在该对话框中，以选择“多线”和“个案组摘要”为例，阐述折线图的绘制步骤。

第 3 步：进行设置定义。单击【定义】按钮，进入正式的定义对话框，即“定义多线折线图：个案组摘要”对话框中(见图 16-13)。

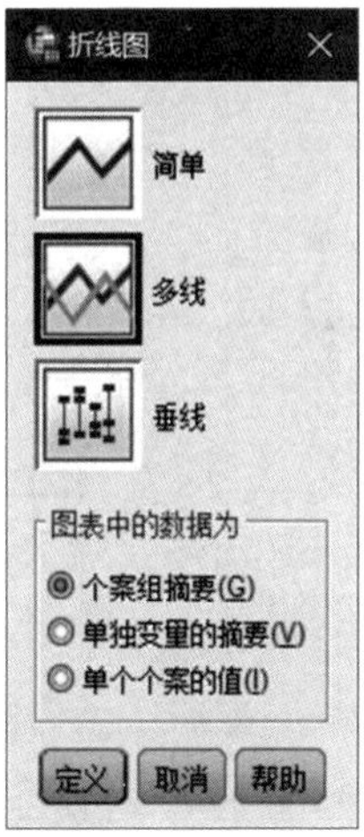

图 16-12　“折线图”对话框

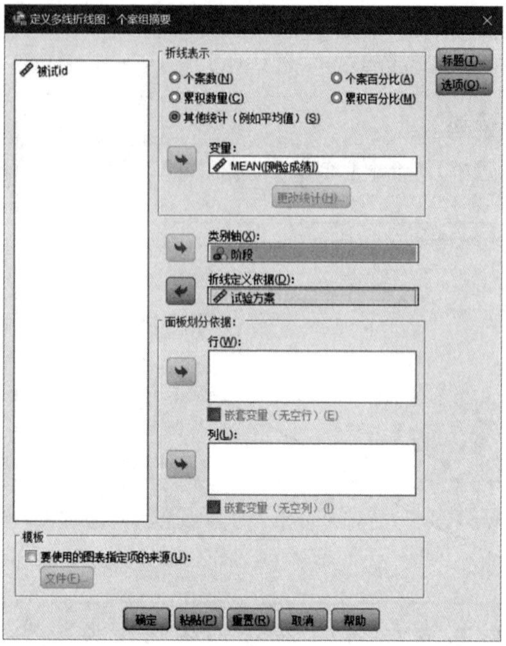

图 16-13 "定义多线折线图：个案组摘要"对话框

在此对话框中，在"折线表示"框中，选择"其他统计"，然后再选择"测验成绩"变量，单击向右按钮选入"其他统计"下面的变量框中。此绘图变量的数值将在线图的纵轴上表示。

将"阶段"变量选入右边的"类别轴"框中，作为线图的横轴。

将"试验方案"变量选入右边的"折线定义依据"框中，作为分别制作折线的依据。

第 4 步：在主对话框中点击【确定】按钮，提交执行，输出结果(见图 16-14)。

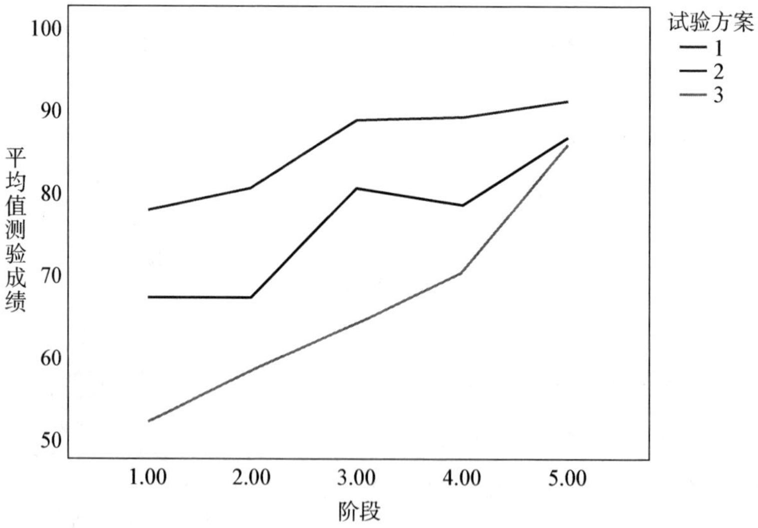

图 16-14 多线线图的结果

【例 16-5】 6 名被试参加反应时实验，分别在六种实验情境下进行实验，在实验过程中，分 21 次测试了被试在实验过程中对刺激的反应时，请以实验时间过程为横轴、以反应时为纵轴，6 名被试(对应 6 个实验情境)分 6 条线绘制。

第 1 步：打开分析数据。打开“被试反应时间. sav”文件。

第 2 步：启动分析过程。打开【图形】→【旧对话框】→【折线图】菜单命令，SPSS 将弹出“折线图”对话框，在该对话框中，以选择“多线”和“个案组摘要”为例，阐述折线图的绘制步骤。

第 3 步：进行定义。单击【定义】按钮，进入正式的定义对话框，即“定义多线折线图：个案组摘要”对话框中(见图 16-15)。

在“折线表示”框中，选择“其他统计”，然后选择“反应时间”变量，单击向右按钮选入“其他统计”下面的变量框中。此绘图变量的数值将在折线图的纵轴上表示。

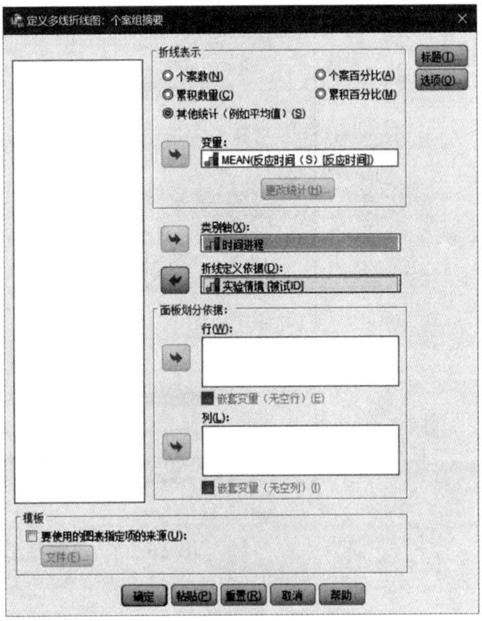

图 16-15　“定义多线折线图：个案组摘要”对话框

将“时间进程”变量选入右边的“类别轴”框中，作为折线图的横轴。

将“实验情境”变量选入右边的“折线定义依据”框中，作为分别制作折线图的依据。

第 4 步：在主对话框中点击【确定】按钮，提交执行，输出结果(见图 16-16)。

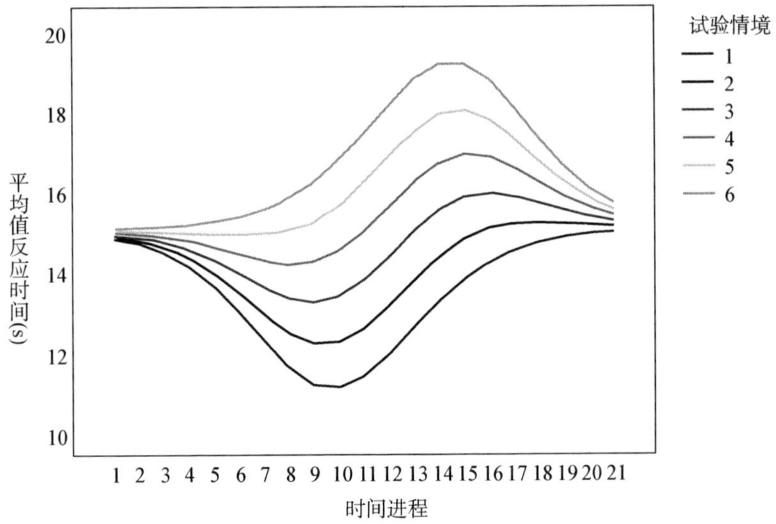

图 16-16　多线折线图的结果

在输出窗口中，可以进一步左键双击该图形，弹出图形编辑器对话框。在图形编辑器的对话框中，对图中的多条线的线型进行定义与整理，可以得到如图 16-17 所示的图形。

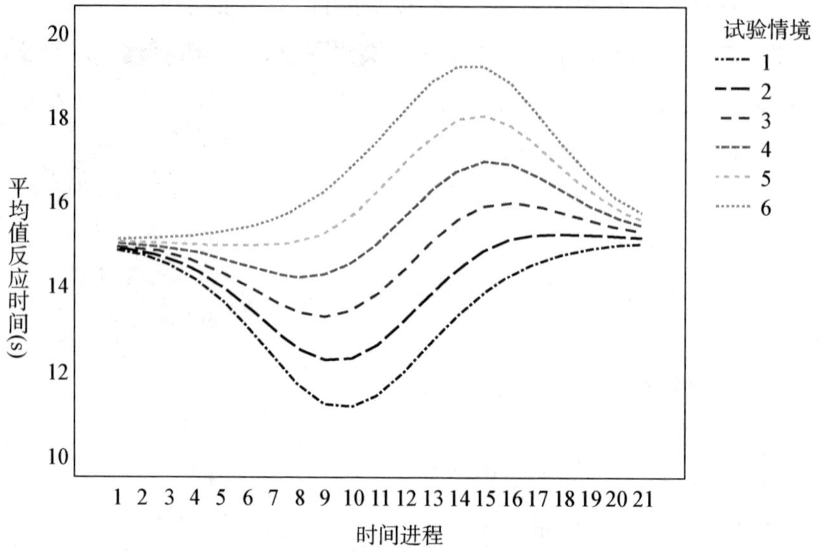

图 16-17　多线折线图的结果(图形编辑后)

16.3　ROC 曲线(感受性曲线)

ROC 曲线(receiver operating characteristic curve)被称为接受者操作特性曲线，又称感受性曲线。得此名的原因在于曲线上的各点反映着相同的感受性，它们都是对同一信号刺激的反应，只不过是在几种不同的判断标准(判断条件)下所得的结果而已。ROC 曲线是以虚报率(也就是 1－正确否定率)为横轴、以击中率为纵轴所组成的坐标图，和被试在特定刺激条件下由于采用不同的判断标准得出的不同结果画出的曲线。在医学上，正确否定率又叫特异性，击中率又叫敏感性。

ROC 曲线在许多研究领域都有广泛的应用，包括心理学领域、医学领域、生物领域。在心理学研究中，主要被用于实验心理学、心理物理方法、心理疾病、精神病的诊断。ROC 曲线方法可以检测某一方法的诊断性能优劣或某一被试的感受性优劣。需要有一个数值来表示 ROC 曲线方法(分类器)的好坏，于是 *AUC* (Area Under ROC Curve)就出现了。*AUC* 的值就是处于 ROC 曲线下方的那部分面积的大小。ROC 曲线统计量的评价标准，即 ROC 曲线下的面积的值(简写为：AUC)。

统计假设：

H_0：总体的 $AUC=0.5$。

H_1：总体的 $AUC>0.5$(单侧检验)。

统计量：$u=\dfrac{AUC-0.5}{SE(AUC)}\sim N(0, 1)$。

如果统计量 $u>1.64$，$p<0.05$，拒绝 H_0，认为该指标在总体评价中有诊断能力。

当在面积 $AUC>0.5$ 的情况下，AUC 越接近 1，说明诊断效果越好。

具体判断标准为：面积 AUC 在 0.5～0.7 时有较低的准确性，面积 AUC 在 0.7～0.9 时有一定的准确性，面积 AUC 在 0.9 以上时有较高的准确性。$AUC=0.5$ 时，说明诊断方法完全不起作用，无诊断价值。而 $AUC<0.5$，不符合真实情况，在实际中极少出现。

ROC 曲线分析数据可以分为有序分类数据和二分分类数据两类，以下主要对有序分类数据(数据分类标准分为三类或三类以上)在 SPSS 中的分析进行探讨。二分分类数据的分析，其判断标准的正确否定率、击中率可以通过四分格形式的计算得到。

16.3.1 ROC 曲线在实验心理学中的样例

【例 16-6】在某一个实验中：选图画页 1000 页，分成 10 个组，每组 100 张。10 组画页信号的先定概率分别是 0.05，0.15，0.25，…，0.99。对于每一组画页，主试使用一种信号的先定概率，然后按此先定概率呈现给被试一定数量的画页，要求被试把它们当作“信号”记住。例如，先定概率为 0.05 时，则被当作信号的画页为 5 张；被当作噪声的画页为 95 张。被当作信号的画页呈现完毕之后，与此组被当作噪声的画页混合，然后随机地逐张呈现给被试。这时，每呈现一张画页，即要求被试判断此画页是信号还是噪声，并要求被试把结果记录在实验纸上。结合得到的如表 16-1 所示的结果，请绘制该被试的感受性曲线图。

表 16-1 实验报告结果汇总

序号	先定概率（测验情境）	被试报告结果	击中数量	被试报告结果	正确否定数量
1	0.05	击中	3	正确否定	69
2	0.15	击中	11	正确否定	61
3	0.25	击中	19	正确否定	52
4	0.35	击中	27	正确否定	39
5	0.45	击中	36	正确否定	28
6	0.55	击中	45	正确否定	22

续表

序号	先定概率（测验情境）	被试报告结果	击中数量	被试报告结果	正确否定数量
7	0.65	击中	56	正确否定	19
8	0.75	击中	67	正确否定	11
9	0.85	击中	69	正确否定	6
10	0.95	击中	73	正确否定	2

此例中有十种先定概率，SPSS 里的“先定概率”这个词，在统计学里一般翻译为“先验概率”。

SPSS 操作过程如下。

第 1 步：数据整理录入。在 SPSS 中，需要定义三个变量：①诊断分类先定概率，或参照标准。②被试判断类别：一般来说，用 1 代表真正类，真正类(true positive，TP)指一个实例是正类(信号)并且也被预测报告/诊断成正类，在实验心理学中被称为正确击中信号；用 0 代表真负类，真负类(true negative，TN)是指如果实例是负类(噪声)也被预测报告/诊断成负类，在实验心理学中就被称为正确否定。在本例中，定义“被试报告结果”变量，1 代表正确击中，即实例为信号且报告为信号；0 代表正确否定，即实例是噪声且被试报告也为噪声。③诊断分类的频率或数量：在本例中定义“报告数量”。将本例中的数据录入整理为“画页实验数据.sav”文件。

第 2 步：变量加权。点击【数据】→【个案加权】菜单命令，打开“个案加权”对话框。选择“个案加权依据”，将“报告数量”变量选入右边。点击【确定】按钮，完成加权设置。

第 3 步：ROC 分析设置。点击【分析】→【分类】→【ROC 曲线】菜单命令，打开 ROC 曲线分析对话框。

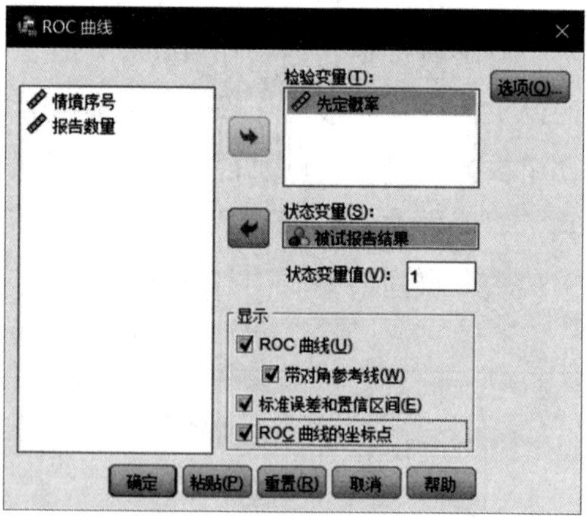

图 16-18 “ROC 曲线”对话框

将“先定概率”变量选入右边的“检验变量”框内，将“被试报告结果”变量选入“状态变量”框内(见图 16-18)。在此框下面，“状态变量值”是指真正类状态的代表值。在本例中，即正确击中所代表的值，因此在此框中输入 1。

在此对话框中，同时选择四个复选框：“ROC 曲线”“带对角参考线”“标准误差和置信区间”“ROC 曲线的坐标点”。

同时，点击【选项】按钮，打开“ROC 曲线：选项”对话框(见图 16-19)。

在“检验方向”框内，“较大的检验结果表示更加肯定的检验”，指检验变量的较大值为真正类的情境。在本例中，较大的先验概率表示信号出现的概率更大，因此选择这个选项。在此选项对话框中，其他部分，本例按系统默认方式选择，点击【继续】按钮，返回到上一级对话框。

第 4 步：在主对话框中点击【确定】按钮，提交执行。

第 5 步：结果分析。

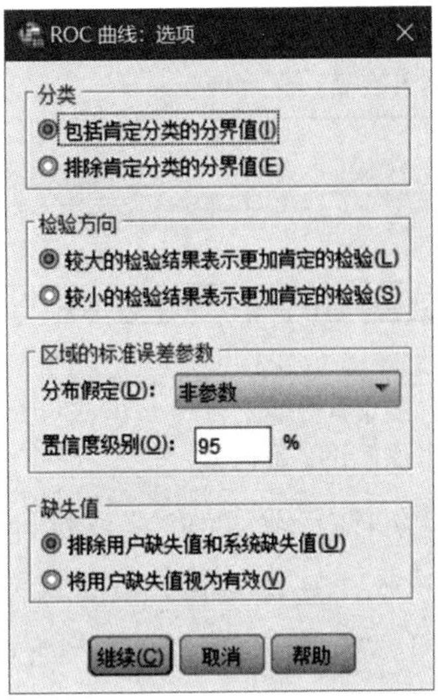

图 16-19　“ROC 曲线：选项”对话框

第 1 个表(图)：个案处理摘要(见表 16-2)。

表 16-2　个案处理摘要

被试报告结果	有效个案数(成列)	
	未加权	加权
正[a]	10	406
负	10	309

检验结果变量的值越大，表明正实际状态的迹象越明显。
a. 正实际状态为击中。

第 2 个表(图)：ROC 曲线(见图 16-20)。

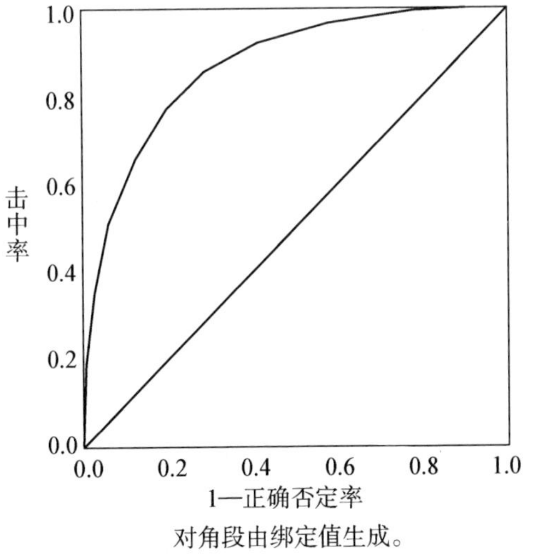

图 16-20　ROC 曲线

第 3 个表(图)：曲线下的面积(见表 16-3)。

表 16-3 曲线下方的面积

检验结果变量：先定概率

区域	标准错误[a]	渐近显著性[b]	渐近 95% 置信区间	
			下限	上限
0.867	0.013	0.000	0.840	0.893

检验结果变量先定概率至少有一个在正实际状态组与负实际状态组之间的绑定值。统计可能有偏差。

a. 按非参数假定。

b. 原假设：真区域＝0.5。

[分析]根据 ROC 曲线统计量的评价标准，本例中面积值为 0.867，属于较高的准确性。也就是说，被试对信号的识别具有较高的准确性。

对应的显著性水平小于 0.05，拒绝原假设，这也说明 ROC 曲线的面积要显著大于 0.5。

第 4 个表：曲线的坐标(见表 16-4)。

表 16-4 曲线的坐标

检验结果变量：先定概率

大于或等于此值时为正[a]	击中率	1—正确否定率
0.0000	1.000	1.000
0.1000	0.993	0.777
0.2000	0.966	0.579
0.3000	0.919	0.411
0.4000	0.852	0.285
0.5000	0.764	0.194
0.6000	0.653	0.123
0.7000	0.515	0.061
0.8000	0.350	0.026
0.9000	0.180	0.006
1.0000	0.000	0.000

检验结果变量先定概率至少有一个在正实际状态组与负实际状态组之间的绑定值。

a. 最小分界值为最小实测检验值减 1，最大分界值为最大实测检验值加 1。所有其他分界值均为两个连续的有序实测检验值的平均值。

[分析]表 16-4 的 1—正确否定率、击中率分别是前面 ROC 曲线图的横坐标、纵坐标。击中率的计算公式为 TP/累积 TP，刻画的是所识别出的正实例占所有已识别的正实例的比例。所谓正实例，即实例是正类并且也被预测报告/诊断成正类的情境。1—正确否定率的计算公式为 TN/累积 TN，刻画的是所识别出的负实例占所有已识别的负、正实例的比例。所谓负实例，即实例是负类并且也被预测报告/诊断成负类的情境。

16.3.2　ROC 曲线在心理疾病诊断、医学诊断中的样例

【例 16-7】 为了研究神经传递物质(CK)对诊断神经官能症的作用，对 230 例神经官能症病人和 130 名正常人分别测定了 CK 值(见表 16-5)。试分析神经传递物质 CK 对诊断该神经官能症的诊断性能。

表 16-5　CK 值与金标准下的判断结果

CK 值	实例是病人组	实例是正常组
1～40	2	88
40～80	13	26
80～120	118	15
120 以上	97	1

SPSS 操作过程如下。

第 1 步：数据整理录入。在 SPSS 中定义三个变量。①诊断分类的参照依据，在本例中为变量“诊断分类 CK 值”。②被试判断类别，在本例中为“诊断报告结果”：一般来说，用 1 代表真正类，用 0 代表真负类。③诊断分类的频率或被试数量：在本例中定义“报告数量”。数据录入整理为“神经传递物质 CK 对诊断该神经官能症.sav”文件。

第 2 步：变量加权。点击【数据】→【个案加权】菜单命令，打开【个案加权】对话框。选择“个案加权依据”，将“报告数量”变量选择到右边。点击【确定】按钮，完成加权设置。

第 3 步：ROC 分析设置。点击【分析】→【分类】→【ROC 曲线】菜单命令，打开 ROC 曲线分析对话框。

将“诊断分类 CK 值”变量选入右边的“检验变量”框内，将“诊断报告结果”选入“状态变量”框内(见图 16-21)。在此框下面为“状态变量值”，在此框中输入 1。

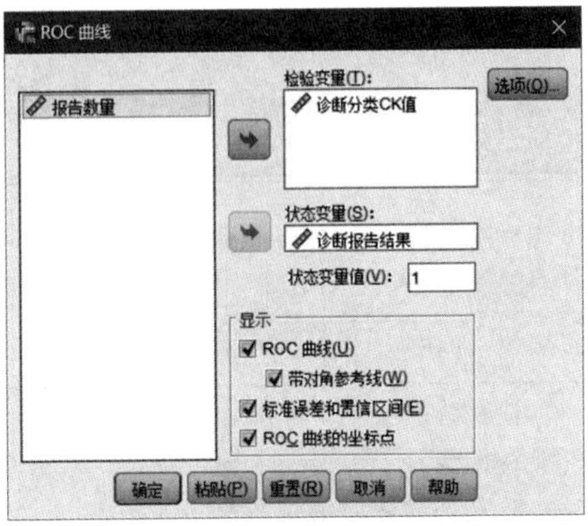

图 16-21　“ROC 曲线”对话框

在此对话框中，同时选择四个复选框：“ROC 曲线”“带对角参考线”“标准误差和置信区间”“ROC 曲线的坐标点”。

同时，点击【选项】按钮，打开选项对话框，本例选择选项“较大的检验结果表示更加肯定的检验”。在此选项对话框中的其他部分，按系统默认的方式选择。点击【继续】按钮，返回到上一级对话框。

第 4 步：在主对话框中点击【确定】按钮，提交执行。

第 5 步：结果分析。

第 1 个表(图)：个案处理摘要(见表 16-6)。

表 16-6 个案处理摘要

诊断报告结果	有效个案数(成列)	
	未加权	加权
正[a]	4	230
负	4	130

检验结果变量的值越大，表明正实际状态的迹象越明显。

a. 正实际状态为病人组。

第 2 个表(图)：ROC 曲线(见图 16-22)。

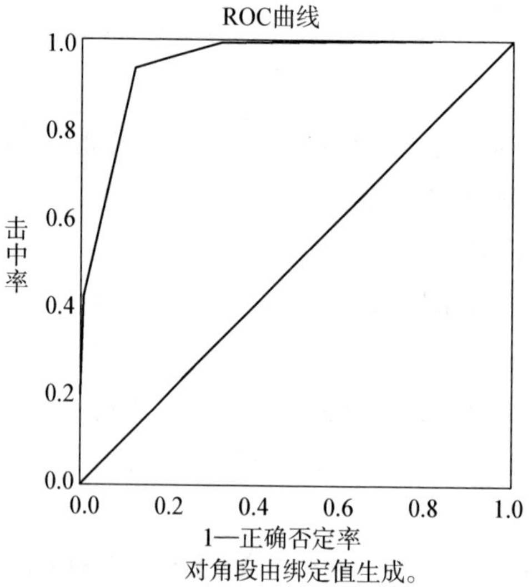

图 16-22 ROC 曲线

第 3 个表(图)：曲线下的面积(见表 16-7)。

表 16-7 曲线下方的区域

检验结果变量：诊断分类 CK 值

区域	标准错误[a]	渐近显著性[b]	渐近 95% 置信区间	
			下限	上限
0.946	0.013	0.000	0.922	0.971

检验结果变量诊断分类 CK 值至少有一个在正实际状态组与负实际状态组之间的绑定值。统计可能有偏差。

a. 按非参数假定。

b. 原假设：真区域=0.5。

[分析]根据 ROC 曲线统计量的评价标准：本例中 ROC 曲线下的面积值为 0.946，属于较高的准确性。对应的显著性水平小于 0.05，拒绝原假设，这也说

明 ROC 曲线的面积要显著大于 0.5。也就是说，神经传递物质 CK 对诊断该神经官能症的判准率很高。

第 4 个表(图)：曲线的坐标(见表 16-8)。

表 16-8　曲线的坐标

检验结果变量：诊断分类 CK 值

大于或等于此值时为正[a]	击中率	1—正确否定率
0.00	1.000	1.000
1.50	0.991	0.323
2.50	0.935	0.123
3.50	0.422	0.008
5.00	0.000	0.000

检验结果变量诊断分类 CK 值至少有一个在正实际状态组与负实际状态组之间的绑定值。

a. 最小分界值为最小实测检验值减 1，最大分界值为最大实测检验值加 1。所有其他分界值均为两个连续的有序实测检验值的平均值。

[分析]表 16-8 中的击中率、1—正确否定率，分别是前面 ROC 曲线图的纵坐标、横坐标。

注意：这里的分类标准分为三类或三类以上时 SPSS 运算步骤。如果分类标准只是分为两类时，则无法在 SPSS 中计算 ROC 曲线下的面积。

当分类标准只是分为两类时，可按照四分格表格(见表 16-9)来计算击中率、正确否定率。

表 16-9　诊断资料 2×2 四格表

诊断结果(T)	金标准(D)	
	病例(D_+)	对照(D_-)
阳性 T_+	TP(真阳性)	FP(假阳性)
阴性 T_-	FN(假阴性)	TN(真阴性)

击中率，其计算公式为 $Sen=P(T_+ \mid D_+)=TP/(TP+FN)$，该指标只与病例组有关，反映了在诊断试验中检出病例的能力。

正确否定率，其计算公式为 $Spe=P(T_- \mid D_-)=TN/(FP+TN)$，该指标只与非病例组有关，反映了在诊断试验中排除非病例的能力。

【练习题】

1. 已知不同年级的大学生每周平均的勤工助学时间、晚自习时间见表 16-10，试绘制不同年级的大学生每周时间花费的复式条形图。

表 16-10 勤工助学时间和晚自习时间

	大一	大二	大三	大四
勤工助学时间	8	12	20	28
晚自习时间	17	13	13	10

2. 已知各年龄组不同性别的触觉反应时间(S)，试选择多线线图对该数据进行描述。

表 16-11 各年龄组不同性别的触觉反应时间

年龄	3	4	5	6	7	8	9	10	11
男性	8.9	13.6	18.7	24.0	29.5	35.4	41.5	47.8	54.2
女性	11.4	16.7	22.5	28.9	35.6	42.8	50.2	57.8	65.7
年龄	12	13	14	15	16	17	18	19	20
男性	61.0	67.7	74.5	81.8	88.3	92.7	95.2	96.9	97.8
女性	73.9	82.5	91.0	96.0	98.2	99.1	99.7	99.8	100.0

3. 某一精神科医生按五个等级“肯定正常(1)”“可能正常(2)”“异常可疑(3)”“可能异常(4)”和“肯定异常(5)”对一批病例组样本、对照组样本的行为资料和脑成像资料进行诊断分类，数据结果如表 16-12 所示。试问该医生对这批资料的诊断水平如何，并绘制 ROC 曲线。

表 16-12 诊断分类结果

分类	1	2	3	4	5
实例是病例且被诊断为病例	1	3	11	19	16
实例是非病例且被诊断为非病例	45	68	43	27	8

第 17 章　SPSS 应用分析归纳小结

心理与教育研究的类型有很多种。本书从研究数据分析的角度来分析，初步将它们归纳为以下四种类型：①心理实验类型的研究；②心理测验量表的研究；③一般的问卷调查分析；④学业成就测验分析(教育考试分析)。其中第④种分析包括对学业成绩测验、智力测验、能力测验等最佳行为测验进行题目分析、测验质量分析，这在第 14 章已有详细说明。下面对其他三种类型做进一步归纳和总结。

17.1　心理测验方法与 SPSS 分析

对心理测验量表的研究可分为两大类：一是新建一个心理量表进行测量分析，二是使用已有心理量表进行调查研究。

17.1.1　新建一个心理量表进行测量分析

新建一个新的心理量表是一个较为系统的测量过程，在新建量表过程中需要进行的统计分析包括以下几种。

第一，描述统计分析(必选)：计算每个题目得分的标准差。如果题目得分的标准差小(标准差在 0.5 以下)，表现为观测变量中被试的反应趋同，则建议删除该题目。

第二，题项区分度(可选)。①高低分组法(鉴别指数法)：根据每一个分量表的得分(如果各个分量表的得分累加成总分有意义，则可以使用测验总分)进行高低分组，然后再根据高分组和低分组在各个题目上的得分率之差，来计算该题目的鉴别指数。用这种方法算出来的区分度，其评价标准在第 14 章已有介绍。如果是能力测验、智力测验等最佳行为测验，还可以使用高低分组方法计算难度、对单选题的选项进行分析等。②相关系数法：计算每个题目得分与该分量表得分(或测验总分)之间的相关，如果相关系数显著且大于 0.30，则认为该题目的区分度良好。但如果有某个题目的分值太高(如高考语文里的作文题)，用相关系数法算出来的区分度就会虚高，此时不宜用这种方法来算区分度。

第三，再测相关系数分析(可选)：使用同一批被试在该测验上的两次作答数据，计算每个题目前后两次得分的相关系数。如果低于 0.2 则建议删除。

第四，探索性因子分析(可选)。如果是使用因子分析构建的心理测验，那么探索性因子分析就是必选的方法；如果是使用其他分析法构建的心理测验，那么探索性因子分析就是可选的方法。这在本书第 15 章已有详细论述。

第五，信度分析(必选)：计算心理测验的各个维度的 α 系数，以及整份测验的 α 系数。还可以进行敏感性分析，在各个维度上计算删除某一个题目后的 α 系数；如果删除某一个题目后，α 系数显著提高(提高幅度大于 0.05)，则建议删除该题目。

第六，效度分析(必选)：找到该测验的实证效标或测量目标，获取实证测验数据或其他实证资料，得到实证效度；或者找到与该测验相似的测验，使用这两个相似的测验测量同一被试样本，计算相关系数，即得到两个测验的相容效度(结构效度的一种)。

第七，验证性因子分析(必选)：使用验证性因子分析，对心理测验的维度结构进行验证(也就是评价结构效度)，并可以对不合适的测验题目进行删除。然而，在 SPSS 里没有做验证性因子分析的功能，可以使用 Lisrel，Amos，Mplus 等软件来进行。

根据郑日昌(2009)的叙述，确定一个心理量表的测量维度的方法有四种。①根据较为成熟或已被公认的心理学理论确定量表维度，如爱德华个性偏好量表(EPPS)是依据需要—压力理论确定其测量维度的。②根据大量临床实践或访谈资料，采用经验法(又叫效标团体法)来确定所编量表的维度。例如，明尼苏达多相人格调查表(MMPI)，是从大量病史、医学档案、病人自述、医生笔记及相关书籍中分析出与心理疾病有关的人格维度的。③根据数理统计原理，采用因子分析方法来确定量表的维度。例如，卡特尔 16 种人格因素测验(16PF)，它的维度是通过对词典上或心理学、精神病学文献中描述人格特质的词汇进行因子分析提取出来的。④综合方法，将上述三种方法结合起来确定测量目标的维度。第一步，先从某种成熟的心理学理论出发提出初步构想；第二步，根据临床经验加以补充；第三步，使用统计分析方法进行分析，包括使用因子分析等统计方法给予验证。

【例 17-1】某一研究者在缺陷感量表的基础上进行修订，编写大学生生活学习自信心量表，包括个人自信、社交、学习能力及自尊四个维度，采用五级评分。被试在各个维度上的得分越高，则表明在该维度上的信心越不足。预测试的样本源于多所高校的学生，具体数据详见“大学生生活学习自信心量表——原始数据.sav”文件。请对此数据进行分析。

17.1.2 使用已有心理测验进行调查研究

使用已有心理测验进行调查研究，需要进行的SPSS统计分析包括以下几种。

第一，计分转换，对测验中反向计分、不同规则计分的题目原始分数进行计分转换。例如，艾森克人格问卷中一些题目的反向计分，卡特尔16种人格因素测验由于选项计分规则不同而进行计分转换。SPSS操作参考：【转换】→【重新编码为相同的变量】或【重新编码为不同变量】菜单命令。

第二，计算测验中的因子得分、测验总分，或其他总分。SPSS操作参考：点击【转换】→【计算变量】菜单命令。

第三，利用被试信息的情况进行均值比较分析、方差分析。

第四，对测验因子得分、测验总分进行相关分析、回归分析等。

第五，使用测验因子得分、测验总分，与其他测验的因子得分、测验总分，以及同时收集的其他变量数据，进行有关交叉表分析、相关分析、回归分析、信度分析、效度分析等。

此外，还可以对一些需要或值得研究的心理测验进行验证性因子分析。

【例17-2】某一研究者使用16PF人格测验对大学新生进行测试，测试文件为"16PF人格因素测验调查.sav"。下面需要做：①根据计分规则("16PF人格因素测验计分规则及换算.pdf")进行题目得分的转换、计算各个因子的得分、计算各个次级因素的得分；②比较男女、城乡在各个因子得分、各个次级因素得分上的差别；③任意选择5至10个分数较为典型的被试个案进行分数解释、分析。

【例17-3】某一研究者调查使用英语学习焦虑量表和自我控制量表对大学生进行调查，文件为"大学生自我控制与英语学习焦虑问卷调查.sav"。请分析大学生自我控制能力与英语学习焦虑水平的情况，采用均值比较分析、方差分析、相关分析、回归分析方法，以及进行测验信度计算等。

【例17-4】使用心理健康诊断测验调查问卷对几所学校的八年级学生进行调查，文件为"初中生MHT问卷数据.sav"。请根据调查数据和该诊断测验使用说明书，分析这一批初中生的心理健康状况。

17.2 调查问卷与SPSS分析

调查问卷的题目不同于心理量表。调查问卷中收集的数据资料，主要分为被试信息(类型变量或名义变量)、题目信息(类型变量)。在问卷调查中，有些题目从表面上看是顺序变量，但在数据分析操作时被看作类型变量，如对某事物的满意度评分为：A为很满意；B为一般；C为不满意。也有少量题目本身是顺序变量，但在做数据分析的时候把它当成等距变量来处理，如对某门课程的综合评分（填写一个 0～10 分的分值，达到 6 分为及格，9 分以上为优秀）________（填写数字）。

在心理与教育调查分析中，往往需要对每一调查题目(问题)进行分析，调查题目分为单选题、多选题两种类型，有关分析详见本书第 12 章、第 13 章的内容。

在调查问卷分析中，还可以结合使用被试信息变量与调查题目变量进行交叉表分析、分层交叉表分析等，以及使用几个调查题目变量进行交叉表分析，详见第 8 章的内容。

当然，还可以进行频率分析、图表分析等一些描述统计、图形分析。

如果问卷调查分析中有等距变量，还可以结合被试信息或者分类变量进行均值比较检验、方差分析、回归分析等。

【例 17-5】某一学前教育研究者想了解家长对幼儿园教育的满意度，设计了一份幼儿园家长满意度调查问卷，在 5 所幼儿园中随机选取了部分家长进行调查，获得文件“幼儿园满意度调查数据.sav”。请根据问卷调查数据进行分析。

17.3 准实验设计与 SPSS 分析

在心理学实验中，从被试是否是随机化选择与分配的、无关变量是否被严格控制或消除的角度，将心理学实验设计分为三大类：前实验设计、准实验设计、真实验设计。其中前实验设计应用的情境很少。下面主要介绍准实验设计、真实验设计的 SPSS 分析方法。

准实验设计：在现实情境中对实验过程进行某种程度的控制，但无法对被试进行随机取样分组、无法完全控制无关变量。准实验设计一般以现成的群体为被试组，如在一个年级里选两个平行班级，其中一个班作为实验组，另一个班作为对照组(控制组)。准实验设计与真实验设计的差别仅在于未随机选择、分配被试，也不能完全主动地操纵自变量。因此，它的内在效度(内部效度)比真实验设计低，但外在效度(外部效度)可以比真实验设计高，故在实践中使用得较多。

17.3.1 单组时间序列设计

单组时间序列设计是指对一组被试进行一系列周期性测量，在测量的时间序列中引入实验处理，然后比较其后的测量与之前的测量。

O_1 O_2 O_3 O_4 X O_5 O_6 O_7 O_8

其中 O 代表观察值，X 代表实验处理。

SPSS 操作：对单组时间序列设计的研究结果进行统计分析时，要根据处理的效果是暂时性的还是持续性的，做出合理的分析和推论。

如果假定实验处理 X 的效果是暂时性的，可以根据实施处理前时间序列中的各次观测分数，求出线性回归方程(对测试阶段建立虚拟自变量回归方程)。并利用回归方程，推测出实施处理后时间序列中的预测值。然后用相关样本 T 检验(预测值为一组变量，观察值为一组变量)，检验处理后的实际观察值与预测值之间是否有显著差异，以推断处理 X 的暂时性效果如何。

如果假定实验处理 X 的效果是持续性的，可以对实验处理前后的测量分别建立回归方程(对测试阶段建立虚拟自变量回归方程)。对两条回归直线差异显著性的检验，可以通过对截距进行差异检验来实现。截距，指处理前与处理后的两条回归线与纵坐标轴交点的纵坐标点。用摘要独立样本 T 检验(均值使用回归方程的截距，标准差使用回归方程的回归部分对应的均方，样本量使用回归方程的回归部分对应的自由度)将两者加以比较，以检验处理 X 前后截距的差异。

【例 17-6】一位小学语文教师想研究某种新的识字教学法能否提高教学效果，于是他对 32 个学生进行了研究，其操作程序为：前四周，每周都用旧方法教 30 个生字并测试当周的学习效果；第五周开始，每周用新方法教 30 个生字并测试当周的学习效果，持续到第八周。测试得到的文件为“语文识字测验.sav”。试分析新的识字教学方法对学生的识字能力是否有提升作用。

17.3.2　单组相等时间样本设计

使用两个相等的时间样本，在其中一个时间样本中不会出现实验变量，其实验模式如下。

第一个阶段循环：$X_1 O_1 \quad O_2$；第二个阶段循环：$X_1 O_3 \quad O_4$。

可用 SPSS 对数据做三个方面的分析。

①处理条件与无处理条件之间的比较，以考察存在处理效应的可能性；SPSS 分析方法为：以 O_1，O_3 的测验数据为第一组，以 O_2，O_4 的测验数据为第二组，进行独立样本 T 检验。

②分别在有处理条件下和无处理条件下考察时间因素的简单效应，这主要是分析研究中的时间效应或顺序效应。SPSS 分析方法为两因素重复测量方差分析，以有无处理为第一个因素，以循环阶段为第二个因素。

③分析实验处理与处理顺序的交互效应，以考察在时间序列中不同处理的不同效应。SPSS 分析方法为两因素重复测量方差分析。

【例 17-7】一位教师想研究学习反馈在学生写作学习中有无明显的作用。研究模式是：每周要求学生完成一篇作文，记录每个月的四篇作文成绩的平均分。实验周期共四个月，其中第一、第三个月有学习反馈，第二、第四个月没有学习反馈。

有学习反馈：每周学生上交作文后，老师都要对其作文做详细的批阅和给出恰当的评语，反馈给学生。

没有学习反馈：学生每周上交作文后，老师只是批上“阅”字和日期，不做任何修改和评价，但老师悄悄地对学生的作文成绩进行成绩评定而不让学生知道。

这样就形成了如表 17-1 所示的实验模式，表格里的 X 表示有学习反馈，O 表示测试。收集到的学生作文成绩的文件为“反馈信息对作文成绩的影响实验. sav”。请分析反馈信息是否对学生的作文成绩有影响。

表 17-1　实验模式

第一次循环(阶段)	第二次循环(阶段)
(有反馈的学习成绩)XO_1 (无反馈的学习成绩) O_2	(有反馈的学习成绩)XO_3 (无反馈的学习成绩) O_4

(操作提示：将有无反馈信息作为第一个实验因素，将阶段作为第二个实验因素，使用两因素重复测量方差分析。)

17.3.3　不相等实验组控制组前测后测设计

实验组：O_1　X　O_2

……………………………

控制组：O_3　　O_4

SPSS 操作：以下两种统计方法可任选其中一种。

第一种方法，对两组前测成绩的平均数 O_1 与 O_3 进行独立样本 T 检验比较，并评价它们的平均数、方差是否相等。如果 O_1 与 O_3 平均数、方差都是相等的，则 O_2 与 O_4 可以用两个独立样本平均数差异的 T 检验法，以检验两组后测成绩平均数 O_2 与 O_4 差异的显著性。如果 O_1 与 O_3 比较的结果出现了明显的差异(平均数、方差不相等)，则不能直接将 O_2 与 O_4 进行比较，而必须用 O_2-O_1 与 O_4-O_3 这样的两组后测与前测平均数的差数进行比较，即对实验组、对照组的差值进行独立样本 T 检验。

第二种方法，协方差分析，以前测成绩(O_1，O_3)为协变量，以实验处理(有无实验处理)为实验因子(自变量)，以后测成绩(O_2，O_4)为因变量，进行协方差分析。

此外，还可以对 O_3，O_4 进行成对样本比较(配对样本比较)，用于分析成熟、前测练习等因素对后测是否有影响。

【例 17-8】某一研究者希望通过逻辑思维训练来提高学生的数学解题能力。他在七年级选择了数学成绩相当的两个班级，对被试使用一份数学解题能力测验进行了前测；然后经过 3 个月的无实验操作期，在无实验操作期结束后对其中一个班进行逻辑思维训练，另一个班则不做任何训练。在逻辑思维训练结束后，再对两个班级使用同一份数学解题能力测验进行后测，获得了"逻辑思维训练实验数据.sav"文件。试问逻辑思维训练是否有助于提高学生的数学解题能力。

（提示：由于研究者选择被试是以班级为单位的，未能随机化选择被试和分配实验处理，因此属于准实验设计，即不相等实验组控制组前测后测设计）。

17.3.4　不相等实验组控制组前测后测设计

实验组：O_1　O_2　O_3　O_4　X　O_5　O_6　O_7　O_8

…………………………………………………………………………

控制组：O_9　O_{10}　O_{11}　O_{12}　　O_{13}　O_{14}　O_{15}　O_{16}

SPSS 操作提示：可以有两种统计方法进行检验。

第一种方法：类似于非等组前测后测设计，将每组的八个观察值看作前测与后测(如将 O_1，O_2，O_3，O_4 看作实验组的前测，将 O_5，O_6，O_7，O_8 看作实验组的后测)，可以进行以下比较检验。

①实验组的前测与后测成绩是否有显著差异。

②对照组的前测与后测成绩是否有显著差异。

③实验组与对照组之间在前测成绩中有无显著差异。

④实验组与对照组之间在后测成绩中有无显著差异。

求出实验组和对照组的前测成绩以及后测成绩的平均数；然后求出实验组前测成绩和后测成绩平均数的差异，以及对照组前测成绩和后测成绩平均数的差异。采用独立样本 T 检验对实验组差值和对照组差值进行比较。

第二种方法：类似于单组时间序列设计的回归方程分析方法。对实验组的 4 个前测成绩、4 个后测成绩以及对照组的 8 个成绩按单组时间序列设计的方法，求出各自的回归方程(虚拟自变量回归方程)，这样就出现了三个回归方程。

实验组前测成绩的回归方程被记为 L1。

实验组后测成绩的回归方程被记为 L2。

对照组的回归方程被记为 L3。

检验直线 L1 与 L3 是否有显著差异，以确定两组被试在选择上是否存在差异，使用摘要独立样本 T 检验(均值使用回归方程的截距，标准差使用回归方程的回归部分对应的均方，样本量使用回归方程的回归部分对应的自由度)。

检验直线 L1 与 L2 或者直线 L2 与 L3 是否存在显著差异，以确定接受实验处理所产生的效果。

【例 17-9】在**【例 17-6】**的例子上有所增加，该小学语文教师同时增加一个班级作为对照组，连续地运用旧的教学法进行了八周的识字教学，并对每一周的教学效果进行检测，教学步骤、检测方法等都与实验组相同，具体文件为“语文识字测验(实验组、对照组).sav”。试分析新的识字教学方法对学生的识字能力是否有改善作用。

17.4 真实验设计与 SPSS 分析

真实验设计对实验条件的控制程度较高，实验者可有效地操纵实验变量，有效地控制各种额外变量的影响，能在随机化原则上选择和分配被试。本书第 7 章方差分析的部分例子都是真实验设计的例子。

17.4.1 完全随机单因素设计

完全随机设计也称简单随机设计，指用随机化方法将被试分为两组或多组，然后依据实验目的对各组被试实施不同的处理。其中，每个被试只接受一种处理。

(一)随机实验组控制组前测后测设计

采用随机分配的方法将被试分为两组。并随机选择一组为实验组，接受实验处理；另一组为控制组，不接受实验处理。

实验组：R　O_1　X　O_2

控制组：R　O_3　　O_4

其中 R 代表被试的随机化选择，并随机接受实验处理，O 代表观察值，X 代表实验处理。

SPSS 操作：统计分析方法与不相等实验组控制组前测后测设计的统计方法一致。

(二)随机实验组控制组后测设计

此实验设计为了克服前测的影响，去掉了前测。

实验组：R　X　O_1

控制组：R　　O_2

SPSS 操作：对 O_1，O_2 进行独立样本 T 检验。

(三)随机多组后测设计

处理的水平有三个或更多。除了水平数增多，本实验设计的基本情况都与随机实验组控制组后测设计相同。

实验组 1：R　X_1　O_1

实验组 2：R　X_2　O_2

实验组 3：R　X_3　O_3

SPSS 操作：进行完全随机设计的方差分析，详见第 7 章的单因素完全随机设计方差分析。

17.4.2　完全随机多因素实验设计

以 A、B 因素的 3×2 完全随机化双因素实验设计的模式为例。

实验组 1：R　$X_{a_1}X_{b_1}$　O_1

实验组 2：R　$X_{a_1}X_{b_2}$　O_2

实验组 3：R　$X_{a_2}X_{b_1}$　O_3

实验组 4：R　$X_{a_2}X_{b_2}$　O_4

实验组 5：R　$X_{a_3}X_{b_1}$　O_5

实验组 6：R　$X_{a_3}X_{b_2}$　O_6

SPSS 操作：进行随机化多因素设计的方差分析，详见第 7 章的多因素完全随机设计方差分析。

17.4.3　随机区组设计

随机区组设计是指，在实验中把实验对象按一定的标准划分为若干个区组，让同一区组内的被试尽量同质。每个区组内的被试分别接受所有实验处理，但每个被试只接受一种实验处理。随机区组设计和完全随机设计都属于被试间设计(组间设计)。

SPSS 操作：进行随机区组设计的方差分析，详见第 7 章的单因素随机区组方差分析。

17.4.4　所罗门四组设计

以最简单的形式把前后测控制组设计和仅施后测控制组设计组合起来可以得到一种新的设计，这是所罗门提出来的。该设计有 4 个组，包括控制组、实验组各两组，而实验组接受的实验处理是相同的。实验组和控制组中各有一组接受前测，实验结束后对 4 组都进行后测。每组被试都是随机分布的。所罗门 4 组设计的图示如下。

实验组 1：R_1　O_1　X　O_2

控制组 1：R_2　O_3　—　O_4

实验组 2：R_3　—　X　O_5

控制组 2：R_4　—　—　O_6

SPSS 操作方法：

第 1 步：进行均值比较。①比较 O_3 与 O_4，进行成对样本 T 检验，若不显著则说明测试结果不受历史、成熟过程等因素的影响；②比较 O_4 与 O_6，进行独立样本 T 检验，若不显著则说明控制组的前测对后测没有影响；③比较 O_2 与 O_5，进行独立样本 T 检验，若不显著则说明实验组的前测对后测没有影响。

第 2 步：若控制组、实验组的前测对后测都没有影响，则可以进行两个方面的分析：①对 O_5 与 O_6 进行独立样本 T 检验；②对 O_2 与 O_4 进行独立样本 T 检验。

若前测对后测有影响，则对实验组 1、控制组 1 的前测、后测成绩进行协方差分析；或者用实验组 1 的 O_2-O_1 与控制组 1 的 O_4-O_3 进行独立样本 T 检验，以分析实验处理对所研究因变量的影响。

【例 17-10】某小学一年级下学期，随机选择被试组成四个班：实验 1 班、实验 2 班、控制 1 班、控制 2 班，每个班各 35 人。条件控制：由同一教师教学，作业练习时间统一，其中对实验 1 班、控制 1 班在实验前测试其数学四则运算能力。两个实验班使用实验教材进行教学；两个控制班使用统一教材进行教学。经过一段时间的实验教学，再测试四个班的数学四则运算的成绩，获得的测试成绩被做成“数学四则运算教学实验.sav”文件。请分析使用了实验教材的班级的测试成绩是否显著高于使用统一教材的班级。

（提示：由于研究者选择被试是随机化选择、随机化设计的，因此属于真实验设计范围，设计类型为所罗门四组设计）。

本章参考文献

戴海琦.（2022）. 心理测量学(第三版). 北京：高等教育出版社.

胡竹菁.（2019）. 心理统计学(第二版). 北京：高等教育出版社.

舒华.（2017）. 心理与教育研究中的多因素实验设计(第二版). 北京：北京师范大学出版社.

温忠麟.（2016）. 心理与教育统计(第二版). 广州：广东高等教育出版社.

温忠麟，范息涛，叶宝娟，等.（2016）. 从效应量应有的性质看中介效应量的合理性. 心理学报，48(4)，435-443.

吴艳，温忠麟.（2011）. 与零假设检验有关的统计分析流程. 心理科学，34(1)，230-234.

张敏强.（2010）. 心理与教育统计(修订本). 北京：人民教育出版社.

郑日昌.（2009）. 编制心理量表须注意的几个问题. 中国心理卫生杂志，23(11)，761-762.

中国心理学会.（2016）. 心理学论文写作规范(第二版). 北京：科学出版社.

作者简介

戴步云，男，华南师范大学心理学博士毕业。现为江西师范大学心理学院副教授、硕士生导师。专业为心理统计与测量，研究方向为项目反应理论、认知诊断和计算机化自适应测验。在《应用心理测量》(*Applied Psychological Measurement*)、《当代心理学》(*Current Psychology*)、《心理学报》、《心理科学》、《心理学探新》等杂志发表学术论文18篇，并担任《心理学报》等杂志的审稿专家。2019年被评为江西师范大学“三育人”先进工作者。2020年，与团队合作讲授的课程“心理测量学”被教育部评为“国家级一流课程”。2021年，与团队一起获得江西省教学成果二等奖。

简小珠，男，华南师范大学心理学博士毕业。现为广西师范大学教育学部心理学系副教授、硕士生导师。主持国家社会科学基金后期资助项目1项，省级社会科学“十三五”规划项目1项，省级一般项目、青年项目课题4项，省级教学改革项目1项；并主持完成了2项横向合作课题。在《心理学报》《心理科学》《心理科学进展》《心理学探新》《中国考试》等专业学术刊物上发表论文23篇，发表SSCI论文1篇。获得第七届江西省教育科学优秀成果一等奖。

赵玉，女，江西师范大学基础心理学硕士毕业。现为赣南医学院副教授、应用心理硕士生导师，主持完成省高校人文项目1项、省级教育科学规划项目2项、市厅级项目6项，参与完成多项省级课题。

邓远平，男，江西师范大学心理学博士毕业。现为集美大学师范学院教育系副教授、硕士生导师。主持国家社会科学基金项目1项、省社会科学规划项目2项、市厅级项目3项；在《心理学探新》《中国临床心理学杂志》《中国卫生统计》等专业学术刊物上发表论文20篇。

致谢

江西师范大学的一些研究生和本科生为本书的图片制作和文稿校对付出了辛勤劳动，向他们致谢。他们是：廖丽萍、林凌恺、谢萌、陈青、黄佳静、余洁、朱怡安、贾傲、骆馨瑶、曹馨月、何翠婷、邓文诗、陈颖冰、刘文霞、刘蕙欣。

以下老师为本书的编写提出了宝贵建议，向他们致谢。他们是：叶宝娟(江西师范大学)、涂冬波(江西师范大学)、谢美华(江西师范大学)、文剑冰(华东师范大学)、郭磊(西南大学)、康春花(浙江师范大学)、陈宛玉(广西师范大学)、王孟成(广州大学)、郑显亮(赣南师范大学)、刘铁川(赣南师范大学)、段华平(福州大学)、方杰(广东财经大学)、孙配贞(江苏师范大学)。

江西师范大学的一些本科生为本书编写的一些细节提出了宝贵建议，向他们致谢。他们是：罗柳芬、周书婷、方庆园、李紫菲、徐洁。

在本书的初稿完成后，承蒙华南师范大学温忠麟教授审阅了部分书稿并给予了指导，同时提出了许多宝贵意见，并为本书作序，我们表示真挚的感谢！为了使读者对一些重要知识的学习能够具有连贯性和对案例的应用具有可验证性，本书引用了舒华教授《心理与教育研究中的多因素实验设计》和胡竹菁教授《心理统计学》中的案例，文中都注明了引用。本书还借鉴参考了许多研究者的论文、教学经验，在这里一并表示感谢！